◎ 互联网 + 数字艺术研究院 编著

中文版 Photoshop CS6 应用技法教程

人 民 邮 电 出 版 社

北 京

图书在版编目（CIP）数据

中文版Photoshop CS6应用技法教程 / 互联网+数字艺术研究院编著. -- 北京 : 人民邮电出版社, 2018.11(2022.9重印)
ISBN 978-7-115-48715-5

Ⅰ. ①中… Ⅱ. ①互… Ⅲ. ①图象处理软件－教材
Ⅳ. ①TP391.413

中国版本图书馆CIP数据核字(2018)第137012号

内容提要

Photoshop 是一款功能非常强大的图像处理软件，很多行业都会使用这款软件来处理图像。本书选用目前常用的 Photoshop CS6 版本来讲解 Photoshop 软件的功能及应用技法。全书共 14 章，主要内容包括 Photoshop 图像处理基础、Photoshop 常用基本操作、抠图常用技法、修图常用技法、图像的调色处理、图像合成与特效制作、艺术照与婚纱照的处理、商品图片与文字的处理、网店广告设计与装修、广告设计、包装设计、网页设计、手机 UI 界面设计、美食 App 设计。

本书知识讲解由浅入深，先对 Photoshop 软件的基础操作进行讲解，再对抠图、修图、调色、图像合成等技巧进行深入介绍，最后结合实际操作案例，对照片精修、网店美工、平面设计、界面与 App 设计等进行实战演练。针对需要具体讲解的知识点，本书还提供了微视频，读者通过扫描对应二维码，即可观看。

本书适合 Photoshop 初学者，也可作为高等院校相关专业的学生和培训机构学员的参考用书。

◆ 编　　著　互联网+数字艺术研究院
责任编辑　税梦玲
责任印制　焦志炜

◆ 人民邮电出版社出版发行　　北京市丰台区成寿寺路 11 号
邮编　100164　　电子邮件　315@ptpress.com.cn
网址　https://www.ptpress.com.cn
涿州市京南印刷厂印刷

◆ 开本：880×1092　1/16
印张：17.25　　　　2018 年 11 月第 1 版
字数：604 千字　　　2022年 9月河北第 5次印刷

定价：79.80 元

读者服务热线：(010)81055256　印装质量热线：(010)81055316
反盗版热线：(010)81055315
广告经营许可证：京东市监广登字 20170147 号

前言

PREFACE

在计算机、手机已成为人们生活、工作必备品的今天，Photoshop 也从专业的平面设计领域走向了大众。无论是处理数码照片，制作宣传海报、平面广告，还是处理电商产品图片、制作网页界面、设计 UI 界面，都离不开 Photoshop。

■ 内容特点

本书分为两个部分，其中第 1~6 章为第 1 部分，讲解了与 Photoshop 相关的基础知识，通过讲解，读者可以对 Photoshop 的功能有一个整体认识，并可对图片做简单的处理；第 7~14 章为第 2 部分，以案例的形式讲解了 Photoshop 在精修照片、网店美工、平面设计、界面设计等领域的应用。在第 2 部分中，每个二级标题即为一个有实用价值的案例，每个操作步骤均有配图讲解；每章后均设有“高手秘籍”“提高练习”版块，让读者在扩充知识量和提高综合能力的同时，还可锻炼实际动手能力。

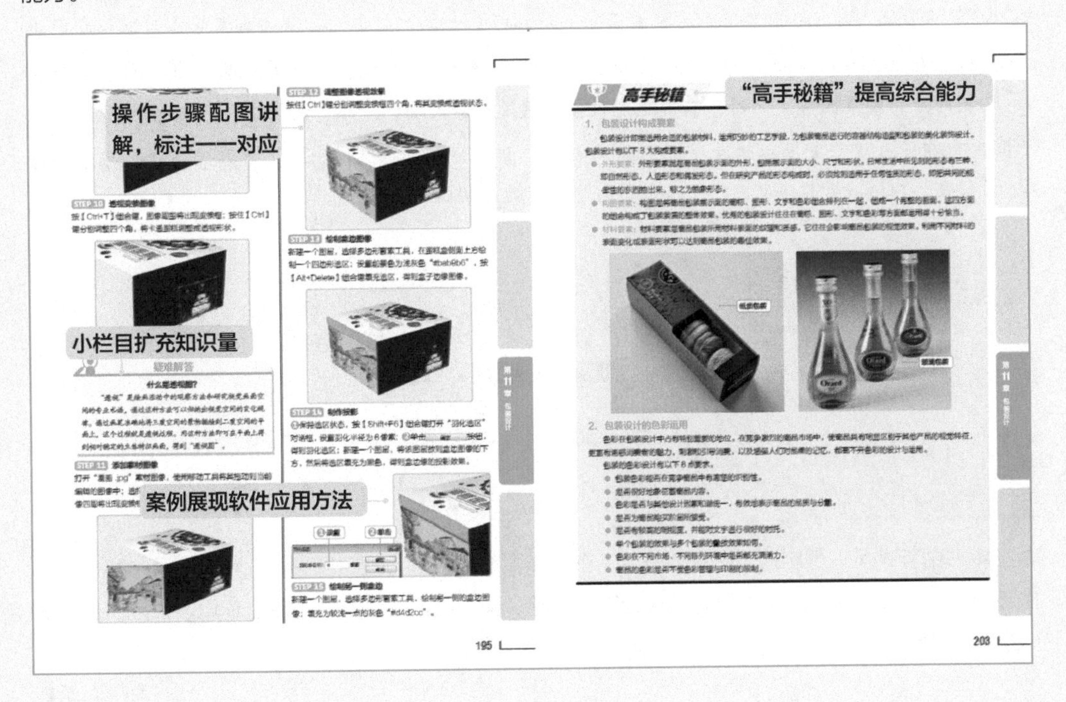

■ 配套资源

为使读者学习更加方便、快捷，本书提供丰富的学习资源，下载地址为 box.ptpress.com.cn/y/48715。配套资源具体内容如下。

视频演示： 本书所有的实例操作均提供了教学微视频，读者可通过扫描书中二维码进行在线学习，也可以下载资源后本地学习，在本地学习时可选择交互模式。

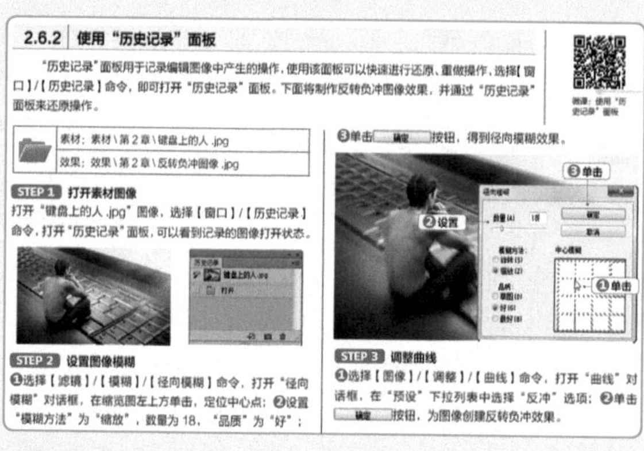

2.6.2 使用“历史记录”面板

“历史记录”面板用于记录编辑图像中产生的操作，使用该面板可以快速进行还原、重做操作，选择【窗口】/【历史记录】命令，即可打开“历史记录”面板。下面将制作反转负冲图像效果，并通过“历史记录”面板来还原操作。

素材：素材\第2章\键盘上的人.jpg
效果：效果\第2章\反转负冲图像.jpg

STEP 1 打开素材图像

打开“键盘上的人.jpg”图像，选择【窗口】/【历史记录】命令，打开“历史记录”面板，可以看到记录的图像打开状态。

STEP 2 设置图像模糊

❶选择【滤镜】/【模糊】/【径向模糊】命令，打开“径向模糊”对话框，在缩览图左上方单击，定位中心点；❷设置“模糊方法”为“缩放”，数量为18，“品质”为“好”；

❸单击 确定 按钮，得到径向模糊效果。

STEP 3 调整曲线

❶选择【图像】/【调整】/【曲线】命令，打开“曲线”对话框，在“预设”下拉列表中选择“反冲”选项；❷单击 确定 按钮，为图像创建反转负冲效果。

扫码看操作视频

支持移动学习： 扫描封面二维码，关注“人邮云课”公众号，输入验证信息，按照提示将本书视频添加到“我的课程”，即可随时通过手机观看教学微视频。

教学资源包： 本书提供了所有实例需要的素材和效果文件，例如，如果读者需要查看第9章中的“女包店首页设计”案例的效果文件，按“效果\第9章\”路径打开资源文件夹，即可找到该案例对应的效果文件。同时，本书还为教师提供了教学大纲、题库、PPT课件和教案等资源。

海量相关资料： 本书还提供了实战动作素材、高清笔刷素材、图层样式素材等资料，供读者练习使用，以进一步提高读者Photoshop图像设计的应用水平。

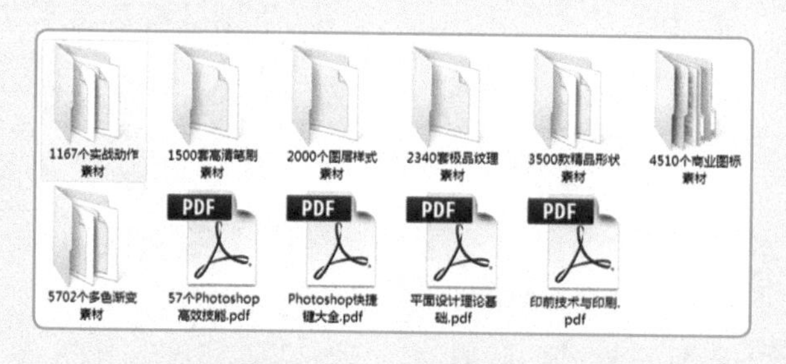

■ 鸣谢

本书由互联网+数字艺术研究院编著，由邱雅丽统稿。参与资料收集，视频录制及书稿校对、排版等工作的人员有肖庆、李秋菊、黄晓宇、赵莉、蔡长兵、牟春花、熊春、李凤、蔡飓、廖宵、何晓琴、蔡雪梅、李星、罗勤、曾勤、李婷婷、蒲加爽等，在此一并致谢！

编者

2018年5月

目录

CONTENTS

01

Chapter

第 1 章

Photoshop 图像处理基础

/ 本章导读

Photoshop 是目前最主流的图形图像处理软件之一，因为其具有良好的实用性、稳定性和独特性，受到许多用户的青睐。本章将以经典版 Photoshop CS6 为例，介绍图像处理的基础知识，包括应用领域、工作界面、色彩模式与文件格式、图像输出等。读者在使用 Photoshop 前需要对这些概念和基本操作有一定的了解，掌握这些知识后，才能更好地进行软件操作，并应用到不同的领域中。

1.1 Photoshop 的应用领域

Photoshop 是目前功能最为强大的图形图像处理软件之一，被广泛应用于平面视觉设计、网页设计、界面设计、数码插画与 3D，以及摄影后期处理等领域。

1.1.1 平面视觉设计

Photoshop 的出现为平面视觉行业带来了革新，同时平面视觉行业也是 Photoshop 应用最为广泛的领域，其中包括图书封面、海报、招贴、DM 单、包装、画册等，这些平面印刷品都需要使用 Photoshop 软件对图像进行处理。右图所示为食品袋包装设计效果。

此外，不同的平面视觉图像对印刷输出的要求略有不同，需要设计师在长期的工作中积累经验。

1.1.2 网页设计

网页的建设和制作都离不开 Photoshop，几乎每一个按钮、分类图标、界面等，都需要在 Photoshop 中制作。由于网页中的各种图标、界面较多，所以在 Photoshop 中制作网页图像时可以采用分组的方式，来有效管理图层。

若将处理好的图像导入到 Dreamweaver 中，可以制作出相当美观的网页作品，右图所示为房地产公司网站首页。

1.1.3 界面设计

随着目前新崛起的移动终端，如手机、平板电脑的出现和迅猛发展，人们对它们的使用需求也越来越高，而这就催化了系统、游戏、网页等界面设计行业的热门。

使用 Photoshop 可以制作出界面中的所有平面元素，通过提高文件分辨率的方法，可以绘制出色彩丰富、效果精美的界面效果。右图所示为常用的 App 应用界面。

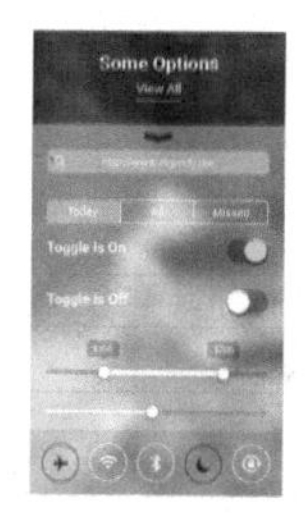

1.1.4 数码插画与 3D

利用 Photoshop 在计算机上模拟画笔手绘，不但能绘制出逼真的传统绘画效果，还能制作出画笔无法实现的特殊效果。右图所示为使用 Photoshop 绘制的 CG 插画。

随着 3D 图像的发展，人们常会使用 3ds Max、Maya 来进行建模，再使用 Photoshop 对建好的模型贴图，因为 Photoshop 制作出的贴图材质效果逼真、渲染时间短、后期调色合成方便。右图所示为使用 Photoshop 对 3D 建模图像进行后期处理制作的创意 3D 图像。

CG 插画

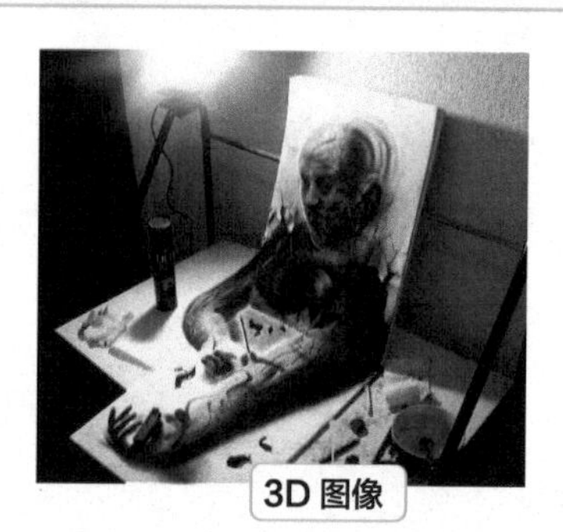
3D 图像

1.1.5 摄影后期处理

Photoshop 提供的图像调色命令，以及图像修饰工具在数码照片后期处理中发挥着巨大作用。通过它们不仅可以调整图像明暗度和色调，还可以修复照片中的瑕疵，去除多余的物或人，以及为人物美白、瘦身等。

除此之外，Photoshop 还可以合成图像，即将多个素材图像与照片结合在一起，制作出具有特殊效果的图像。右图所示为通过 Photoshop 处理后的摄影合成图像。

1.2 认识 Photoshop CS6 的工作界面

在了解 Photoshop 的应用领域后，可以启动 Photoshop 进入其工作界面，熟悉工作界面各组成部分的作用，为后面使用 Photoshop 进行图像处理打下基础。

选择【开始】/【Adobe Photoshop CS6】命令即可启动 Photoshop CS6，并进入其工作界面。选择【文件】/【打开】命令，打开一个图像文件，可发现，Photoshop CS6 的工作界面中包括菜单栏、属性栏、标题栏、工具箱、状态栏、图像窗口以及各个面板。

Photoshop CS6 工作界面中各组成部分的作用如下。

- 菜单栏：菜单栏中的 11 个菜单项中几乎包含了 Photoshop CS6 中的所有操作命令，从左至右依次为文件、编辑、图像、图层、文字、选择、滤镜、3D、视图、窗口和帮助。每个菜单项下以分类的形式集合了多个菜单命令。用户单击菜单项，然后在弹出的下拉菜单中选择相应的命令，可以实现需要的操作。

- 属性栏：用于设置工具的参数选项，不同工具的选项栏参数有所不同。
- 标题栏：主要用于显示文件的名称与格式、窗口缩放比例以及颜色模式等信息。
- 工具箱：工具箱中集合了 Photoshop 中的大部分工具。在工具栏中单击▶按钮，可以将工具箱折成双栏；单击◀按钮，可以将折为双栏的工具箱展开成单栏。
- 状态栏：位于工作界面底层，可以显示当前文件的大小、文件的尺寸、当前工具和缩放比例等信息。
- 图像窗口：用于显示和编辑图像。
- 面板：用于配合图像的编辑、控制操作以及设置参数等。

1.3 色彩模式与文件格式

色彩模式与文件格式是处理图片的前提。读者只有掌握图像色彩模式、点阵格式图像与矢量格式图像，以及图像文件的存储格式等知识，可以保证图像处理后的色彩和格式正确，才能将图像应用到对应的领域。

1.3.1 图像色彩模式

常用的图像色彩模式有 RGB 模式、CMYK 模式、Lab 颜色模式、灰度模式、索引颜色模式、位图模式、双色调模式和多通道模式等。

图像色彩模式除了可以确定图像中能显示的颜色数之外，还影响图像通道数和文件大小，每个图像具有一个或多个通道，每个通道都存放着图像中颜色元素的信息。图像中默认的颜色通道数取决于其色彩模式。例如，CMYK 图像至少有 4 个通道，分别代表青色、洋红、黄色和黑色信息。下面对常用的几种图像色彩模式进行介绍。

1. RGB 模式

该模式是由红、绿和蓝 3 种颜色按不同的比例混合而成的，也称真彩色模式，是最为常见的一种色彩模式。在“颜色”和“通道”面板中将显示对应的色彩模式参数和通道信息。

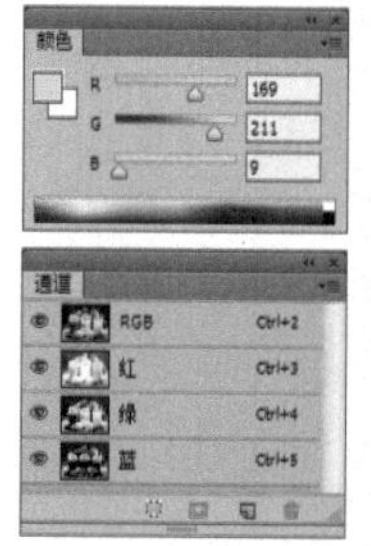

RGB 模式的色域较广，一般计算机屏幕中所显示的颜色都是由红、绿、蓝 3 种色光按照不同的比例混合而成的，一组红色、绿色、蓝色即可组成一个最小的显示单位，屏幕上任何一种颜色都可以组成一组 RGB 颜色值。通过这些组合的不断添加和重叠，即可组成一幅五颜六色的图像。

右图所示的红、绿、蓝 3 个通道即可组成上图所示的 RGB 模式效果。

2. 灰度模式

打开 RGB 模式图像，再打开“颜色”面板，当 R、G、B 值相同时，可以看到左侧的预览颜色显示为灰色。单击“颜色”面板右上方的☰按钮，在弹出的菜单中选择“灰度滑块”命令，切换到灰度模式，即可看到灰度色谱。

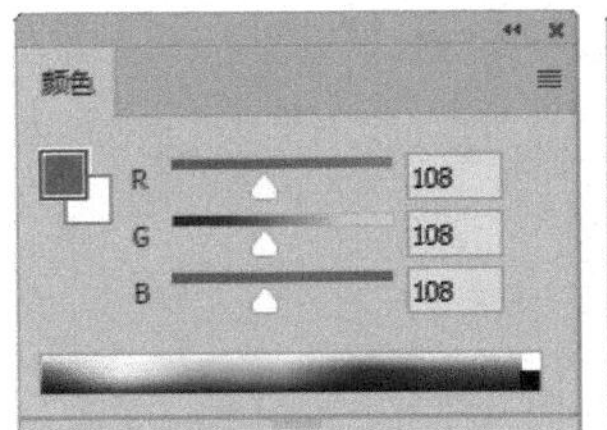

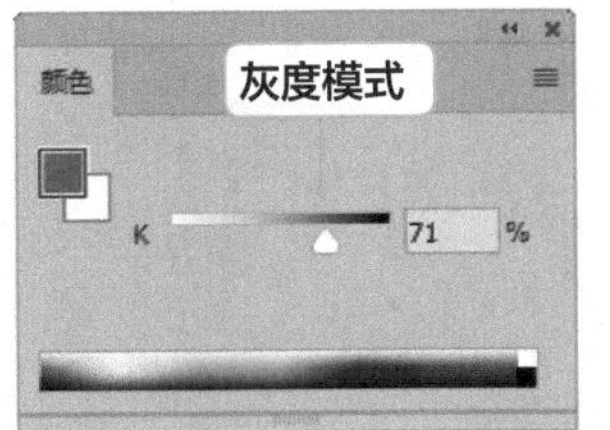

灰度色其实就是指纯白、纯黑以及两者中的一系列从黑到白的过渡色。灰度色中没有任何色相，它属于 RGB 色域。

当彩色图像转换为灰度模式时，将删除图像中的色相及饱和度，只保留亮度。选择【图像】/【模式】/【灰度】命令，即可将 RGB 颜色模式转换为灰度模式，得到单色灰度图像。

3. 位图模式

位图模式是由黑和白两种颜色来表示图像的颜色模式。使用这种模式可以大大简化图像中的颜色，从而减小图像文件。该颜色模式只保留了亮度值，而丢掉了色相和饱和度信息。需要注意的是，只有处于灰度模式或多通道模式下的图像才能转换为位图模式。将一幅 RGB 颜色模式图像转换为位图模式时，需先将图像转换为灰度模式或多通道模式；转换为位图模式时，可以将图像处理成由各种图案组成的黑白图像，如黑白圆点纹路图像。

4. CMYK 模式

CMYK 模式是印刷时使用的一种颜色模式，由 Cyan（青色）、Magenta（洋红）、Yellow（黄色）和 Black（黑色）4 种色彩组成。为了避免和 RGB 三基色中的 Blue（蓝色）发生混淆，其中的黑色用 K 来表示。在“颜色”和“通道”面板中将显示该颜色及其通道信息。

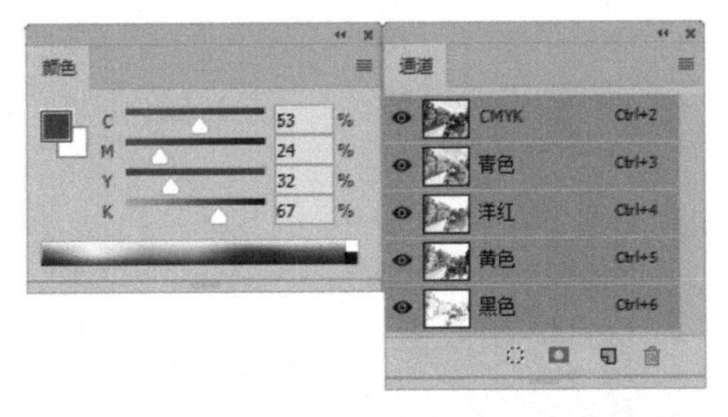

在“颜色”面板中，可以看到 CMYK 值是以百分比来显示的，这个百分比就代表了印刷时油墨的浓度。简单来说，在印刷品上看到的图像，就是 CMYK 模式表现出来的。

5. Lab 颜色模式

Lab 颜色模式由 RGB 三基色转换而来，Lab 模式将明暗和颜色数据信息分别存储在不同位置，修改图像的亮度并不会影响图像的颜色，调整图像的颜色同样也不会破坏图像的亮度，这是 Lab 模式在调色中的优势。在 Lab 模式中，L 指明度，表示图像的亮度，如果只调整明暗、清晰度，可只调整 L 通道；a 表示由绿色到红色的光谱变化；b 表示由蓝色到黄色的光谱变化。下图即为 Lab 模式下图像的通道信息。

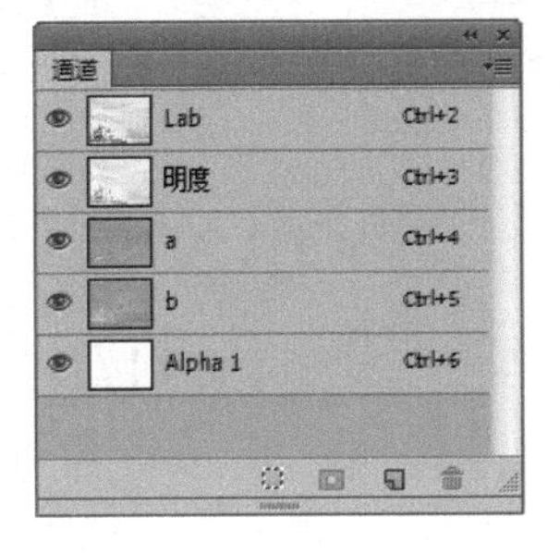

1.3.2 点阵图像与矢量图像

计算机中的图形图像分为点阵图像和矢量图像两种类型，理解它们的概念和区别将有助于更好地学习和使用 Photoshop。例如，矢量图适合于插图，但聚焦和灯光的质量很难通过矢量图像展现；而点阵图像则更能够将灯光、透明度和深度的质量等逼真地表现出来。

1. 点阵图像

点阵图像也称为位图或像素图，由像素构成，如果将此类图像放大到一定程度，就会发现它是由一个个像素组成的。点阵图像的质量由分辨率决定，单位面积内的像素越多，分辨率越高，图像的效果就越好，文件也就越大。

在 Photoshop 中打开一幅点阵图像，选择【图像】/【图像大小】命令，在打开的对话框中的“像素大小”栏中可以查看图像像素大小。

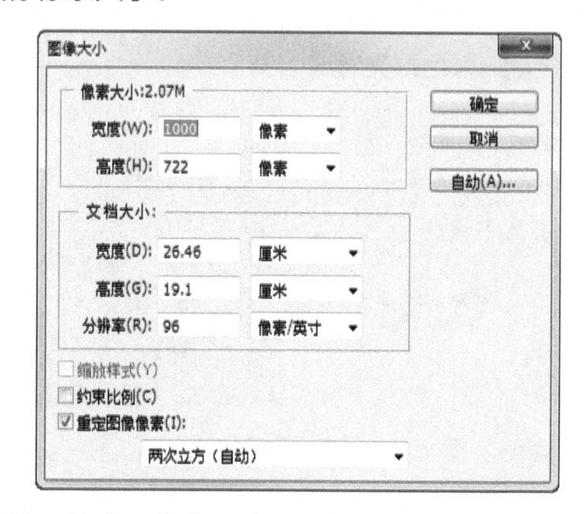

另外，单击图像窗口底部的状态栏，在弹出的菜单中可以快速显示图像的像素值。使用缩放工具将图像放大，可以看到图像中有许多不同颜色的小方格，这些就是被放大的像素，一个像素代表一种颜色，因此，我们就会看到类似马赛克的画面效果，图像放得越大，这种效果就越明显。

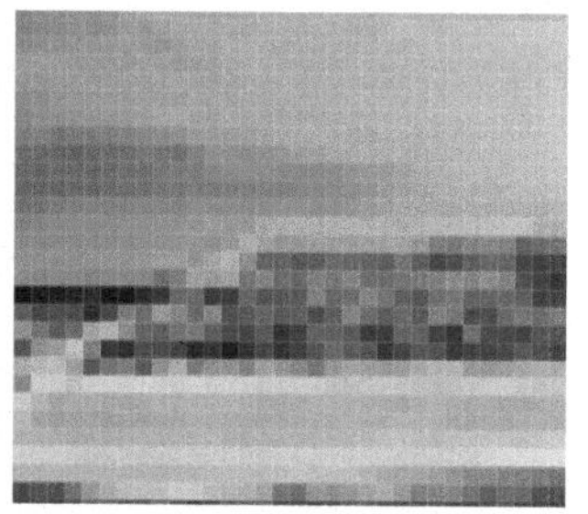

2. 矢量图像

矢量图也称为矢量形状或矢量对象，它由一些用数学方式描述的曲线组成，其基本组成单位是锚点和路径。比较具有代表性的矢量软件有 Adobe Illustrator、CorelDRAW 等。

与点阵图不同，矢量图文件无论放大或缩小多少，它的边缘都是平滑的，尤其适用于制作企业标志。这些标志无论用于商业信纸，还是招贴广告，只用一个电子文件就能满足要求，可随时缩放，而效果一样清晰。

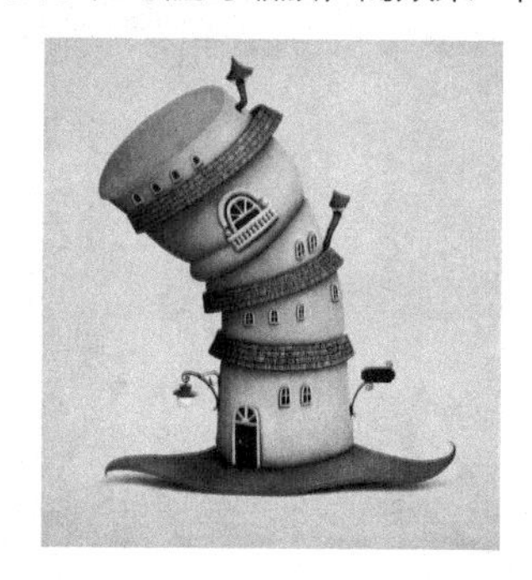

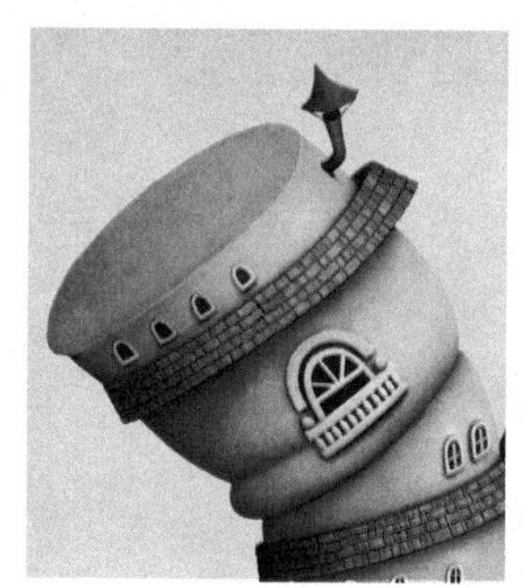

1.3.3 文件的存储格式

当用户制作好图像后，需要将其存储起来。存储图像时，需要选择正确的存储格式，才能更好地应用到后期制作中。图像文件有多种格式，而在 Photoshop 中常用到的文件格式有 PSD、JPEG、TIFF、GIF、BMP 等。

选择【文件】/【存储】或【文件】/【存储为】命令后，打开“存储为”对话框，在“格式”下拉列表框中可以看见所有需用到的文件格式。选择【文件】/【打开】命令，也可在打开的对话框中查看可以使用的文件格式。

文件格式主要有通用型和专用型两种。所谓通用，就是大多数软件都能支持显示的格式，如 TIF、JPG、GIF、PNG 等。其中，JPG 格式是目前最常用的图像存储格式，一般传送图像都应优先选择这种格式。而专用型，则是该软件专用的一种文件格式，如 PSD 为 Photoshop 专用格式、CDR 为 CorelDRAW 专用格式等。

下面分别介绍 Photoshop 中几种常用的文件格式。

- PSD（*.PSD）、PDD 格式：这两种图像文件格式是 Photoshop 专用的图形文件格式，Photoshop 有其他文件格式所不能包括的关于图层、通道等专用信息，也是唯一能支持全部图像色彩模式的格式，但是，以 PSD、PDD 格式保存的图像文件也会比其他格式保存的图像文件占用的磁盘空间更多。
- BMP（*.BMP；*.RLE）格式：BMP 图像文件格式是一种标准的点阵式图像文件格式，支持 RGB、灰度和位图色彩模式，但不支持 Alpha 通道。
- GIF（*.EPS）格式：GIF 图像文件格式是 CompuServe 提供的一种文件格式。将此格式的图像文件进行 LZW 压缩，将会占用较少的磁盘空间。GIF 格式支持 BMP、灰度和索引颜色等色彩模式，但不支持 Alpha 通道。
- JPEG（*.JPG；*.JPEG；*.JPE）格式：JPEG 图像文件格式主要用于图像预览及超文本文档。将以 JPEG 格式保存的图像经过高倍率的压缩后，图像文件变小，但会丢失部分不易察觉的数据，所以在印刷时不宜使用此格式。此格式支持 RGB、CMYK 等色彩模式。
- PDF（*.PDF；*.PDP）格式：PDF 是 Adobe 公司用于 Windows、MacOS、UNIX(R) 和 DOS 系统的一种文件格式，并支持 JPEG 和 ZIP 压缩。
- PNG（*.PNG）格式：在 World Wide Web 中无损压缩和显示图像常使用 PNG 格式。与 GIF 不同的是，PNG 支持 24 位图像，产生的透明背景没有锯齿边缘。此格式支持带一个 Alpha 通道的 RGB、Grayscale（灰度级）色彩模式和不带 Alpha 通道的 RGB、Grayscale（灰度级）色彩模式。
- TIFF（*.TIF；*.TIFF）格式：TIFF 图像文件格式可以在许多图像软件之间进行数据交换，其应用相当广泛，大部分扫描仪都输出 TIFF 格式的图像文件。此格式支持 RGB、CMYK、Lab、Indexed（索引颜色）、Color、BMP、Grayscale（灰度级）等色彩模式，在 RGB、CMYK 等模式中支持 Alpha 通道的使用。

1.4 图像输出

完成图像的处理与制作后，需要将图像打印出来查看最终效果，方便自己确认或供他人欣赏。打印前就需要对输出的参数进行设置，设置时若发现分辨率太低，就需要进行调整，否则会导致画面清晰度不够、输出的成品图像效果较差等情况。下面将介绍图像输出的相关知识，以在输出时得到精美的图像效果。

1.4.1 分辨率与像素的作用

分辨率是指单位长度上的像素数目。单位长度上像素越多，分辨率越高，图像就越清晰，所需的存储空间也就越大。分辨率可分为图像分辨率、打印分辨率和屏幕分辨率等。

- 图像分辨率：图像分辨率用于确定图像的像素数目，其单位有“像素/英寸”和“像素/厘米”。如一幅图像的分辨率为 96 像素/英寸，表示该图像每英寸（1 英寸 =2.54 厘米）包含 96 个像素。

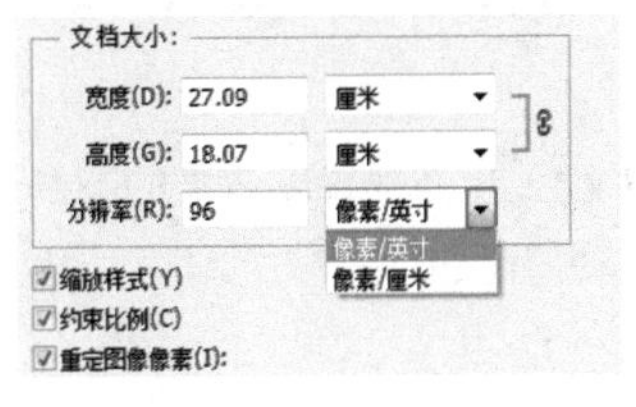

- 打印分辨率：打印分辨率又称输出分辨率，指绘图仪、激光打印机等输出设备在输出图像时每英寸所产生的油墨点数。如果使用与打印机输出分辨率成正比的图像分辨率，就能产生较好的输出效果。
- 屏幕分辨率：屏幕分辨率是指计算机屏幕上显示信息量的大小，屏幕分辨率的大小以水平和垂直像素来衡量。分辨率 160 像素 ×128 像素表明水平方向含有的像素点为 160，垂直方向的像素点为 128。在屏幕尺寸一样的情况下，分辨率越高，屏幕显示效果就越精细和细腻。

像素是组成位图图像最基本的元素。每一个像素都有自己的位置，并记载着图像的颜色信息，一个图像包含的像素越多，颜色信息就越丰富，图像效果也会更好，不过文件也会随之增大。

在打印输出图像时，分辨率的作用将决定图像打印的面积大小。在像素总量不变的情况下，分辨率越高，打印的面积越小，同时图像也越清晰；分辨率越低，打印的面积越大，图像也越粗糙。所以，如果要大面积高精度地输出图像，就需要原始图像具有较高的像素总量。正因为该原因，一些原图文件的容量往往很大，如现在高像素的数码设备拍摄的图像就比较大。

1.4.2 图像的位深度

位深度用于控制图像中使用的颜色数据信息数量，位深度有 8 位 / 通道、16 位 / 通道、32 位 / 通道 3 种。其中位深度越大，图像中可使用的颜色也就越多。选择【图像】/【模式】命令，在弹出的子菜单中即可选择所需的位深度。

✔ 8 位/通道(A)
16 位/通道(N)
32 位/通道(H)

不同位深度的作用如下。

- 8 位 / 通道：该位深度表示图像的每个通道都包含 256 种颜色，图像中可包含 1 600 万或更多的颜色值。
- 16 位 / 通道：该位深度表示每个通道都包含了 6 500 种颜色，其颜色表现度远高于 8 位 / 通道的图像。
- 32 位 / 通道：该位深度的图像又称为高亮度范围图像，是亮度范围最广的一种图像。使用它可以很方便地存储亮度数据。

1.4.3 印刷和打印的区别

印刷与打印都是将图像表现在纸张上，但两者对于分辨率有着不同的要求。

印刷对于分辨率的要求较高，基础标准为 300 像素 / 英寸，低于这个标准的图像印刷成品会显得不够清晰。对于一些高精细印刷需求的图像，还需要更高的分辨率。

打印对于分辨率的要求没有印刷品高，一台普通的打印机只需要 72 像素 / 英寸就可以打印了，但分辨率越高，打印的图像也会越细腻。不过，一般打印泛指打印机、写真机、喷绘机等可连接计算机的输出设备，从工作原理上又可分为针式、喷墨、激光打印机。对应纸张有一定的要求，精度和色彩越高，纸张要求更加光洁、更加好，甚至有特殊涂层。

总的来说，打印速度慢，清晰度不如印刷，而且打印不可能大批量地进行，如果需要数量为几千或上万张，单靠打印既浪费时间，成本也较高。比如打印 1 000 张可能需要 1 000 元，而印刷 1 000 张可能只要 500 元，数量越少，均摊到每张的印刷成本就越大。另外，印刷可以印制大幅面的纸张和比较厚或较薄的纸张，而打印就不可以，打印对纸的大小、厚薄要求都比较严。

但另一方面，如果印制量很小，而又没有纸张的特别限制，打印就可以显示出它的方便快捷。因为印刷需要经过印前、印刷、印后等一系列复杂的过程，并且这些都是要收费的。

所以选择打印还是印刷要看具体的制作要求。

高手秘籍

1. 在 Photoshop 中排列图像窗口

当在 Photoshop 中打开多个图像时，为了更方便地在 Photoshop 中编辑需要的图像，可以对图像的显示方式进行排列。选择【窗口】/【排列】命令，在弹出的子菜单中可选择所需的排列方式，即可得到相应的排列效果。

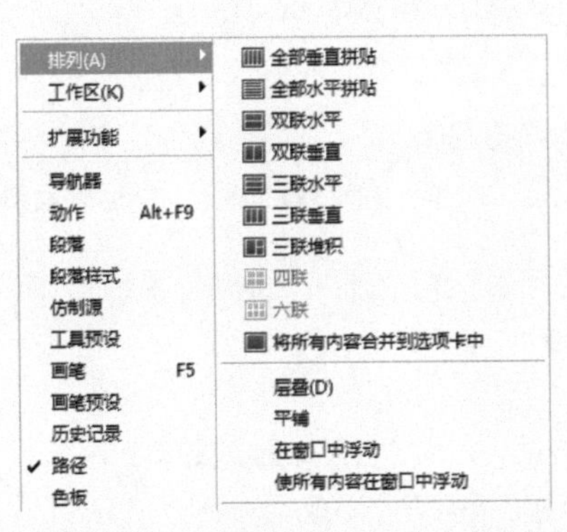

如果被打开的图像尺寸不一致，则打开后的显示比例也不一样，这时选择【窗口】/【排列】/【匹配缩放】和【匹配位置】命令，可以将图像窗口中显示的比例设置为一致。

2. 自定义 Photoshop CS6 的工作界面

若用户的常用工作区和 Photoshop 预设的工作区不一致，可以通过创建自定义工作区的方法，创建适合自己操作习惯的工作区。创建方法是：将需要显示的面板排列好，并将不需要的面板关闭，然后选择【窗口】/【工作区】/【新建工作区】命令，在打开的对话框中为工作区设置名称，单击 存储 按钮，即可将当前工作区存储为预设的工作区。当需要使用存储的工作区时，可以选择【窗口】/【工作区】命令，在子菜单中选择已设置的工作区名称即可。

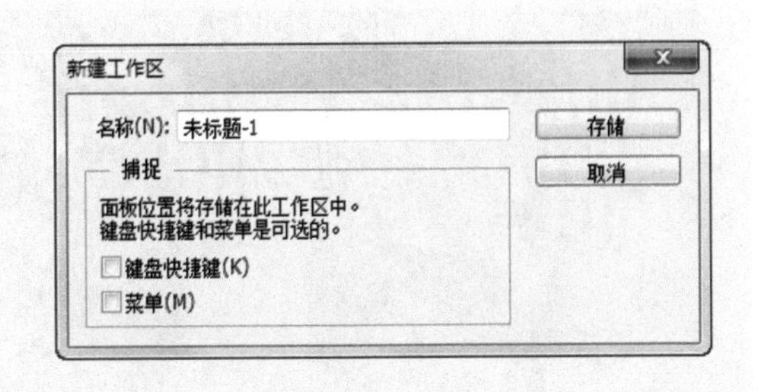

如果想将不需要的工作区删除掉，用户只需选择【窗口】/【工作区】/【删除工作区】命令，在打开的“删除工作区”对话框中选择需要删除的工作区，单击 删除(D) 按钮即可。

3. 使用标尺和参考线

标尺可以帮助用户固定图像或元素的位置，选择【视图】/【标尺】命令，或按【Ctrl+R】组合键，可在图像窗口顶部和左侧分别显示水平和垂直标尺。显示标尺后，将鼠标移动到水平标尺上，向下拖动即可绘制一条绿色的水平参考线，若将鼠标移动到垂直标尺上，向右拖动即可绘制一条垂直参考线。若用户想要创建比较精确的图像，可选择【视图】/【新建参考线】命令，打开“新建参考线”对话框，在“取向”栏中选择创建水平或垂直参考线，在“位置”数值框中设置参考线的位置。

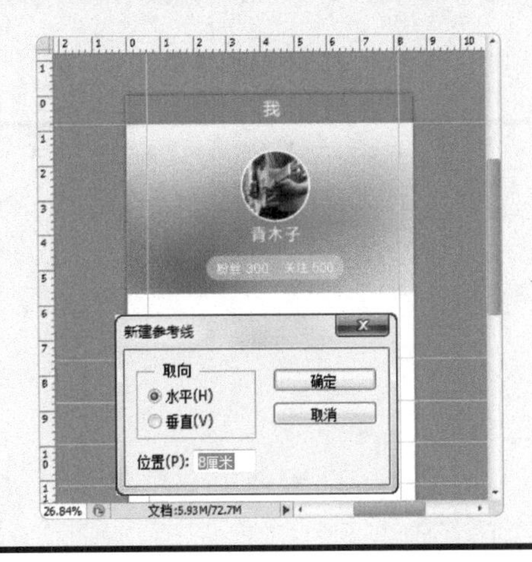

参考线在图像处理过程中使用比较频繁，它可以让制作的图像更加精确，并且节省制作时间。

提高练习

1. 将图像转换为双色调模式

在Photoshop中，可以将图像转换为如黄色、紫色等双色调颜色模式。下面打开素材文件“礼品.jpg”，将其转换为双色调图像，制作要求如下。

素材：素材\第 1 章\礼品 .jpg

- 选择【图像】/【模式】/【灰度】命令，单击扔掉按钮，将图像转换为灰度图像。
- 选择【图像】/【模式】/【双色调】命令，打开“双色调选项”对话框，设置“类型”为“双色调”，然后设置颜色和名称。
- 单击确定按钮，即可得到双色调图像效果。

2. 定义个性工作区

在 Photoshop 中，用户可以定制自己习惯的工作区。打开 Photoshop 界面，定义个性工作区，要求如下。

- 选择【窗口】/【工作区】/【复位基本功能】命令，工作区将回到基本面板和工具箱功能状态。
- 使用鼠标按住“调整”面板组右侧的灰色矩形条，可以将其拖动出来，按照设计的喜好进行排列。
- 拖动“色板”面板组到“调整”面板组中的灰色矩形条中，当出现一条蓝色线条时释放鼠标，再将“颜色”面板合并到“调整”面板中，得到自己所需的工作区。
- 选择【窗口】/【工作区】/【新建工作区】命令，存储定义的工作区。

转换为双色调

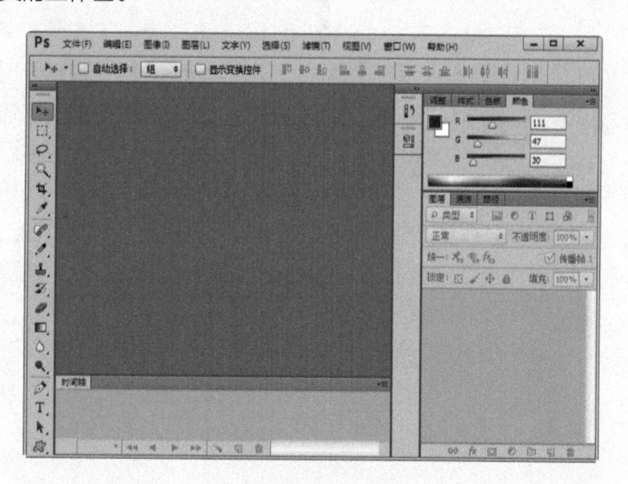
定义个性工作区

02 Chapter 第 2 章

Photoshop 常用基本操作

/ 本章导读

Photoshop 的功能十分强大，我们应该按照循序渐进、层层深入的方式来深入、系统地学习 Photoshop 的各种功能。本章主要介绍 Photoshop 中的常用基本操作。这些操作方法是 Photoshop 的基础，对于后面的图像处理、作品设计将起到非常重要的作用。

2.1 图像文件的管理

图像文件是 Photoshop 操作的基础，任何 Photoshop 的操作都需要基于图像文件才能进行。下面将讲解图像文件的管理操作，包括新建图像文件、打开图像文件、存储与关闭图像文件等简单操作，方便进行图像的其他编辑操作。

2.1.1 新建图像文件

新建图像文件是使用 Photoshop 制图时经常会使用到的操作，新建图像文件后，用户即可在新建的空白文档中对图像进行编辑。

选择【文件】/【新建】命令或按【Ctrl+N】组合键，打开“新建”对话框，在其中可设置名称、宽度、高度和分辨率等信息。

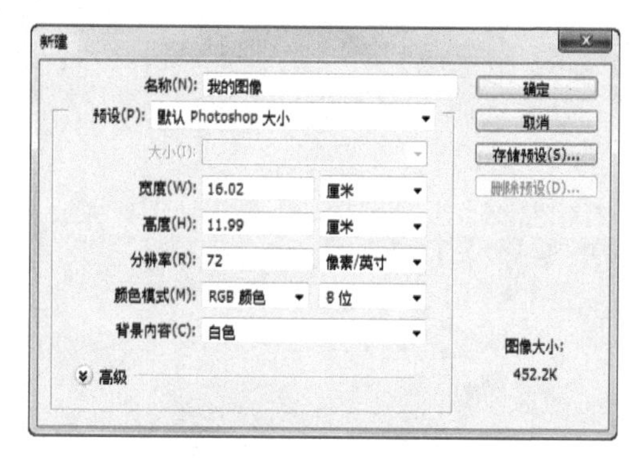

“新建”对话框中各选项的作用如下。

- 名称：用于设置新建图像文件的名称。在保存文件时，文件名将会自动显示在“存储为”对话框中。
- 预设/大小：在其中预设了很多常用的文档预设尺寸。在进行设置时，可先在“预设”下拉列表中选择需要预设的文档类型，再在“大小”下拉列表中选择预设尺寸。
- 宽度/高度：用于设置图像的具体宽度和高度，在其右边的下拉列表框中可选择图像的单位。
- 分辨率：用于设置新建的分辨率，在右边的下拉列表框中可选择分辨率尺寸。
- 颜色模式：用于设置图像的颜色模式，包括位图、灰度、RGB 颜色、CMYK 颜色和 Lab 颜色。
- 背景内容：可以选择文件背景的内容，包括白色、背景色和透明。
- 高级：单击»按钮，显示隐藏的选项。在“颜色配置文件”下拉列表框中可为文件选择一个颜色配置文件；在“像素长宽比”下拉列表框中可以选择像素的长宽比，该选项一般在制作视频时才会使用。
- 存储预设：单击 存储预设(S)... 按钮，将打开“新建文档预设”对话框，在其中输入新建预设的名称，将当前设置的文件大小、分辨率、颜色模式等创建成一个新的预设。存储的预设将自动保存在“预设”下拉列表中。
- 删除预设：选择自定义的预设后，单击 删除预设(D)... 按钮可将当前预设删除。

疑难解答

什么是纸张规格?

在“预设”下拉列表框中有多种纸张规格，这是根据纸张的规格来划分的。纸张的规格是指纸张制成后，经过修整切边，裁成一定的尺寸。按照国际标准，规定以A0、A1、A2、B1、B2…标记来表示纸张的幅面规格。如“A4”纸，就是将A型基本尺寸的纸折叠4次，所以一张A4纸的面积就是基本纸面积的1/16（2的4次方分之一），其余依次类推。

2.1.2 打开图像文件

要对一个图像进行处理，首先要确认文件已经存在于计算机中，然后在计算机中找到该文件并将其打开。在 Photoshop 中打开图像的方法很多，选择“文件”菜单后，可通过“打开”命令、“在 Bridge 中浏览”命令、“打开为”命令、“最近打开文件”命令、“打开为智能对象”命令等几种方法打开。下面将对它们进行讲解。

1. 使用“打开”命令

选择【文件】/【打开】命令，打开“打开”对话框，在其中选择需要打开的图像文件，单击 打开(O) 按钮即可。

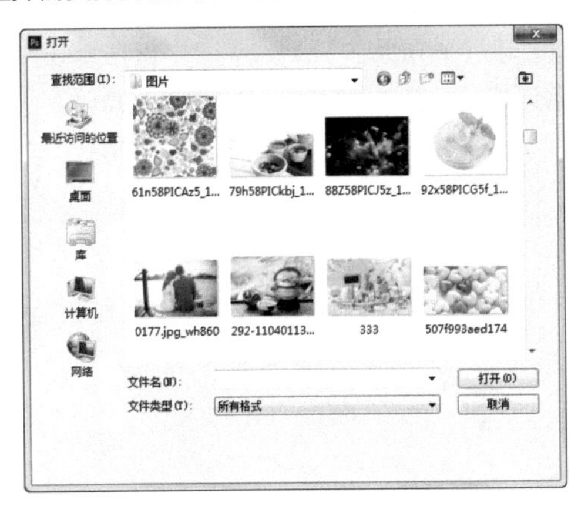

“打开”对话框中各选项的含义如下。

- 文件名：显示所选文件的文件名。
- 文件类型：用于设置显示需要打开文件的类型，当文件夹中有很多文件时，设置文件类型可加快寻找文件的速度。

技巧秒杀

使用“打开为”命令

如果使用与文件实际格式不匹配的扩展名存储文件或文件没有扩展名时，Photoshop不能使用“打开”命令打开文件。这时可选择【文件】/【打开为】命令，打开“打开”对话框，再在“打开为”下拉列表中选择需要的扩展名，选择文件，然后单击 打开(O) 按钮即可。

2. 使用“在 Bridge 中浏览”命令

一些 PSD 文件不能在“打开”对话框中正常显示，此时就可使用 Bridge 打开。其方法是：选择【文件】/【在 Bridge 中浏览】命令，启动 Bridge。在 Bridge 中选择一个文件，双击即可将其打开。

3. 使用“最近打开文件”命令

Photoshop 可记录最近打开过的 10 个文件，选择【文件】/【最近打开文件】命令，在其子菜单中选择文件名即可将其打开。

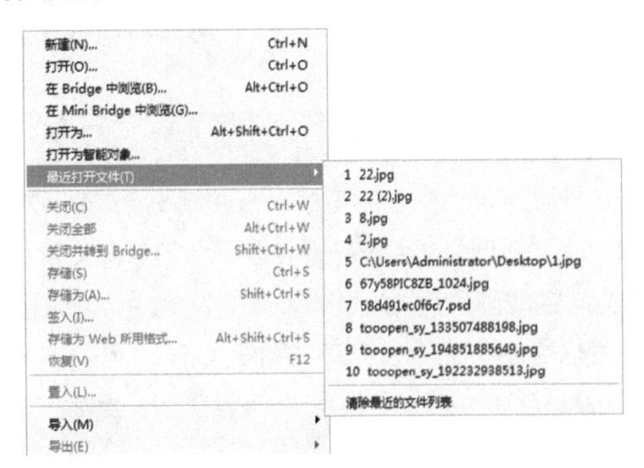

4. 使用“打开为智能对象”命令

智能对象是一个嵌入到当前文档的文件，对它进行任何编辑都不会对原始数据有任何影响。选择【文件】/【打开为智能对象】命令，打开“打开”对话框，此时图像将以智能对象打开。此外，将图像文件直接拖动到其他已经打开的图像中，被拖动的图像文件也会成为智能对象。

技巧秒杀

“存储”和“关闭”图像

在完成图像编辑操作后需要对图像进行存储，选择【文件】/【存储】命令或按【Ctrl+S】组合键，即可对正在编辑的图像进行保存。

在编辑完图像后，就需要关闭图像。选择【文件】/【关闭】命令，或按【Ctrl+W】组合键，或单击文档窗口右上角的 × 按钮，即可关闭文件。

2.2 图像的编辑

新建或打开图像文件后，就可以进行图像或画布大小的调整。同时，也可通过移动图像、复制图像、剪切图像、变换图像等操作来对图像位置、大小、方向等进行变换，使图像效果更加美观。下面讲解 Photoshop 中图像编辑的常见方法。

2.2.1 调整图像与画布大小

新建图像文件是使用 Photoshop 制图时经常会使用到的操作，新建图像文件后，用户即可在新建的空白文档中对图像进行编辑。

1. 调整图像大小

一个图像的大小由它的宽度、长度、分辨率来决定，在新建文件时，“新建”对话框右侧会显示当前新建文件的大小。当图像文件完成创建后，如果需要改变其大小，可以选择【图像】/【图像大小】命令，打开“图像大小”对话框。

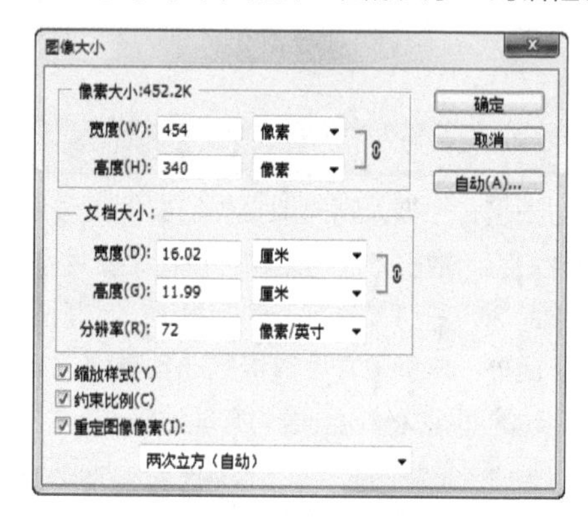

“图像大小”对话框中各选项的作用如下。

- 像素大小 / 文档大小：通过在数值框中输入数值来改变图像大小。
- 分辨率：在数值框中重设分辨率来改变图像大小。
- 约束比例：单击选中该复选框，在“宽度”和“高度”数值框后面将出现“链接”标志，表示改变其中一项设置时，另一项也将按相同比例改变。
- 重定图像像素：单击选中该复选框可以改变像素的大小。

下图为重新设置图像大小后的对比。而重新设置分辨率会影响图像的清晰度。

2. 调整画布大小

使用“画布大小”命令可以精确地设置图像画布的尺寸。选择【图像】/【画布大小】命令，打开“画布大小”对话框，在其中可以修改画布的“宽度”和“高度”参数。

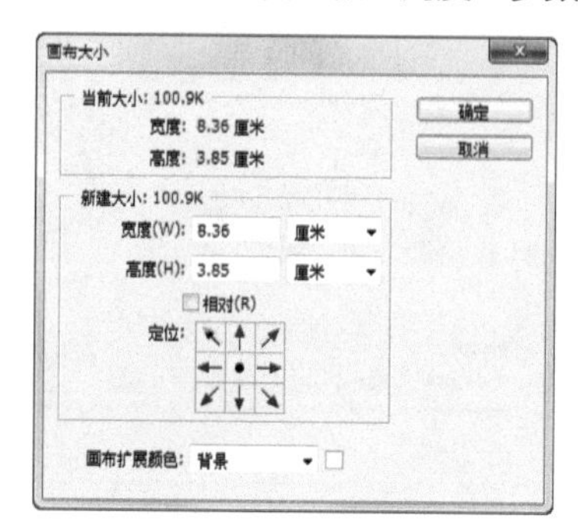

“画布大小”对话框中各选项的作用如下。

- 当前大小：显示当前图像画布的实际大小。
- 新建大小：设置调整后图像的宽度和高度，默认为当前大小。如设定的宽度和高度大于图像尺寸，Photoshop 就会在原图像的基础上增加画布面积；反之则画布面积减小。
- 相对：若单击选中该复选框，则“新建大小”栏中的“宽度”和“高度”表示在原画布的基础上增加或是减少的尺寸（而非调整后的画布尺寸），正值表示增大尺寸，负值表示减小尺寸。
- 定位：用于设置当前图像在新画布上的位置，如进行扩大画布操作，并单击左上角的方块，其画布的扩大方向就是右下角。下图为使用不同的定位产生的画布扩大效果。

疑难解答

提高图像分辨率会让图像更清晰吗？

我们都知道，分辨率高的图像包含更多细节，而Photoshop只能在原始数据的基础上调整图像分辨率，所以，如果原始图像的分辨率较低、细节也模糊，即便提高它的分辨率也不会让图像变得更加清晰。

2.2.2 移动图像

移动图像是处理图像时必须的操作，移动图像都是通过移动工具实现的。只有选择图像后，用户才能对其进行移动。移动图像包括在同一文件中移动图像和在不同文件中移动图像两种方式。

1. 在同一文件中移动图像

在“图层”面板中单击要移动的对象所在的图层，然后在工具箱中选择移动工具，使用鼠标拖动即可移动该图层中的图像。

2. 在不同文件中移动图像

在处理图像时，时常需要在一个图像文件中添加别的图像。此时，就需要将其他图像移动到正在编辑的图像中。在不同图像文件中移动图像的方法是：打开两个或两个以上的图像文件，选择移动工具，使用鼠标选择需要移动的图像图层，使用鼠标将其拖动到目标图像中即可。

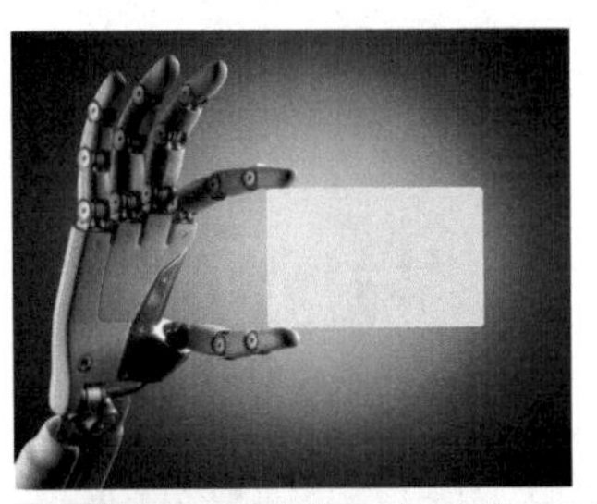

2.2.3 复制与粘贴图像

复制图像就是对整个图像或图像的部分区域创建副本，然后将图像粘贴到另一处或另一个图像文件中。在 Photoshop 中，还可以对图像进行原位置复制、合并复制等特殊操作。

1. 复制图像

打开一个需要复制的图像文件，在图像中创建选区，选择【编辑】/【拷贝】命令，或按【Ctrl+C】组合键，即可将选中的图像复制到剪贴板中，此时，画面中的图像内容保持不变。

2. 合并复制图像

当图像文件中包含多个图层时，选择【编辑】/【合并拷贝】命令，可以将所有可见图层中的图像复制到剪贴板中。下图是复制图像，然后粘贴到另一个文件中的效果。

3. 剪切图像

选择【编辑】/【剪切】命令，可以将图像从画面中剪切掉。下图是将剪切的图像粘贴到另一个文件中的效果。

4. 粘贴图像

在图像中创建选区，对其应用复制或剪切命令，选择【编辑】/【粘贴】命令，或按【Ctrl+V】组合键，可以将复制或剪切的图像粘贴到另一个文件中，如下图所示。

复制或剪切图像后，还可以选择【编辑】/【选择性粘贴】命令来粘贴图像。

- 原位粘贴：选择该命令，可以将图像按照其原位置粘贴到文档中。
- 贴入：当图像中创建选区后，选择该命令，可以将图像粘贴到选区中并自动添加蒙版，并将选区外的图像隐藏。
- 外部粘贴：当图像中创建选区后，选择该命令，可以粘贴图像并自动创建蒙版，并隐藏选区中的图像。

2.2.4 图像变换

微课：图像变换

旋转、缩放、斜切、水平翻转、垂直翻转都是图像变形的基本操作。本例将打开“蓝天白云.jpg”图像，在其中添加素材图像，并使用“变换”命令，变换图像的方向和形状，组成天空中的绿色圆球阶梯图像，其具体操作步骤如下。

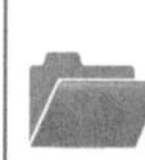

素材：素材\第2章\绿球阶梯\蓝天白云.jpg、草球.psd、门.psd、藤蔓.psd、鸽子.psd、梯子.psd、文字.psd、树叶.psd
效果：效果\第2章\绿球阶梯.psd

STEP 1 移动图像

打开“蓝天白云.jpg”和“草球.psd”图像；选择“草球”图像，使用移动工具将草球图像直接拖动到“蓝天白云”图像中。

STEP 2 缩小图像

选择【编辑】/【变换】/【缩放】命令，此时绿球图像周围将出现一个矩形框。按住【Shift】键使用鼠标将右上角的控制点向左下方拖动，等比例缩小图像，并将其拖动到图像左侧。

STEP 3 垂直翻转图像

❶按【Enter】键确定变换。按【Ctrl+J】组合键，复制绿

球图像；❷选择【编辑】/【变换】/【垂直翻转】命令，将翻转的图像放到原有绿球图像的下方。

STEP 4　擦除图像

❶选择橡皮擦工具，在属性栏中设置画笔大小为400像素，不透明度为70%；❷对垂直翻转后的绿球图像做适当的擦除，得到倒影效果。

STEP 5　绘制投影

❶设置前景色为黑色，选择画笔工具，在属性栏中设置画笔大小为250像素，不透明度为50%；❷在绿球图像底部绘制投影图像。

STEP 6　自由变换图像

❶打开“门.psd”图像，使用移动工具将其拖动到当前编辑的图像中；❷按【Ctrl+T】组合键自由变换图像，再按住【Shift】键拖动图像右上方控制点缩小图像，放到绿球图像中，按【Enter】键确认变换。

STEP 7　添加藤叶图像

❶打开“藤蔓.psd”图像，使用移动工具将其拖动到当前编辑的图像中；❷选择【编辑】/【变换】/【缩放】命令，适当缩小图像，将其放到绿球图像中。

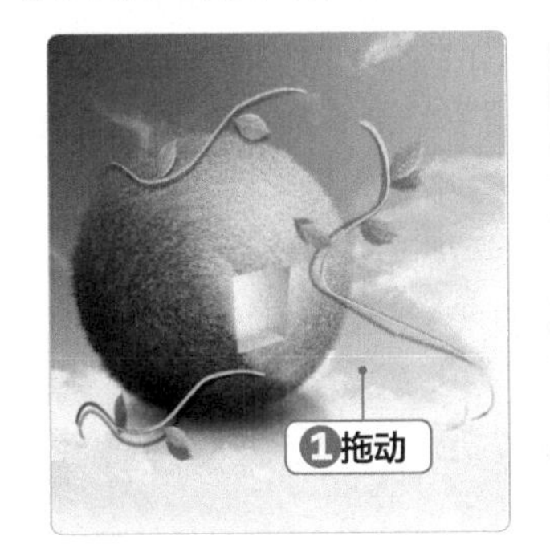

技巧秒杀

快速确认变换

使用变换命令后，图像四周将出现变换框，使用鼠标左键在变换框中双击，也可以确认变换。

STEP 8　变形图像

选择【编辑】/【变换】/【变形】命令，图像周围将出现网格变形调节框，拖动四边的控制手柄，即可调整画面内容；按【Enter】键确认变换。

STEP 9 添加其他素材图像

打开“鸽子.psd”“梯子.psd”和“文字.psd”“树叶.psd”素材图像；使用移动工具分别将这些素材图像拖动到当前编辑的图像中，使用“变换”命令适当调整图像大小，放到画面中。

STEP 10 翻转图像

选择梯子图像所在图层，按【Ctrl+J】组合键复制该图像；按【Ctrl+T】组合键，在变换框中单击鼠标右键，在弹出的快捷菜单中选择“垂直翻转”命令，得到翻转的图像。

STEP 11 调整变换框

❶按住【Ctrl】键调整变换框中的控制点，拖动各种控制点将复制的梯子图像调整为倾斜的形状；❷按【Enter】键确认变换。将图像放到原有梯子图像下方。

STEP 12 制作倒影图像

❶选择橡皮擦工具，在属性栏中设置画笔大小为200像素，设置不透明度为70%，擦除复制的梯子图像的下部分；❷在“图层”面板中设置该图层的不透明度为67%，得到梯子的倒影图像。

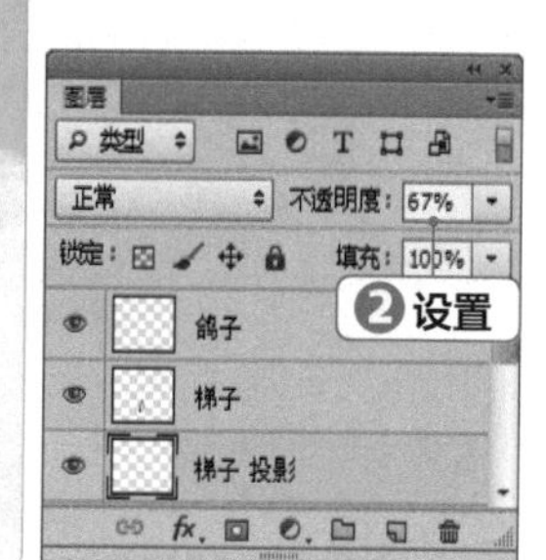

2.3 图像的绘制

在Photoshop中可以自己绘制图像，绘制的图像效果看起来更加饱满、质感更强。在Photoshop中通过画笔工具、形状工具等能自由绘制需要的图像，通过吸管工具和渐变工具等能为图像填充丰富的颜色，下面将分别介绍这些知识。

2.3.1 吸管工具与颜色选取

颜色可以让图像效果更加丰富饱满，在Photoshop中进行文字输入、画笔绘图、填充、描边等操作时都不能离开颜色。使用颜色前需要先选择颜色，在Photoshop中，用户不仅可以利用吸管工具吸取图像中的颜色，还可以通过“颜色”面板色谱图、“拾色器”选取颜色。

1. 使用吸管工具

使用吸管工具可以将图像中的任意颜色设置为前景色。在工具箱中选择吸管工具，将鼠标指针移动到需要取色的位置处单击即可，吸取后的颜色将在工具箱底部的前景色中显示。

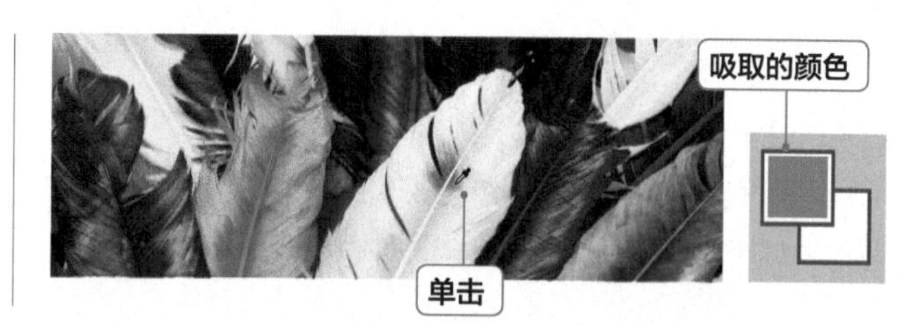

2. 颜色的选取

除了吸取颜色，Photoshop 还为用户提供了多种选择任意色彩的方式，其中最常用的方式有以下 3 种。

- **使用“颜色”面板：**按【F6】键打开“颜色”面板，拖动滑块即可确定颜色。滑块分为灰度、RGB、CMYK、Lab、Web 颜色等，代表着不同的颜色模式，可单击面板右上角的▾≡按钮，从弹出的菜单中进行切换。

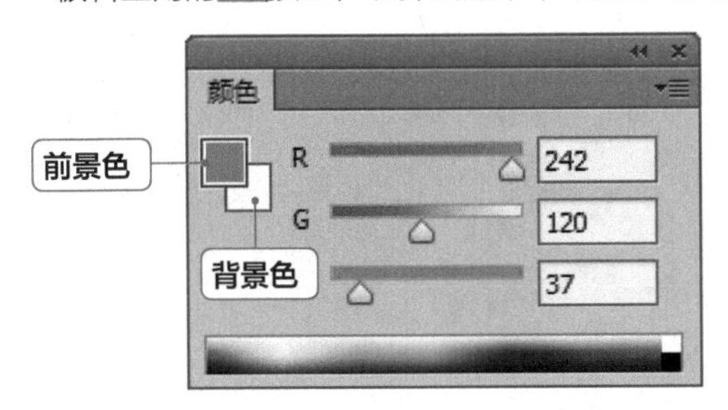

- **使用色谱图：**在“颜色”面板底部有一个色谱图，用鼠标在其中单击即可选中颜色。选色的同时，上方的滑块数值会随之变化。色谱最右侧为纯白或纯黑。单击面板右上角的▾≡按钮，从弹出的菜单中可以选择色谱样式。色谱分为 RGB、CMYK、灰度和当前颜色。

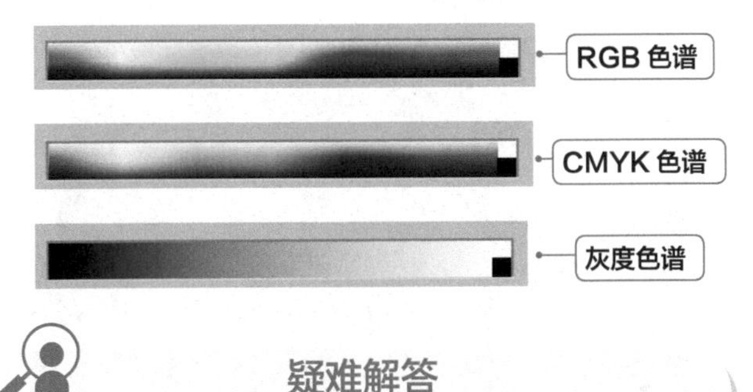

疑难解答

什么是“当前颜色”？

“当前颜色”是指从已选颜色到纯白色的过渡，一般应用于印刷图像时选取淡印色。

- **使用拾色器：**单击工具箱底部的前景色或背景色色块，即可打开“拾色器”对话框。对话框中间垂直的竖条是色谱，默认情况下 HSB 栏中的 H 会被选中，表示当前色谱为色相色谱，即红橙黄绿青蓝紫。当我们要选择一种颜色时，可以将色谱两侧的滑块移动到一个颜色区域，然后在对话框左侧的大方框内单击需选取的颜色。

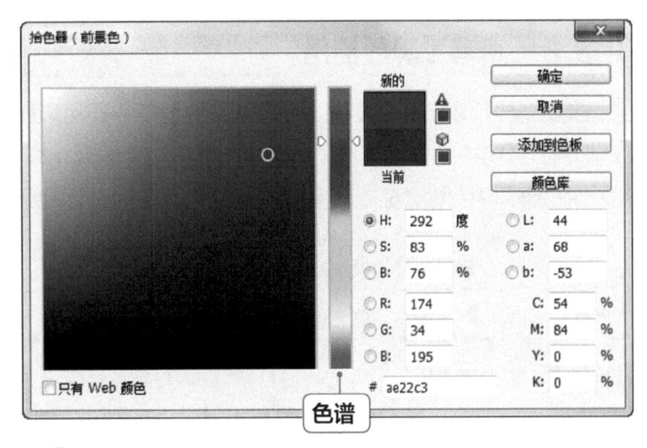

疑难解答

如何直接获取颜色？

对于一些预先设定好的颜色，可以用数值来体现。直接在“拾色器”对话框右侧相应的参数文本框中输入数值，即可取得颜色。

技巧秒杀

选择黑白灰颜色

在“拾色器”对话框中，灰度色始终是固定的。最左侧的竖条为灰度色彩，左上角为纯白色，底部的横向区域为纯黑色。在选择纯白色时，应将颜色区域中的小圆圈放到方框左上方最顶端，圆圈只剩下一半时，该颜色为纯白色；选择纯黑色时，应将小圆圈放到颜色方框最底部；选择灰色时，可将小圆圈放到颜色方框最左侧。

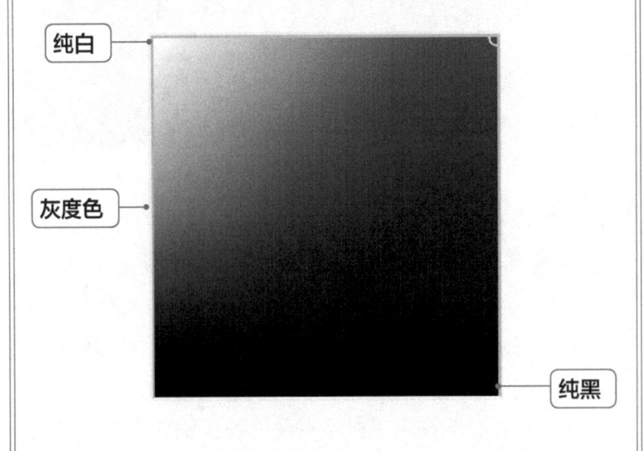

2.3.2 画笔工具的使用

微课：画笔工具的使用

画笔工具不仅可用来绘制边缘较柔和的线条，还可以根据系统提供的不同画笔样式绘制不同的图像效果。单击工具箱中的画笔工具，将鼠标指针移动到图像编辑区单击或拖动就可以使用前景色进行图像绘制。下面将在图像中绘制魔法棒光带效果，通过该实例具体介绍画笔工具的使用方法。

素材：素材\第 2 章\魔法 .jpg
效果：效果\第 2 章\仙女的魔法棒 .psd

STEP 1 新建图层

❶打开“魔法 .jpg”素材图像；❷单击“图层”面板底部的“创建新图层”按钮，新建一个图层。

STEP 2 设置画笔

❶选择画笔工具，在属性栏中设置不透明度为 70%；❷单击属性栏左侧的“切换画笔面板”按钮，打开“画笔”面板；❸选择画笔样式为柔角，设置大小为 30 像素。

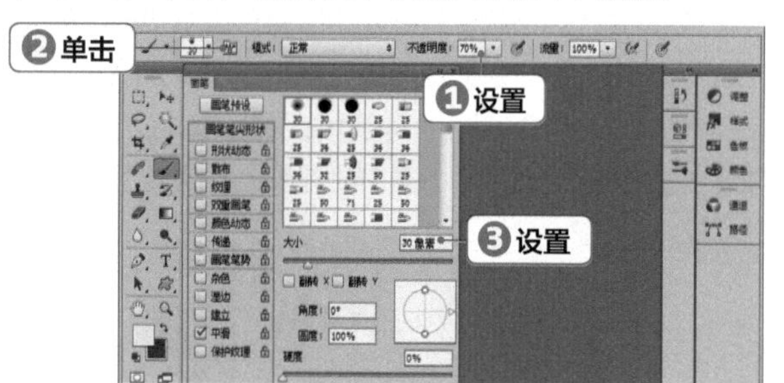

技巧秒杀

“画笔笔尖形状”选项面板部分选项的作用

- 翻转 X/ 翻转 Y：单击选中☑翻转 X复选框，画笔笔尖将在 X 轴上翻转；单击选中☑翻转 Y复选框，画笔笔尖将在 Y 轴上进行翻转。
- 角度：用于设置椭圆和样本画笔的长轴在水平方向的旋转角度。
- 圆度：用于设置画笔长轴和短轴的比例。
- 硬度：用于控制画笔硬度中心的大小。数值越大，硬度中心越大，画笔边缘越刚硬。

STEP 3 制作淡绿色圆点

设置前景色为淡绿色“#a9fafb”，在魔法棒顶端单击鼠标，绘制出半透明的淡绿色光点图像。

STEP 4 制作白色高光圆点

设置前景色为白色，并按【{】键缩小画笔，在淡绿色图像中单击，得到白色高光圆点图像。

技巧秒杀

“画笔”面板左侧常用画笔类型

在“画笔”面板左侧有多种画笔设置类型，选择不同的类型将显示对应画笔选项。使用较多的是“形状动态”“散布”和“颜色”选项。“形状动态”选项用于设置绘制时画笔笔迹的变化，可设置绘制画笔的大小、圆角等产生的随机效果；“散布”选项用于对绘制的笔迹数量和位置进行设置；“颜色动态”选项可为笔迹设置颜色的变化效果。

STEP 5 设置画笔样式

❶新建一个图层，在“画笔”面板中设置画笔大小为 5 像素，

间距为 880%；❷选择面板左侧的“散布”选项，在面板中单击选中 ☑两轴 复选框，设置参数为 1 000%，设置数量为 3。

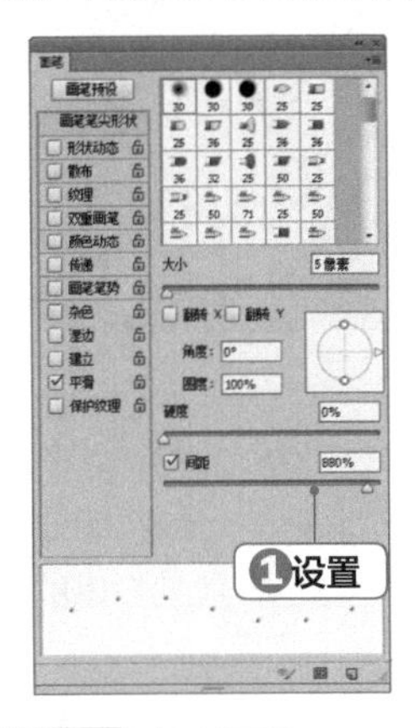

STEP 6 绘制图像

❶选择“形状动态”选项，设置大小抖动参数为 100%，其他参数为 0；❷设置前景色为白色，以魔法棒顶端为起点，向右侧拖动一串弯曲走向的白色圆点，得到魔法棒光带的基本走向图。

STEP 7 设置画笔样式

设置前景色为淡绿色“#a9fafb”，并设置画笔大小为 2 像素，在魔法棒顶端绘制出较为密集的光带图像。

STEP 8 绘制其他光点图像

设置前景色为白色，依照光斑走向，沿途绘制出其他光带图像；在绘制过程中可以适当调整画笔大小和颜色，得到淡绿色和白色相间，并且大小不一的光带图像。

2.3.3 形状工具的使用

微课：形状工具的使用

Photoshop CS6 自带了 6 种形状绘制工具，其中包括矩形工具、圆角矩形工具、椭圆工具、多边形工具、直线工具和自定形状工具。下面将在图像中绘制卡通字效果，通过该实例具体介绍多种形状工具的使用方法。

素材：素材 \ 第 2 章 \ 星空 .jpg、小女孩 .psd

效果：效果 \ 第 2 章 \ 月光下的卡通字 .psd

STEP 1 打开素材图像

❶打开“星空 .jpg”素材图像，选择工具箱中的圆角矩形工具；❷在属性栏中设置方式为路径，设置半径为 50 像素。

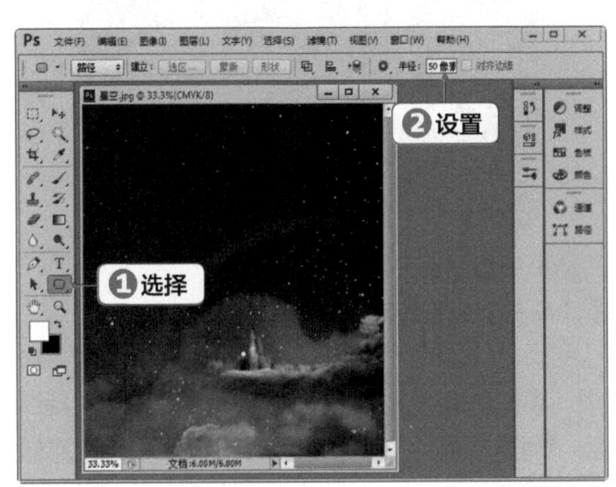

STEP 2 绘制圆角矩形

❶新建一个图层，在图像中按住鼠标左键拖动，绘制出一个圆角矩形；❷单击“路径”面板底部的“将路径作为选区载入”按钮，将路径转换为选区。

STEP 3 设置描边参数

❶选择【编辑】/【描边】命令，打开“描边”对话框，设置描边宽度为 12，颜色为白色，位置为居中；❷单击 确定 按钮，得到描边效果，按【Ctrl+D】组合键取消选区。

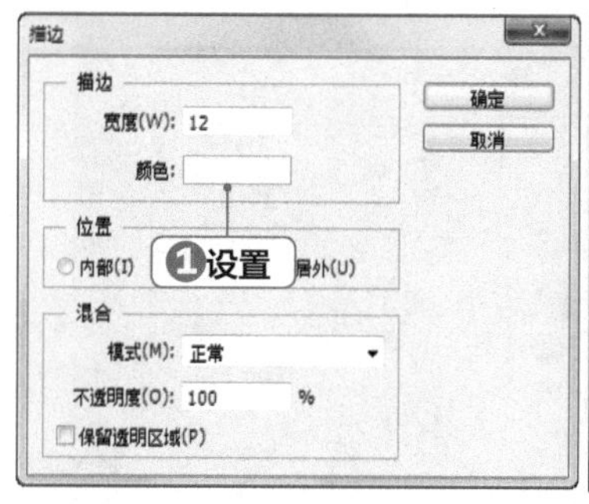

STEP 4 旋转图像后绘制

按【Ctrl+T】组合键适当旋转白色图像；选择圆角矩形工具，在属性栏中设置半径为 30 像素，在白色图像右侧再绘制一个圆角矩形。

STEP 5 描边路径

❶按【Ctrl+Enter】组合键将路径转换为选区，新建一个图层，选择【编辑】/【描边】命令，打开“描边”对话框，对其应用描边，其参数设置与步骤 4 一致，按【Ctrl+D】组合键取消选区；❷按【Ctrl+T】组合键适当旋转图像，得到旋转效果。

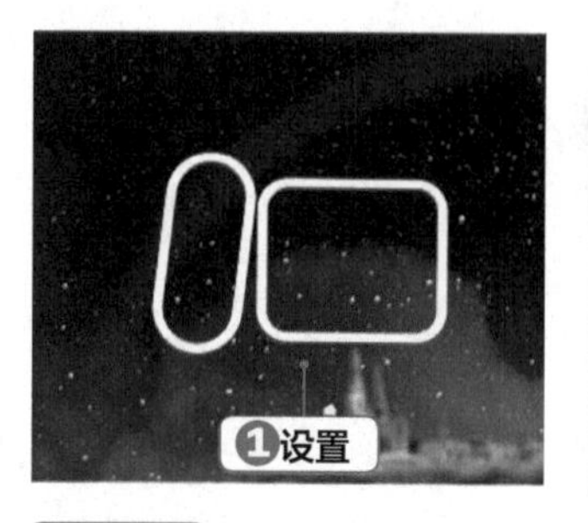

STEP 6 绘制五角星

❶选择多边形工具，在属性栏中设置“边”为 5，单击按钮，在打开的面板中单击选中☑星形复选框；❷在图像中绘制出五角星图形，并将其描边设置为白色，放到右侧的圆角矩形中。

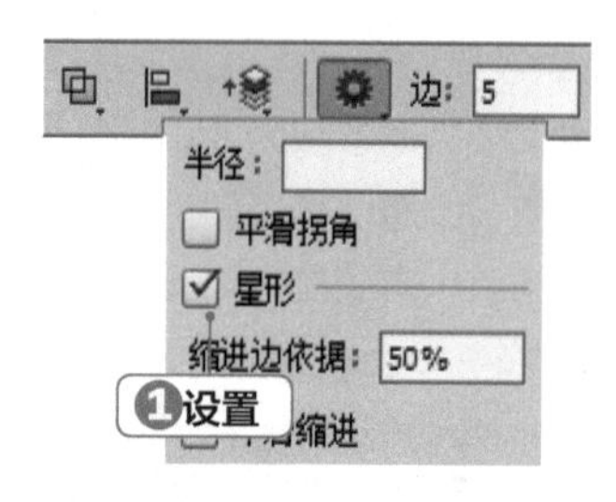

技巧秒杀

多边形工具的设置

使用多边形工具可以创建正多边形和星形。在“边”数值框中输入参数，设置绘制出的形状的边数。“半径”用于设置多边形或星形的半径长度，数值越小，绘制出的图形越小。单击选中☑平滑拐角复选框，将创建有平滑拐角效果的多边形或星形。单击选中☑星形复选框，可绘制星形，其下方的“缩进边依据”数值框用于设置星形边缘向中心缩进的百分比。单击选中☑平滑缩进复选框，绘制的星形每条边将向中心缩进。

STEP 7 绘制曲线条

选择钢笔工具，分别在两个圆角矩形周围绘制曲线条，绘制出“晚”字的卡通形状。

STEP 8 描边路径

❶选择画笔工具，打开“画笔”面板，选择画笔样式为尖角，大小为 12 像素；❷设置前景色为白色，新建一个图层，单击“路径”面板底部的“用画笔描边路径”按钮，得到白色描边路径效果。

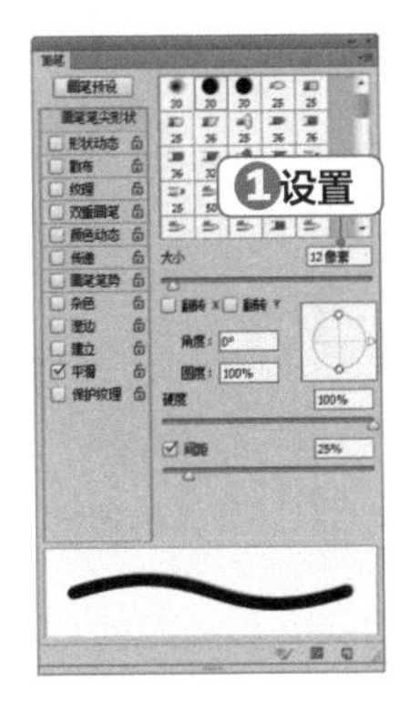

STEP 9 绘制曲线条

❶使用钢笔工具在“晚”字右侧绘制出“安”字的部分笔画路径；❷新建一个图层，单击“路径”面板底部的“用画笔描边路径”按钮，得到白色描边路径效果。

STEP 10 绘制月亮图形

❶选择自定形状工具，单击属性栏中“形状”右侧的下拉按钮，在弹出的面板中选择“新月形边框”图形；❷在“安”字笔画中绘制出月亮图形，并做描边处理。

STEP 11 水平翻转月亮图形

选择【编辑】/【变换】/【水平翻转】命令，水平翻转月亮图形，将其放到文字左侧。

技巧秒杀

其他形状的替换

单击按钮，在打开的下拉列表中罗列了不同样式的形状，选择对应的形状，其面板中将显示对应的形状样式。

STEP 12 绘制其他图形

绘制一个月亮图形，放到“安”字顶部，并适当调整其大小。

STEP 13 添加素材图像

打开“小女孩 .psd”素材图像，使用移动工具将其拖动到当前编辑的图像中，放到画面左侧，完成本实例的制作。

2.3.4 渐变工具的使用

渐变是指两种或多种颜色之间的过渡效果。Photoshop CS6 包括了线性、径向、对称、角度对称和菱形等 5 种渐变方式。下面将在图像中使用渐变工具填充图像，并添加一部分文字，为文字应用渐变颜色填充，制作出中国辣椒形象广告。

素材：素材 \ 第 2 章 \ 辣椒碎片 .psd、辣椒圈 .psd、辣椒文字 .psd、叉子 .psd、印章 .psd
效果：效果 \ 第 2 章 \ 中国辣椒形象广告 .psd

STEP 1 编辑渐变颜色

❶新建一个图像文件，选择工具箱中的渐变工具，单击属性栏左侧的渐变色条，打开“渐变编辑器”对话框，单击左下方的色标图标，单击“色标”栏中的颜色色块，在弹出的对话框中设置颜色为黑色“#000000”；❷再单击右下方的色标，设置颜色为深红色“#430809”；❸单击 确定 按钮。

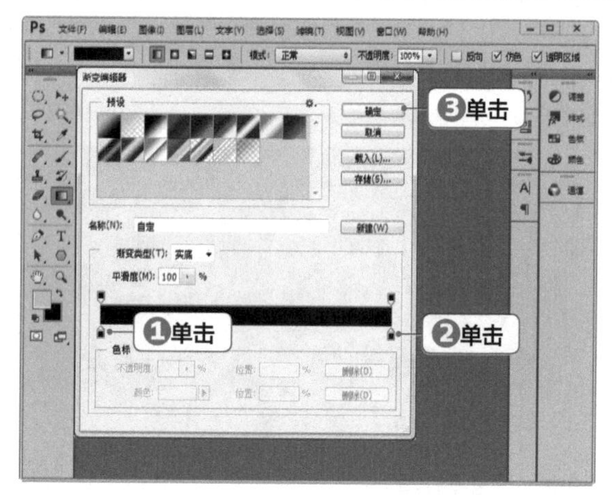

技巧秒杀

渐变工具属性栏中的5种渐变方式

线性渐变，从起点（单击位置）到终点以直线方向进行颜色的渐变；径向渐变，从起点到终点以圆心为起点沿半径方向进行颜色的逐渐改变；角度渐变，围绕起点按顺时针方向进行逐渐改变；对称渐变，在起点两侧进行对称性颜色的逐渐改变；菱形渐变，从起点向外侧以菱形方式进行颜色的逐渐改变。

STEP 2 填充渐变颜色

在渐变工具属性栏单击“线性渐变”按钮，设置渐变类型；在图像下方按住鼠标左键向上拖动，松开鼠标后，得到渐变填充效果。

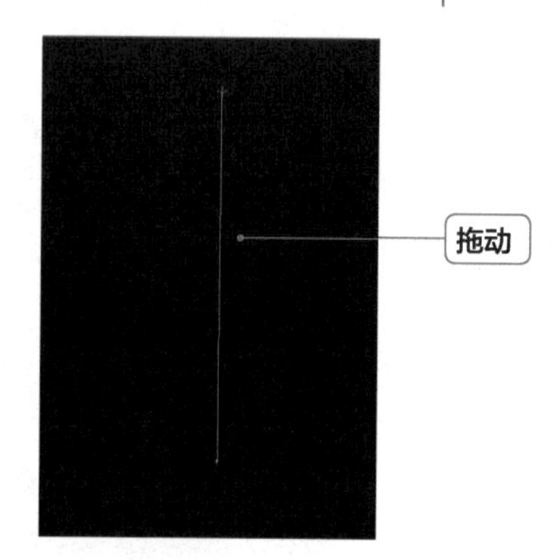

STEP 3 绘制圆形图像

❶新建一个图层，选择椭圆选框工具，按住【Shift】键绘制一个正圆形选区；❷选择渐变工具，打开“渐变编辑器”对话框，设置颜色从灰色“#dedbdb”到浅灰色“#efeeee”，然后在选区中从左上方到右下角拖动，应用线性渐变填充。

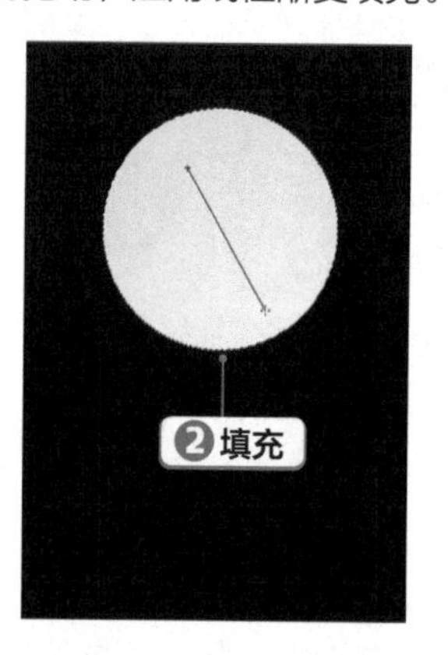

疑难解答

渐变线的范围

在画面中填充渐变色时，拖动的渐变线长度代表了颜色渐变的范围。这个范围指的是“颜色渐变的范围”。这就是为什么在实际操作中，有时渐变线并没有贯穿整幅图像，而它所产生的渐变颜色却填充了整个画面。

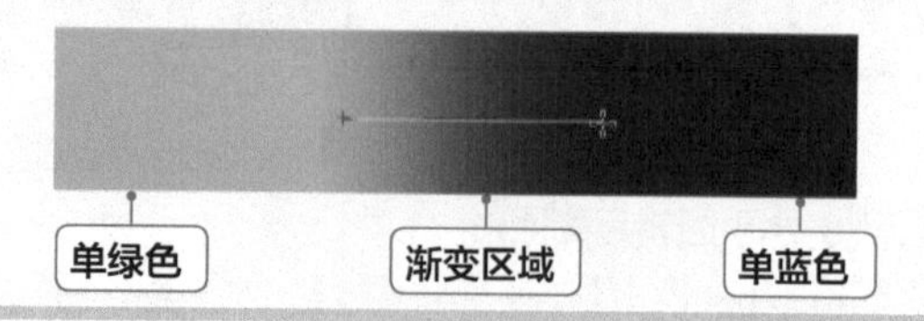

STEP 4 填充渐变颜色

选择【选择】/【变换选区】命令，按【Shift+Alt】组合键拖动四角中心缩小选区；对选区从上到下应用“#f0efef”到“#dddcdc”的线性渐变填充。

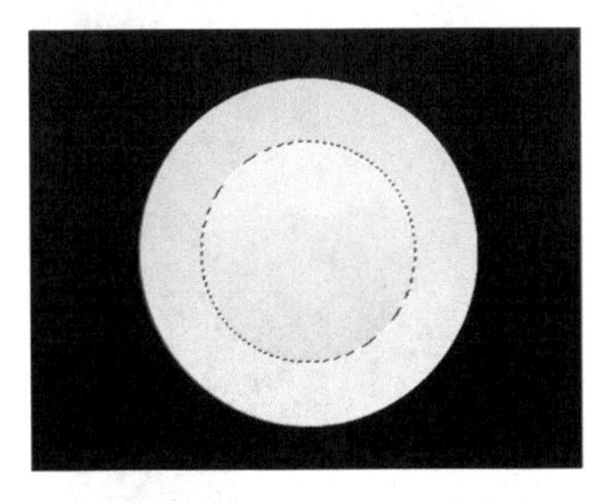

STEP 5 绘制阴影图像

❶选择椭圆选框工具，按住【Alt】键绘制椭圆选区，通过减选得到较小的圆形上边缘月牙形选区；❷设置前景色为灰色“#a9a9a9”，使用画笔工具对选区内部做一定程度的涂抹，得到盘子内部阴影图像。

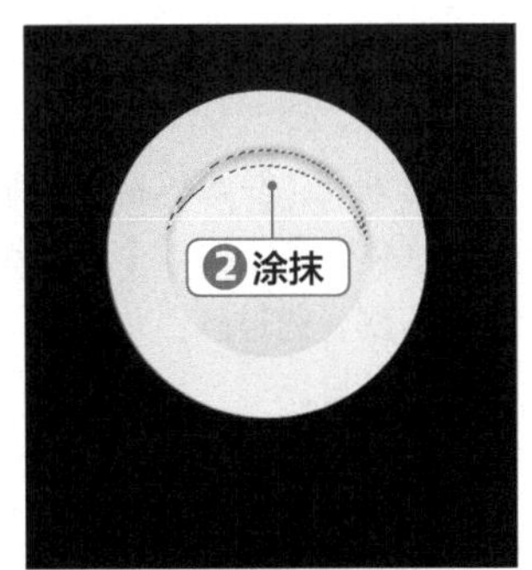

STEP 6 绘制高光图像

❶使用与步骤 5 相同的方法，通过减选选区，获得盘子中下端的月牙形选区；❷设置前景色为白色，使用画笔工具对选区内部做一定程度的涂抹，得到盘子内部高光图像。将盘子有关图层移动到组中。

STEP 7 添加素材图像

❶打开“辣椒圈 .psd”素材图像，使用移动工具将其拖动到当前编辑的图像中，放到盘子图像周围；❷再打开“叉子 .psd”素材图像，将其放到盘子图像中间。

STEP 8 添加文字

❶打开“辣椒文字 .psd”素材图像，使用移动工具先将“辣”字拖动到当前编辑的图像中，放到盘子图像下方；❷按住【Ctrl】键单击该文字所在图层的缩略图，载入图像选区。

STEP 9 设置渐变色

❶选择渐变工具，打开“渐变编辑器”对话框，在渐变色条下方单击，可以增加色标，设置颜色分别为橘黄色“#faeb72”、土黄色“#ad6000”、橘黄色“#faeb72”、淡黄色“#fffad5”；❷单击 确定 按钮，为文字从下到上应用线性渐变填充效果。

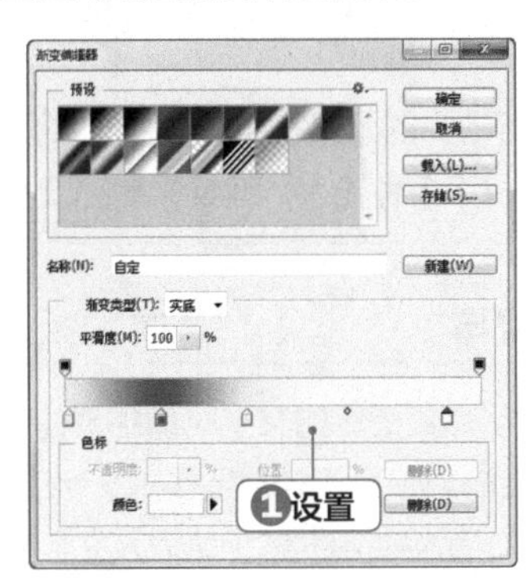

技巧秒杀

渐变颜色的编辑

渐变色条中的滑块分为上下两种，上方的滑块用于设置颜色透明程度，单击滑块，可启用“不透明度”数值框，在其中输入数值可设置颜色透明程度；下方的滑块用于设置颜色，双击滑块，即可打开“拾色器”对话框设置颜色。

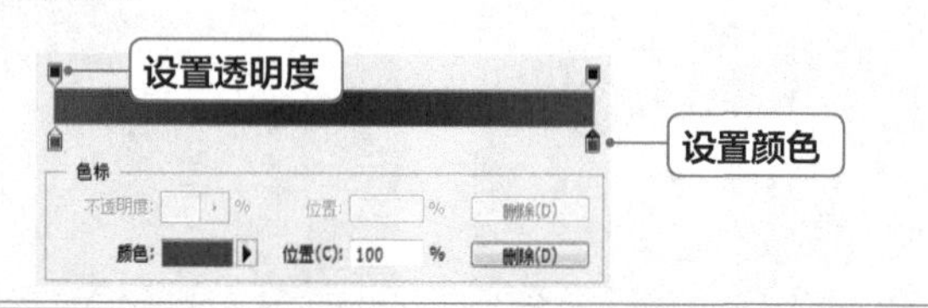

STEP 10 添加素材图像

❶将“椒”字拖动到图像中，放到画面右下方，使用与步骤9相同的方法，为其制作渐变颜色；❷打开“印章.psd”和“辣椒碎片.psd”素材图像，分别将其放到“辣椒”文字两侧。

STEP 11 输入文字

选择直排文字工具，在白色盘子右侧输入一行文字，并在属性栏中设置字体为方正粗宋简体，分别填充为“#cf181e”和黑色，完成本实例的制作。

技巧秒杀

运用渐变工具制作立体图像

渐变是增加质感的有效手段，很多设计稿中都会用到渐变填充。最为常用的是双色渐变，即从A颜色到B颜色的渐变，或者从某一色相的深色到浅色的渐变。

通过渐变工具可以模拟光照产生的立体感，如绘制一个圆柱体，主要由一个矩形和两个椭圆组合而成，使用线性渐变，通过黑白灰颜色的填充，即可得到一个立体圆柱体效果。

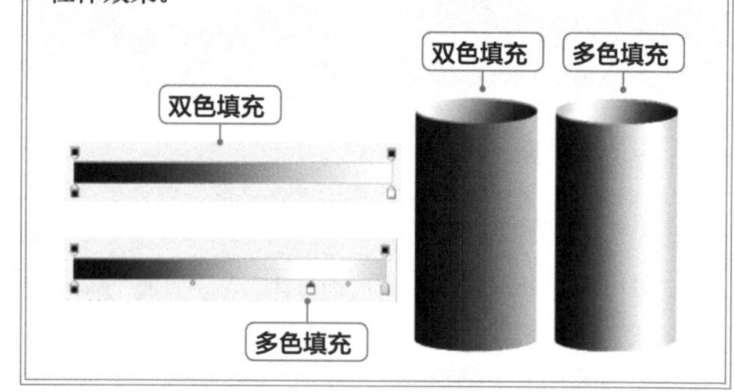

2.4 文字的应用

文字是图像处理中不可缺少的元素。在画面中加入适当的文字，能够让整个图像更加丰富，并且能更好地传达画面的真实意图。Photoshop 提供了多种输入、编辑文字的工具，下面将对文字的输入与编辑方法进行介绍。

2.4.1 输入并编辑文字

使用文字工具输入的文字是由矢量的文字轮廓组成的，用户可随意对其进行缩放而不会出现锯齿。Photoshop 提供了 4 种文字输入工具，分别是横排文字工具T、直排文字工具IT、横排文字蒙版工具、直排文字蒙版工具。下面将使用文字工具输入文字并进行编辑，制作出檀香木手链广告。

微课：输入并编辑文字

素材：素材 \ 第 2 章 \ 手链 .jpg、红色印章 .psd

效果：效果 \ 第 2 章 \ 檀香木手链广告 .psd

STEP 1 设置文字属性

❶选择工具箱中的直排文字工具，在属性栏中设置字体大小为 270 点；❷单击属性栏右侧的色块，打开“拾色器”对话框，设置颜色为土黄色“#9c4b0e”。

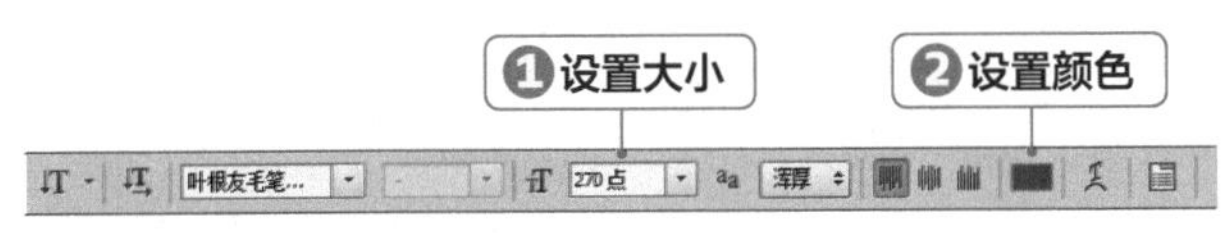

STEP 2 输入文字

❶打开“手链 .jpg”素材图像，在画面上方单击鼠标左键插入光标；❷在其中输入文字，设置“手”字的字体为叶根友毛笔行书简体，设置“链”字的字体为禹卫书法行书简体。

STEP 3 栅格化文字

❶输入文字后，“图层”面板中将自动生成一个文字图层；❷在文字图层中单击鼠标右键，在弹出的菜单中选择“栅格化文字”命令，将文字图层转换为普通图层。

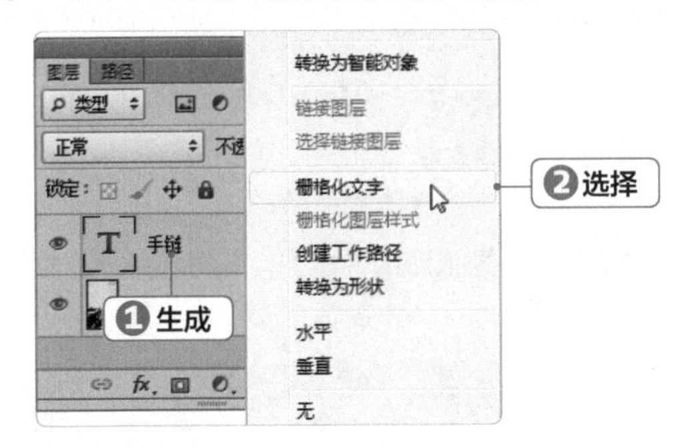

STEP 4 渐变填充

❶按住【Ctrl】键单击“手链”图层的缩略图，载入文字选区；❷选择渐变工具，在属性栏中设置渐变颜色从土黄色“#9c4b0e”到淡黄色“#d1a85f”，设置渐变类型为“径向渐变”，在选区中间按住鼠标向外拖动，填充渐变颜色。

疑难解答

如何选择文字？

文字图层具有特殊性质，不能通过传统的工具来选择文字，必须使用文字工具，进入编辑状态才能选择单个文字或连续的多个文字，并且在选择过程中，不能跳跃选择多个文字。

STEP 5 绘制圆形

新建一个图层，选择椭圆选框工具，按住【Shift】键在文字左上方绘制两个相同大小的圆形选区，并填充为土黄色“#ce8249”。

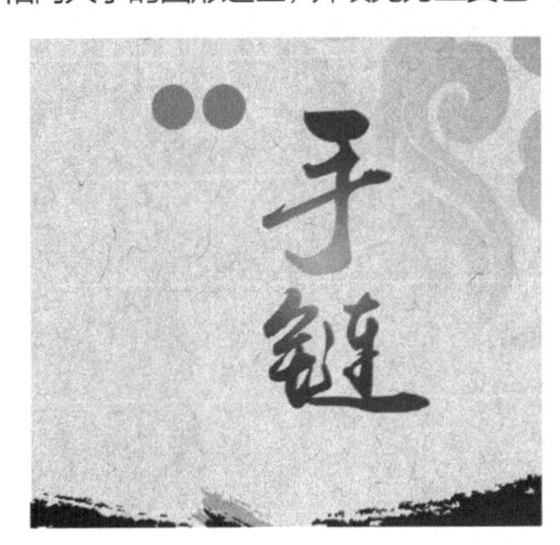

STEP 6 输入文字

❶选择横排文字工具，在左侧圆形中单击插入光标，输入文字“檀”；❷在属性栏中设置字体为方正大标宋简体，大小为47.5点，并填充为白色；❸在另一个圆形中输入“香”字。

STEP 7 输入直排文字

❶选择直排文字工具，在圆形下方输入一行文字，并从第一个文字顶部插入光标，按住鼠标左键向下拖动，选择文字；❷在属性栏中设置字体为张海山锐楷体，大小为37.35点，并填充为紫红色“#984c5f”，然后调整文字的位置。

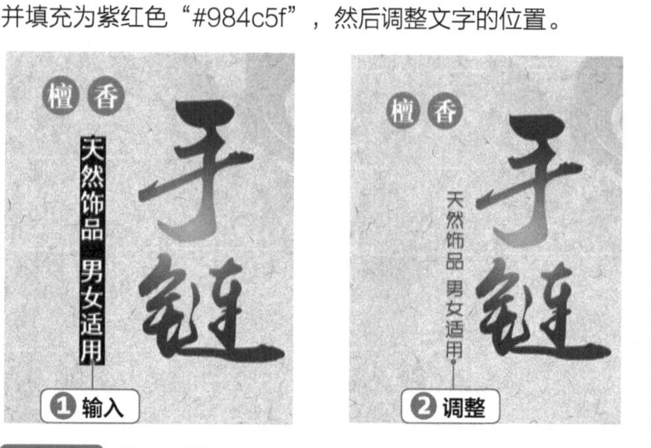

STEP 8 输入其他文字

使用直排文字工具，在圆形下方继续输入其他中英文文字，并在属性栏中设置合适的字体。

STEP 9 输入段落文字

❶选择横排文字工具，在“手链”文字下方按住鼠标左键拖动，绘制出一个文本框；❷在文本框中输入段落文字。

疑难解答

超出文本框中的文字怎么显示?

在海报、宣传单之类的广告设计中，经常需要输入字数较多的文字，这时就可以采用文本框的形式来输入文字。输入文字后，如果字数超出文本框区域范围，文本框右下角的方块中将出现一个“+”符号，只要拖动文本框下方的方块，调整区域大小，即可显示所有文字。

文亲是一个胖子，走过去自然要费事些。我本来要去的，他不肯，只好让他去。我看见他戴着黑布小帽，穿着黑布大马褂，深青布棉袍，蹒跚地走到铁

向下拖动

文亲是一个胖子，走过去自然要费事些。我本来要去的，他不肯，只好让他去。我看见他戴着黑布小帽，穿着黑布大马褂，深青布棉袍，蹒跚地走到铁道边，慢慢探身下去，尚不大难。

显示文字

STEP 10 居中对齐文字

❶选择所有段落文字，单击属性栏中的“居中对齐文本”按钮；❷设置字体为张海山锐楷体，并将最后一行填充为土黄色“#914e2f”。

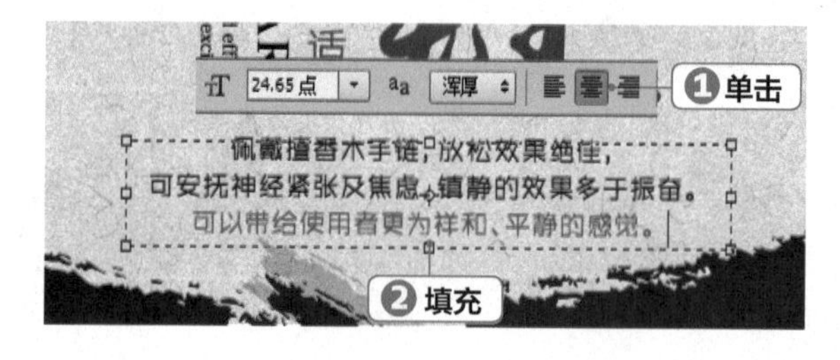

STEP 11 添加素材图像

打开“红色印章.psd”素材图像，使用移动工具将其拖动到当前编辑的图像中，放到“手链”文字右侧；使用矩形选框工具为左侧的英文文字绘制一个矩形选区，并通过描边命令，得到一个黑色边框图像，完成本实例的制作。

技巧秒杀

变换文本框

创建段落文字后，可以看到文本框的边框与自由变换边框很相似，对它们的操作也类似。按住【Ctrl】键分别拖动边框四周中间的节点，即可变换边框。

2.4.2 设置字符样式

微课：设置字符样式

文字的字符属性除了可以通过文字属性工具栏设置外，还可通过“字符”面板来设置。文字工具属性栏中只包含了部分字符属性，而“字符”面板则集成了所有的字符属性。下面将使用“字符”面板编辑字符样式，制作出夏季上新海报。

素材：素材\第2章\植物.jpg

效果：效果\第2章\夏季上新海报.psd

STEP 1 输入文字

打开“植物.jpg”素材图像，选择工具箱中的横排文字工具，在图像中单击插入光标，然后输入文字“上新”。

STEP 2 打开“字符”面板

将光标插入到“上”字的后面，按【Enter】键将“新”字换行，选择【窗口】/【字符】命令或单击属性栏中的“切换字符和段落面板”按钮，打开“字符”面板。

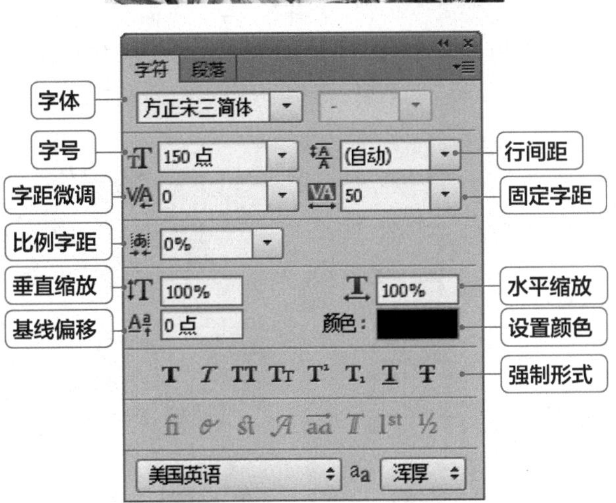

STEP 3 设置“字符”属性

选择文字，在“字符”面板中设置字体、大小、行间距等参数，并设置颜色为黑色。

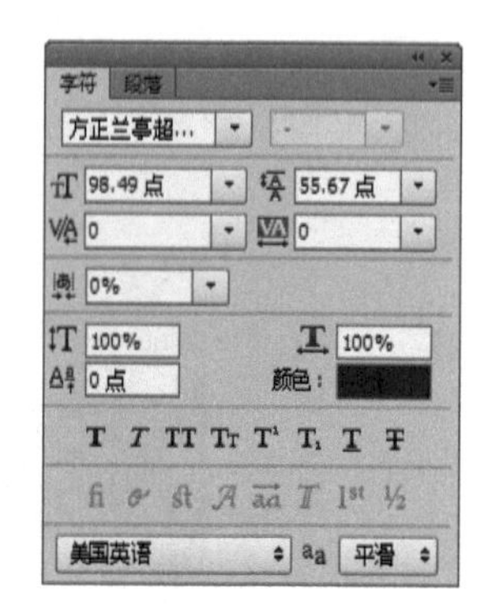

STEP 4 输入文字

❶将光标插入“上”字前方，按几次空格键，将其退后几个字符，然后调整文字位置；❷继续输入文字“夏季”，在“字符”面板中设置字体为方正兰亭超细黑简体，并调整文字大小，填充为黑色；❸单击“仿粗体”按钮，得到文字加粗效果。

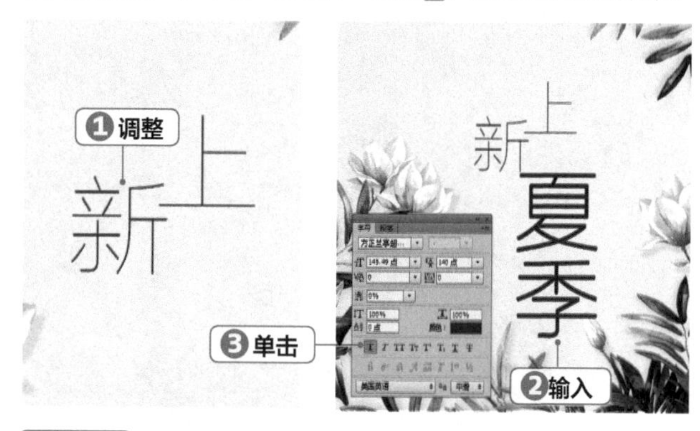

STEP 5 改变字母为大写

❶输入英文文字“NEW”，并在“字符”面板中设置字体为方正兰亭超细黑简体，填充为绿色“#498a46”；❷单击“全部大写字母”按钮，将全部字母改变为大写状态。

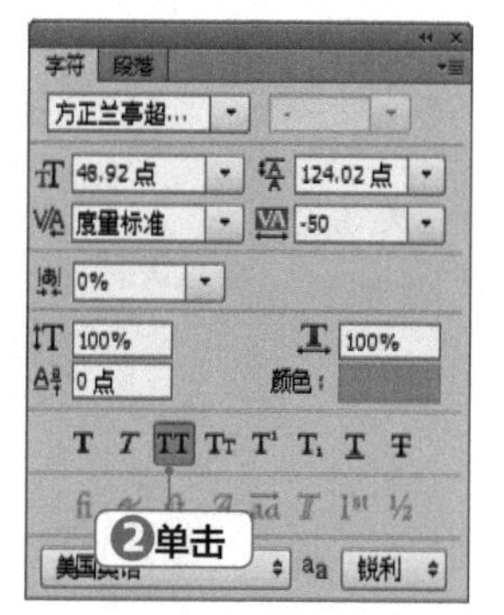

STEP 6 输入其他英文文字

继续输入其他几行英文文字，适当调整文字大小，并将其都调整为大写字母状态。

STEP 7 设置字符间距

❶使用直排文字工具，在画面左侧输入一行直排文字，设置字体为方正兰亭超细黑简体，填充为灰色；❷选择“市”字，在“字符”面板中设置固定字符间距为 1500，得到字符间距效果。

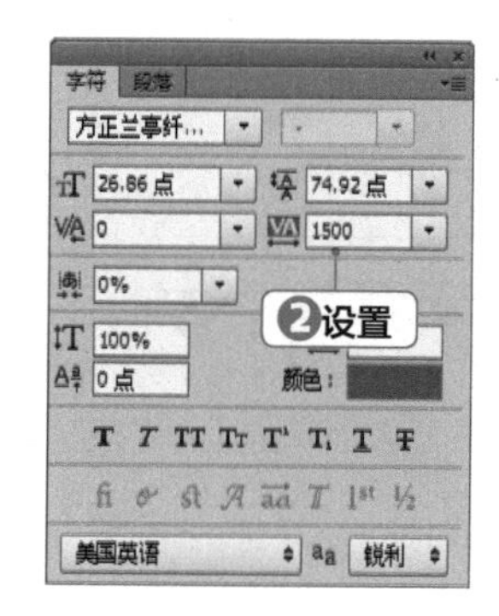

STEP 8 描边选区

新建一个图层，选择矩形选框工具，在文字周围绘制一个矩形选区；❶选择【编辑】/【描边】命令，打开“描边”对话框，设置描边颜色为绿色“#498a46”，大小为 5 像素；❷单击 确定 按钮，得到描边效果。

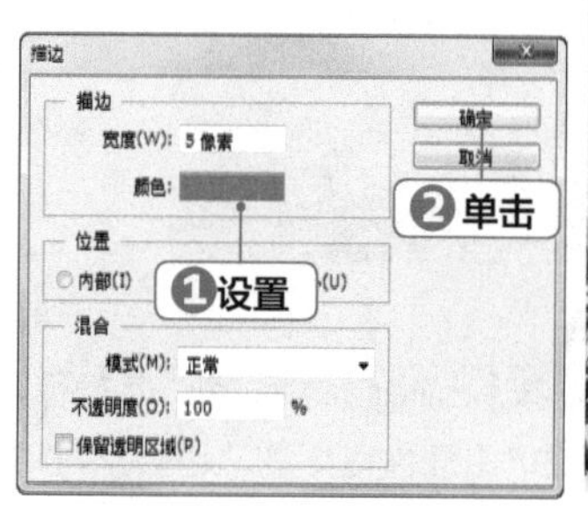

STEP 9 删除部分图像

选择矩形选框工具，在方框周围有植物或文字遮挡的位置绘制几个矩形选区，并按【Delete】键删除选区内容。

STEP 10 添加投影样式

选择【图层】/【图层样式】/【投影】命令，打开“图层样式”对话框，设置投影颜色为黑色，不透明度为 5、距离为 60；选择“夏季”文字图层，为其做相同的投影操作，完成本实例的制作。

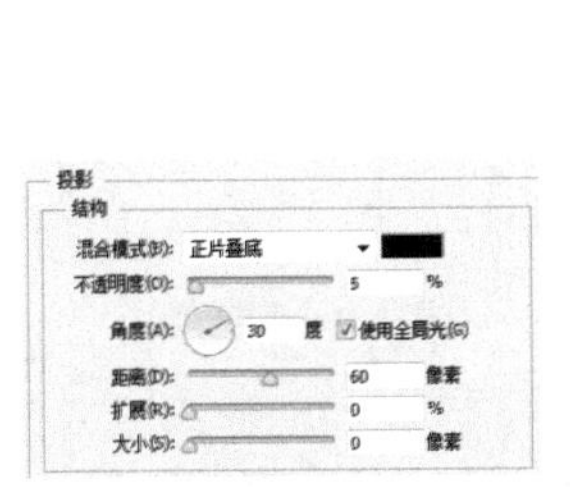

2.4.3 创建路径文字

微课：创建路径文字

在制作一些创意图像时，需要为图像添加创意，添加有一定形状的文字能增强图像的整体新奇感。在 Photoshop 中一般都是通过创建路径文字的方法，来调整文字的排列形式。下面根据高跟鞋外轮廓绘制出路径，然后在其中输入文字，制作出高跟鞋路径文字。

	素材：素材\第 2 章\层叠图 .psd、高跟鞋 .psd、玫瑰花 .psd
	效果：效果\第 2 章\高跟鞋路径文字 .psd

STEP 1 添加高跟鞋图像

新建一个图像文件，将背景填充为浅灰色“#d2d2d2”；打开“高跟鞋 .psd”素材图像，使用移动工具将其拖动到灰色图像中。

STEP 2 生成路径

❶这时“图层”面板中将自动生成一个新的图层，按住【Ctrl】键单击该图层，载入图像选区，单击“路径”面板底部的“从选区生成工作路径”按钮；❷关闭“图层 1”前面的眼睛图标，隐藏该图层，得到高跟鞋路径图形。

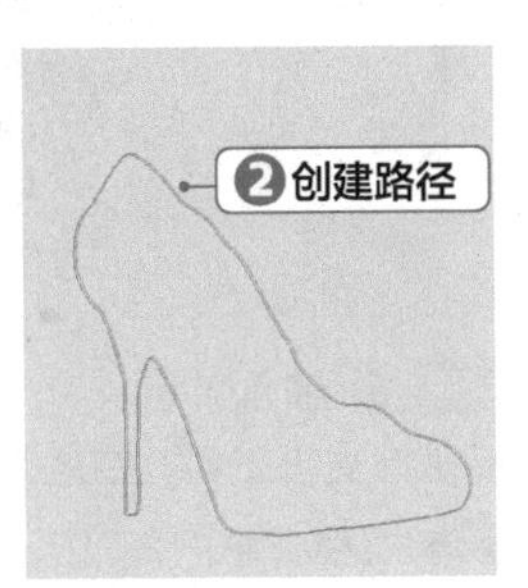

STEP 3 沿路径输入文字

❶选择横排文字工具，在属性栏中设置字体为微软雅黑，大小为 20 点，颜色为黑色；❷使用鼠标在路径上单击，添加文本插入点；❸在其中输入英文字母，文字将沿路径外侧输入，直到起点处为止。

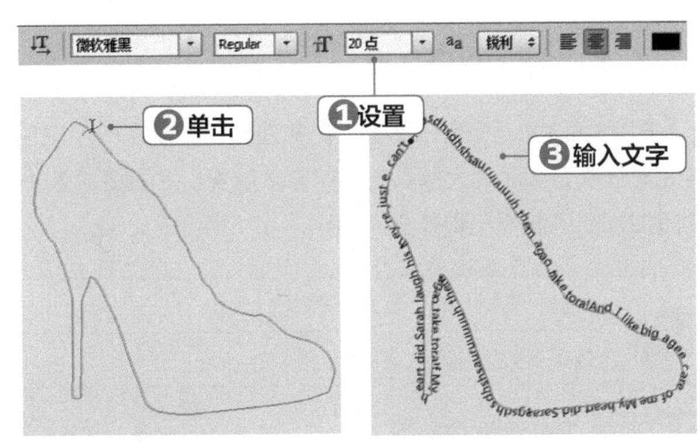

STEP 4 填充颜色

选择部分文字，将其填充为红色“#d74747”，得到两种颜色排列的路径文字。

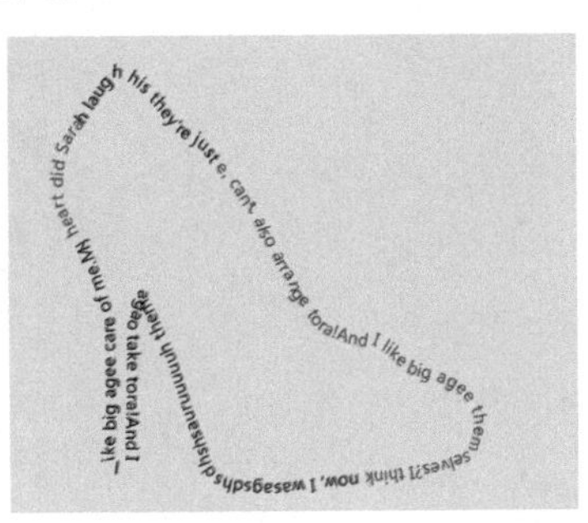

技巧秒杀

路径区域内排列文字

在封闭的路径中，我们可以将文字排列成相对应的图形。绘制好一个封闭的图形后，在图形内部单击插入光标即可输入文字。当字符不够紧密，或文字右端边缘不够贴合图形弧度走向时，可以调整图像字号大小，再将对齐方式设置为“全部对齐”即可。

STEP 5 输入文字

选择钢笔工具，在图像中间绘制一条曲线路径；选择横排文字工具，在属性栏中设置字号为67点，颜色为深红色“#710000”，将光标插入到曲线路径起始处，输入文字，将得到曲线路径文字。

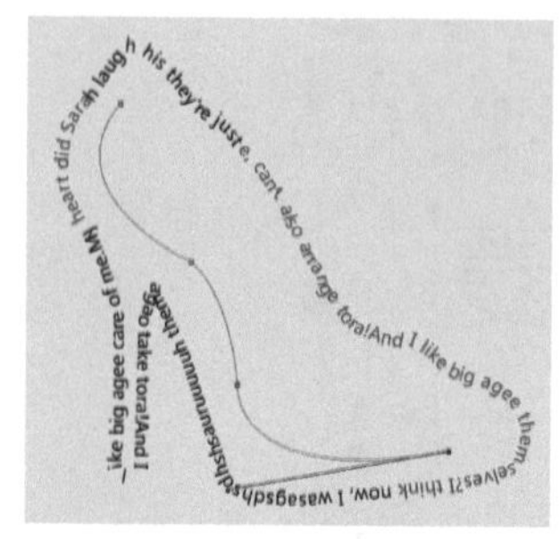

STEP 6 添加素材图像

打开“层叠图.psd”和“玫瑰花.psd”素材图像，分别使用移动工具将其拖动到当前编辑的图像中；适当调整素材图像大小与角度，放到画面右侧，完成本例的制作。

2.4.4 创建变形文字

Photoshop CS6 在文字工具属性栏中提供了一个文字变形工具。通过它可以将选择的文字改变成多种变形样式，从而大大提高文字的艺术效果。下面将输入一段文字，通过变形文字命令对文字做变形处理，并添加样式，制作出特殊文字效果。

微课：创建变形文字

素材：素材 \ 第 2 章 \ 卡通人物 .psd
效果：效果 \ 第 2 章 \ 我们的梦想 .jpg

STEP 1 制作渐变色背景

新建一个图像文件，选择渐变工具，在属性栏中设置渐变颜色从绿色“#98e683”到淡绿色“#2cb931”，渐变方式为“径向渐变”；在图像下方按住鼠标向外拖动，填充背景。

STEP 2 添加素材图像

打开“卡通人物.psd”图像，使用移动工具将其拖动到当前编辑的图像中，放到画面下方。

STEP 3 输入文字

选择横排文字工具，在图像上方输入文字，并在属性栏中设置字体为迷你简中特广告。

STEP 4 变形文字

❶单击属性栏中的“创建文字变形”按钮，打开“变形文字”对话框；单击“样式”右侧的下拉按钮，在弹出的下拉列表中选择“扇形”选项；❷然后设置下方参数分别为 +38%、+15%、-5%；❸单击 确定 按钮，得到文字变形效果。

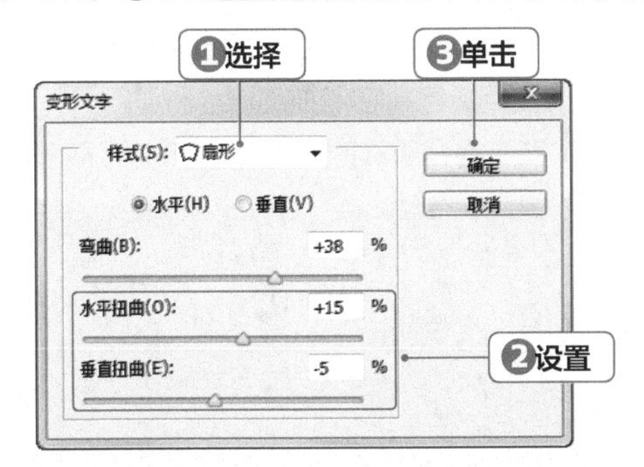

STEP 5 选择样式

选择【窗口】/【样式】命令，打开“样式”面板；单击面板右上方的按钮，在弹出的列表中选择“Web 样式”选项，在打开的对话框中单击 确定 按钮，替换当前样式，将其载入面板。

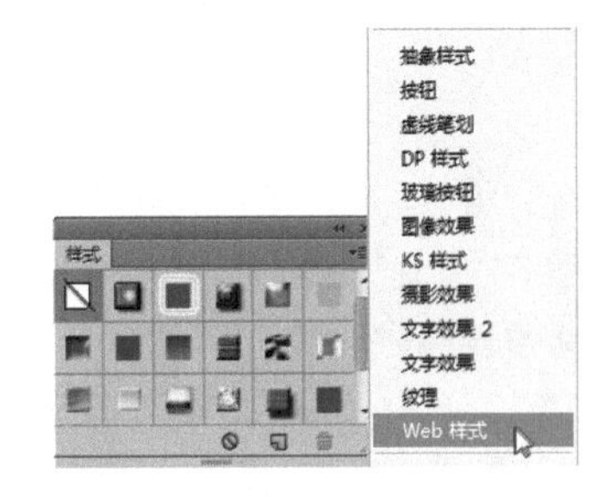

STEP 6 添加样式

选择“黄色回环”样式，文字将自动生成该样式，完成本实例的制作。

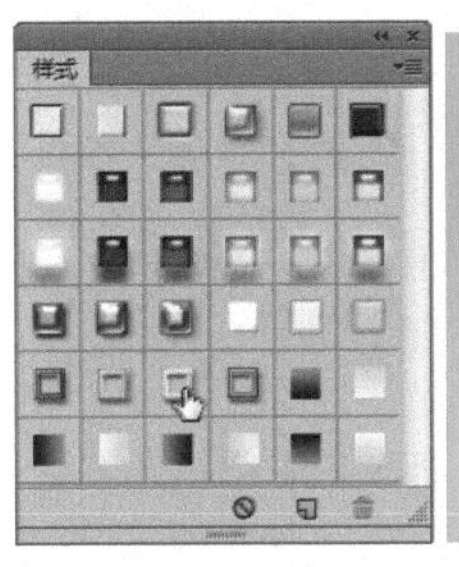

技巧秒杀

快速制作虚线文字

在Photoshop中输入文字后，除了做普通的编辑和变形外，还可以运用“样式”面板添加虚线效果。在“样式”面板中载入“虚线笔划”，然后选择所需的样式即可。

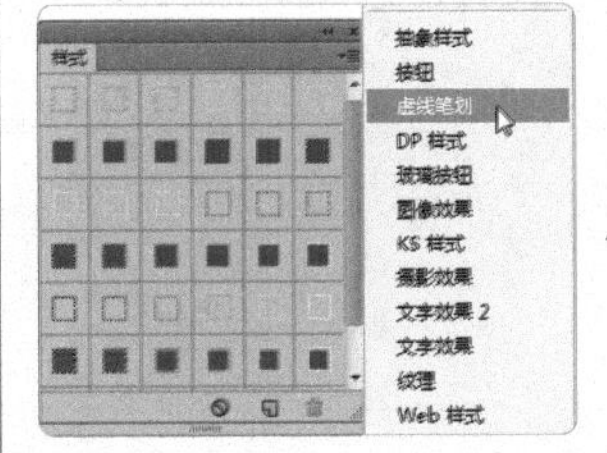

2.5 图层的基本操作

图层是 Photoshop 最重要的组成部分之一，图层的出现使用户不需要在同一个平面中编辑图像，可以更加方便地进行图像的组合与排列，让制作出的图像元素变得更加丰富、效果更加多变。

2.5.1 新建图层和图层组

新建图层和图层组是 Photoshop 中经常进行的操作，所以 Photoshop 提供了多种新建的方法，用户可根据自己的习惯选择不同的方法进行新建。

1. 新建图层

新建图层有多种方法，如在“图层”面板中新建、在图像编辑过程中新建、通过命令新建等。下面就将对这些新建方法进行讲解。

- 通过“图层”面板新建：在“图层”面板中单击“创建新图层”按钮，将在当前图层上方新建一个图层。若用户想在当前图层下方新建一个图层，可按住【Alt】键的同时，单击“创建新图层”按钮。
- 通过“新建”命令新建：如果用户想创建已经编辑好名称、混合模式、不透明度等参数的图层时，可以选择【图层】/【新建】/【图层】命令或按【Shift+Ctrl+N】组合键，打开“新建图层”对话框，设置名称、模式、不透明度等参数。

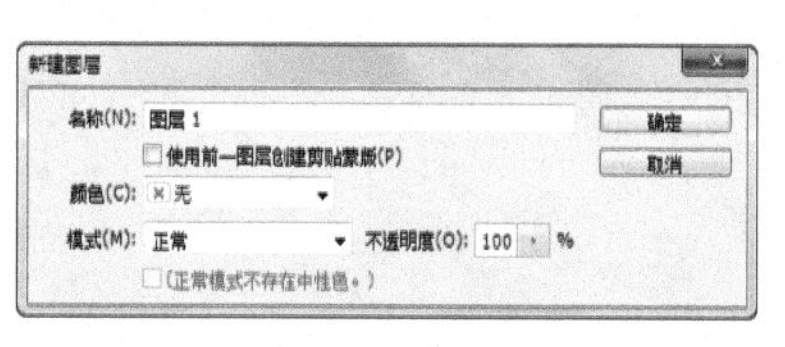

- 通过“通过复制的图层”命令新建：在图像中创建选区后，选择【图层】/【新建】/【通过复制的图层】命令或按【Ctrl+J】组合键，可将选区中的图像复制为一个新的图层。

2. 新建图层组

当“图层”面板中的图层过多时，为了能快速找到需要的图层，可以为图层分别创建不同的图层组。在 Photoshop 中同样有多种创建图层组的方法。

- 通过“新建”命令：选择【图层】/【新建】/【组】命令，打开“新建组”对话框，在其中可以对组的名称、颜色、模式和不透明度进行设置。

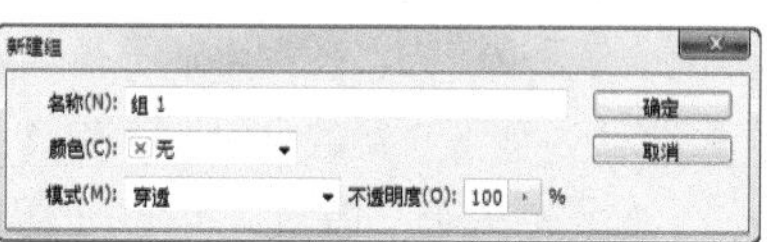
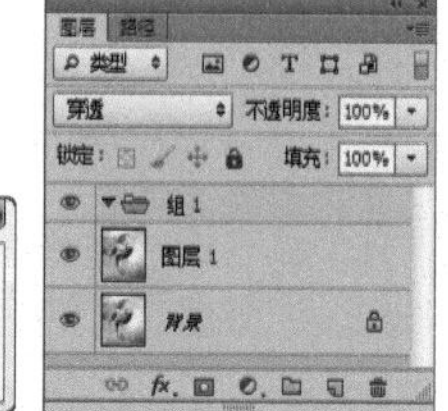

- 通过“图层”面板：在“图层”面板中选择需要添加到组中的图层，使用鼠标将它们拖动到“创建新组”按钮上，释放鼠标，即可看到所选的图层都被存放在了新建的组中。

技巧秒杀

复制图层

如果没有在图像中建立选区，按【Ctrl+J】组合键将复制整个图层。

2.5.2 编辑图层

当在图像中创建了多个图层后，用户就可以对这些图层进行编辑。和图层相关的操作很多，灵活使用它们能更快地完成图像的编辑。

1. 选择图层

对图层进行如移动图层、删除图层、变换图像等操作前，必须对其进行选择。用户可根据需要选择一个或多个图层。下面就将讲解选择图层的各种方法。

- 选择单个图层：用户只需在“图层”面板中单击需要选择的图层即可，此时所选的图层将以蓝底显示。
- 选择连续的图层：选择连续图层顶端的图层，按住【Shift】键不放，再单击连续图层尾端的图层。
- 选择不连续的图层：按住【Ctrl】键的同时，使用鼠标依次单击需要选择的图层。
- 选择“背景”图层外的所有图层：选择【选择】/【所有图层】命令或按【Alt+Ctrl+A】组合键，可选择除“背景”图层以外的所有图层。

2. 显示 / 隐藏图层

为了方便当前图层的操作，可以隐藏其他图层，需要时再将其显示出来。当图层前方出现👁图标时，表示该图层为可见图层。

单击图层前方出现的👁图标，此时该图标将变为□图标，表示该图层不可见，再次单击□图标，可显示图层。

技巧秒杀

删除图层

选择需要删除的图层，使用鼠标将它们拖动到“删除图层”🗑按钮上，释放鼠标；或直接单击“删除图层”🗑按钮，即可删除图层。

3. 改变图层层次

图层中的图像具有上层覆盖下层的特性，所以适当地调整图层排列顺序可以帮助用户制作出更为丰富的图像效果。

选择图层，使用鼠标将所选的图层向上或向下拖动即可排列图层顺序。如选择“图层 1”图层，按住鼠标左键拖动该图层到面板顶部，将其排列到“图层 3”图层的上方，将得到交换顺序的图层效果。

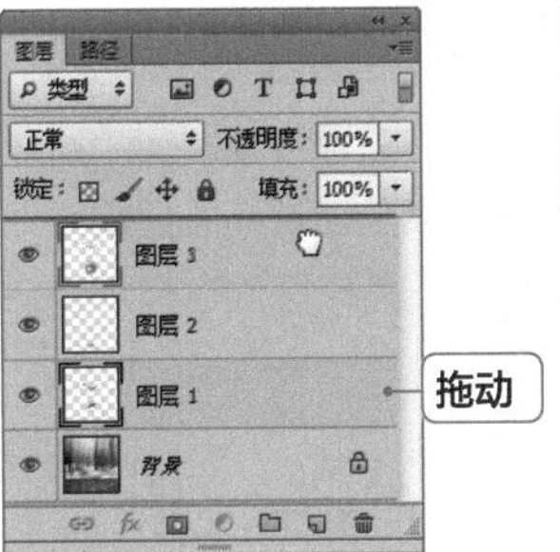

技巧秒杀

对多个图层同时应用操作

如果想对多个图层进行相同的操作，如移动、缩放等，可以对图层进行链接，然后再进行操作。选择两个或两个以上的图层，在“图层”面板上单击“链接图层”按钮🔗或选择【图层】/【链接图层】命令，即可将所选的图层链接起来。

4. 转换背景图层

“背景”图层位于“图层”面板底部，它不能参与和图层相关的很多操作。有时为了编辑方便，需要将背景图层转换为普通图层。转换背景图层有一个快捷的方法，按住【Alt】键双击背景图层，即可直接将其转换为普通图层。

疑难解答

背景图层的特殊性质

无论是新建还是打开的图像文件，我们都会看到背景图层永远位于最底层。这是由于背景图层是不可逾越的，它带有以下特殊性质。

- 背景图层并不是必须存在的，但每个图像文件只能有一个背景图层。
- 背景图层的位置不能改变，不能对其做移动操作，也不能改变其不透明度。
- 背景图层可以转换为普通图层，而普通图层也可以通过拼合转换为背景图层。

5. 对齐图层

当图像中的图层过多而且图像需要按一定要求准确排列时，可以通过对齐命令来对齐图层。在“图层”面板中选择需要对齐的多个图层，再选择【图层】/【对齐】命令，在弹出的子菜单中选择一种对齐方式即可。

6. 盖印图层

盖印图层可以将多个图层中的图像合并到一个新建的图层中，且不会影响原始的图像效果。在制作需要精致色调的图像时，经常会使用到盖印图层。盖印图层也有多种方法，下面分别进行介绍。

- 向下盖印：选择一个图层，按【Ctrl+Alt+E】组合键，可将该图层中的图像盖印到下一层的图像中。

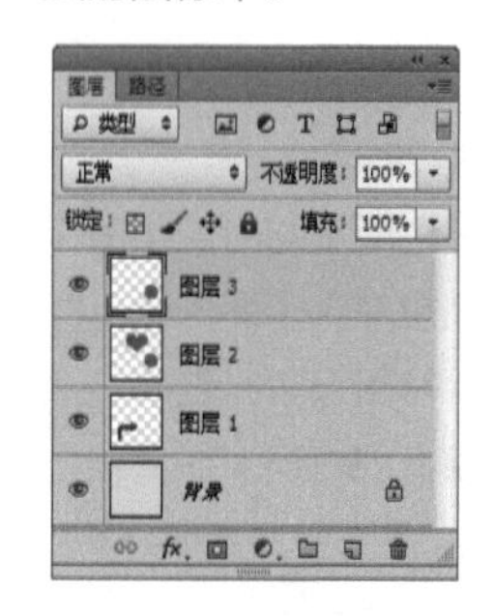

- 盖印多个图层：选择两个或两个以上的图层，按【Ctrl+Alt+E】组合键，可将选择的图层中的图像都盖印合并到一个新图层中。

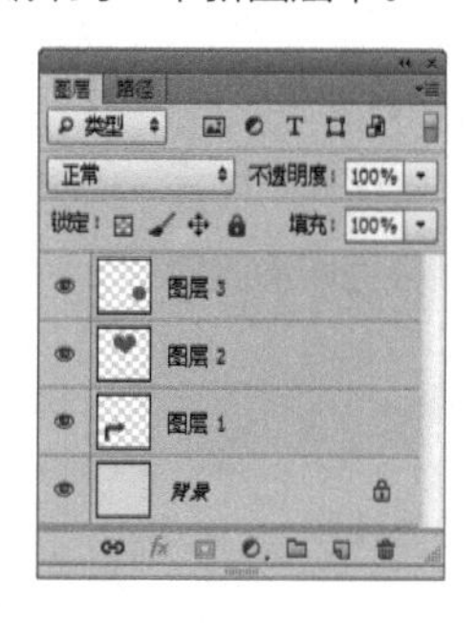

- 盖印可见图层：按【Shift+Ctrl+Alt+E】组合键，可将所有可见图层中的图像合并到一个新建的图层中。

7. 合并图层

当图像中的图层、图层组或图层样式过多时，会影响计算机的运行速度。所以当图像中有大量重复，且重要程度不高的图层时，可对图层进行合并。Photoshop 提供了多种合并图层的方法供用户使用。

- 合并选择的图层：在“图层”面板中选择两个或两个以上的图层，再选择【图层】/【合并图层】命令，选择的图层将被合并。需要注意的是，合并后的图像将以最上面的图层命名。
- 向下合并图层：如果想将当前图层和下方图层合并，可首先选择需要合并的图层，再选择【图层】/【向下合并】命令。合并后的图层将以下方图层命名。
- 合并可见图层：当图像中有可见图层和不可见图层，且只想合并可见图层时，可选择【图层】/【合并可见图层】命令，将“图层”面板中的所有可见图层都合并到新图层中。

2.5.3 设置图层不透明度

微课：设置图层不透明度

通过调整图层的不透明度，可以使图像产生不同的透明效果，从而产生类似穿过具有不同透明程度的玻璃一样观察其他图层上图像的效果。下面将通过组合多个图像，并调整图层不透明度的方式，来制作出海面上的漂流瓶图像，并让水面产生透明效果。

素材：素材\第 2 章\来自对岸的朋友\蓝色背景 .psd、白云 .psd、瓶子 .psd、城市 .psd、树林 .psd、蓝水面 .psd、水面 .psd、水 .psd

效果：效果\第 2 章\来自对岸的朋友 .psd

STEP 1 打开素材图像

打开“蓝色背景 .psd”图像和“白云 .psd”图像，选择移动工具将白云图像拖动到蓝色背景中，放到画面上方，这时“图层”面板将自动生成“图层 1”。

STEP 2 绘制图像

打开“瓶子.psd”图像，使用移动工具将其拖动到蓝色背景图像中，放到画面中间；新建一个图层，设置前景色为白色，使用画笔工具在漂流瓶两侧绘制白色柔和圆点图像。

STEP 3 调整图层顺序

选择图层 2，并按住鼠标左键将其向下拖动，放到瓶子图层的下方。

STEP 4 添加素材图像

打开“城市.psd”和“树林.psd”图像，使用移动工具分别将其拖动到当前编辑的图像中，适当调整图像大小，放到漂流瓶两侧。

STEP 5 设置图层属性

❶选择“树林”图层，在“图层”面板中设置不透明度为80%；❷再单击“不透明度”左侧的下拉按钮，在弹出的下拉列表中设置图层混合模式为“点光”，得到调整后的图像效果。

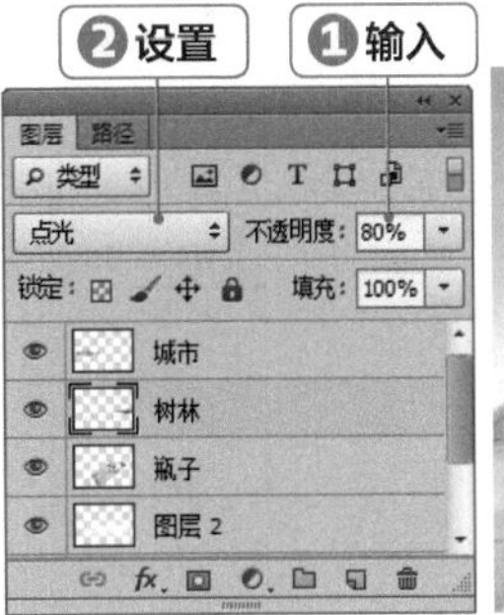

疑难解答

“不透明度”和“填充”的区别

“图层”面板中有两个控制图层不透明度的选项，分别是“不透明度”和“填充”，其操作方法也一样，100%代表完全不透明、50%代表半透明、0%为完全透明。

“不透明度”主要用于控制图层或图层组中所绘制的像素和形状的不透明度，当对图层使用图层样式时，该样式也会受到影响；“填充”则只影响图层中绘制的像素和形状的不透明度，不会影响图层样式的不透明度。

STEP 6 设置图层不透明度

❶打开“蓝水面.psd”图像，使用移动工具将其拖动到当前编辑的图像中；❷设置图像不透明度为67%，得到半透明图像。

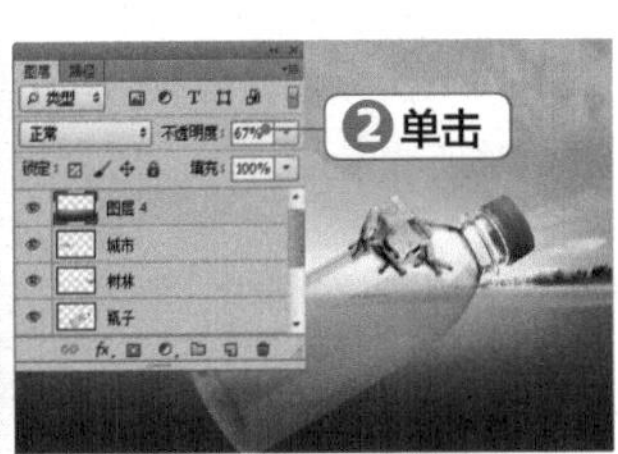

STEP 7 设置图层属性

打开“水面.psd”和“水.psd”图像，使用移动工具分别移动到当前图像中，与水平面对齐放置；选择“水面”图层，设置图像不透明度为65%，再设置图层混合模式为强光。

STEP 8 输入文字

选择横排文字工具，在图像左上方输入两行文字，并在属性栏中分别设置字体为 Times New Roman、方正大标宋简体，填充为白色；分别在“图层”面板中设置填充参数为50%，完成本实例的制作。

2.6 撤销和恢复图像操作

在制作图像时，用户经常需要进行大量的操作以及尝试才能得到精致的图像效果。而如果操作完成后发现进行的操作并不合适，用户可通过撤销和恢复操作对图像效果进行恢复。

2.6.1 使用命令及快捷键

选择【编辑】/【还原】命令或按【Ctrl+Z】组合键，可还原到上一步的操作。如果需要取消还原操作，可选择【编辑】/【重做】命令。

需要注意的是，“还原”操作以及“重做”操作都只针对一步操作。在实际编辑过程中经常需要对多步进行还原，此时就可选择【编辑】/【后退一步】命令，或按【Alt+Ctrl+Z】组合键来逐一进行还原操作。若想取消还原，则可选择【编辑】/【前进一步】命令，或按【Shift+Ctrl+Z】组合键来逐一进行取消还原操作。

2.6.2 使用“历史记录”面板

“历史记录”面板用于记录编辑图像中产生的操作，使用该面板可以快速进行还原、重做操作，选择【窗口】/【历史记录】命令，即可打开“历史记录”面板。下面将制作反转负冲图像效果，并通过“历史记录”面板来还原操作。

微课：使用“历史记录”面板

素材：素材\第2章\键盘上的人.jpg

效果：效果\第2章\反转负冲图像.jpg

STEP 1 打开素材图像

打开“键盘上的人.jpg”图像，选择【窗口】/【历史记录】命令，打开“历史记录”面板，可以看到记录的图像打开状态。

STEP 2 设置图像模糊

❶选择【滤镜】/【模糊】/【径向模糊】命令，打开“径向模糊”对话框，在缩览图左上方单击，定位中心点；❷设置“模糊方法”为“缩放”，数量为18，“品质”为“好”；❸单击 确定 按钮，得到径向模糊效果。

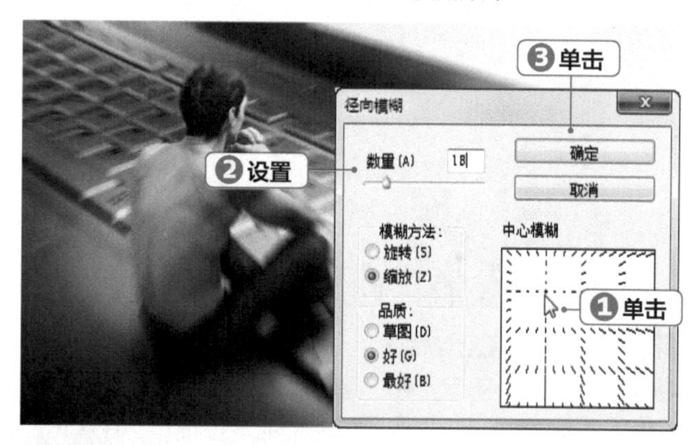

STEP 3 调整曲线

❶选择【图像】/【调整】/【曲线】命令，打开“曲线”对话框，在“预设”下拉列表中选择“反冲”选项；❷单击 确定 按钮，为图像创建反转负冲效果。

STEP 4　还原操作

切换到“历史记录”面板中，查看操作记录；单击面板中的“径向模糊”选项，即可将图像恢复到该步骤的编辑状态。

STEP 5　撤销与恢复撤销操作

❶单击“快照区”可以撤销所有操作，即使中途保存过文件，也可以恢复到最初打开的状态；❷如果要恢复所有被撤销的操作，可以单击最后一步操作。

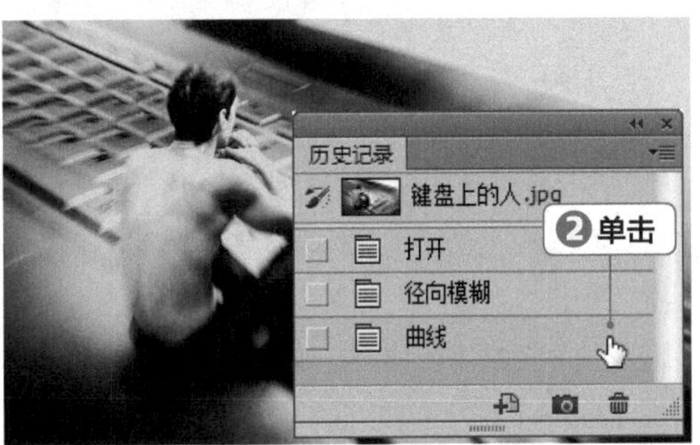

高手秘籍

1. 混合模式的应用方向

Photoshop 中许多工具和命令都包含了混合模式的设置选项，如“图层”面板、绘图和修饰工具的属性栏、“描边”“图层样式”“应用图像”“计算”对话框等。

混合模式主要应用于 3 个方向。

- 混合像素：在“图层”面板中，混合模式能控制当前图层中的像素与下一图层中的像素混合。
- 混合图层：在绘图和修饰工具属性栏、“渐隐”“描边”“图层样式”等对话框中，混合模式只能将所添加的内容与当前操作的图层混合，而不会影响其他图层。
- 混合通道：在“应用图像”和“计算”对话框中，混合模式可以用于混合通道，也可以用于制作选区，还可以创建出特殊图像效果。

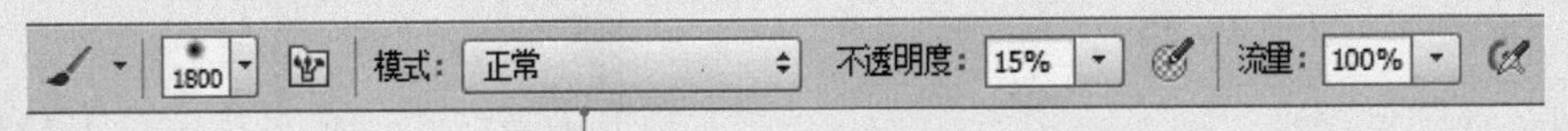

画笔工具属性栏中的混合模式

2. 中性色图层

在 Photoshop 中，黑、白、50% 灰为中性色，通过这 3 种颜色填充的图层为中性色图层。中性色图层能够通过混合模式对下面的图像产生影响，可以用于修饰图像以及添加滤镜等，并且所有操作都不会破坏其他图层中的像素。

提高练习

1. 使用文字工具制作复古优惠券

素材：素材\第2章\优惠券模板.psd

效果：效果\第2章\复古优惠券.psd

在很多广告设计中，无论是户外广告、DM单，还是卡片、名片等设计，文字的输入与排列都是必不可少的。打开"优惠券模板.psd"素材图像，使用横排文字工具在其中输入具体的文字内容，制作要求如下。

- 选择横排文字工具，输入不同内容的优惠券文字。
- 选择不同的文字图层，在属性栏中分别设置字体、字号和颜色等参数。
- 按【Ctrl+T】组合键，适当调整文字的旋转角度以及倾斜度等。

2. 使用中性色图层制作金属按钮

素材：素材\第2章\科技.jpg

效果：效果\第2章\金属按钮.jpg

中性色图层是 一种填充了中性色的特殊图层。打开"科技.jpg"素材图像，为图像添加中心色图层，并应用图层样式，制作出金属按钮，制作要求如下。

- 新建一个图层，并设置该图层的混合模式为"减去"。
- 选择【图层】/【图层样式】/【斜面和浮雕】命令，打开"图层样式"对话框，设置各选项参数。
- 选择"内发光"样式，设置内发光颜色为白色，再设置各选项参数。
- 单击 确定 按钮，图像周边将得到添加图层样式后的图像效果。

优惠券

金属按钮

03 Chapter

第 3 章

抠图常用技法

/ 本章导读

抠图就是将图像中的某个部分抠取出来，单独生成一个图层，以方便对该部分图像进行单独操作，使图像效果更加绚丽的一种图像处理的基础操作。本章主要介绍如何在 Photoshop 中使用各种工具和命令进行抠图，包括使用选区工具、钢笔工具抠取较为简单的图像，通过蒙版和通道命令抠取较为复杂的图像。掌握本章的各种抠图技法，将为今后的设计工作带来极大的便利。

3.1 如何高效、高质量地抠图

抠图是有一定技巧的，应该根据图片的用途及特点选择最佳的抠图方式，使抠取的图形精准，便于操作。简单的图像可以快速选择对象并进行抠取，复杂的图像就需要找出对象与背景之间存在的差异，再使用相应的工具和命令让差异更加明显，使对象与背景更加容易区分，提高抠图的效率和质量。

1. 根据图像用途选择抠图方式

不同用途的图像，可以选择不同的抠图方式，所以提前了解图像用途，也能有效提高抠图效率。

- **用于网络**：用于网络发布的图片，可以选择快速的抠图方式，如魔棒、快速选择等工具，这是因为网络发布的图片对于图像本身的像素要求不太高，只要看得清晰即可，所以抠图边缘如果有一些小的瑕疵也不明显。
- **用于印刷**：如果是运用于印刷的图片，在抠图时应尽可能选择精确的方式，如使用钢笔工具。使用魔棒工具抠图有可能使印刷出来的图像边缘出现锯齿。

2. 分析图像的形状特点

对于不同的图像可以使用不同的抠图方式。边界清晰、图像也不透明，并且外边缘也属于基本的几何图形，我们可以直接使用选框工具选取图像。如选择一个圆形图像，可以使用椭圆选框工具；选择直角边条的图像，可以使用多边形套索工具。

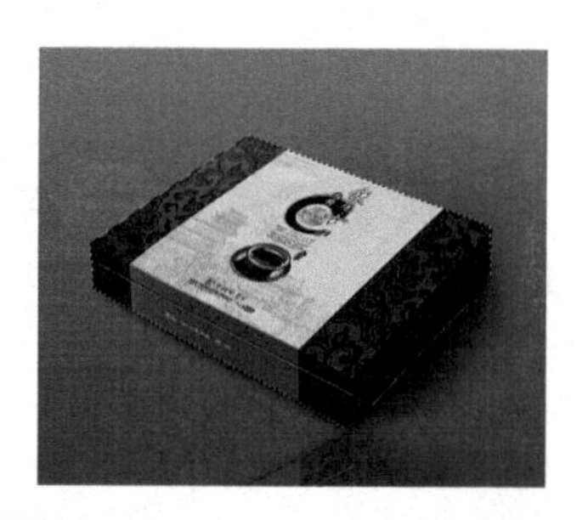

图像形状不规则，但边缘光滑时，可以使用钢笔工具进行选取；背景为单一颜色时，可以使用魔棒工具直接选择背景图像，然后反选选区，获取对象。

3. 分析图像色差度

对于一张彩色图像来说，其中包含的各种颜色本身就能形成差异，对于色差较大的图像，完全可以通过工具或命令选择对象，将其轻松地抠取出来。

这种方法最常用的命令为“色彩范围”命令，它包含了“红色”“黄色”“绿色”“青色”等固定选项，通过这些选项，可以选择相对应的颜色的图像内容。

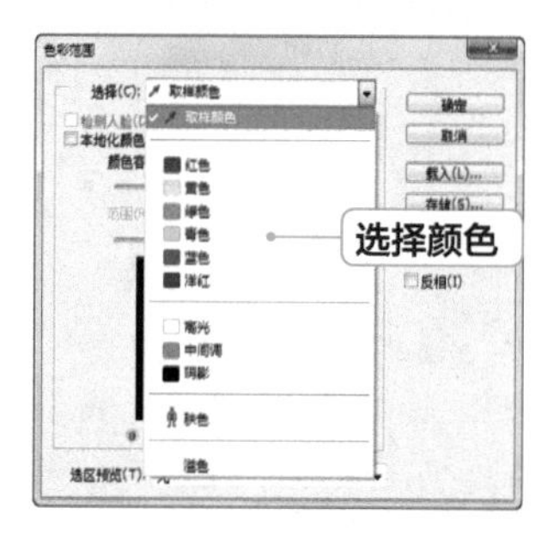

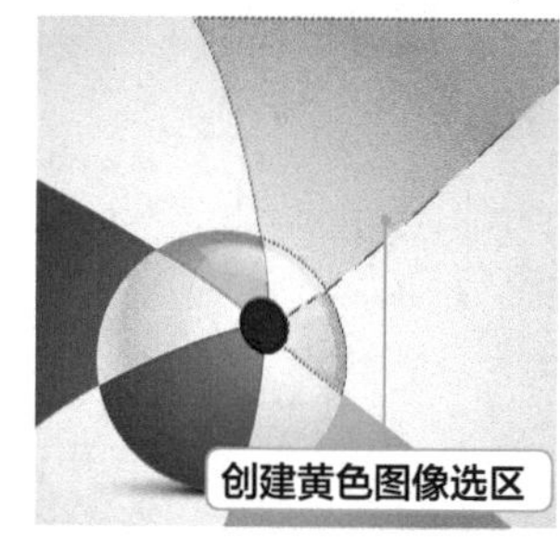

4. 分析边缘复杂的图像

对于边缘模糊、背景复杂，特别是人像、动物类的毛发等图像，抠取这样的对象，操作上较为复杂，并且需要足够的耐心和一定的技巧。

使用“调整边缘”命令和“通道”面板是抠取毛发类图像的主要工具。当毛发不是特别复杂时，可以使用“调整边缘”命令抠取。

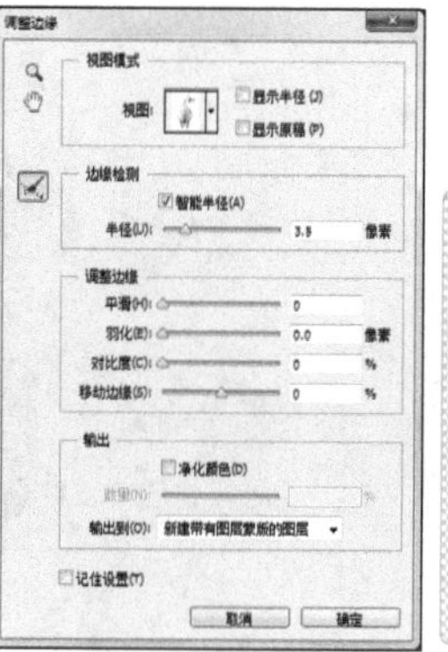

技巧秒杀

如何使用"调整边缘"

"调整边缘"可以优化已有的选区。使用任意选区类工具在图像中创建选区范围后，其属性栏中会出现"调整边缘"选项，在选区边缘涂抹即可让选区更加精细。

对于更加复杂的毛发抠取，就需要使用到通道，它能最大程度地保留对象的细节，也只有在通道中才能制作出精确的选区。

5. 分析图像透明度

在处理图像时，常会遇到带有一定透明度的图像，如婚纱、玻璃杯、冰块等，抠图时就需要考虑这些图像的透明特质，既要体现出对象的半透明度，同时还要保留其中的细节特征。当图像透明区域像素太多时，抠出的图像就会保留太多背景图像，给人一种通透的感觉，如果透明区域像素的选择程度过低，则抠出的图像将丢失许多细节，所以，抠取这一类图像就需要我们掌握一定的经验和技术。

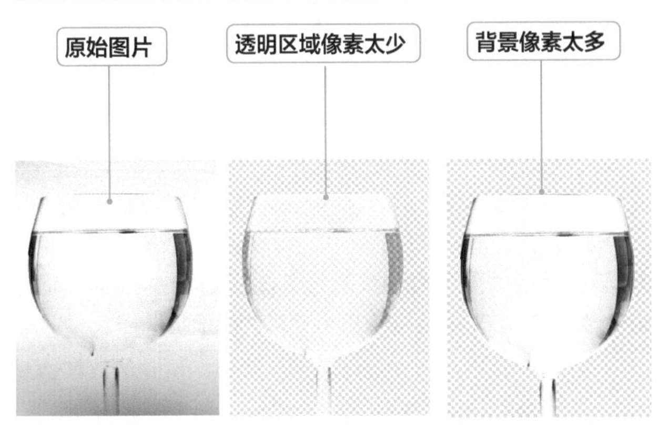

技巧秒杀

透明度技巧

抠取透明度较高的图像，单一的操作方法可能抠取效果并不准确，可综合使用多种工具和方法来抠取，使得到的透明区域质感更强，如钢笔工具、蒙版和通道等。

3.2 常用抠图工具

通过对图像进行分析，可以确定抠图的工具，对于一些背景不太复杂的图像，可以使用选区类工具。Photoshop 中的魔棒工具、磁性套索工具、快速选择工具等，都对图像边缘具有自动甄别的功能，巧妙运用这些工具能够提高抠图效率。

3.2.1 使用魔棒工具

使用魔棒工具可以根据图像中相似的颜色来绘制选区，只需在图像中的某个点单击，图像中与单击处颜色相似的区域会自动进入绘制的选区内。下面将使用魔棒工具抠图图像，将其组合成一个带有科技感的合成图像，并掌握工具属性栏中各选项的设置方法。

微课：使用魔棒工具

素材：素材\第3章\科技背景.jpg、阶梯.jpg、键盘.jpg、商务人物.psd

效果：效果\第3章\科技星球.psd

STEP 1 选择魔棒工具

❶打开"键盘.jpg"图像，可以看到图像背景为灰色，在工具箱中选择魔棒工具；在属性栏中设置"容差"值为10；❷在属性栏中单击选中☑连续复选框。

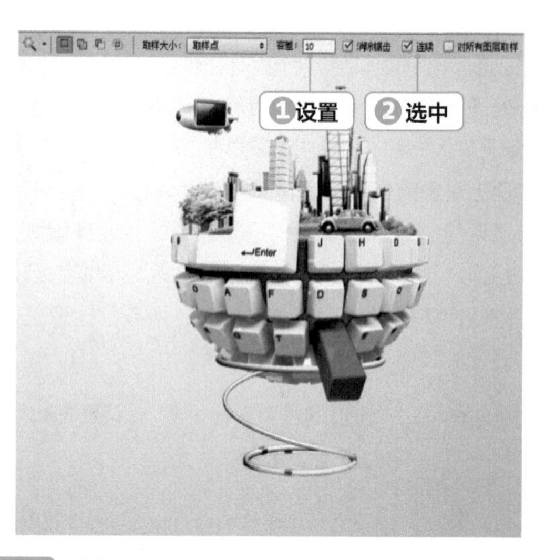

STEP 2 选择图像

①在灰色背景图像中单击，获取部分选区；②按住【Shift】键再其他灰色背景图像中单击，加选选区，过程中可以适当降低“容差”值，避免背景图像以外的图像被选择。

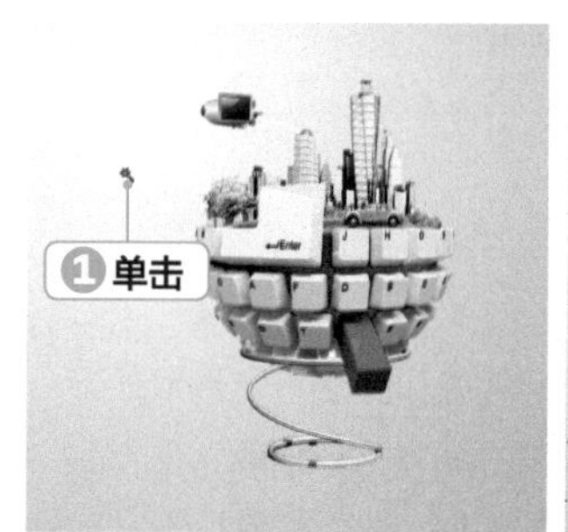

疑难解答

容差

在魔棒工具属性栏中有一项“容差”值的设置，它决定了什么样的像素与选定的色调相似。当该值较低时，只选择与单击点像素非常相似的少数颜色；该值越高，对像素相似程度的要求就越低，可选择的颜色范围就更广。

所以，使用魔棒工具多进行尝试是获取满意选区的最佳方法，减小容差值，可以让选择范围缩小，增加容差值，可以让选择范围扩大；值得注意的是，在容差值不变的情况下，鼠标单击点的位置不同，所获取的选择区域也会不同。

STEP 3 获取选区

通过加选和调整“容差”值的方式获取全部灰色背景图像选区；按【Shift+Ctrl+I】组合键反选选区，得到键盘图像选区；按【Ctrl+C】组合键复制选区中的图像。

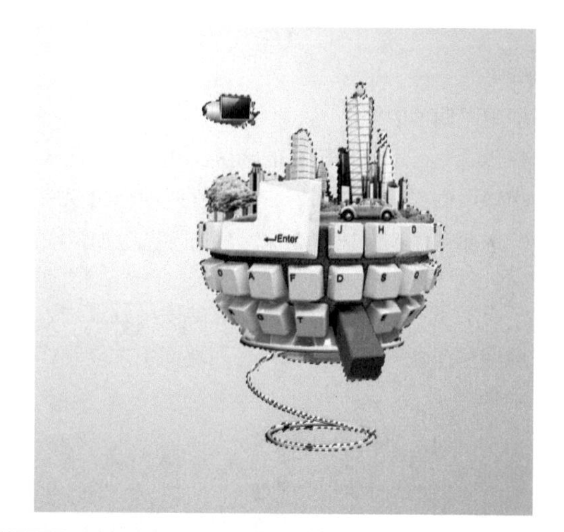

STEP 4 粘贴图像

打开“科技背景.jpg”图像；按【Ctrl+V】组合键粘贴图像到“科技背景”图像中，适当调整图像大小和位置。

STEP 5 添加素材图像

①打开“阶梯.jpg”图像，使用魔棒工具，在属性栏中设置“容差”为10；在背景图像中单击，获取蓝色背景图像选区，按【Shift+Ctrl+I】组合键反选选区；②使用移动工具直接拖动到“科技背景”图像中。

STEP 6 添加人物图像

打开“商务人物.psd”图像，使用移动工具直接拖动到“科技背景”图像中，分别将人物放到阶梯图像中，适当调整人物图像大小，完成本实例的制作。

疑难解答

取样大小的意义

使用魔棒工具在图像中单击，可以确定取样点位置，选择“3×3平均”可以拾取单击点（3×3）像素区域内（即9个像素）颜色的平均值，选择“5×5平均”可以拾取单击点（5×5）像素区域内（即25个像素）颜色的平均值，其他选项原理相似。

“取样大小”的设置会影响魔棒工具创建选区时参与计算的像素量。将图像放大到像素级别来观察，会发现这种影响非常明显。

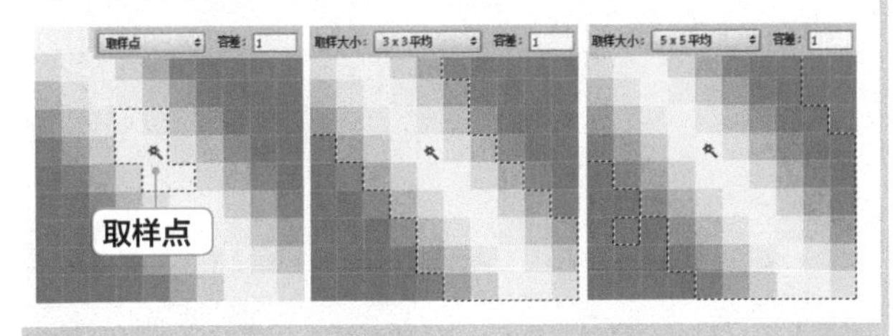

疑难解答

什么是取样大小

在魔棒工具属性栏中有个“取样大小”选项，该选项主要用于控制建立选区的取样点大小，取样点越大，创建的颜色选区也会越大。

3.2.2 使用快速选择工具

快速选择工具的作用和魔棒工具类似，但它们的使用方法略有不同。选择快速选择工具后，鼠标指针将变为一个可调整大小的圆形笔尖，通过拖动鼠标，Photoshop 就可以通过鼠标的移动轨迹自动确定图像的边缘，以创建选区。下面将使用快速选择工具抠取图像，通过加选和减选的方式获取图像选区，并掌握使用“调整边缘”命令来细化选区的操作。

微课：使用快速选择工具

素材：素材\第3章\绿球.jpg、圆光.jpg、光点.jpg

效果：效果\第3章\炫光球.psd

STEP 1 新建文件

①选择【文件】/【新建】命令，打开“新建”对话框，新建一个图像文件，设置文件名称为“炫光球”，“宽度”和“高度”分别为28厘米×28厘米，分辨率为72像素/英寸；②单击 确定 按钮得到新建图像文件；③设置前景色为黑色，按【Alt+Delete】组合键填充背景。

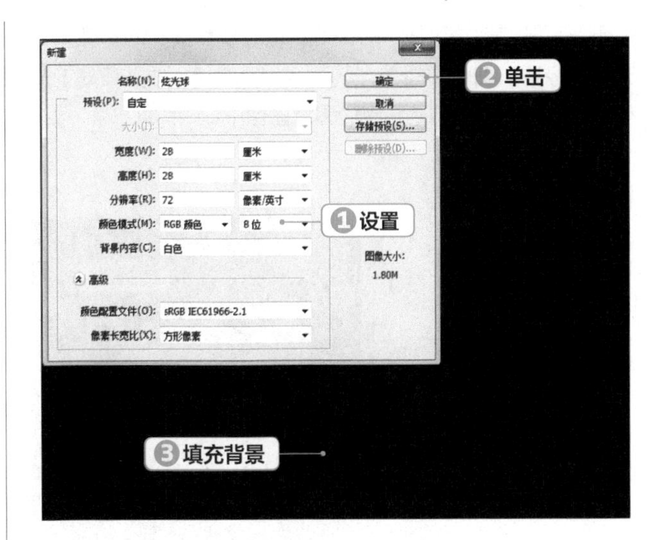

STEP 2 快速选择图像

❶打开“绿球.jpg”图像，选择快速选择工具；在属性栏中设置一种笔尖样式；❷在图像背景中按住鼠标左键拖动，绘制选区，即可快速选中背景图像。

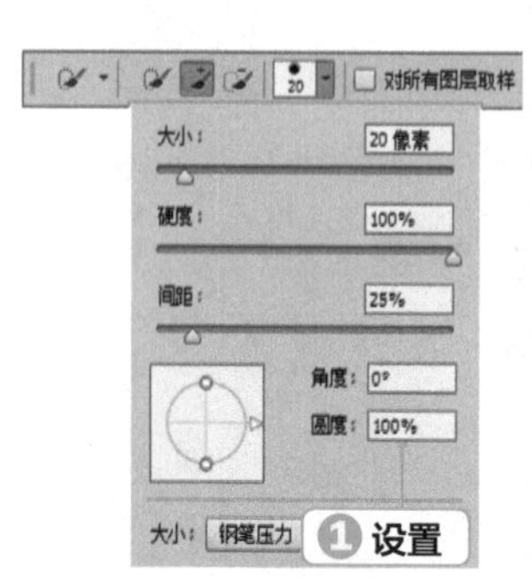

STEP 3 减选选区

❶在选择背景图像后，难免会有一些与背景图像类似的颜色被一起选中，这时可以按住【Alt】键选择多余的图像，对选区做减选，获得完整的背景图像选区；❷按【Shift+Ctrl+I】组合键反选选区，得到手托球的图像选区。

STEP 4 细化选区边缘

❶为了让图像边缘更加柔和自然，单击属性栏中的 调整边缘... 按钮，打开“调整边缘”对话框；适当调整其中的参数，让选区边缘更加细化；❷单击 确定 按钮，选择移动工具将选区内的图像拖动到新建的黑色图像中。

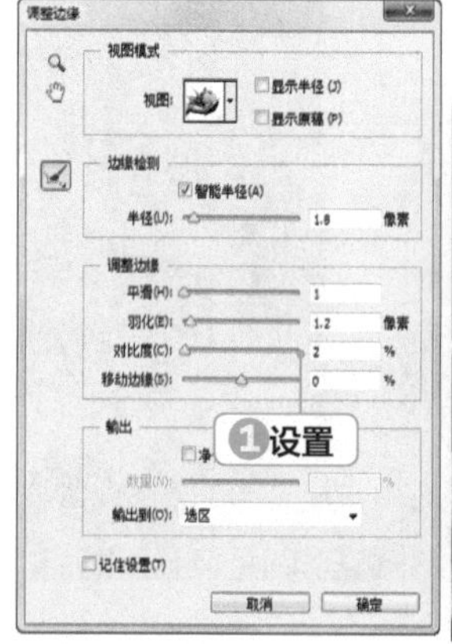

疑难解答

“调整边缘”命令的作用

首先我们要明白，“调整边缘”命令是用于编辑选区的工具，使用它不仅可以对选区进行羽化、扩展、收缩、平滑处理等操作，还能有效识别透明区域、毛发等细微图像。当抠取边缘较复杂的图像时，可以先使用快速选择工具、魔棒工具等获取一个大致的选区，然后再使用“调整边缘”命令对选区做细化处理，即可轻松抠出图像。

STEP 5 添加素材图像

❶打开“圆光.jpg”图像，使用移动工具将其拖动到当前编辑的图像中，并在“图层”面板中将该图层放到“图层 1”图层的下方；❷选择“图层 1”图层，设置图层混合模式为“滤色”，得到绿色球融合的光圈效果。

STEP 6 添加素材图像

打开“光点.jpg”图像，使用移动工具将其拖动到当前编辑的图像中；设置图层混合模式为“滤色”，并将其放到圆球左上方，得到炫光球图像效果，完成本实例的制作。

3.2.3 使用磁性套索工具

微课：使用磁性套索工具

使用磁性套索工具可以在图像中沿颜色边界捕捉像素，从而形成选择区域。当需要选择的图像与周围颜色具有较大的反差时，选择使用磁性套索工具是一个很好的办法。下面将在“冰淇淋”图像中使用磁性套索工具来获取图像选区，从而掌握沿图像绘制并获取选区的使用方法，其具体操作步骤如下。

素材：素材\第3章\牛奶.psd、冰淇淋.jpg、文字.psd、粉红水.psd

效果：效果\第3章\美味冰淇淋.psd

STEP 1 添加牛奶图像

新建一个图像文件，将背景填充为白色；打开“牛奶.psd”图像，使用移动工具将其拖动到白色背景图像中，适当调整图像大小。

STEP 2 渐变填充选区

选择套索工具，在“背景”图层中上方绘制一个选区；选择渐变工具，为选区应用粉红色系的径向渐变填充，设置颜色从淡粉色“#f9a0cf”到粉红色“#eb77a7”。

STEP 3 使用磁性套索工具

①打开“冰淇淋.jpg”图像，在工具箱中选择磁性套索工具，并在图像中颜色反差较大的地方单击，确定选区起始点；②沿着颜色边缘慢慢移动鼠标，系统会自动捕捉图像中对比度较大的颜色边界并产生定位点。

STEP 4 移动图像

①移动到起始点处单击即可完成选区绘制；②使用移动工具将选区中的图像拖动到当前编辑的图像中，放到画面下方，将其拖动至所在图层的下方。

STEP 5 擦除图像

①选择像皮擦工具，在属性栏中设置模式为画笔、大小为168、不透明度为90%；②适当擦除被牛奶遮住的图像。

第3章 抠图常用技法

STEP 6 添加素材图像

打开“粉红水 .psd”图像，使用移动工具将其拖动到冰淇淋图像中，将其放到画面上方；按【Ctrl+J】组合键复制一次图像，将其移动到画面下方。

STEP 7 添加文字

打开“文字 .psd”图像，使用移动工具将其拖动到冰淇淋图像中，放到画面上方，完成本实例的制作。

3.3 蒙版抠图

除了通过工具和命令来进行抠图外，在 Photoshop 中还可以通过将所选对象从背景中分离的方式来抠图，这种方式一般会将背景删除，并不再恢复。而下面要介绍的蒙版抠图则可以保留图像的完整性，它通过隐藏不需要的图像使图像整体得到保留，便于随时恢复图像，对图像进行反复操作。

3.3.1 认识蒙版

蒙版是另一种专用的选区处理技术，可选择也可隔离图像，在图像处理时可屏蔽和保护一些重要的图像区域不受编辑和加工的影响（当对图像的其余区域进行颜色变化、滤镜效果和其他效果处理时，被蒙版蒙住的区域不会发生改变）。

在 Photoshop 中，蒙版是一种用于遮盖图像的工具，我们可以使用蒙版将部分图像隐藏起来，从而控制画面的显示内容，这与之前介绍的抠图方式有着本质的区别。下面将介绍 Photoshop 中几种常见的蒙版，包括快速蒙版、矢量蒙版、剪贴蒙版和图层蒙版。这几种蒙版都可以实现选中与抠图同步，但它们的操作方式大不相同，其中矢量蒙版是基于矢量功能的蒙版，剪贴蒙版基于图形的形状，而图层蒙版则基于像素的明度。

1. 快速蒙版

快速蒙版是一种临时性的蒙版，是暂时在图像表面产生一种与保护膜类似的保护装置，其实质就是通过快速蒙版来获得选区。

在图像中先创建一个大致的选区，然后单击工具箱底部的“以快速蒙版模式编辑”按钮，蒙版将以透明红色显示，使用画笔工具在图像边缘做修饰，让选区更加准确。按下【Q】键即可退出快速蒙版模式，获得选区。

蒙版显示

绘制选区

2. 图层蒙版

图层蒙版存在于图层之上，图层是它的载体，使用图层蒙版可以控制图层中不同区域的隐藏或显示，并可通过编辑图层蒙版将各种特殊效果应用于图层中的图像上，且不会影响该图层的像素。蒙版中黑色可以遮盖图像，灰色会让图像呈现透明状态。

3. 矢量蒙版

矢量蒙版是通过创建路径或矢量图形生成的蒙版，它与分辨率无关，可以任意缩放、旋转和扭曲。

从路径或矢量图形中生成的蒙版，可以用矢量形状限定图像的显示范围。

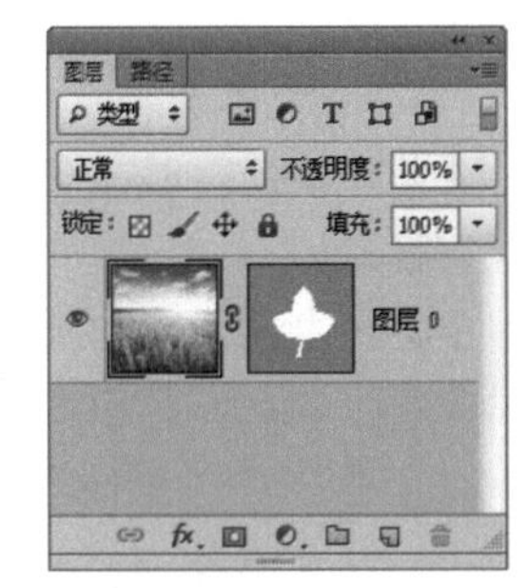

4. 剪贴蒙版

剪贴蒙版由基底图层和内容图层组成，其中内容图层位于基底图层上方。基底图层用于限制图层的最终形式，而内容图层则用于限制最终图像显示的图案。

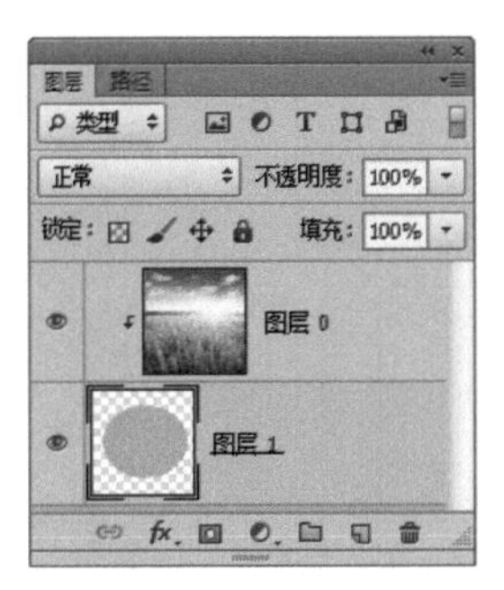

3.3.2 蒙版与选区的关系

既然蒙版是用来指定遮盖某些区域的，而指定区域的有效手段就是创建选区，因此在实际工作中几乎都是通过选区来建立蒙版的。

蒙版与选区之间是可以互相转换的，在图像中创建选区后，单击“图层”面板底部的“添加图层蒙版”按钮，即可创建图层蒙版，选区也会转化到图层蒙版中；在创建矢量蒙版时，可以先将选区转换为路径，然后选择【图层】/【矢量蒙版】/【当前路径】命令为路径创建矢量蒙版。

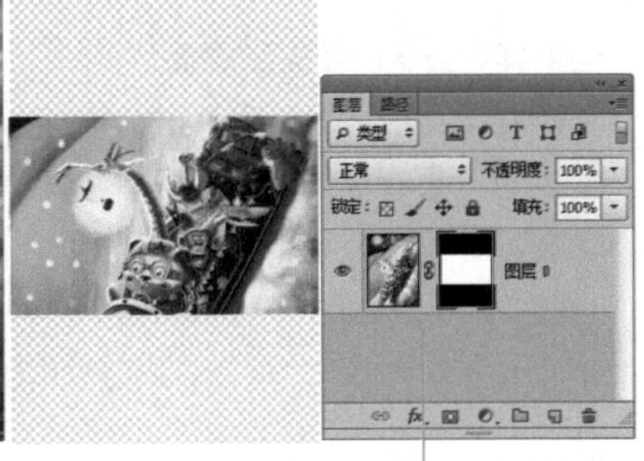

将选区转化到图层蒙版中

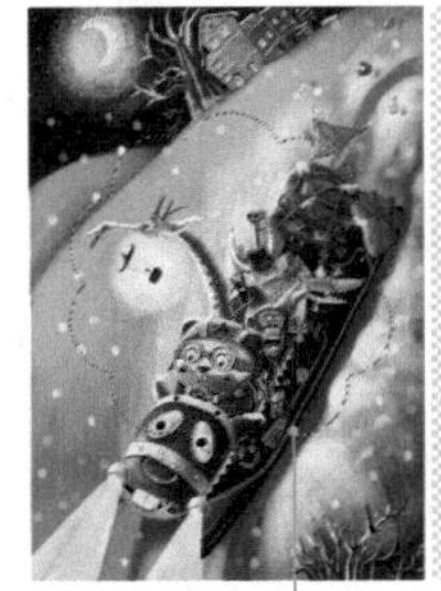

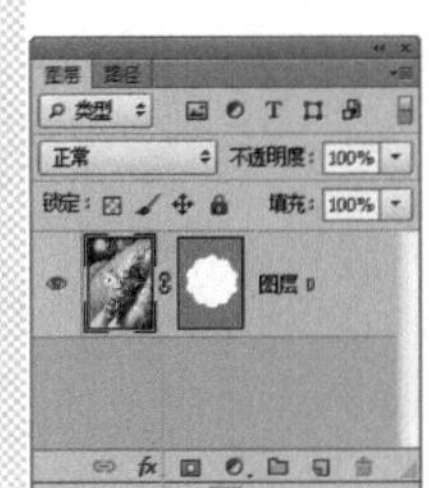

单击按钮将选区转换为路径

将路径转化到矢量蒙版中

3.3.3 使用矢量蒙版

微课：使用矢量蒙版

矢量蒙版是用钢笔工具、形状工具等创建的蒙版，常用于 Logo、按钮或其他 Web 设计元素，通过矢量蒙版可以制作出精确的蒙版区域。下面在人物图像中绘制一个形状，然后对其应用矢量蒙版，再添加多种卡通素材图像，制作出儿童卡通照片，具体操作步骤如下。

素材：素材 \ 第 3 章 \ 小女孩 .jpg、卡通素材 .psd
效果：效果 \ 第 3 章 \ 儿童卡通照 .psd

STEP 1 渐变填充背景

新建一个图像文件，选择渐变工具，在属性栏中设置渐变颜色为粉红色“#ffb196”到淡红色“#fff2e7”；单击“径向渐变”按钮，在图像中间按住鼠标左键向外拖动，得到渐变色填充。

STEP 2 添加素材图像

打开“小女孩 .jpg”图像，使用移动工具该图像拖动到新建的图像文件中；按【Ctrl+T】组合键适当调整图像大小，放到画面中间。

STEP 3 选择自定形状

①选择自定形状工具，在属性栏左侧选择绘图方式为“路径”；②打开“形状”面板，在面板菜单中选择“全部”命令，载入所有形状；③选择“花 1”图形。

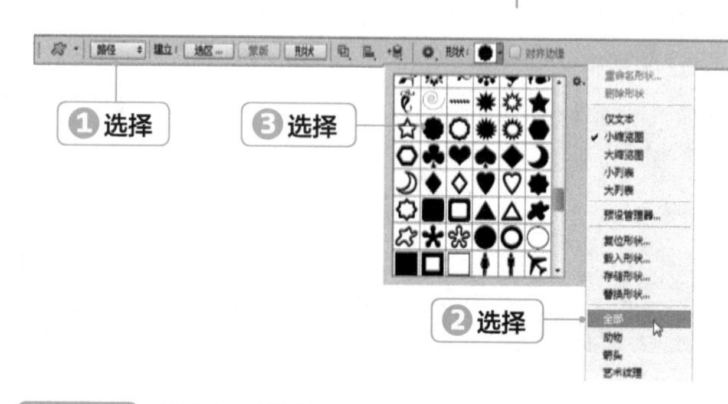

STEP 4 创建矢量蒙版

①在图像中绘制出花朵形状；②选择【图层】/【矢量蒙版】/【当前路径】命令，创建矢量蒙版，路径区域以外的图像将被隐藏。

技巧秒杀

使用其他方法创建矢量蒙版

选择需要创建矢量蒙版的图层，单击“添加图层蒙版”按钮，再在蒙版的“属性”面板中单击“添加矢量蒙版”按钮，为当前图层添加一个矢量蒙版，再选择一种形状工具，设置“工具模式”为“路径”，使用鼠标在图像上绘制一个形状，形状外的区域将被隐藏。

STEP 5 添加图层样式

①选择【图层】/【图层样式】/【描边】命令，打开“图层样式”对话框，设置描边大小为 27 像素，颜色为白色；②选择“内阴影”样式，设置内阴影为黑色，不透明度为 41。单击 确定 按钮，得到添加图层样式后的图像效果。

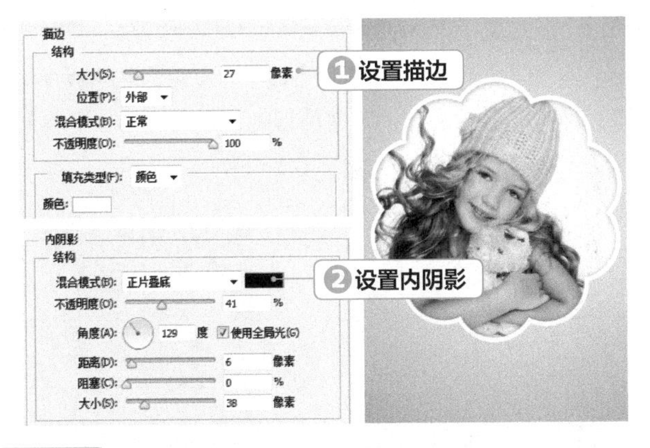

STEP 6 添加素材图像

打开“卡通素材.psd”图像；使用移动工具将组1拖动到当前编辑的图像中，适当调整各素材图像的位置。

STEP 7 添加投影效果

选择【图层】/【图层样式】/【投影】命令，打开“图层样式”对话框，设置投影颜色为黑色，然后设置其他各项参数；单击 确定 按钮，得到图像的投影效果。

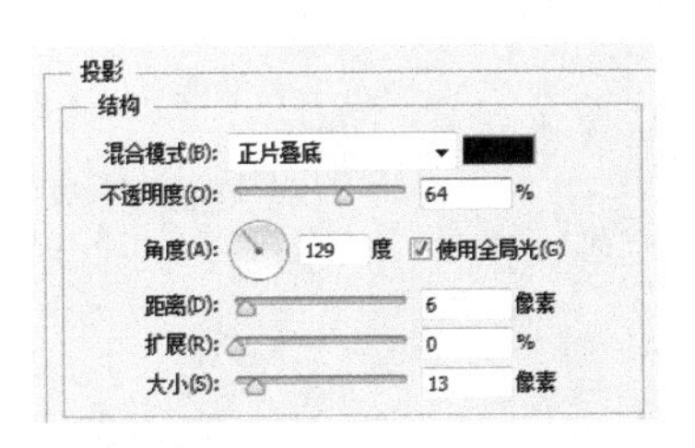

技巧秒杀

栅格化矢量蒙版

矢量蒙版只能使用钢笔工具或锚点工具来进行编辑。如果要使用滤镜或绘图工具编辑，则需要选择蒙版，然后选择【图层】/【栅格化】/【矢量蒙版】命令，将矢量蒙版转换为图层蒙版即可。

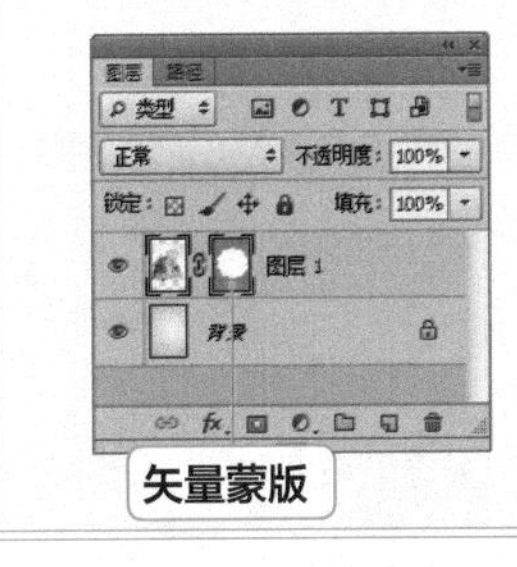

3.3.4 使用剪贴蒙版

微课：使用剪贴蒙版

在制作广告时，剪贴蒙版也是经常会使用到的一种蒙版，使用它可以通过下方图层的形状限制上方图像的显示区域。下面首先制作一个人物剪影，然后在其中添加火焰图像，并应用剪贴蒙版，让火焰图像镶入人物图形中，其具体操作步骤如下。

素材：素材\第3章\模特.psd、纹理背景.jpg、火焰.jpg

效果：效果\第3章\招聘广告.psd

STEP 1 新建图像

新建一个图像文件，在工具箱中设置前景色为洋红色“#bb4b80”；按【Alt+Delete】组合键填充背景。

STEP 2 添加素材图像

打开“纹理背景 .jpg”图像文件，使用移动工具将其拖动到新建的图像中；适当调整图像大小，使其布满整个画面；设置该图层的混合模式为“正片叠底”，得到叠加图像效果。

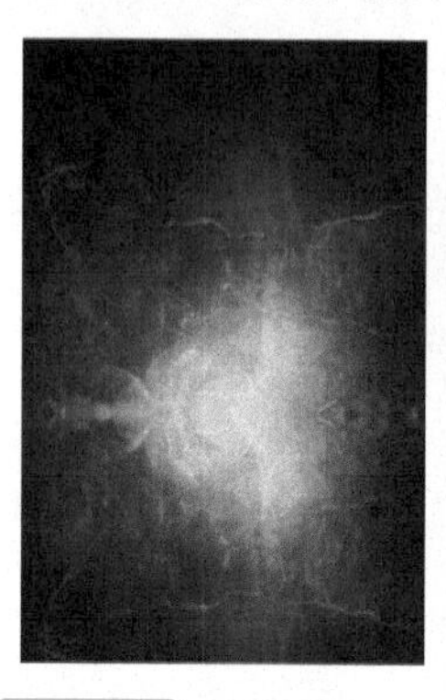

STEP 3 隐藏图层

❶打开“模特 .psd”图像文件，使用移动工具将其拖动到新建的图像中，适当调整图像大小，这时“图层”面板自动生成“图层 2”，按住【Ctrl】键单击图层 2 缩略图载入人物图像选区；❷单击“图层 2”前面的眼睛图标，隐藏该图层。

STEP 4 添加并旋转图像

新建一个图层，将选区填充为黑色，得到人物剪影效果；打开“火焰 .jpg”素材图像，使用移动工具将其拖动到人物图像中，按【Ctrl+T】组合键，适当旋转图像。

STEP 5 创建剪贴蒙版

选择【图层】/【创建剪贴蒙版】命令，创建剪贴蒙版，将火焰的显示范围限定在下方人物图形内。

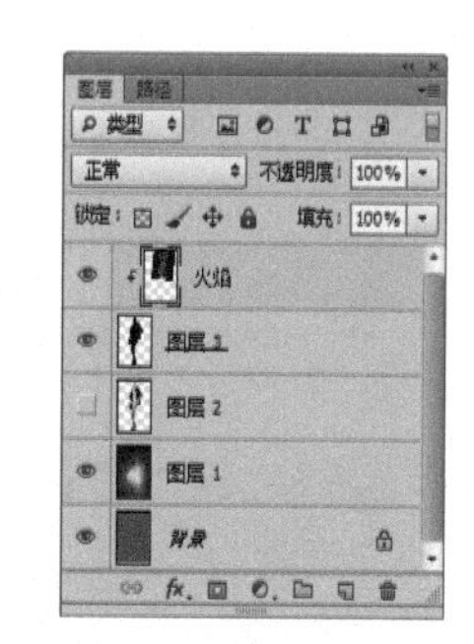

STEP 6 复制图像并创建剪贴蒙版

按【Ctrl+J】组合键复制一次火焰图像，并将其放到人物下方没有火焰图像的位置；按【Alt+Ctrl+G】组合键，创建剪贴蒙版，得到人物腿部火焰图像。

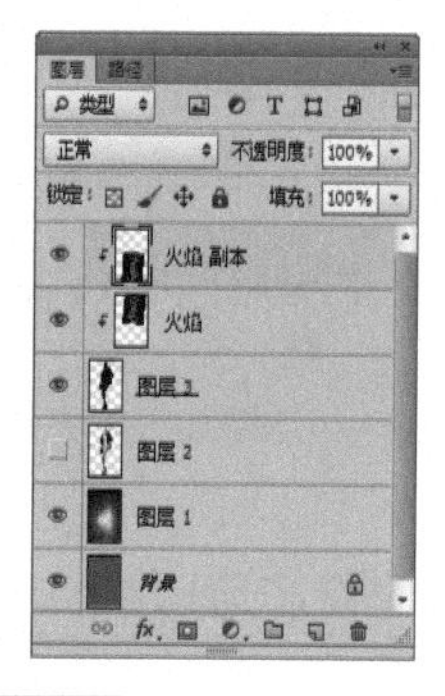

STEP 7 输入文字

选择横排文字工具，在图像右下方输入文字，适当调整文字大小，设置字体为黑体，填充为白色；在“年薪：20W-50W”下方绘制一个矩形选区，填充为黑色。

STEP 8 添加文字投影

选择【图层】/【图层样式】/【投影】命令，打开“图层样式”对话框，为文字添加黑色投影；单击 确定 按钮，得到文字投影效果，完成本实例的制作。

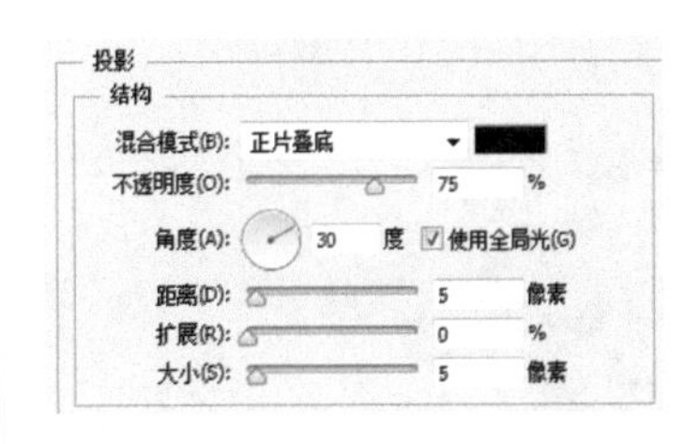

技巧秒杀

释放剪贴蒙版

为图层创建剪贴蒙版后，若是觉得效果不佳，可将剪贴蒙版取消，即释放剪贴蒙版。在内容图层上单击鼠标右键，在弹出的快捷菜单中选择“释放剪贴蒙版”命令，即可释放剪贴蒙版。

3.3.5 使用图层蒙版

微课：使用图层蒙版

图层蒙版也常被应用于合成图像，它覆于图层上方，起到遮盖作用。图层蒙版其实是一个拥有 256 级色阶的灰度图像，自身并不可见。图层蒙版作用很强大，可用于控制调色或滤镜范围。下面将在图像中添加图层蒙版，达到隐藏图像的效果，其具体操作步骤如下。

素材：素材\第 3 章\音符 .psd、蓝天 .jpg、气球 .psd、云层 .psd、看书的儿童 .jpg

效果：效果\第 3 章\云端上的钢琴 .psd

STEP 1 新建图像

①新建一个图像文件，将背景填充为白色；②打开“蓝天 .jpg”素材图像，将其拖动到新建的图像中，得到图层 1；适当调整图像大小，使其布满整个画面。

STEP 2 创建图层蒙版

①单击“图层”面板底部的“添加图层蒙版”按钮 ，进入图层蒙版状态；②使用渐变工具，在图像中从下到上应用线性渐变填充，设置颜色从黑色到白色。

技巧秒杀

切换蒙版和图像编辑状态

添加图层蒙版后，可以在“图层”面板中看到一个蒙版缩览图，单击该缩览图，外侧有一个黑线边框，表示蒙版处于编辑状态，此时进行的所有操作将应用于蒙版；如果要编辑图像，可以单击图像缩览图，将边框转移到图像上。

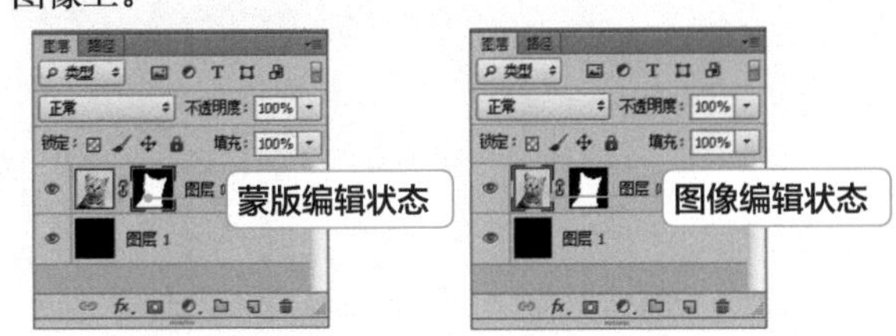

STEP 3 添加素材图像

打开“音符 .psd”素材图像，使用移动工具将其拖动到当前编辑的图像中；适当调整图像大小，放到画面中。

STEP 4 添加人物图像

打开“看书的儿童 .jpg”素材图像，使用移动工具将其拖动到当前编辑的图像中，适当调整图像大小；选择魔棒工具，在属性栏中设置“容差”值为 8，单击白色背景图像，获取背景图像选区；利用其他选区工具加选“书”到选区。

STEP 5 隐藏人物背景图像

选择【图层】/【图层蒙版】/【隐藏选区】命令，选区内的图像将被隐藏起来；“图层”面板中会显示图层蒙版状态。

STEP 6 添加其他素材图像

打开“气球 .psd”和“云层 .psd”素材图像；使用移动工具分别将气球和云层图像拖动到当前编辑的图像中，将云层图像放到画面下方，气球和彩虹图像放到画面上方，完成本实例的制作。

3.4 通道抠图

通道是抠取复杂图像的常用方法，也是 Photoshop 中非常实用的功能，而且很多 Photoshop 高手都是使用通道的高手，通过通道可以制作出很多意想不到的效果，在学习通道的操作方法前，还需了解一些通道的基础知识。

3.4.1 通道的基本操作

通道用于存放颜色和选区信息，一个图像最多可以有 56 个通道。在实际应用中，通道是选取图层中某部分图像的重要工具。用户可以分别对每个颜色通道进行明暗度、对比度的调整，甚至可以对颜色通道单独执行滤镜功能，从而产生各种图像特效。

RGB 通道

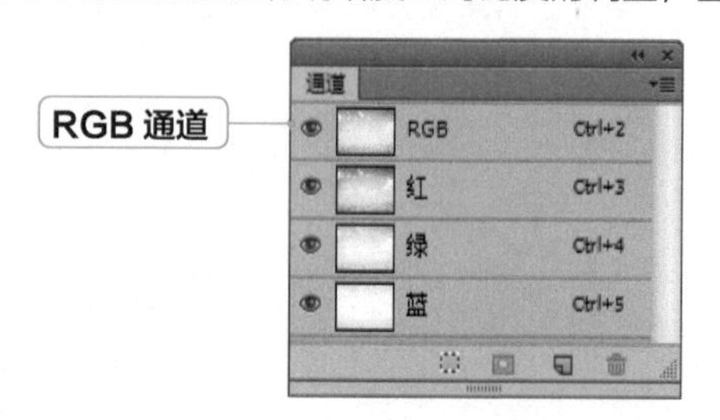

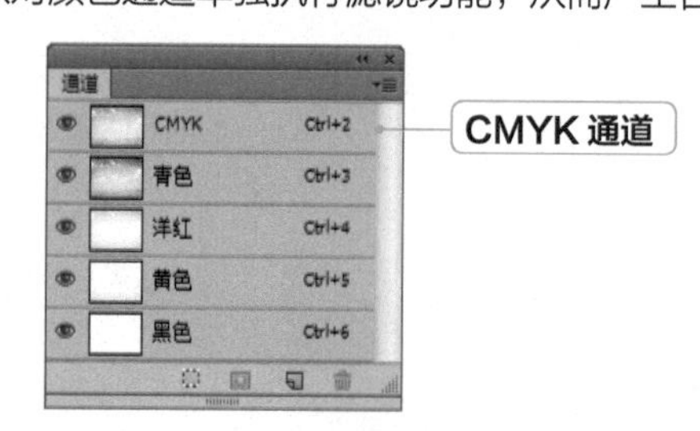

CMYK 通道

1. 选择通道

在“通道”面板中单击某个通道即可选择需要的通道。此外，在每个通道后面都会有对应的快捷键。

打开一幅素材图像，查看“通道”面板，如“红”通道后面显示【Ctrl+3】组合键，此时按【Ctrl+3】组合键就将选择“红”通道。选择该通道后，图像将只显示“红”通道中的颜色信息，整个图像也会显示为灰色效果。

技巧秒杀

选择多个通道

在“通道”面板中按住【Shift】键，并使用鼠标单击所需通道，可一次性选择多个颜色通道或多个Alpha通道和专色通道。

2. 重命名通道

在“通道”面板中需要重命名的 Alpha 通道和专色通道名称上双击，激活文本框，即可在其中输入通道的新名称，按【Enter】键完成重命名。需要注意的是重命名通道时，新通道名称不能与默认的颜色通道名称相同。

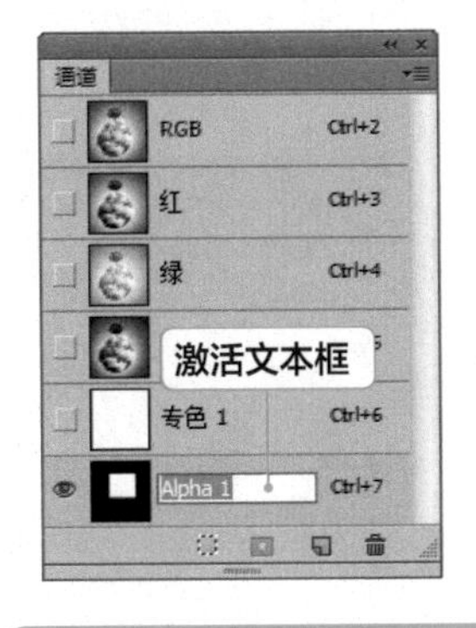

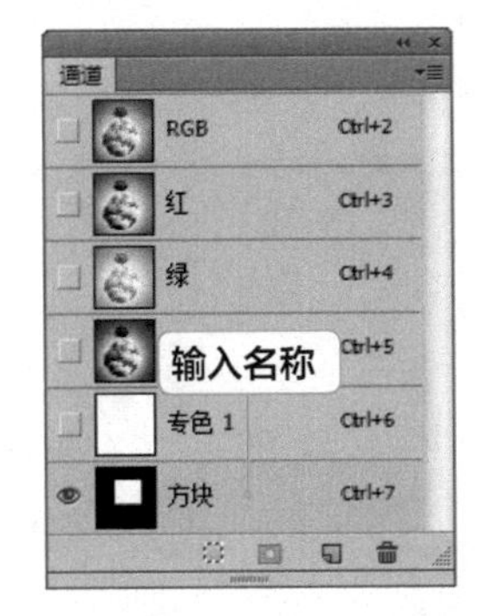

3. 新建 Alpha 通道

在画面中创建选区后，单击“通道”面板中的“将选区存储为通道”按钮，新建 Alpha 通道，将选区保存在 Alpha 通道中。

此外，用户在没有创建选区的情况下，可直接单击“创建新通道”按钮创建 Alpha 通道，然后再使用绘制工具或滤镜对 Alpha 通道进行编辑。

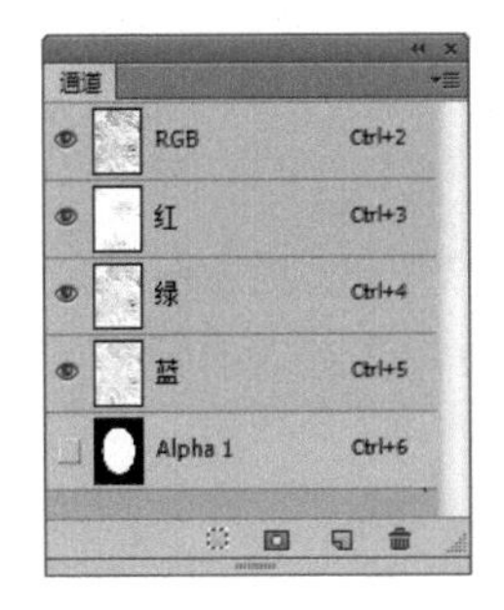

疑难解答

通道的分类

在Photoshop中存在着3种类型的通道，它们的作用和特征都有所不同。

- 颜色通道：颜色通道的效果类似摄影胶片，它用于记录图像内容和颜色信息。不同的颜色模式产生的通道数量和名字都有所不同。如 RGB 图像包括复合、红、绿、蓝通道，CMYK 图像包括复合、青色、洋红、黄色、黑色通道，Lab 图像包括复合、明度及 a、b 通道。由此可知，所有颜色模式的图像都会包括一个复合通道。
- Alpha 通道：Alpha 通道的作用都和选区相关。用户可通过 Alpha 通道保存选区，也可将选区存储为灰度图像，便于通过画笔、滤镜等修改选区，还可从 Alpha 通道载入选区。在 Alpha 通道中，白色为可编辑区域，黑色为不可编辑区域，灰色为部分可编辑区域（羽化区域）。使用白色涂抹通道可扩大选区，使用黑色涂抹通道可缩小选区，使用灰色涂抹通道可扩大羽化区域。
- 专色通道：专色通道用于存储印刷时使用的专色，专色是为印刷出特殊效果而预先混合的油墨。它们可用于替代普通的印刷色油墨。一般情况下，专色通道都是以专色的颜色命名。

4. 新建专色通道

专色通道应用于特殊印刷，在包装印刷时经常会使用专色印刷工艺印刷大面积的底色。当需要使用专色印刷工艺印刷图像时，需要使用专色通道来存储专色颜色信息。

专色通道通常使用油墨名称来命名，单击“通道”面板右上方的按钮，在弹出的列表中选择“新建专色通道”选项，打开“新建专色通道”对话框，设置好参数后，单击 确定 按钮，即可新建一个专色通道。

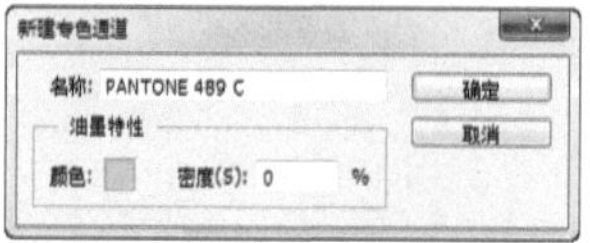

下图中的背景颜色填充的便是一种专色，观察通道名称可以看到，该专色名称为 PANTONE 489 C。

疑难解答

为什么会出现专色?

专色是特殊的预混油墨，如荧光黄、金属银色等，它们用于替代或补充印刷色油墨，因为印刷色油墨无法展现出金属和荧光等炫目的色彩。

5. 复制和删除通道

复制通道的操作方法与复制图层类似，先选中需要复制的通道，然后按住鼠标左键不放并拖动到下方的“创建新通道”按钮上，当鼠标光标变成形状时释放鼠标即可。

要删除一个通道，可以使用下面几种方法。

- 直接将要删除的通道拖放到“通道”面板的“删除当前通道”按钮上即可。
- 在“通道”面板的通道名称上单击鼠标右键，在弹出的快捷菜单中选择“删除通道”命令。
- 选中要删除的通道后，单击“通道”面板右上角的按钮，在弹出的下拉列表中选择“删除通道”选项。

3.4.2 通道混合器

微课：通道混合器

在 Photoshop 中，“通道混合器”能够通过调整颜色通道来改变图像色彩。该命令有了两种混合模式，分别是“相加”和“减去”。使用“相加”模式可以增加两个通道中的像素值，让通道图像变亮；使用“减去”模式则会从目标通道中相应的像素上减去源通道中的像素值，使通道中的图像变暗。下面将在“夕阳下的树林 .jpg”图像中通过使用“通道混合器”来调整图像颜色，并在通道中抠取图像。

素材：素材 \ 第 3 章 \ 夕阳下的树林 .jpg、风景 .jpg
效果：效果 \ 第 3 章 \ 抠取复杂的树枝 .psd

STEP 1 打开素材图像

打开“夕阳下的树林 .jpg”素材图像，通过观察可以看到，图像中的树木枝干非常复杂，而且与背景颜色对比度不大；如果使用魔棒工具或其他选区工具，在面对如此复杂的图像时，无论是选择天空还是选择树枝都是一件困难的事情。

STEP 2 反相图像

单击“图层”面板底部的“创建新的填充或调整图层”按钮，在弹出的列表中选择“反相”选项，得到调整图层，图像中也得到反转图像颜色。

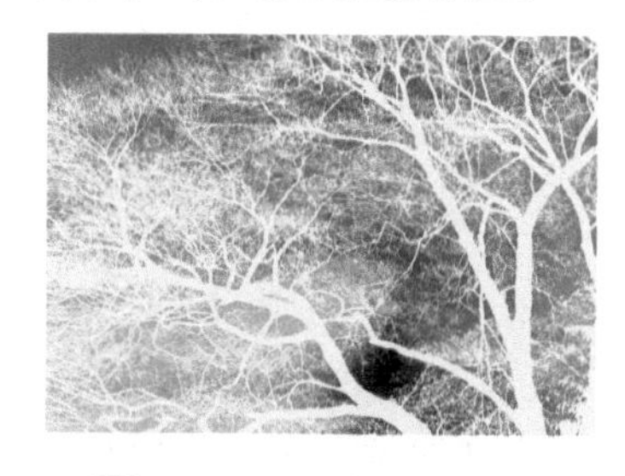

疑难解答

调整图层

调整图层类似于图层蒙版，它由调整缩略图和图层蒙版缩略图组成。使用调整图层可以根据需要对图像进行色调或色彩调整，还可以在创建后随时修改。

STEP 3 应用“通道混合器”

单击“图层”面板底部的“创建新的填充或调整图层”按钮 ，在弹出的列表中选择“通道混合器”选项；进入“属性”面板，单击选中“单色”复选框，得到黑白图像。

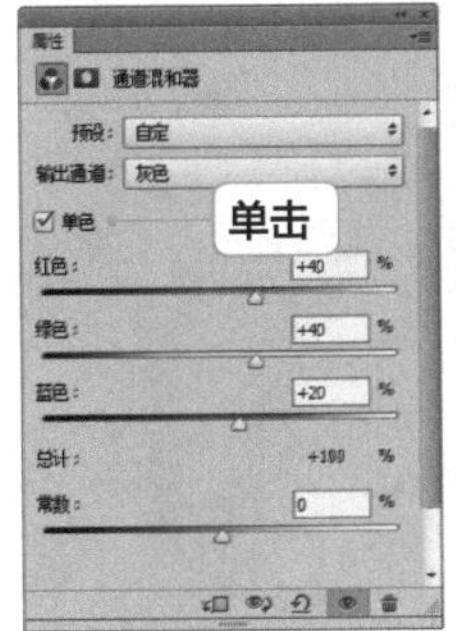

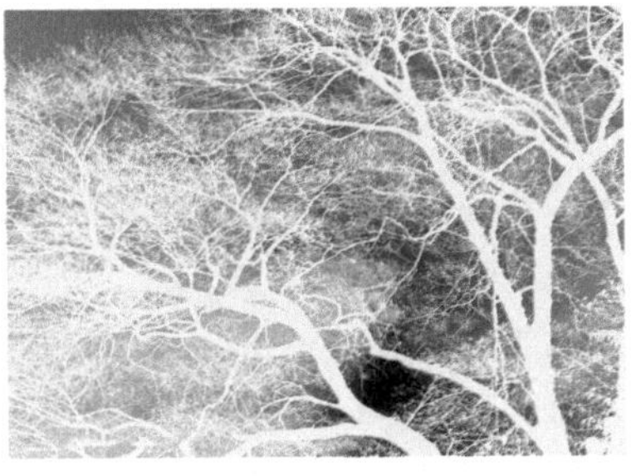

STEP 4 调整通道颜色

①选择红色下方的滑块向左拖动，减少输出通道中的红色；②选择蓝色滑块向右拖动，增加输出通道中的蓝色，从而增强天空和树林的色调对比。

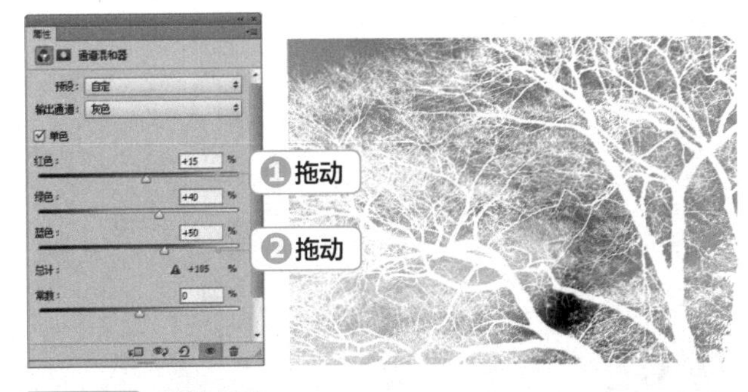

STEP 5 调整色阶

单击“创建新的填充或调整图层”按钮 ，在弹出的列表中选择“色阶”选项；在“属性”面板中将阴影和高光的滑块向中间移动，使图像中的深色变为黑色，浅色变为白色。

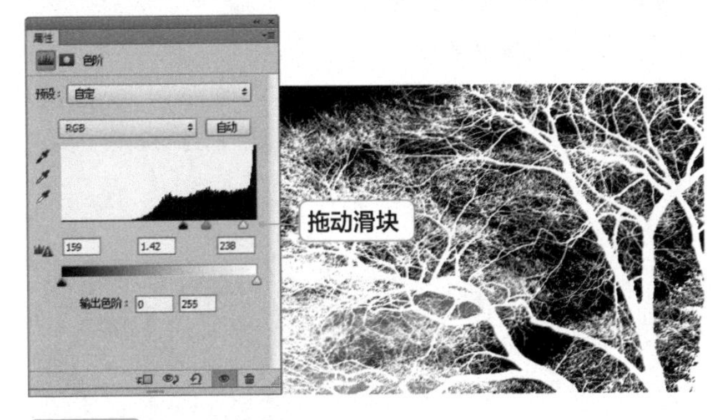

STEP 6 载入图像选区

切换到“通道”面板中，按住【Ctrl】键单击RGB通道缩略图，载入图像选区，得到树林图像选区。

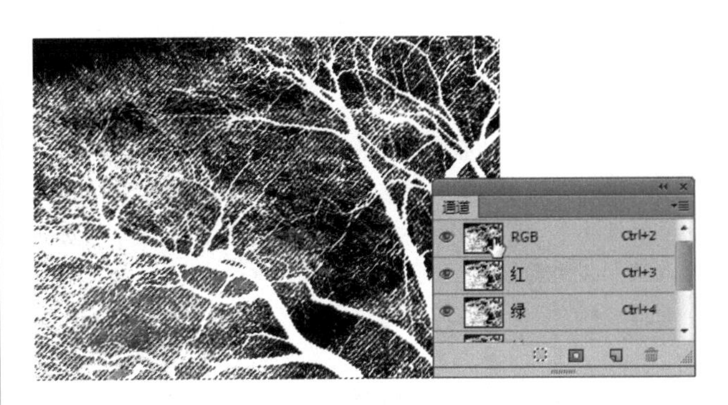

疑难解答

通道混合器中的颜色加减模式

选择【图像】/【调整】/【通道混合器】命令，打开“通道混合器”对话框，在“输出通道”选项中选择所需的通道。

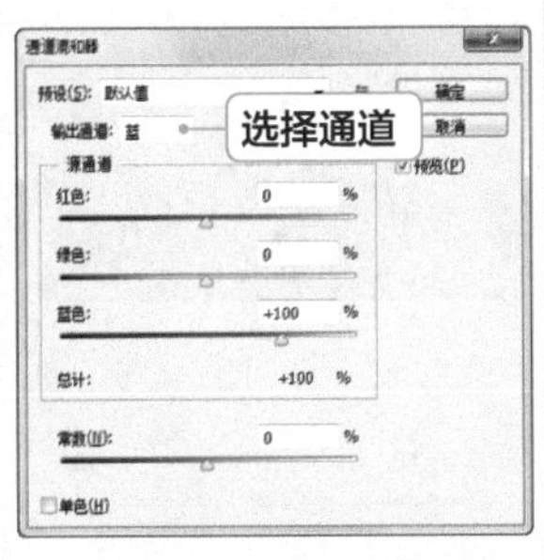

拖动红色滑块，Photoshop就会用该滑块所代表的红通道与蓝通道（输出通道）混合。向右拖动滑块，红通道会采用“相加”模式与蓝通道混合，向左拖动滑块，则会使用“减去”模式混合。

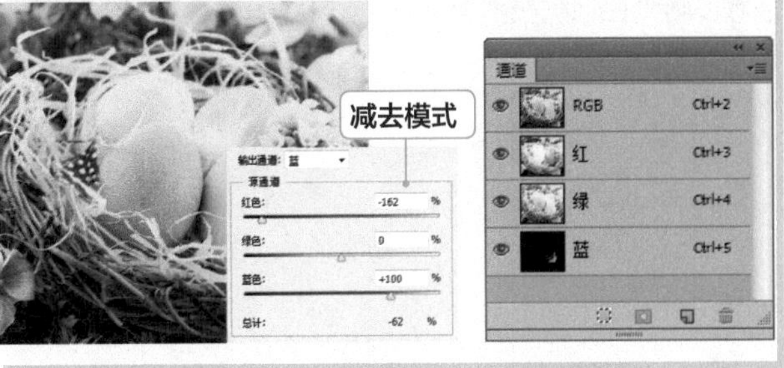

疑难解答

通道混合器中的常数

在“通道混合器”对话框中还有一个“常数”滑块，拖动该滑块，可以直接调整输出通道（所选的蓝通道）的灰度值，但该通道不会与其他通道混合。这种调整方式类似于使用“曲线”或“色阶”调整某种颜色通道。

当“常数”数值为正时，通道中将增加更多白色；当数值为负数时，通道中将增加更多黑色。该值为200%时，通道会成为全白色，该值为-200%时，通道会成为全黑色。

蓝通道变黑，其补色黄色达到最高值

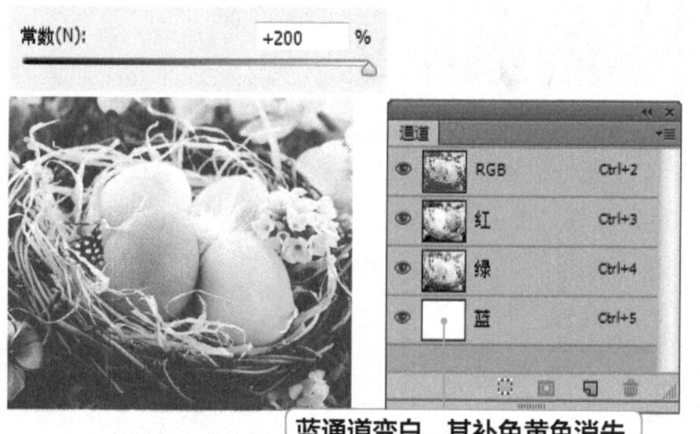

蓝通道变白，其补色黄色消失

STEP 7 添加图层蒙版

选择“图层”面板，按住【Alt】键双击“背景”图层，将其转换为普通图层；单击“添加图层蒙版”按钮添加图层蒙版，得到白色树枝图像。

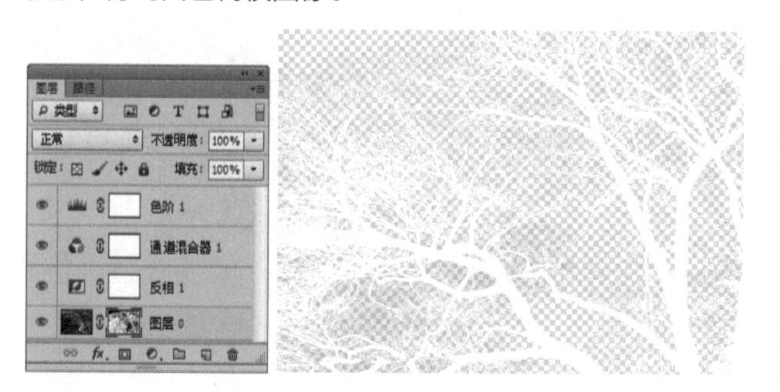

STEP 8 隐藏调整图层

单击各个调整图层前面的眼睛图标，将其隐藏，可以看到树林图像已经成功抠出。

STEP 9 添加素材图像

打开“风景.jpg”素材图像，使用移动工具将其拖动到树枝图像中，并将风景图像放到“图层”面板最下一层。

STEP 10 调整图像色调

选择“图层 1”图层，为其添加一个“色相/饱和度”调整图层；调整各项参数，使背景图像与树枝图像颜色更加融合。完成本实例的制作。

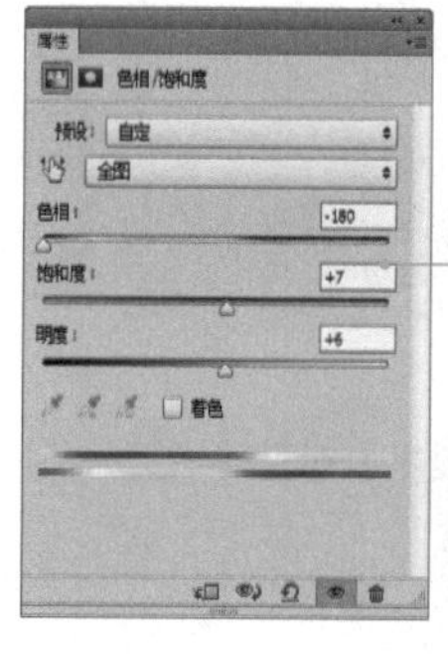

3.4.3 在通道中应用图像

微课：在通道中应用图像

若想为图像增加一些特殊气氛，使用通道将两幅图像混合在一起是不错的选择。通过通道混合图像可使用“应用图像”命令。下面将在“戴花少女 .jpg”图像中通过使用“应用图像”命令来抠取人物，包括人物复杂的发丝图像。

素材：素材 \ 第 3 章 \ 戴花少女 .jpg、花瓣 .jpg
效果：效果 \ 第 3 章 \ 抠取人物发丝 .psd

STEP 1 打开素材图像

打开“戴花少女 .jpg”素材图像，切换到“通道”面板。

STEP 2 查看通道

在“通道”面板中分别观察 3 个通道，可以发现蓝通道中人物与背景的区别最明显；选择蓝通道，将其拖动到“通道”面板底部的“创建新通道”按钮上，得到蓝副本通道。

STEP 3 反相通道

按【Ctrl+I】组合键将通道反相，人物背景几乎变为黑色，头发和花朵的边缘也与背景图像有了较为清晰的界限。

STEP 4 应用图像

①选择【图像】/【应用图像】命令，打开“应用图像”对话框；在“混合”下拉列表中选择“线性减淡（添加）”选项，其余各设置不变；②单击 确定 按钮。

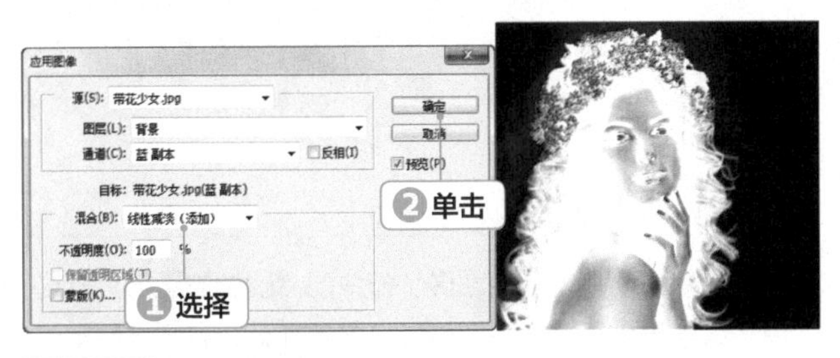

STEP 5 反相通道

①再次应用“应用图像”命令，在“混合”下拉列表中选择“颜色减淡”选项；②其余各设置不变，单击 确定 按钮，人物图像显得更白。

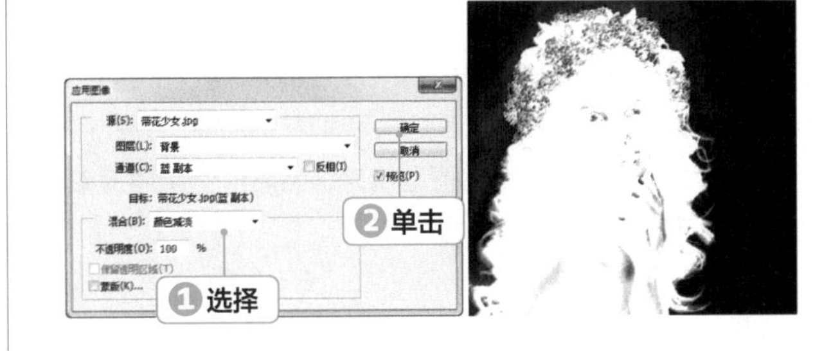

STEP 6 使用画笔工具

选择画笔工具，设置画笔样式为柔角；设置前景色为黑色，将背景中灰色的图像涂抹为黑色；设置前景色为白色，将人物图像中灰色区域涂抹成白色。

STEP 7 添加图层蒙版

①按住【Ctrl】键单击“蓝 副本”通道缩略图，载入图像选区；②回到“图层”面板中，选择背景图层，按住【Alt】键双击图层，将其转换为普通图层，并单击“添加图层蒙版”按钮，得到抠取出的人物图像。

疑难解答

为什么要复制通道?

“应用图像”命令提供了23种混合模式，与“图层”面板中的模式相似。在使用该命令前，需要先选择一个通道作为被混合的目标对象，为避免颜色通道混合只改变图像色彩，所以通常需要将混合的通道复制一份，用副本来操作。

STEP 8 添加素材图像

打开“花瓣 .jpg”素材图像，使用移动工具将其拖动到人物图像中，并将花瓣图像放到“图层”面板最下一层，完成本实例的制作。

3.4.4 通道计算

微课：通道计算

用户除可使用“应用图像”命令混合图像的通道外，还可使用“计算”命令将一个图像或多个图像中的单个通道混合起来。下面将在“沙漏 .jpg”图像中使用“计算”命令来抠取透明沙漏图像，并分析如何选择通道才能得到更好的效果。

素材：素材\第 3 章\沙漏 .jpg、草地 .jpg

效果：效果\第 3 章\抠取沙漏图像 .psd

STEP 1 打开素材图像

打开“沙漏 .jpg”素材图像，由于沙漏是一个内部透明，并且图像外轮廓光滑的图像，所以，我们在抠图时，首先可以使用钢笔工具将沙漏外轮廓抠取出来，然后再使用通道来解决沙漏内部的透明效果。

STEP 2 观察通道

在“通道”面板中分别选择各通道进行观察，可以发现绿通道中的沙漏轮廓边缘最为明显。

STEP 3 获取图像选区

选择“绿”通道，使用钢笔工具绘制出沙漏图像的外轮廓；按【Ctrl+Enter】组合键将路径转换为选区。

STEP 4 使用“计算”命令

❶选择【图像】/【计算】命令，打开“计算”对话框，设置“源 1”的通道为“选区”；❷“源 2”的通道为“红”；❸混合模式为“正片叠底”；❹结果为“新建通道”。

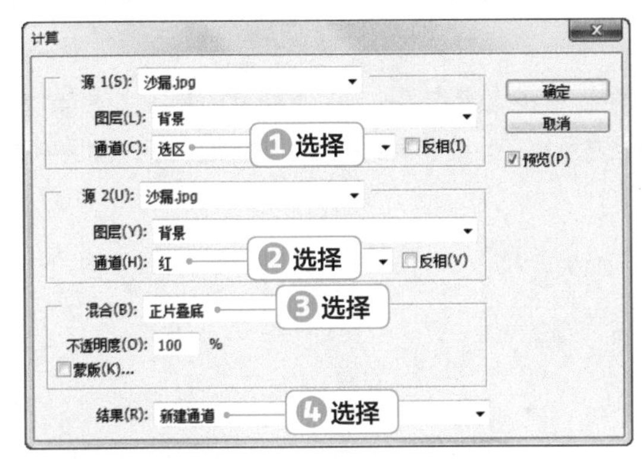

STEP 5 生成新通道

单击 确定 按钮，混合的结果将自动生成一个新的 Alpha 通道。

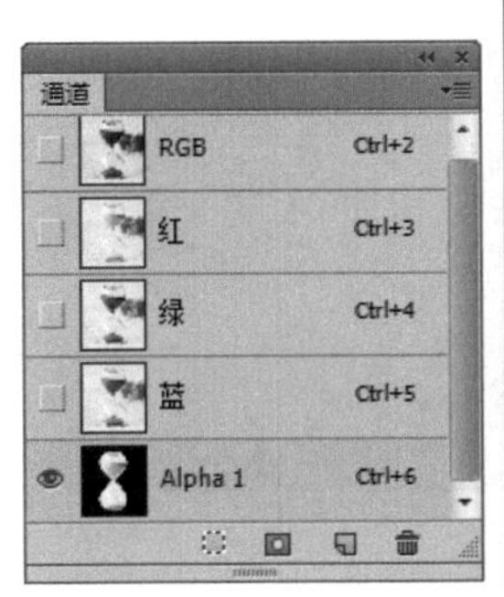

疑难解答

“计算”对话框中各项设置的意义

通过观察，我们发现红通道中的沙漏图像细节最丰富，图像颜色对比度不大。因此，在使用“计算”命令时，我们使用红通道与选区进行计算，而选区将计算的范围限定在沙漏图像中，这样，沙漏以外的图像就不会参加计算，系统将自动用黑色填充没有计算的区域，所以背景会变为黑色。“正片叠底”模式使通道内的图像变暗，在选择沙漏后，背景图像对沙漏的影响就会变小。

STEP 6 抠取图像

按住【Alt】键双击背景图层，将其转换为普通图层，得到“图层 0”图层；单击“添加图层蒙版”按钮，隐藏背景图像，得到抠取出来的沙漏图像。

STEP 7 添加素材图像

打开“草地.jpg”素材图像，使用移动工具将其拖动到沙漏图像中，将该图层混合模式设置为“色相”，该模式可以将当前图层的色相和饱和度应用到下一层的沙漏图像中，得到透明沙漏图像。

STEP 8 复制图像

①在“图层”面板中选择“图层 0”图层，降低其“不透明度”为 50%；②按住【Ctrl】键单击“图层 0”图层中的蒙版缩略图，载入沙漏图像选区；选择“图层 0”中的沙漏图像，按【Ctrl+J】组合键复制沙漏图像，得到“图层 2”。

STEP 9 添加图层蒙版

选择“图层 2”图层，单击“图层”面板底部的“添加图层蒙版”按钮；使用画笔工具在图像中适当涂抹沙漏图像中上下两处图像，使玻璃更具有通透性。

STEP 10 添加素材图像

新建一个图层，将其放到面板最底层；选择椭圆选框工具，在属性栏中设置羽化值为 10，在沙漏图像底部绘制一个椭圆选区，填充为黑色，得到沙漏图像的投影，完成本实例的制作。

高手秘籍

1. 使用高级蒙版——混合颜色带

Photoshop 中有一个混合颜色带，它位于“图层样式”对话框中。混合颜色带是一种非常特殊的蒙版，使用它既可以隐藏当前图层中的图像，还可以让下一层中的图像穿透当前图层显示出来，或者同时隐藏当前图层和下一图层中的部分图像。使用该功能可以用来抠取云彩、烟花等深色背景中的图像。

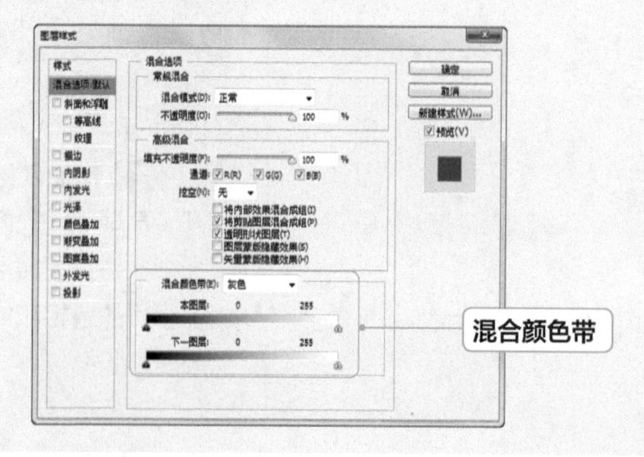

在“混合颜色带”选项组中，“本图层”下方的滑块和“下一图层”下方的滑块中各有一个渐变条，它们代表了图像的色调范围，0 为黑色，255 为白色。首先来了解“本图层”，也就是当前图像。拖动黑色滑块可以改变亮度范围的最低值，这时图像中低于该值的像素将会被隐藏起来；拖动白色滑块可以改变亮度范围的最高值，这时图像中高于该值的像素将会被隐藏。拖动任意一个滑块时，上方所对应的的数值也会随之改变。我们可以通过观察数值，来准确判断出图像中有哪些像素被隐藏。

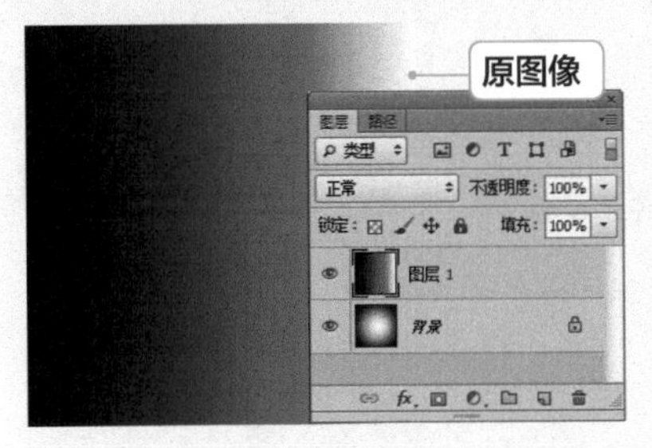

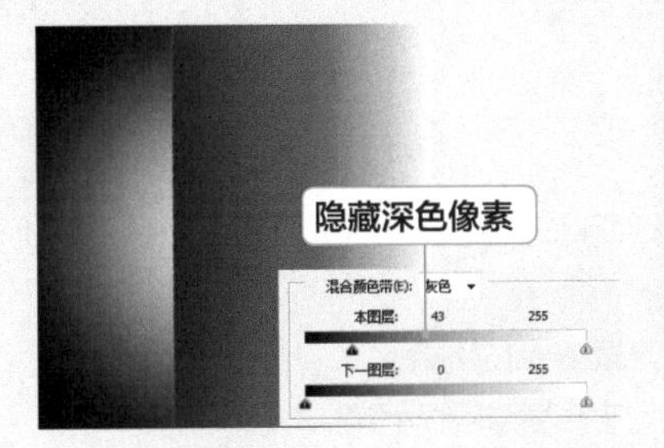

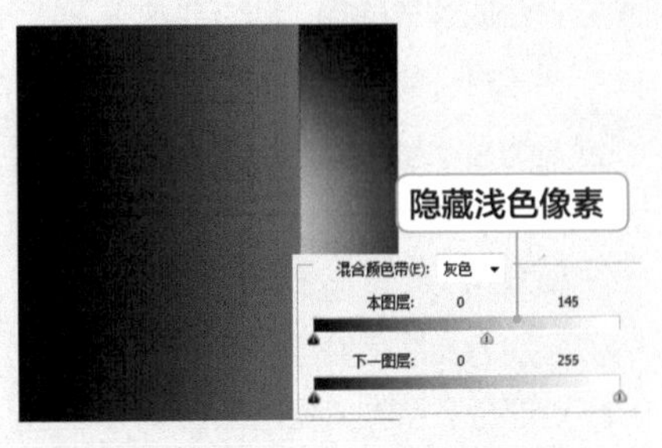

通过学习，我们知道混合颜色带中的“本图层”是指当前正在处理的图层，拖动本图层滑块，可以隐藏当前层中的像素。而“下一图层”则只指当前图层下面的那一层图像，拖动下一图层的滑块，可以使下面图层中的像素穿透当前图层显示出来。

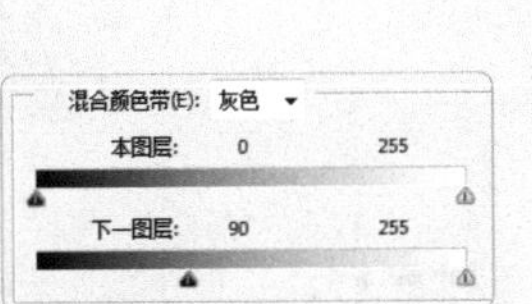

下层亮度低于 90 像素的显现效果

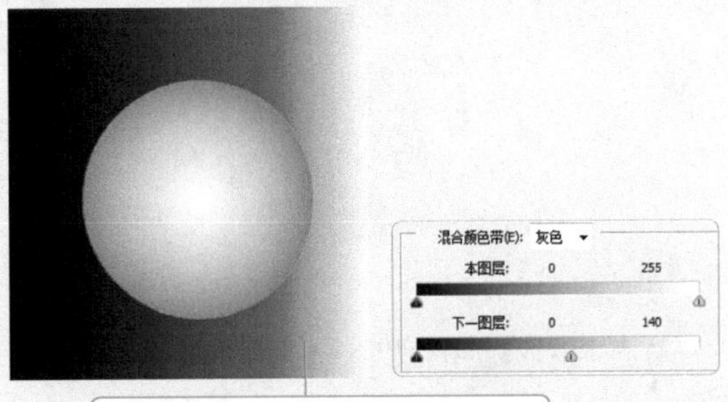

下层亮度高于 140 像素的显现效果

2. 使用混合颜色带抠取烟花

了解了混合颜色带后，我们就可以使用该功能来快速抠取深色图像，下面以抠取烟花为例，来介绍该功能的具体操作方法。

素材：素材 \ 第 3 章 \ 建筑 .jpg、烟花 .psd

效果：效果 \ 第 3 章 \ 抠取烟花 .psd

（1）打开“建筑 .jpg”和“烟花 .psd”素材图像，分别将烟花图像拖动到夜景图像中。

（2）打开“图层样式”对话框，选择“混合选项自定”选项，拖动“本图层”下方左侧的滑块，减少图像中的黑色，烟花图像中的黑色将被隐藏。对于其他深色背景图像也可以使用同样的方式来抠取，如闪电、火焰等。

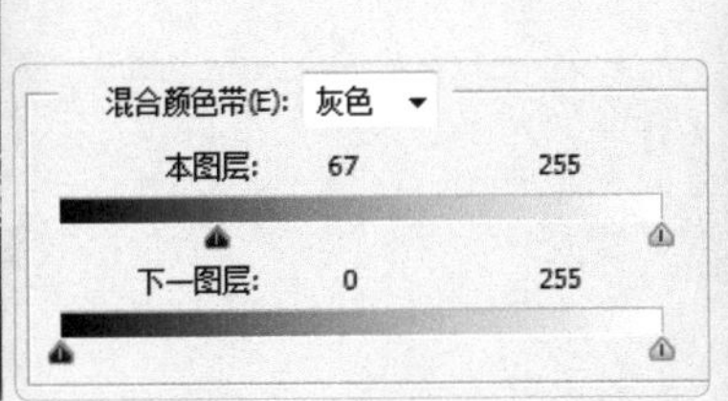

提高练习

1. 使用蒙版制作读书的猫

使用图层蒙版可以隐藏图像，这对合成图像有极大的帮助。打开素材文件“读书的男孩.psd”，添加猫咪头部与腿部素材，合成读书的猫，制作要求如下。

素材：素材\第 3 章\读书的男孩 .psd、猫头 .png、猫腿 1.png、猫腿 2.png
效果：效果\第 3 章\读书的猫 .psd

- 打开“读书的男孩 .psd”图像，添加猫咪的头部和腿部素材图像，按【Ctrl+T】组合键适当调整图像大小，分别放到画面人物图像中的头部和手部。
- 分别添加图层蒙版，使用画笔工具，隐藏多余的图像。
- 对部分多余的人物图像，使用仿制图章工具复制背景图像进行遮盖。

2. 使用“计算”命令抠取灯泡图像

在通道中抠取透明材质对象是常用的抠图手段。打开素材文件“灯泡 .jpg”，抠出灯泡图像，并在其中添加绿叶、地球、天空素材，得到合成灯泡图像，制作要求如下。

素材：素材\第 3 章\灯泡 .jpg、绿叶 .psd、地球 .psd、天空 .psd
效果：效果\第 3 章\灯泡合成图像 .psd

- 分析灯泡图像各通道，查找到灯泡图像外轮廓与背景图像差异最大的通道，本例选择红通道。
- 使用钢笔工具绘制出灯泡图像外轮廓。
- 选择【图像】/【计算】命令，设置源 1 为选区，源 2 为红通道。
- 通过图层蒙版抠取出灯泡图像，并为其添加背景图像。
- 添加其他素材图像，并为灯泡图像添加图层蒙版，适当擦除灯泡部分图像，使灯泡更有通透性。

04 Chapter 第 4 章

修图常用技法

/ 本章导读

由于天气、光照等因素干扰，直接拍摄的人像或风景照效果往往难尽如人意，如有污迹或出现人物形体问题等。使用 Photoshop 的修图技术对图像进行处理，其中包括修复图像、局部修饰图像、调整人物体形等，即可得到满意的效果。同时，对于图像亮度、色彩等问题也要引起重视，不能出现曝光过度或不足、偏色或阴影太浓等情况，因此，还要对图像的光影效果进行调整。

4.1 使用修复图像工具

Photoshop 作为一款强大的图像处理软件，自身也携带了很多修复照片的工具，常用于图像的修复处理，使拍摄的图像效果更加美观，如仿制图章工具、污点修复工具、修复画笔工具、修补工具等。这些工具的使用方法很简单，不管对于新手还是专业图形图像处理人员来说，都是必须掌握的。

4.1.1 使用仿制图章工具

微课：使用仿制图章工具

仿制图章工具可将图像的一部分复制到同一图像的另一位置，常用于复制图像或修复图像。下面将在“水面上的船 .jpg”图像中使用仿制图章工具，在图像中取样水面图像，删除部分船只图像，其具体操作步骤如下。

素材：素材 \ 第 4 章 \ 水面上的船 .jpg
效果：效果 \ 第 4 章 \ 去除多余的图像 .jpg

STEP 1 打开素材图像

❶打开“水面上的船 .jpg”图像，可以看到水面上有多艘货船，我们将通过仿制图章工具去除部分船只；❷在工具箱中选择仿制图章工具，单击属性栏左侧的 按钮，在打开的面板中设置画笔为柔角，大小为 100。

STEP 2 选定参考点

按住【Alt】键，此时光标变成在中心带有十字准心的圆圈；在右侧船只附近的海水处单击，确定要复制的参考点。

STEP 3 复制图像

❶选定参考点后，光标变成空心圆圈。将光标移动到船只图像中单击，复制的海水图像将遮盖住船只图像；❷反复拖动，可以将参考点周围的图像复制到单击点周围。

STEP 4 继续复制图像

由于水面纹路的关系，在复制图像后显得不太自然，可以重新按住【Alt】键单击周围水面图像，然后拖动鼠标，复制图像，制作覆盖整个船只且自然的水纹效果。

STEP 5 取样图像

适当缩小画笔，在图像上方小船图像左侧的水面图像中单击取样，复制水面图像。

STEP 6 遮盖船只

在取样点右侧的小船只图像中单击，使用水面图像遮盖船只图像；双击缩放工具，查看图像，完成本实例的制作。

疑难解答

十字光标的作用

使用仿制图章工具时，按住【Alt】键单击图像取样后，对图像进行涂抹时，都会在画面中出现一个十字形光标和圆形光标，这个圆形光标包含了取样图像处的涂抹区域，而该区域的内容正是复制十字光标所在位置的图像。在操作时，两个光标始终保持相同的距离，观察十字光标位置的图像，可判断涂抹将得到的效果。

4.1.2 使用图案图章工具

图案图章工具的作用和仿制图章工具类似，只是图案图章工具并不需要建立取样点。通过它，用户可以使用指定的图案对鼠标涂抹的区域进行填充。下面将在“载货汽车 .jpg”图像中添加纹理，以此来掌握图案图章工具的使用方法，其具体操作步骤如下。

微课：使用图案图章工具

	素材：素材\第 4 章\载货汽车 .jpg
	效果：效果\第 4 章\汽车上的特殊纹理 .jpg

STEP 1 打开素材图像

打开“载货汽车 .jpg”图像，打开“路径”面板，按住【Ctrl】键单击工作路径缩略图，载入图像选区。

STEP 2 选择图案图章工具

❶选择图案图章工具，在工具属性栏中设置“模式”为“线性加深”；❷设置“不透明度”为 50%；❸在“图案”面板右上角单击 按钮，在打开的列表中选择“图案”样式载入该组图案；❹选择“斑马”纹理。

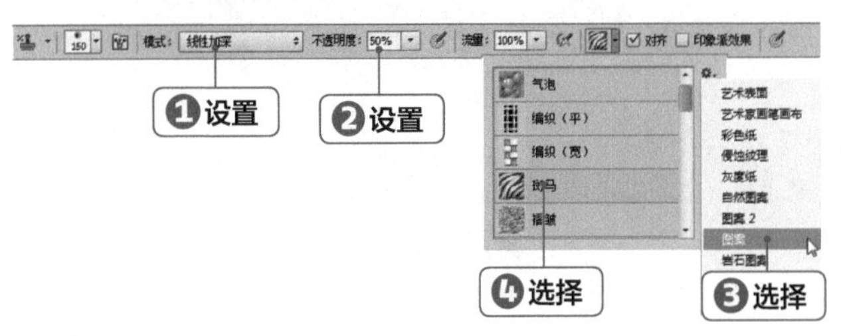

STEP 3 绘制图像

设置好图案后，在选区内拖动鼠标涂抹，绘制出斑马纹理；在汽车图像较深的位置可以多涂抹两次，让图像更加有立体层次感。

STEP 4 添加褶皱纹理

在属性栏中选择样式为“褶皱”，然后在汽车侧部较深色的图像中涂抹；按【Ctrl+D】组合键取消选区，完成本实例的制作。

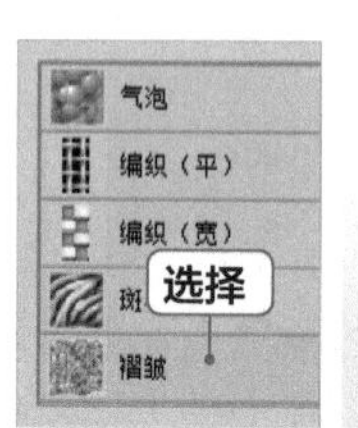

4.1.3 使用污点修复画笔工具

微课：使用污点修复画笔工具

污点修复画笔工具可以快速地去除图像中的污点、划痕等，在处理人像时经常会使用到。该工具能够智能识别图像，它会根据被修复图像区域周围的颜色，调整修复图像区域的颜色、阴影、透明度等。下面将使用污点修复画笔工具去除人物面部雀斑，其具体操作步骤如下。

素材：素材\第 4 章\雀斑 .jpg

效果：效果\第 4 章\去除面部雀斑 .jpg

STEP 1 打开素材图像

打开“雀斑 .jpg”图像；选择污点修复画笔工具，在属性栏中选择柔角画笔，然后设置“类型”为“内容识别”。

疑难解答

修复类型的区别

在污点修复画笔工具属性栏中提供了3种方法来修复图像。选择“近似匹配”选项，可使用选区周围的像素来查找要作为选定区域修补的图像区域；选择“创建纹理”选项，可使用选区中所有像素创建一个用于修复该区域的纹路；选择“内容识别”选项，可使用选区周围的像素进行修复。

STEP 2 修复雀斑

❶将鼠标光标移动到人物脸部的斑点处单击并拖动，去除人物脸上的斑点；❷使用相同的方式修复面部其他雀斑，系统会自动识别周围的图像，得到修复雀斑效果。

技巧秒杀

使用修复画笔工具

Photoshop中还有一个修复画笔工具，其修复效果与污点修复画笔工具相同。只是在使用修复画笔工具时，需要先按住【Alt】键单击图像取样，然后对图像做修复。修复画笔工具在对图像进行修复时会根据被修复区域周围的颜色像素，以及被取样点的透明度、颜色、明暗来进行调整，这样修复出的图像效果更加柔和。

STEP 3 调整曲线

❶选择【图像】/【调整】/【曲线】命令，打开“曲线”对话框，调整曲线，增加图像亮度和对比度；❷单击 确定 按钮，得到调整后的图像效果。

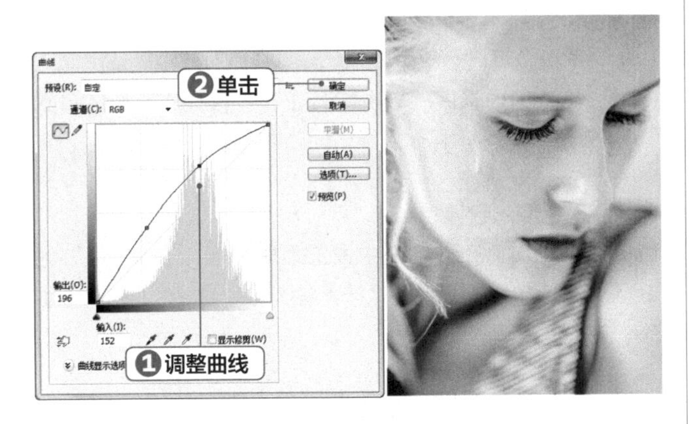

STEP 4 绘制图像

增加亮度后的图像可以看到还残留了部分雀斑，继续使用污点修复画笔工具做精细的修复，让所有雀斑都得到修复，完成本实例的制作。

4.1.4 使用修补工具

微课：使用修补工具

修补工具是使用较频繁的修复工具，其工作原理与修复工具一样，只是使用修补工具，需要先绘制一个自由选区，然后通过将该区域内的图像拖动到目标位置，从而完成对选区处图像的修复。下面将使用修补工具去除人物眼部的细纹，其具体操作步骤如下。

	素材：素材 \ 第 4 章 \ 眼纹 .png
	效果：效果 \ 第 4 章 \ 修复眼部细纹 .jpg

STEP 1 打开素材图像

打开“眼纹.png”图像，可以看到人物眼部有一些细纹和眼袋，这些细纹会让人物面部显得更加苍老，因此需要通过修补工具修复细纹图像。

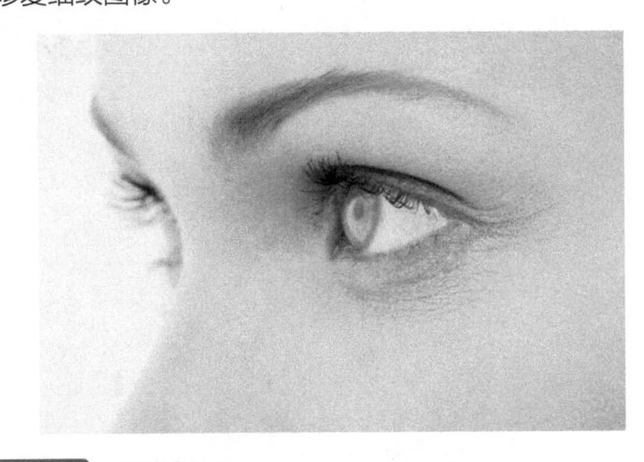

STEP 2 绘制选区

选择修补工具，在属性栏中单击选中“源”单选项，然后在图像中按住鼠标左键拖动，绘制出眼部最右侧细纹图像选区。

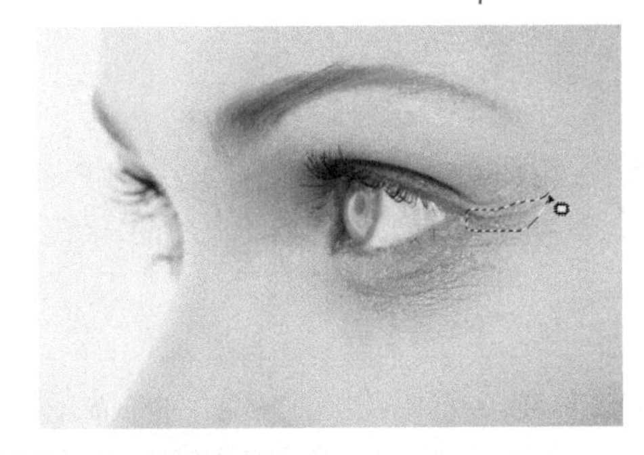

STEP 3 拖动到目标位置

按住鼠标左键并拖动选区到一处与细纹处具有相似颜色并且无细纹的区域，将使用目标处的图像修复眼部细纹。

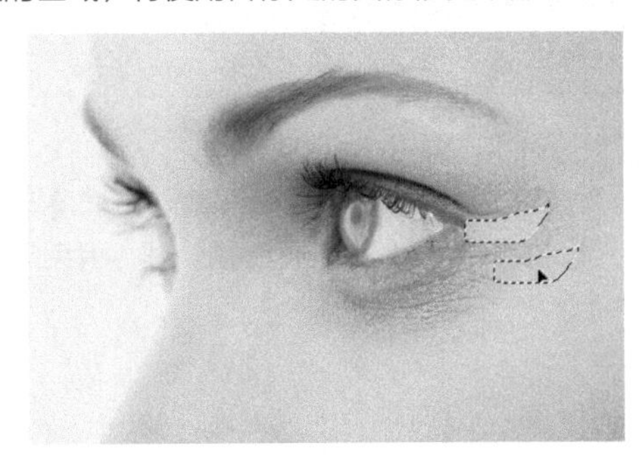

STEP 4 取消选区

按【Ctrl+D】组合键取消选区，即可得到修复细纹后的图像效果。

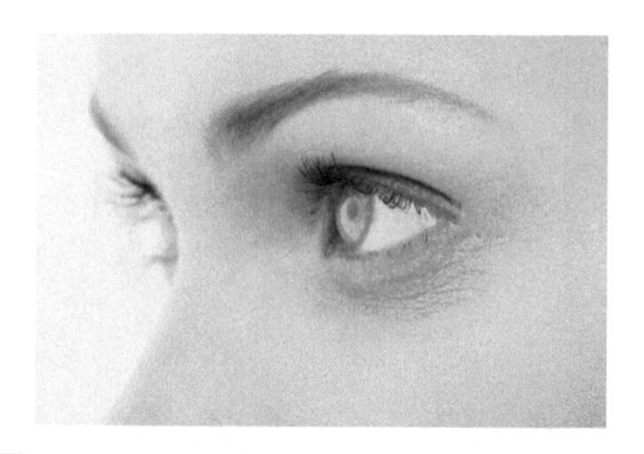

STEP 5 修复其他位置的细纹

使用相同的方法，先框选其他位置的细纹图像，然后拖动到相似图像区域，以修复其他细纹图像。

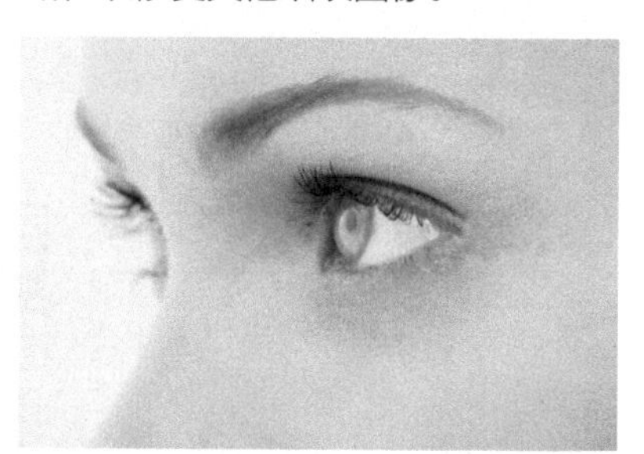

技巧秒杀

选区创建方式

用于设置修补的选区范围。单击□按钮，可创新一个新选区；单击按钮，可在当前绘制的选区基础上再绘制一个或多个选区；单击按钮，可在原始的选区基础上减去新绘制的选区；单击按钮，可得到原始选区和新选区相交区域的选区。

STEP 6 消除眼袋

选择减淡工具，在属性栏中设置柔角画笔，“曝光度”为10%，在修复好的眼袋处涂抹，减淡图像颜色，消除人物眼袋，完成本实例的制作。

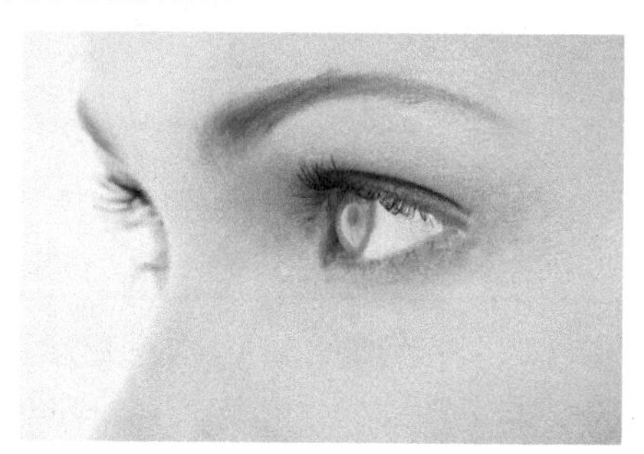

4.2 局部修饰图像

除了使用修复工具对图像进行修复外，用户还可以进行图像的局部调整。在 Photoshop 中可使用模糊、涂抹、减淡、加深等工具对图像局部进行修饰，使图像的光影对比更加鲜明。

4.2.1 使用模糊工具

模糊工具可柔化图像的边缘和图像中的细节。使用鼠标直接在图像上涂抹即可模糊图像，涂抹的次数越多，涂抹区域将越模糊。下面将使用模糊工具打造景深图像，其具体操作步骤如下。

微课：使用模糊工具

素材：素材 \ 第 4 章 \ 蓝布 .jpg

效果：效果 \ 第 4 章 \ 景深效果 .psd

STEP 1 打开素材图像

打开“蓝布 .jpg”图像，为更加突出图像中间的圆柱和黑木文字的主体地位，可对背景进行虚化处理，得到景深图像效果。

STEP 2 **绘制路径**

选择钢笔工具，绘制出圆柱和黑木文字图像的轮廓；按【Ctrl+Enter】组合键将路径转换为选区。

STEP 3 **制作模糊图像**

选择【选择】/【反向】命令，将选区反选，得到背景图像选区；选择模糊工具，在属性栏中选择柔角画笔，然后设置强度为 50%，在选区图像中反复地涂抹，得到模糊图像效果。

STEP 4 **模糊圆柱图像**

按【Ctrl+D】组合键取消选区；使用模糊工具对圆柱图像上下两侧也做适当的涂抹，重点突出黑木文字图像，得到景深效果。

STEP 5 **增加图像亮度和对比度**

单击“图层”面板底部的“创建新的填充或调整图层”按钮 ，在弹出的列表中选择“曲线”选项；进入“属性”面板，调整曲线，增加图像亮度和对比度。

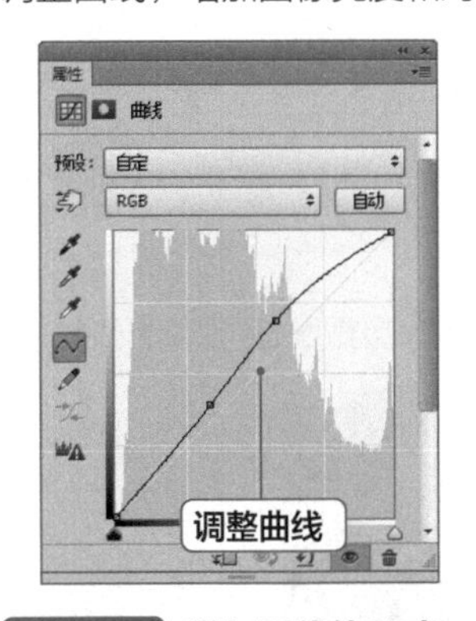

STEP 6 **增加图像饱和度**

在调整列表中选择“自然饱和度”选项，打开“属性”面板；调整参数，适当增加图像饱和度，完成本实例的制作。

4.2.2 使用涂抹工具

涂抹工具可以模拟手指划过湿画布的效果。使用时，按住鼠标拖动即可完成涂抹操作。下面将使用涂抹工具在背景图像中添加烟雾图像，其具体操作步骤如下。

微课：使用涂抹工具

素材：素材 \ 第 4 章 \ 模特 .jpg
效果：效果 \ 第 4 章 \ 烟雾图像 .psd

STEP 1 打开素材图像

打开“模特 .jpg”图像；选择【图像】/【调整】/【亮度 / 对比度】命令，打开“亮度 / 对比度”对话框，设置亮度和对比度参数分别为 33、14。

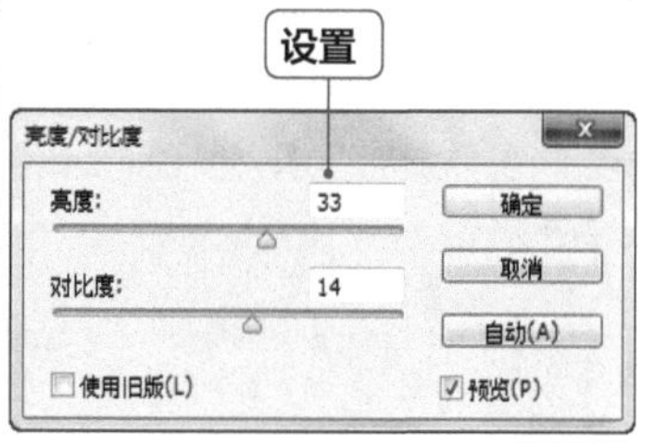

STEP 2 得到图像

单击 确定 按钮，得到增加亮度和对比度后的图像效果。

STEP 3 绘制白色图像

新建一个图层，设置前景色为白色；选择画笔工具，在属性栏中设置笔触为柔角，在图像中绘制几条白色曲线图像。

STEP 4 使用涂抹工具

❶选择涂抹工具，在工具属性栏中设置画笔大小为 80 像素，强度为 50%，按住鼠标对白色曲线图像随意拖动，涂抹图像；❷在涂抹过程中适当调整画笔大小，涂抹出一些烟雾轮廓图像。

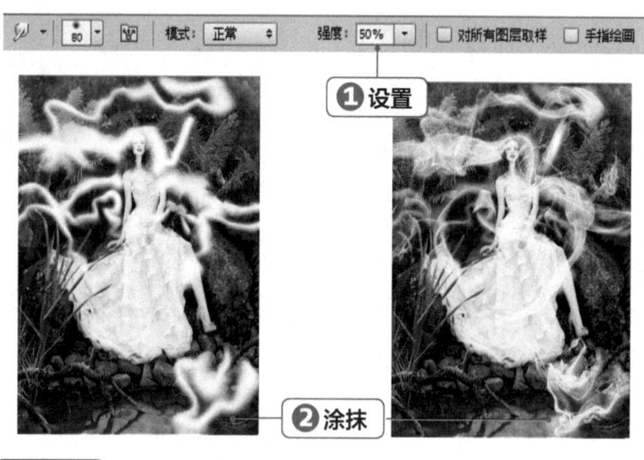

STEP 5 擦除部分图像

选择橡皮擦工具，在属性栏中设置画笔大小为 50 像素，不透明度为 50，对部分烟雾图像进行擦除；适当降低图像不透明度，得到朦胧的烟雾图像效果，完成本实例的制作。

技巧秒杀

使用“手指绘画”功能

在涂抹工具属性栏中有一个“手指绘画”选项，单击选中该复选框，可以在鼠标单击点添加前景色并展开涂抹；取消勾选，则从鼠标单击点处图像的颜色展开涂抹。下图为前景色为黑色时是否勾选该选项的对比效果。

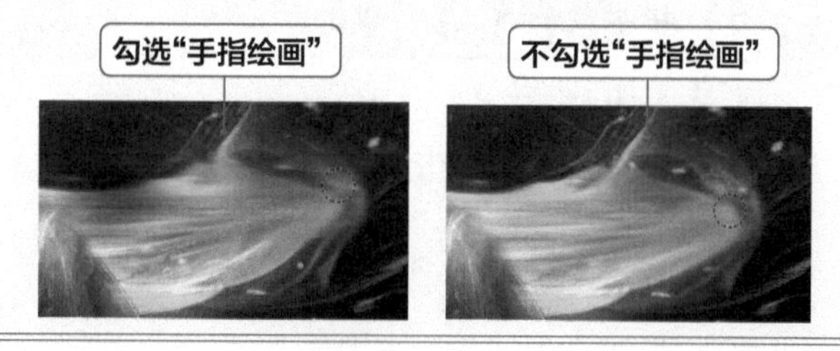

4.2.3 使用减淡和加深工具

微课：使用减淡和加深工具

减淡工具用于降低图像局部颜色的颜色对比度、中性调、暗调等。使用该工具在某一区域涂抹的次数越多，图像颜色也就越淡。加深工具用于加深图像的局部颜色，使用该工具在某一区域涂抹的次数越多，图像颜色就越深。这两个工具的使用方法以及工具属性栏都相同。下面将使用减淡工具提亮人物肤色，使用加深工具描绘人物轮廓图像，并结合两种工具的使用让图像背景更有层次感，其具体操作步骤如下。

素材：素材 \ 第 4 章 \ 天真宝贝 .jpg

效果：效果 \ 第 4 章 \ 加深和减淡图像 .jpg

STEP 1 打开素材图像

打开“天真宝贝 .jpg”素材图像。

STEP 2 减淡图像

❶选择减淡工具，在属性栏中设置画笔大小为 60，范围为中间调、曝光度为 22%；❷在人物图像中拖动鼠标进行涂抹，使得人物图像变亮。

STEP 3 加深人物轮廓

❶选择加深工具，在属性栏中设置画笔大小为 35，范围为中间调，曝光度为 22%；❷对人物的眼睛、鼻子、嘴巴、头发，以及人物轮廓边缘进行涂抹，加深图像色彩，让人物更有立体感。

STEP 4 提升背景画面层次感

使用减淡工具对背景中的浅色图像进行涂抹，提亮图像；使用加深工具对背景中的草地图像进行涂抹，加深图像，让背景画面更具有层次感。

STEP 5 增加饱和度

❶选择【图像】/【调整】/【自然饱和度】命令，打开“自然饱和度”对话框，设置自然饱和度、饱和度分别为 +62、20；❷单击 确定 按钮，得到添加饱和度的图像效果，完成本实例的制作。

4.3 修正人物形体

通过“液化”命令和“操控变形”命令可以修正人物形体，为人物换动作。修正人物形体包括人物瘦脸、瘦腿、瘦腰、丰胸等操作，这些都可通过“液化”命令实现。下面以修脸为例对其操作方法进行介绍。

4.3.1 使用“液化”命令

微课：使用“液化”命令

“液化”滤镜经常被用于修饰图像、制作创意艺术图像等情况。使用它能创建扭曲、旋转、收缩等效果，它在人像处理和创意广告中经常被使用到。下面将使用“液化”命令调整人物脸型，修出完美的轮廓形状，其具体操作步骤如下。

素材：素材 \ 第 4 章 \ 面部表情 .jpg
效果：效果 \ 第 4 章 \ 修出完美脸型 .jpg

STEP 1 打开素材图像

打开“面部表情 .jpg”图像，选择【滤镜】/【液化】命令，打开“液化”对话框，在预览框中可以预览到素材图像。

STEP 2 向内收缩脸部图像

❶选择向前变形工具，在对话框右侧设置画笔大小为 100、画笔密度为 50、画笔压力为 100；❷将光标放到左侧脸部边缘区域，单击并向内拖动鼠标，改变脸部弧线，使轮廓向内收缩。

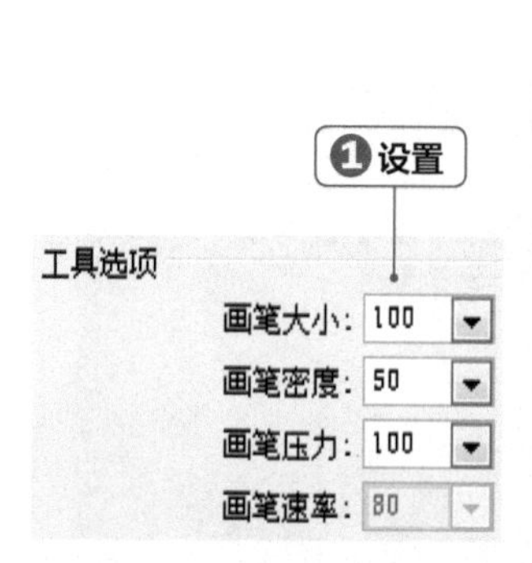

STEP 3 调整面部轮廓

❶使用同样的方法处理右侧脸部轮廓，向内收缩图像；❷观察人物嘴角，可以发现左侧嘴角有些不对称，将光标放到左侧嘴角中，适当向下拖动，修复嘴角不对称情况。

技巧秒杀

快速恢复变形图像

在“液化”对话框中对图像应用了变形操作后，选择重建工具，在变形的位置拖动，可将液化的图像区域恢复为变形前的效果。

STEP 4 调整嘴角

选择褶皱工具，在嘴角两侧分别单击一次鼠标左键，图像将向画笔的中心移动，产生收缩的效果，将嘴角收缩。

STEP 5 制作大眼睛

选择膨胀工具，在右侧设置画笔大小为 60，在人物眼睛中分别单击一次，图像将向画笔中心外移动，产生膨胀效果，扩大人物眼睛；单击 确定 按钮，回到工作界面，完成本实例的制作。

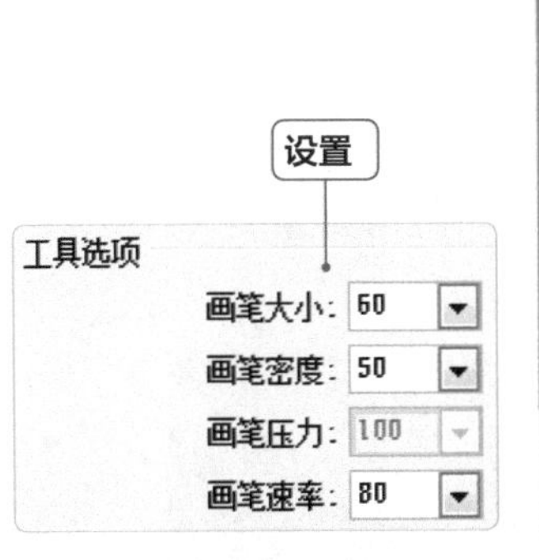

技巧秒杀

冻结图像

使用“液化”对话框的冻结蒙版工具可以对不需要编辑的图像区域进行涂抹；使用解冻蒙版工具涂抹冻结的区域，即可解除涂抹区域的冻结。

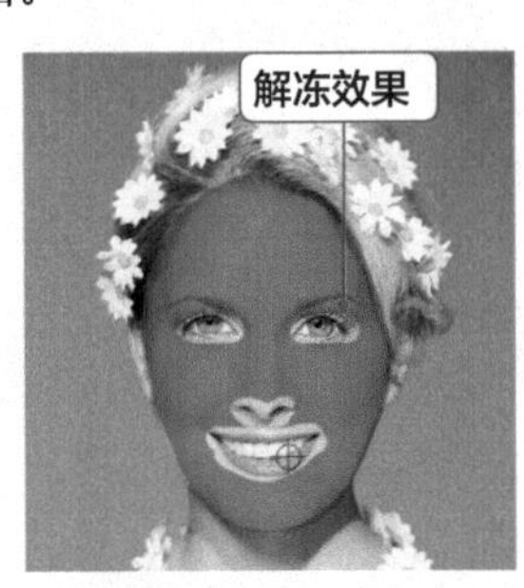

4.3.2 使用“操控变形”命令

微课：使用“操控变形”命令

操控变形是 Photoshop 中的一项变形工具，使用它可以解决因为人物动作不合适而出现图像效果不佳的情况。下面将使用“操控变形”命令调整人物动作，其具体操作步骤如下。

	素材：素材 \ 第 4 章 \ 舞台背景 .jpg、跳舞 .psd
	效果：效果 \ 第 4 章 \ 调整人物动作 .psd

STEP 1 打开素材图像

打开“舞台背景 .jpg”和“跳舞 .psd”素材图像。

STEP 2 移动图像

使用移动工具将其人物图像拖动到舞台图像中；按【Ctrl+T】组合键适当调整人物图像大小，将人物放到舞台中间。

STEP 3 添加图钉

选择【编辑】/【操控变形】命令，人物图像将显示变形网格；分别在图像的手部、头部、腰部、左腿尖、右腿尖、左膝、右膝上单击添加图钉。

STEP 4 变形操作

❶使用鼠标拖动左腿尖上的图钉，将其向上移动，得到弯曲效果，在调整过程中可以根据需要在腿上多添加两个图钉，让动作更自然；❷拖动右腿尖上的图钉，将其也略微向上移动，调整舞者动作。

疑难解答

添加图钉的作用

添加图钉的作用是为了固定不动的身体区域，以及可以活动的关节。

STEP 5 完成调整

单击属性栏中的✓按钮，完成调整，回到工作界面。

技巧秒杀

选择合适的模式

在操控变形属性栏中，“模式”用于控制变形的细腻程度，选择“刚性”选项，变形效果精确，但过渡效果较硬；选择“正常”选项，变形效果精确，过渡效果也较柔和；选择“扭曲”选项，在变形时可创建透视效果。

STEP 6 添加投影

新建一个图层，将其放到人物图层下方，设置前景色为黑色；选择画笔工具，在属性栏中设置不透明度为 20%，在脚底绘制出投影图像，让人物显得更加立体。

STEP 7 完成调整

选择人物所在图层，选择橡皮擦工具，在属性栏中设置笔触为柔角，不透明度为 30%；对人物身体中有灯光照射的位置进行适当的擦除，得到灯光照射人物的效果，完成本实例的制作。

4.4 修饰图像光影

混乱的光影结构会让图像抓不到重点，并且缺乏美感，无论是风景图像、商品图像或者人物图像，都需要明确的光影结构来让图片看起来更加具有层次感。在 Photoshop 中可以通过多种图像调整命令对光影进行细致的调整。

4.4.1 使用“亮度 / 对比度”命令

“亮度 / 对比度”命令可用于调整图像亮度和对比度。下面将使用“亮度 / 对比度”命令调整图像整体亮度和对比度，其具体操作步骤如下。

微课：使用“亮度 / 对比度”命令

素材：素材 \ 第 4 章 \ 风景 .jpg

效果：效果 \ 第 4 章 \ 调出亮丽小屋 .jpg

STEP 1 打开素材图像

打开“风景 .jpg”图像，可以看到图像整体色调较暗，并且有些昏暗。

STEP 2 增加图像亮度

选择【图像】/【调整】/【亮度 / 对比度】命令，打开“亮度 / 对比度”对话框；调整图像“亮度”参数为 70，单击选中 ☑预览(P) 复选框，可以预览调整图像效果。

STEP 3 增加图像对比度

❶调整“对比度”参数为 40，增加图像对比度；❷单击  按钮，得到调整对比度的图像，完成本实例的制作。

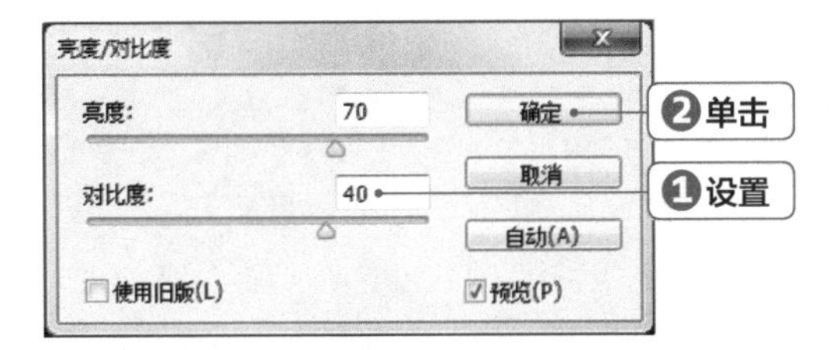

疑难解答

“亮度 / 对比度”与其他光影调整命令有什么区别？

“亮度/对比度”命令只能调整图像整体明暗度，并且它没有“色阶”和“曲线”的可控性强，调整会丢失一些图像细节。对于有高要求的图像输出，建议使用“色阶”或“曲线”命令来调整图像光影。

4.4.2 使用“色阶”命令

“色阶”命令可以对图像中的明亮对比，以及阴影、中间调和高光强度级别进行调整，还可以校正色调范围和色彩平衡。下面将使用“色阶”命令调整图像明暗度和色调，其具体操作步骤如下。

微课：使用“色阶”命令

素材：素材\第 4 章\花篮少女 .jpg

效果：效果\第 4 章\调出清新明快色调 .jpg

STEP 1 打开素材图像

打开“花篮少女 .jpg”图像，这张照片色调较暗，色彩不鲜艳，整体偏黄。

STEP 2 增加图像亮度

选择【图像】/【调整】/【色阶】命令，打开“色阶”对话框；观察对话框中的直方图，直方图分布中左侧阴影区域较少，说明阴影图像包含的信息较少，所以向左拖动中间调滑块，将图像调亮，显示出更多细节。

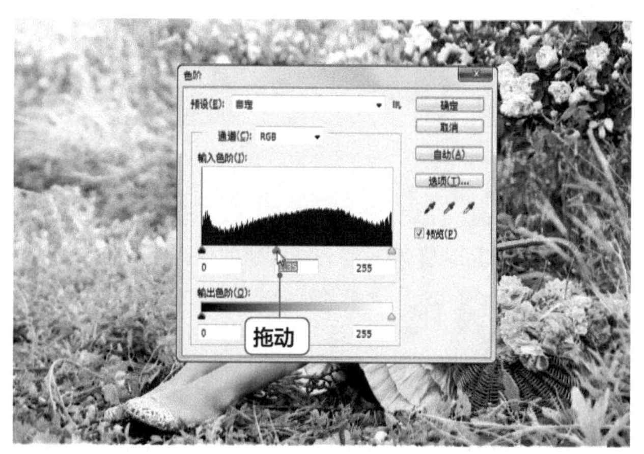

技巧秒杀

更好的掌握直方图信息

“色阶”对话框中有一个直方图，可以作为调整的参考依据，但它的缺点是不能实时更新，所以，当我们在调整照片时，最好打开“直方图”面板观察直方图的变化情况，以便更好地掌握图像中的色调信息。

STEP 3 增加图像对比度

选择直方图右侧的滑块，向左拖动，增加图像整体亮度和对比度；单击 确定 按钮，完成色阶的调整。

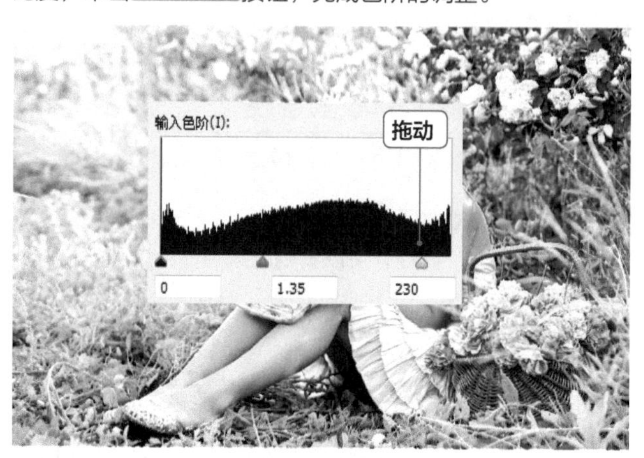

疑难解答

“输入色阶”栏的 3 个滑块代表什么？

打开“色阶”对话框，在“输入色阶”选项下方分别有3个滑块，从左到右依次对应的是阴影、中间调和高光。阴影滑块位于色阶0处，它所对应的的像素是纯黑，向右拖动该滑块，该滑块当前位置的像素值映射为色阶0，它所对应的所有像素都会变为黑色；高光滑块位于色阶255处，它所对应的像素为纯白，向左拖动该滑块，该滑块当前位置的像素值会映射为色阶255，它所对应的所有像素都会变为白色；中间滑块位于色阶128处，它用于调整图像中的灰度系数，不会明显改变高光和阴影，只能改变灰色调中间范围的强度。

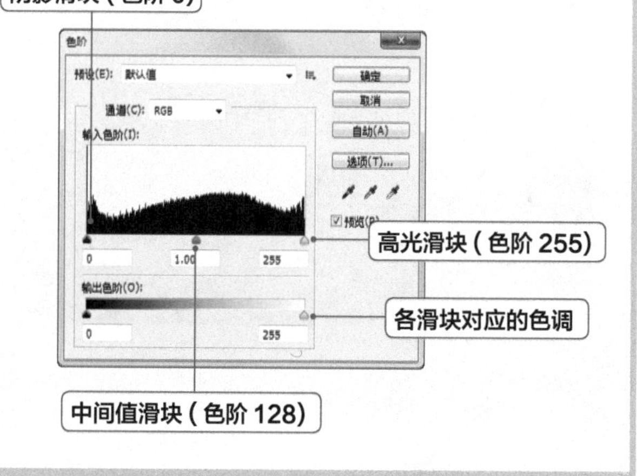

STEP 4　绘制选区

选择套索工具，在属性栏中设置“羽化”值为 2 像素；在人物面部和手部、腿部等肌肤图像中绘制轮廓选区。

STEP 5　调整肌肤亮度

❶按【Ctrl+L】组合键打开“色阶”对话框，选择中间调滑块向左拖动，增加肌肤整体亮度；❷单击 确定 按钮，得到调整后的图像效果。

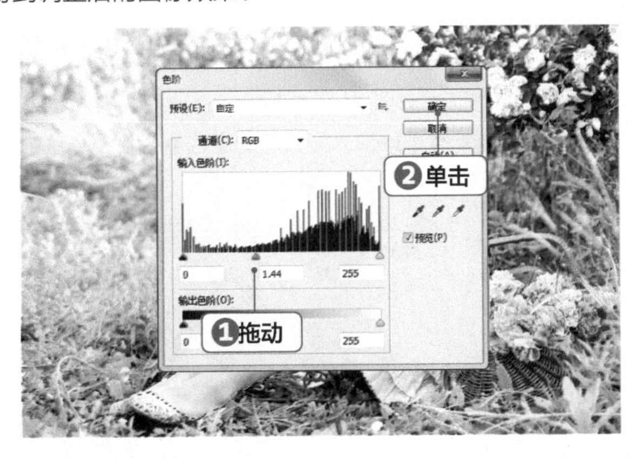

STEP 6　调整色相

选择【选择】/【反向】命令，反选选区；选择【图像】/【调整】/【色相 / 饱和度】命令，打开“色相 / 饱和度”对话框，设置色相、饱和度参数分别为 25、20。

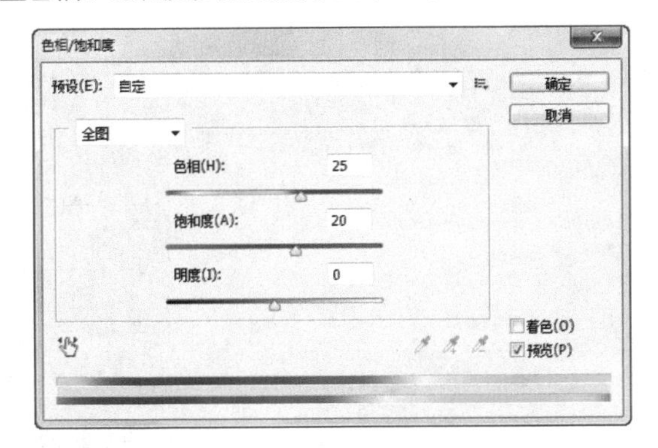

STEP 7　取消选区

单击 确定 按钮，回到画面中，按【Ctrl+D】组合键取消选区，得到清新明快的图像色调，完成本实例的制作。

4.4.3　使用“曲线”命令

通过“曲线”命令可对图像色彩、亮度和对比度进行调整，使图像色彩更加具有质感。下面将使用“曲线”命令来解决图像中曝光不足的问题，其具体操作步骤如下。

微课：使用“曲线”命令

	素材：素材 \ 第 4 章 \ 草帽 .jpg
	效果：效果 \ 第 4 章 \ 调整曝光不足的照片 .jpg

STEP 1　打开素材图像

打开“草帽 .jpg”图像，观察图像可以看出，这是一张严重曝光不足的照片，由于拍摄的原因，画面很暗，阴影区域的细节非常少。

STEP 2 调整图像整体亮度

❶选择【图像】/【调整】/【亮度 / 对比度】命令，打开“亮度 / 对比度”对话框；设置亮度参数为 30，增加图像整体亮度；❷单击 确定 按钮，得到调整后的图像效果。

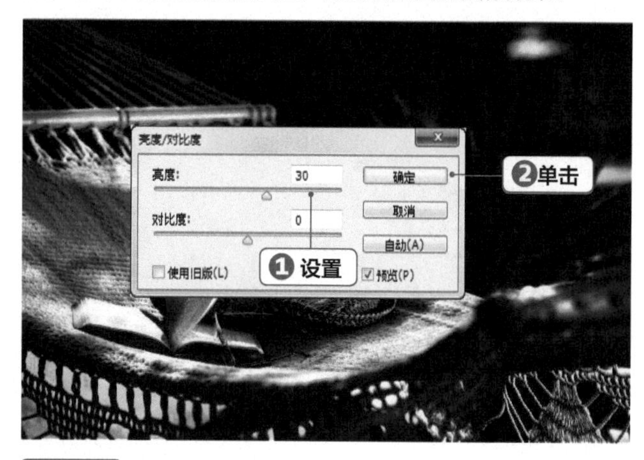

STEP 3 调整高光像素

选择【图像】/【调整】/【曲线】命令，打开“曲线”对话框；由于画面中的暗部细节较少，所以我们应该增加图像的亮度，在曲线较上方的位置单击添加控制点，并按住该控制点向上拖动，增加图像亮度。

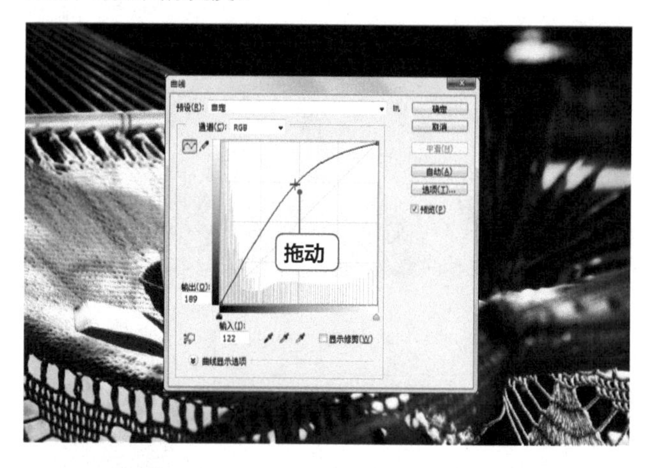

技巧秒杀

在曲线中添加和删除控制点

打开“曲线”对话框，在曲线上单击可以添加控制点，拖动控制点改变曲线形状即可调整图像的色调和颜色。按住【Shift】键单击可以选择多个控制点，选择控制点后，按【Delete】键可将其删除。

STEP 4 调整中间调像素

❶在曲线下方单击，再添加一个控制点，向上拖动曲线，添加阴影和中间调图像的亮度；❷单击 确定 按钮，得到调整后的图像效果。

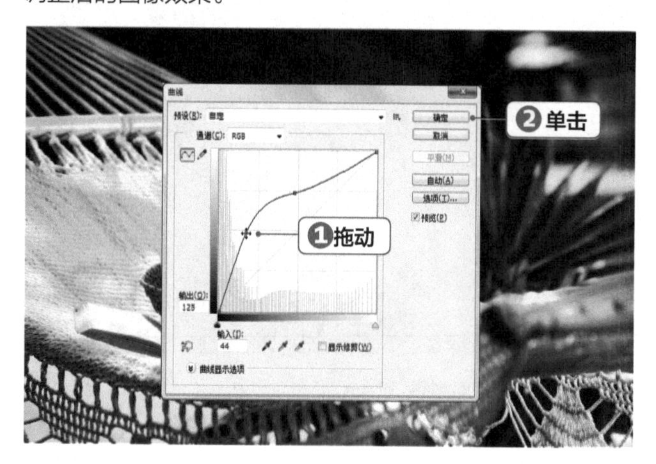

疑难解答

曲线调整原理是什么？

在“曲线”对话框中，水平的渐变颜色条为输入色阶，它代表像素的原始值，垂直的渐变色条为输出色阶，它代表调整曲线后的像素值。

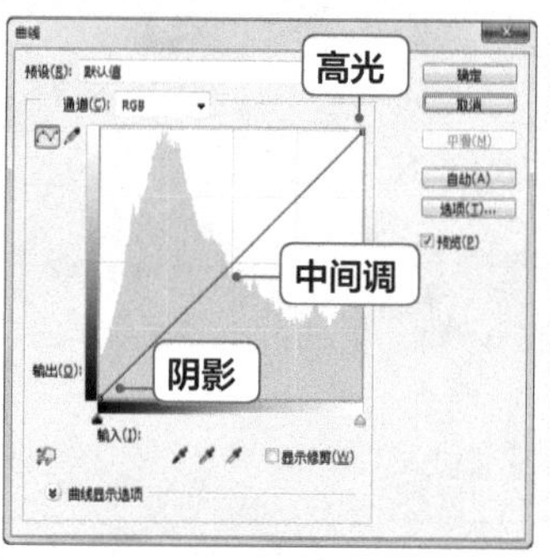

在曲线中添加一个控制点，向上拖动时，“输入色阶”和“输出色阶”中的数值将随之改变，色阶数值越高，色调越亮。向下拖动控制点，系统会将所调整的色调映射为更深的色调，图像也随之变暗。

STEP 5 调整肌肤亮度

❶选择【图像】/【调整】/【自然饱和度】命令，打开“自然饱和度”对话框，设置自然饱和度、饱和度参数分别为+82、+14；❷单击 确定 按钮，得到调整饱和度后的图像，完成本实例的制作。

技巧秒杀

巧妙避免色差

使用“曲线”或“色阶”命令调整图像对比度的同时，往往也会增加图像的饱和度，有时会产生图像偏色的问题。这时可以通过添加“曲线”或“色阶”调整图层，并设置图层混合模式为“明度”，来解决这个问题。

4.4.4 使用“阴影/高光”命令

微课：使用“阴影/高光”命令

“阴影/高光”命令一般用于还原图像阴影区域中过暗或过亮的细节。使用一些单纯的调整图像明暗度的命令，可能会将图像中亮度合适的区域调整得更亮，导致调整后的图像不符合制作需要，此时，即可使用“阴影/高光”命令对图像细节进行还原。下面将使用“阴影/高光”命令来调整逆光照片，其具体操作步骤如下。

素材：素材\第4章\亲子.jpg
效果：效果\第4章\调整逆光照片.jpg

STEP 1 打开素材图像

打开“亲子.jpg”图像，这是一张逆光照片，照片中的色调反差很大，人物几乎形成了剪影效果。

STEP 2 自动调整图像

选择【图像】/【调整】/【阴影/高光】命令，打开“阴影/高光”对话框，系统将提供默认参数调整阴影区域的高光，图像将得到自动校正。

疑难解答

“阴影/高光”命令的调整原理是什么？

使用“阴影/高光”命令可以单独调整图像中的阴影区域，它能够基于阴影或高光中的局部相邻像素来校正每个像素，在调整阴影区域时，对高光的影响很小，反之，调整高光区域时，对阴影的影响也较小，非常适合用来校正由强逆光造成的剪影图像，还可以校正由于太靠近闪光灯而形成的白色焦点。

STEP 3 显示更多选项做调整

❶单击选中 ☑显示更多选项(O) 复选框，将“阴影”选项组中的“数量”滑块拖动到最右侧，使画面变亮；❷拖动“半径”滑块到最右侧，消除图像中的不自然，使图像色调更加平滑。

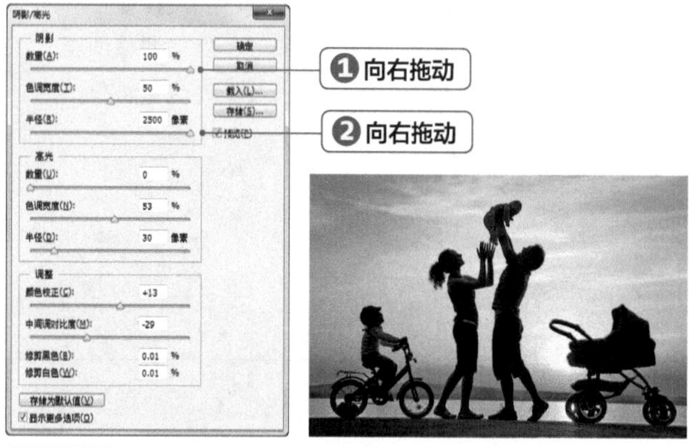

STEP 4 调整图像颜色

❶选择“调整”选项组中的“颜色校正”滑块，适当向右拖动至 +40，增加图像的颜色饱和度；❷选择“中间调对比度”下方的滑块，适当向左拖动至 -60，中和图像对比度，单击 确定 按钮。

STEP 5 调整色阶

❶选择【图像】/【调整】/【色阶】命令，分别拖动“输入色阶”下右侧两个滑块，增加中间调和高光图像的亮度值分别为 1.30、224；❷单击 确定 按钮，得到调整后的图像，完成本实例的制作。

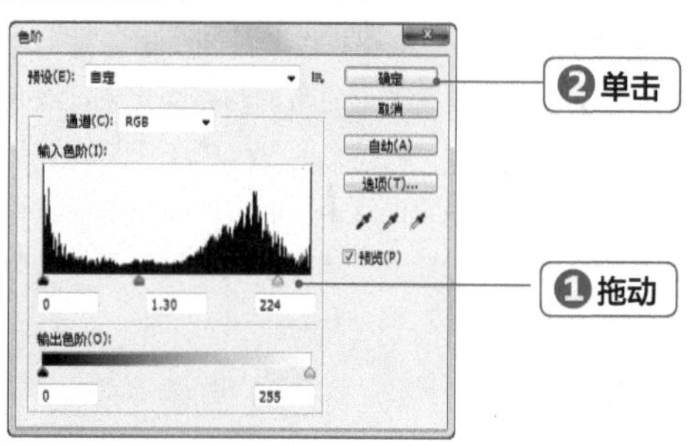

疑难解答

“阴影 / 亮度”对话框中各选项的含义是什么？

- 阴影：用于调亮阴影区域。“数量”选项用于控制阴影区域的强度，数值越高，阴影区域越亮；“色调宽度”选项用于设置色调的修改范围，当数值越小时，只能对图像的阴影区域进行修改；“半径”选项用于控制像素位于阴影中还是高光中。下图为该组不同参数的设置效果。

- 高光：其中“数量”选项用于控制高光区域的暗色范围，数值越小，高光区域越亮；“色调宽度”选项用于设置色调的修改范围，当数值越小时，只能对高光区域进行修改；“半径”选项用于控制像素位于阴影中还是高光中。
- 调整：其中“颜色校正”选项用于调整修改区域的颜色；“中间调对比度”选项用于调整中间调的对比度；“修剪黑色”选项用于调整将多少阴影添加到新的阴影中；“修剪白色”选项用于调整将多少高光添加到新的阴影中。下图为该组不同参数的设置效果。

- 存储为默认值：单击该按钮，可将当前设置的参数存储为“阴影 / 高光”对话框的默认值。

1. 曲线的高级调整

在“曲线”对话框中，单击对话框下方的“曲线显示选项”前面的按钮，可以显示曲线显示选项。其中“显示数值”用于设置调整框中的显示方式，分别单击选中 光 (0-255)(L) 和 颜料/油墨 %(G) 单选项，可以在曲线直方图中观察反转强度值和百分比的显示效果。

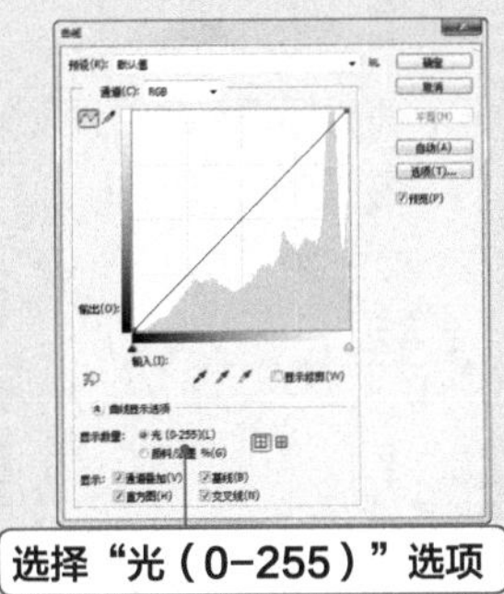

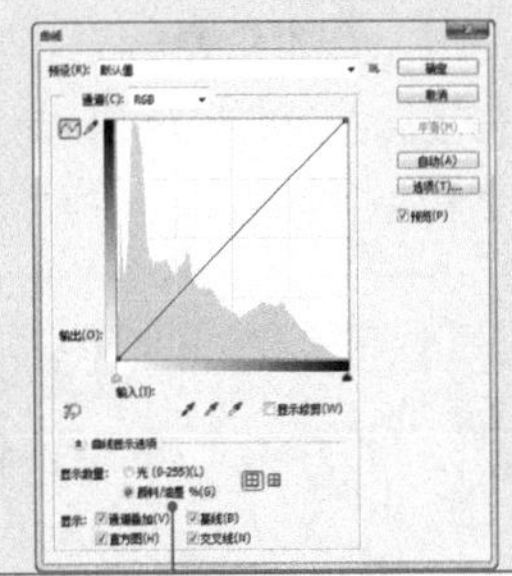

在“显示”栏中有 4 个复选框，单击选中 通道叠加(V) 复选框，将在调整框中显示颜色通道；单击选中 基线(B) 复选框，可显示基线曲线值的对角线；单击选中 直方图(H) 复选框，可在曲线上显示直方图以方便参考；单击选中 交叉线(N) 复选框，可显示确定点的精确位置的交叉线。

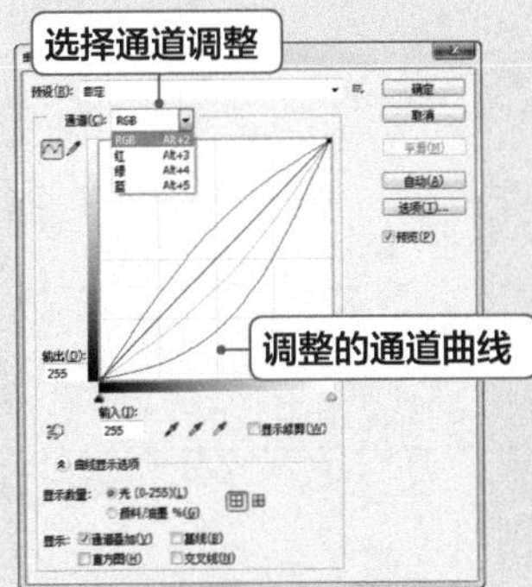

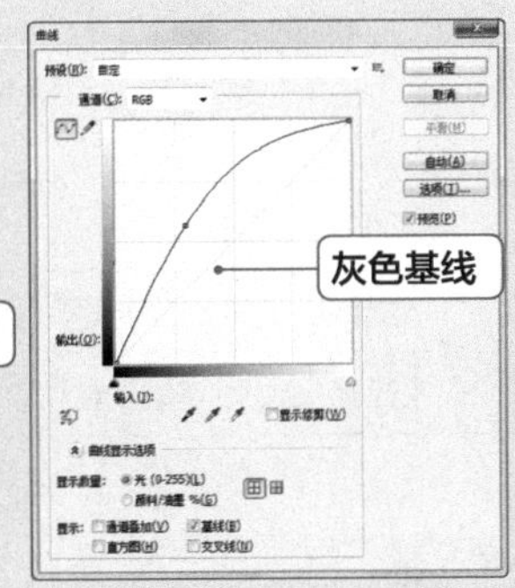

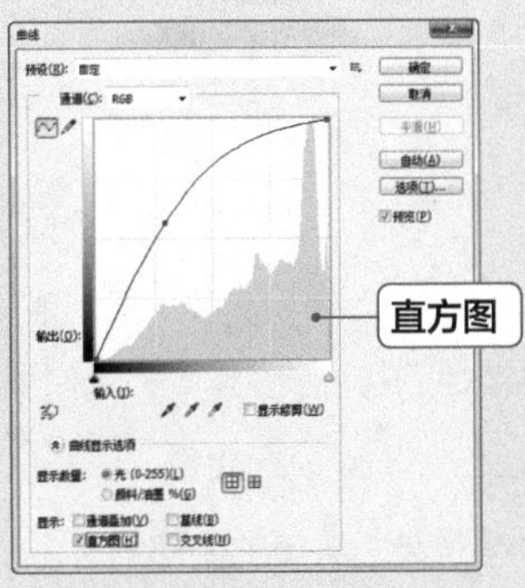

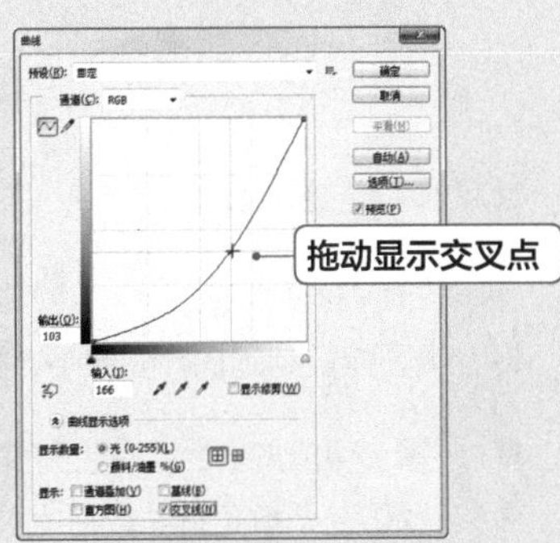

2. 曲线与色阶的关系

“曲线”与“色阶”都属于调整图像光影明暗度的命令，并且都能通过观察直方图，从细节上调整图像。在调整图像时，它们有很多相似之处。在“曲线”对话框中有两个预设控制点，其中“阴影”用于调整照片中的阴影区域，这和“色阶”对话框中的阴影滑块作用类似；“高光”用于调整图像的高光区域，这和“色阶”对话框中的高光滑块作用类似。如果在曲线的中间处添加一个控制点，该处可以调整图像的中间色调，这和“色阶”对话框中的中间调滑块作用类似。

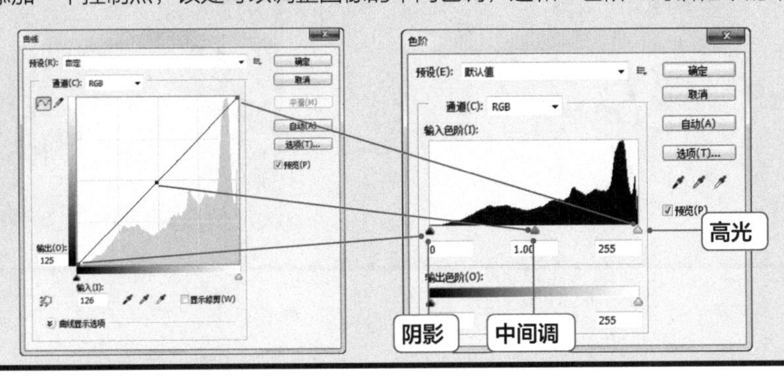

提高练习

1. 为人物瘦身

打开提供的素材文件“气质美女 .jpg”，图像中的人物腰部、手臂和大腿都较臃肿，需要对人物做瘦身处理，要求如下。

素材：素材 \ 第 4 章 \ 气质美女 .jpg
效果：效果 \ 第 4 章 \ 人物瘦身 .jpg

- 选择【滤镜】/【液化】命令，打开“液化”对话框。
- 选择向前变形工具，在右侧设置画笔大小为 60，将光标移动到腰部图像位置，按住鼠标左键向内拖动，收缩腰部。
- 再分别对手臂和腿部图像做收缩操作，得到人物瘦身效果。

2. 制作落叶中的宝贝

打开“可爱女宝贝 .jpg”和“枫叶 .jpg”素材图像，将宝贝图像复制到枫叶图像中，要求如下。

素材：素材 \ 第 4 章 \ 可爱女宝贝 .jpg、枫叶 .jpg
效果：效果 \ 第 4 章 \ 落叶中的宝贝 .psd

- 选择“可爱的女宝贝”图像文件。
- 选择仿制图章工具，按住【Alt】键单击宝贝的头部图像，定义复制点。
- 选择“枫叶”图像，在属性栏中设置画笔大小为 150 像素，不透明度为 80%，在枫叶图像下方单击鼠标左键并拖动。
- 地面中将自动复制宝贝图像，拖动时注意取样点的边缘，避免复制到图像边缘，使复制图像显得死板。
- 使用橡皮擦工具对人物边缘做适当的擦除，使边缘更加清晰、真实。

05 Chapter

第 5 章

图像的调色处理

/ 本章导读

Photoshop 中包含了多个调色命令，搭配使用不同的调色命令可以得到很多意想不到的图像效果。要想调出满意的效果，读者还应掌握相关的颜色知识。本章将介绍图像调色的方法和一些基础的色彩知识，帮助读者提高调整图像色调的能力，成为一名图像调整大师。

5.1 了解 Photoshop 中的颜色调整

利用 Photoshop 中的调色命令可以增强、修复和校正图像中的颜色和色调（亮度、暗度和对比度）。为了更好地调色，下面先了解各调色命令的主要作用。

在 Photoshop 中有多种调色命令，它们有各自的特点，适合不同的场合。选择【图像】/【调整】命令，其子菜单中包含了调整图像色调和颜色的命令。

在 Photoshop 中还可以使用调整图层来调整图像颜色，选择【图层】/【新建调整图层】命令，新建一个调整图层，或选择【窗口】/【调整】命令，在“调整”面板中直接选择各种调整命令。

Photoshop 中常用调色命令的分类和作用如下。

- 调整颜色和色调的命令：“色阶”和“曲线”命令是 Photoshop 中最常使用也是最重要的调色命令，它们用于调整颜色和色调；“色相 / 饱和度”和“自然饱和度”命令用于调整饱和度；“阴影 / 高光”和“曝光度”命令则只用于调整色调。
- 快速调整命令：“自动色调”“自动对比度”“自动颜色”命令能够自动调整图片的颜色和色调，但只是最简单、基础的调整；“照片滤镜”“色彩平衡”“变化”命令主要用于调整图像色彩，它们的使用方法也很简单；“亮度 / 对比度”和“色调变化”命令主要用于调整图像色调，输入参数值调整即可。
- 匹配、替换和混合颜色的命令：“匹配颜色”“替换颜色”“通道混合器”“可选颜色”命令主要用于匹配几个图像之间的颜色，并替换掉指定的颜色以及对颜色通道进行调整。
- 应用特殊颜色调色的命令：“反相”“阈值”“色调分离”“渐变映射”命令用于进行特殊颜色的调整，它们可以将图像调整为特殊效果，如负片、渐变颜色的转换等。

5.2 三大阶调与色彩三要素

每一张出彩的照片，几乎都需要进行适当的图像明暗度和颜色调整。了解颜色的各种属性、明暗度的变化是调整图像明暗度和颜色的前提。下面将介绍图像的三大阶调和色彩三要素。

1. 三大阶调

三大阶调主要是指图像的亮度范围。亮度是调整图像色彩的一个重要指标，大多数调整工具都会通过亮度来划分和调整图像中的色彩。Photoshop 将图像的亮度分为 3 个等级，分别是高光、中间调和暗调。像素的亮度值在 0 ~ 255 之间，所以，靠近 255 的像素亮度较高，靠近 0 的亮度较低，其余部分就属于中间调。

- 高光：该部分色调是图像中较亮的部分，其中最亮的部分被称为白场，通常范围较小。
- 中间调：该部分色调是图像中不是特别亮，也不是特别暗的部分，中间值部分被称为灰场。
- 暗调：该部分色调是图像中较暗的部分，其中最暗的部分被称为黑场。

下面将一张彩色照片转换为黑白照片，以便能更好地了解图像中的三大阶调。

2. 色彩三要素

色彩三要素是指色相、饱和度和明度。任何一种色彩都是由饱和度、色相和明度这 3 种基本要素组成的。

- 饱和度：饱和度又称纯度，是指颜色的鲜艳程度，受图像颜色中灰色的相对比例影响，黑、白和灰没有饱和度。当某种颜色的饱和度最大时，其色相具有最纯的色光。
- 色相：色相又称色调，即颜色主波长的属性，不同波长的可见光具有不同的颜色，众多波长的光以不同的比例混合，从而产生更多颜色。
- 明度：明度又称亮度，即色彩的明暗程度，通常以黑色和白色表示，越接近黑色，亮度越低，越接近白色，亮度越高。

选择【图像】/【调整】/【色相/饱和度】命令，打开“色相/饱和度”对话框，降低图像饱和度可以让图像色彩减弱，甚至变为黑白色调；提高饱和度可以让图像色彩看起来更加鲜艳。

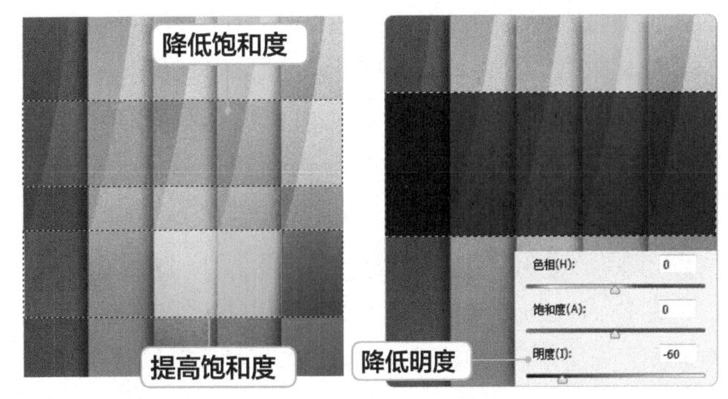

5.3 直方图

直方图是一种统计图形，在其中可以看到整个图片的阶调信息和色彩信息。直方图在图像领域的应用非常广泛，就连数码相机的显示屏中都可以显示直方图信息，有了该信息，便可以随时查看照片的曝光情况，并且在调整数码照片的影调时，可以通过观察直方图中的信息调整图像各区域的明暗程度。

1. 直方图面板

打开一张照片，选择【窗口】/【直方图】命令，打开“直方图”面板。

在直方图中，可以看到一个或几个类似山脉的图形，这些山脉形状表示了图像像素的分布情况，通过观察直方图，可以将这些山脉分为 3 部分，左侧表示阴影、中间部分表示中间调，右侧表示高光，凸出部分越高，表示该区域像素越多。

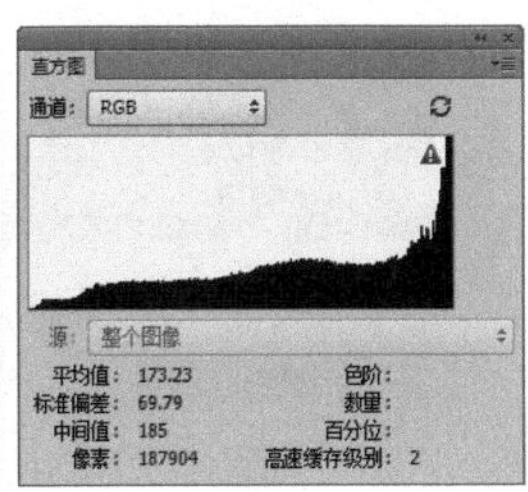

当用户在使用“色阶”或“曲线”命令调整图像时，“直方图”面板中通常会出现两个直方图，黑色的是表示当前调整状态下的直方图，灰色则表示调整前的直方图。下图为正在调整中的直方图显示。

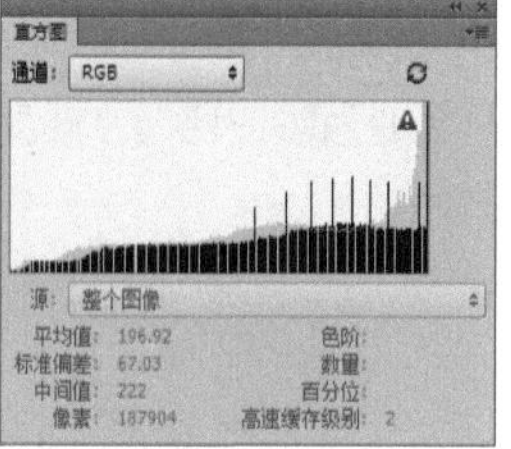

技巧秒杀

设置直方图的显示方式

单击“直方图”面板右上方的▤按钮，在弹出的列表中可以看到3种显示方式：“紧凑视图”为默认显示方式，面板中不带统计数据或控件；“扩展视图”是带有统计数据和控件的直方图；“全部通道视图”是带有统计数据和控件的直方图，同时还显示对应的单个直方图。

2. 在直方图中观察照片曝光情况

在 Photoshop 中处理照片时，可以在“直方图”面板中观察直方图形态和照片的实际情况，采取有针对性的方法调整照片的影调和曝光度。

打开一张曝光度正常的照片，该照片色调均匀，明暗层次丰富，亮部细节不会丢失，暗部图像也不会一片漆黑。在“直方图”面板中可以看到从左到右的每个色阶都有像素分布。

- 曝光不足的照片：当照片效果显示为曝光不足时，画面色调会显得非常暗，在“直方图”面板中显示的山脉集中在左侧，中间调和高光都缺少像素。

- 曝光过度的照片：当照片曝光过度时，通常画面色调会整体较亮，阳光下的树叶和石块等图像区域都会失去层次。在“直方图”面板中也可以看到山脉整体偏右，阴影缺少像素。

- 缺少层次的照片：有些照片色调显得灰蒙蒙的，是因为图像颜色缺少层次。在“直方图”面板中可以看到，阴影区域像素较少，而高光区域像素缺失得最多，该亮的地方没有亮起来，所以照片显得灰蒙蒙的。

疑难解答

直方图中为什么会出现空隙？

在调整图像后，有时直方图中会出现有空隙的梳齿状图形，这种情况代表图像中出现了色调分离。原图像中的平滑色调产生了断裂，丢失了一些细节。

- 暗部缺失的照片：有部分图像暗部显得漆黑一片，没有层次，也看不到细节，这就属于暗部图像缺失。在“直方图”面板中，一部分山峰紧贴在左侧，色阶为0，这部分就是全黑的部分。

- 高光溢出的照片：下图中的部分树叶和石块路图像显得太亮，没有任何层次，这属于高光溢出现象。在“直方图”面板中，一部分山峰紧贴在直方图右侧，这部分就是全白的部分。

5.4 用调色命令解决色彩问题

在使用 Photoshop 时，用户经常需要通过调整饱和度、改变色调、替换图像中某一色彩等方法来对图像中的颜色进行处理。下面就来介绍如何使用调色命令解决色彩问题。

5.4.1 使用“自然饱和度”命令

微课：使用“自然饱和度”命令

“自然饱和度”命令用于调整图像色彩的饱和度，使用该命令调整图像时，用户不需要担心颜色过于饱和而出现溢色的问题。本例将打开“河边.jpg”图像，调整该图像的色调，其操作步骤如下。

素材：素材\第5章\河边.jpg

效果：效果\第5章\增加饱和度.jpg

STEP 1 打开图像文件

打开“河边.jpg”图像，选择【图像】/【调整】/【自然饱和度】命令，打开“自然饱和度”对话框。

STEP 2 设置参数

在对话框中直接输入参数值，增加图像的饱和度，当数值为正数，则增加图像饱和度，反之则降低图像饱和度。

“自然饱和度”对话框中各选项的含义如下。

- 自然饱和度：用于调整图像中颜色的饱和度，使用该选项调整不会产生饱和度过高或过低的情况，在调整人像时非常有用。将滑块向左移动将降低图像饱和度；将滑块向右移动将增加图像饱和度。
- 饱和度：用于调整图像整体的颜色饱和度。将滑块向左移动将降低图像所有颜色的饱和度；反之则增加所有颜色饱和度。该饱和度的调整会让图像整体颜色变得更加鲜艳。

疑难解答

什么是“溢色”？

显示器中出现的颜色为RGB模式，它的色域比打印机（CMYK模式）的色域广，所以那些不能打印出来的颜色称为“溢色”。在“拾色器”对话框中选择新的颜色后，如果在色块右侧出现了三角形警告图标▲，则表示所选的颜色已经超出打印区域，也就是出现了溢色。单击该图标，可以自动选择类似的打印颜色。

5.4.2 使用“色相/饱和度”命令

微课：使用“色相/饱和度”命令

使用“色相/饱和度”命令可以调整图像的色相、饱和度和亮度，从而改变图像色彩。该命令还可以将图像中的多个颜色调整为统一的色调，这种技法在为图像合成调色时非常有用。本例将打开“2017.jpg”图像，将图像中的背景和数字都改为相同的色调，其操作步骤如下。

素材：素材\第5章\2017.jpg	
效果：效果\第5章\改变数字颜色.jpg	

STEP 1 打开图像文件

打开“2017.jpg”图像，可以看到图像中的数字为多种颜色显示。

STEP 2 选择颜色

①选择【图像】/【调整】/【色相/饱和度】命令，打开“色相/饱和度”对话框，单击对话框左下方的手掌图形，光标将自动变为吸管样式；②单击数字0中的绿色图像获取绿色像素，这时图像中的绿色像素将会被锁定。

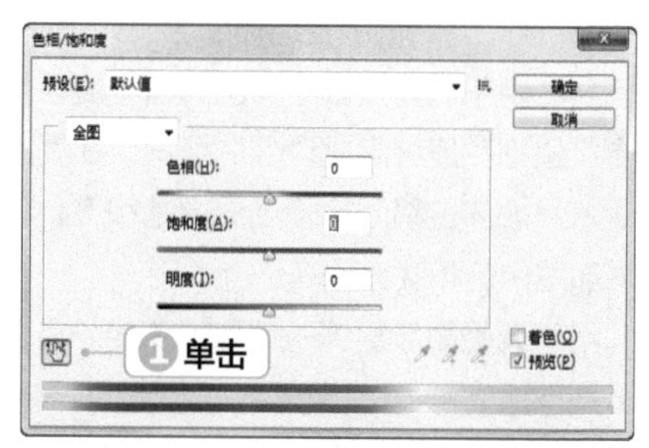

STEP 3 调整绿色数字的颜色

①按住“色相”栏下方的三角形滑块向左拖动，改变颜色为红色；②调整后，颜色看起来有些偏暗，可以为图像增加一些明度，将明度下面的滑块向右移动，再适当增加一些饱和度，使颜色看起来尽量与数字2相似。

STEP 4 调整青色数字的颜色

①在“色相/饱和度”对话框中的通道下拉列表中选择“青色”选项，这时图像中的青色像素将被锁定；②分别调整色相和饱和度等参数为+155、+39、+45，使背景色与数字1也改变为红色调；③单击 确定 按钮，完成颜色的调整。

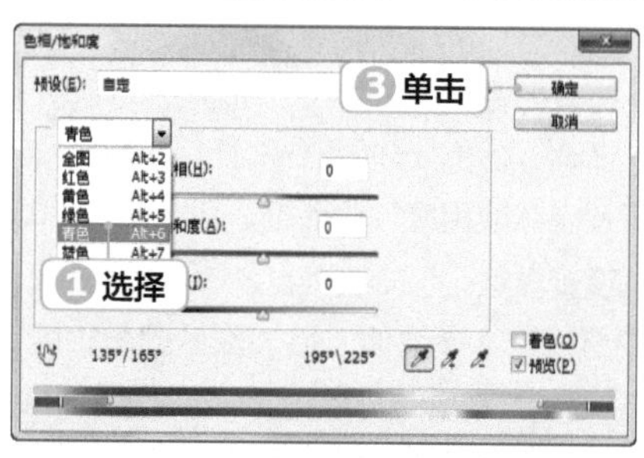

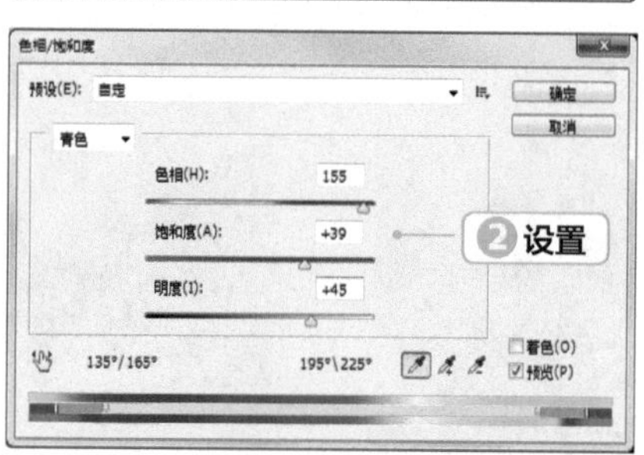

技巧秒杀

在“色相/饱和度”对话框中精确调色

当某种颜色被锁定后，还可以通过调整“色相/饱和度”对话框右下角的4个滑块来精细调整颜色，拖动中间的两个滑块可以设置调整区域，拖动左右两个滑块可以设置羽化值。

技巧秒杀

使用“信息”面板查看颜色值

打开“信息”面板，在其中可以查看颜色值，如果将参数值尽量调整得一致，还可以得到统一的图像色调。

5.4.3 使用“色彩平衡”命令

微课：使用“色彩平衡”命令

“色彩平衡”命令可以在图像原色的基础上根据需要来添加其他颜色，或通过增加某种颜色的补色，以减少该颜色的数量，从而改变图像的原色彩。本例将打开“婴儿.jpg”图像，调整该图像的色调，得到婴儿白皙的肌肤效果，其操作步骤如下。

素材：素材\第5章\婴儿.jpg、蓝天.psd

效果：效果\第5章\蓝天下的宝贝.psd

STEP 1 打开图像文件

打开“婴儿.jpg”图像，通过观察可以发现，图像中的色调整体偏红。

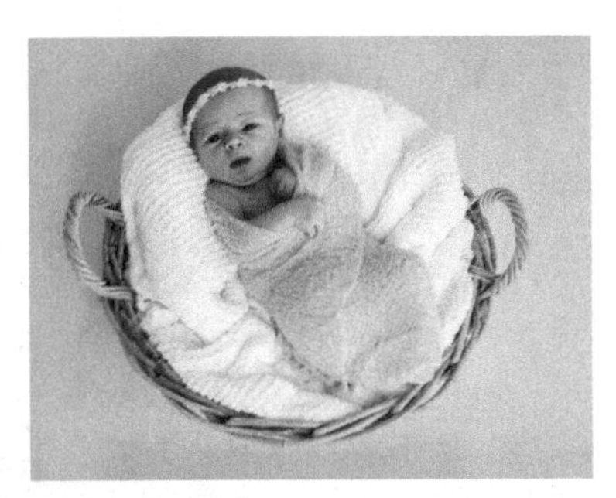

STEP 2 调整中间色调

①选择【图像】/【调整】/【色彩平衡】命令，打开“色彩平衡”对话框，在“色调平衡”栏中单击选中 中间调(D) 单选项，由于图像整体偏红，所以将第一个滑块向左拖动，增加青色，降低红色；②再将第二个滑块向右拖动，增加一点绿色，降低洋红色。

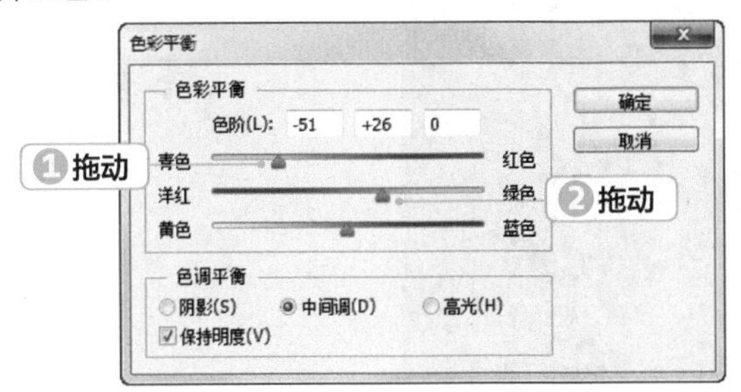

STEP 3 调整暗部色调

在“色调平衡”栏中单击选中 阴影(S) 单选项，调整深色图像中的色调。分别为图像添加青色和黄色，设置参数分别为-20、0、-7。

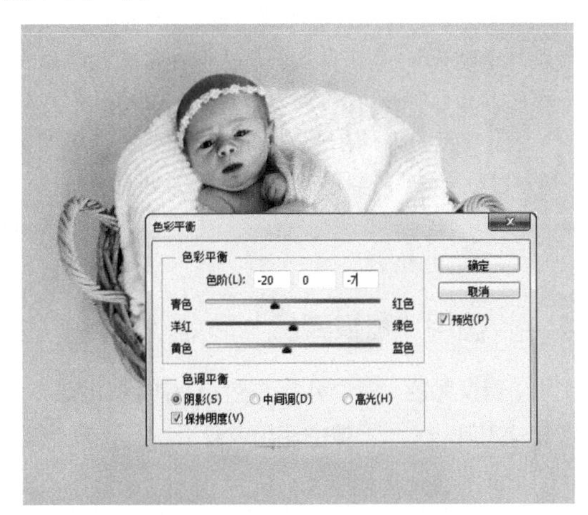

疑难解答

怎样判断应该添加什么颜色?

在“色彩平衡”对话框中观察可以看出，红色所对应的补色为青色，洋红色对应的补色为绿色，所以当图像偏红时，为了平衡色彩，就需要增加青色和绿色。同样的道理也可以运用到其他颜色中，如当图像偏黄时，就需要增加图像中的蓝色。

STEP 4 调整高光色调

①观察调整后的图像，发现高光部分有一些偏黄，在“色彩

平衡”对话框中单击选中 高光(H) 单选项；❷拖动三角形滑块，适当为图像添加青色和蓝色；❸单击 确定 按钮，得到调整后的图像效果。

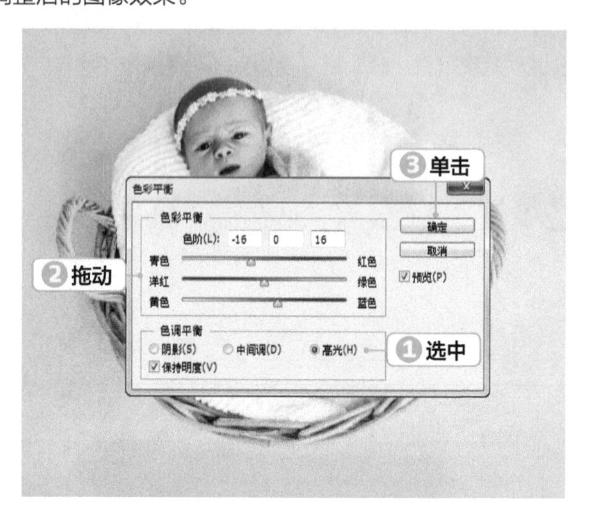

疑难解答

“色彩平衡”命令的主要作用是什么？

“色彩平衡”命令可以看作“曲线”命令的分通道表现形式，可以从6种颜色上来调整色调。它将颜色分为红色、绿色、蓝色3种基础色调，并对应相应的补色——青色、洋红、黄色，再将色阶统一划分为暗调、中间调和高光，所以对于一些较简单的颜色调整可以运用此功能。

STEP 5 复制图像

❶选择套索工具，在属性栏中设置羽化值为 25 像素；❷沿着婴儿图像周围手动绘制一个不规则选区，然后按【Ctrl+C】组合键复制选区中的图像。

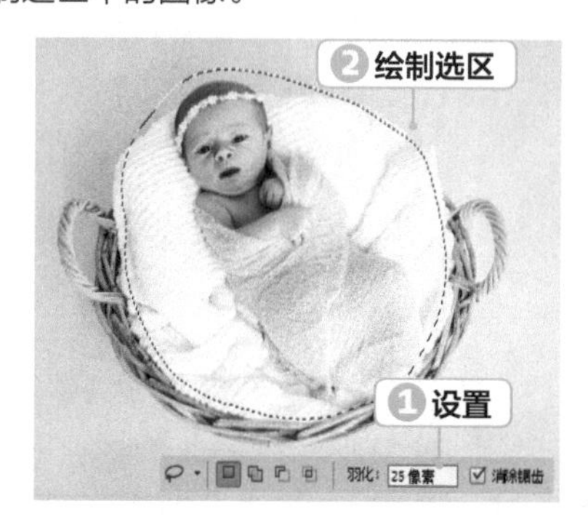

STEP 6 粘贴图像

打开“蓝天 .psd”图像，按【Ctrl+V】组合键将刚才复制的婴儿图像复制到蓝天图像中；按【Ctrl+T】组合键适当调整婴儿图像大小，放到白色纸张图像中。

5.4.4 使用“替换颜色”命令

使用“替换颜色”命令可以改变图像中某些区域中颜色的色相、饱和度、明暗度，从而改变图像色彩。下面将在“树叶 .jpg”图像中使用吸管工具吸取需要替换的颜色，通过调整参数改变树叶颜色，其具体操作步骤如下。

微课：使用“替换颜色”命令

素材：素材 \ 第 5 章 \ 树叶 .jpg、花朵文字 .psd
效果：效果 \ 第 5 章 \ 春季海报 .psd

STEP 1 单击颜色

❶打开“树叶 .jpg”图像，选择【图像】/【调整】/【替换颜色】命令，打开“替换颜色”对话框；将鼠标光标移动到图像中，单击图像中显示最多的蓝色，得到需要替换的颜色；❷设置“颜色容差”为 172，扩大所选图像范围，在“替换”数值框中分别设置“色相”和“饱和度”参数。

STEP 2 设置替换颜色

①这时得到的图像已经大部分改成了绿色调，单击对话框中的“添加到取样”按钮，吸取图像中较亮的蓝色；②在对话框中调整参数，将较亮一些的蓝色改变为黄绿色。

技巧秒杀

吸管工具组的妙用

在“替换颜色”对话框中有一个吸管工具组。单击“吸管工具”按钮，使用鼠标在图像中单击，可将单击处的颜色添加到“选区”缩略图中显示（白色为选中的颜色，黑色为没有选中的颜色）；单击“添加到取样”按钮，在图像上单击可将单击处的颜色添加到选择的颜色中；单击“从取样中减去”按钮，在图像上单击可将单击处的颜色从所选的颜色中去掉。

STEP 3 设置替换颜色

单击 确定 按钮，得到替换颜色后的效果；再次打开“替换颜色”对话框，吸取最亮的蓝色图像，然后设置“颜色容差”为 97，再分别调整“色相”和“饱和度”参数。

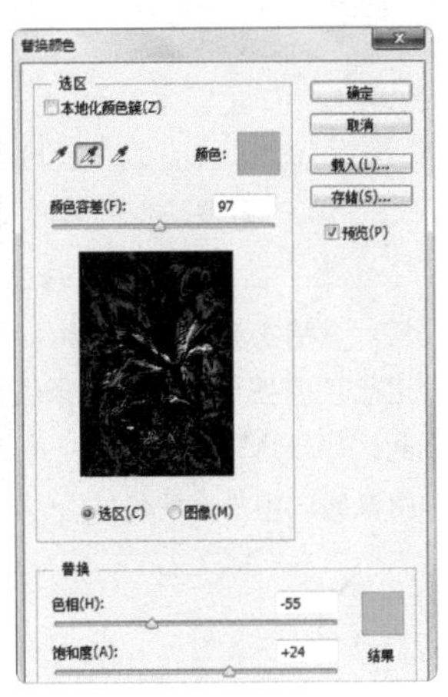

STEP 4 替换颜色后的图像效果

单击 确定 按钮，得到替换颜色后的图像效果。

STEP 5 平衡图像色调

选择【图像】/【调整】/【色彩平衡】命令，打开“色彩平衡”对话框，调整图像中间色调，平衡一下整体绿色调。

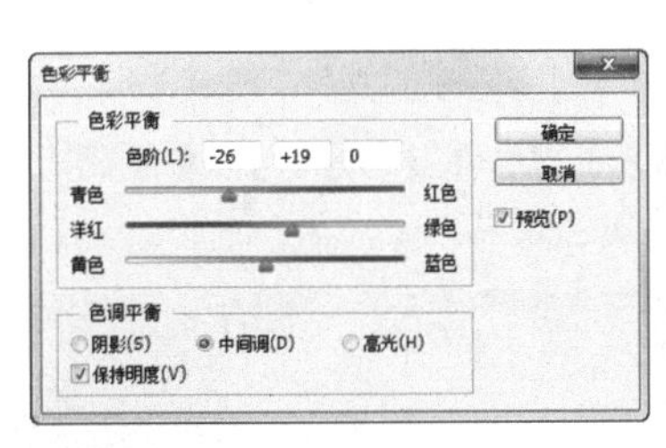

STEP 6 输入文字

打开“花朵文字.psd”图像，使用移动工具将其拖动到树叶图像中，按【Ctrl+T】组合键适当调整图像的大小和位置，让文字与树叶组成层叠效果。选择横排文字工具，在画面底部输入广告文字，并在属性栏中设置汉字字体为方正美黑简体，“8.5”字体为 Century 725 BT Black，填充为白色，完成海报的制作。

5.4.5 使用“匹配颜色”命令

使用“匹配颜色”命令可以使作为源的图像色彩与作为目标的图像进行混合，从而改变目标图像的色彩。下面将在“城市.jpg”图像中匹配另一张图像的颜色，让两张图像的颜色中和在一起，得到流光溢彩的夜景效果，其具体操作步骤如下。

微课：使用“匹配颜色”命令

素材：素材\第5章\城市.jpg、向日葵.jpg
效果：效果\第5章\流光溢彩城市夜景.jpg

STEP 1 打开素材图像

打开“城市.jpg”和“向日葵.jpg”图像。

STEP 2 选择匹配文件

①选择【图像】/【调整】/【匹配颜色】命令，打开“匹配颜色”对话框，在右下方的预览框中可以看到当前选择的图像；在“源”下拉列表中可以选择需要匹配的文件，这里选择“向日葵.jpg”文件；②单击选中 ☑预览(P) 复选框，可以看到在“城市”图像中已经添加了金黄色效果。

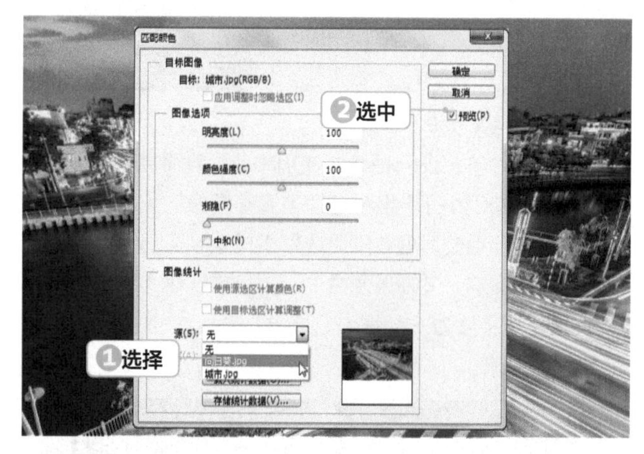

STEP 3 设置参数

在对话框中调整“明亮度”“颜色强度”和“渐隐”参数值，分别为55、200、20，让“城市”图像中的色调更加符合建筑风格。

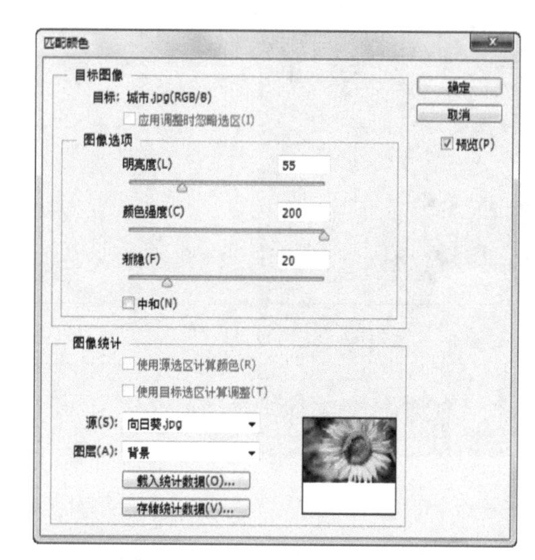

STEP 4 查看效果

单击 确定 按钮，得到流光溢彩的城市夜景效果。

疑难解答

“图像选区”中的选项分别起什么作用？

在“匹配颜色”对话框中，“图像选区”下面有3个选项：“明亮度”用于增加或减少图像的亮度；“颜色强度”用于调整图像颜色的饱和度，数值过小时，图像将变为灰色；“渐隐”用于控制应用于图像的调整量，该数值越低，图像的调整强度就越低。

5.5 让图片的色彩更艳丽

图像中的色彩十分丰富，不同的色彩会使图像产生不同的效果，如果某个颜色过重，将影响图像的整体效果。在Phohotoshp中可以通过“照片滤镜”命令、“可选颜色”命令、“颜色查找”命令和“渐变映射”命令等来调整图像的色彩，使图像色彩更加靓丽。

5.5.1 使用“照片滤镜”命令

“照片滤镜”可模拟出在拍摄时为相机镜头添加滤镜的效果。通过“照片滤镜”命令可以控制图像的色温和胶片曝光的效果。本例将打开“篮球.jpg”图像，通过为图像添加照片滤镜，改变图像色调，再添加一些文字，让照片更具观赏性，其具体操作步骤如下。

微课：使用“照片滤镜”命令

素材：素材\第5章\篮球.jpg、标签.psd

效果：效果\第5章\篮球飞人.psd

STEP 1 复制图层

打开“篮球.jpg”图像，按【Ctrl+J】组合键复制一次背景图层，得到图层1。

STEP 2 设置参数

①选择【滤镜】/【滤镜库】命令，打开“滤镜库”对话框；选择【艺术效果】/【绘画涂抹】命令，在对话框右侧设置参数分别为7、12；②选择“画笔类型”为“简单”，在图像窗口左侧可以预览添加滤镜的图像效果。

STEP 3 查看绘画涂抹效果

单击 确定 按钮，回到画面中，得到绘画涂抹图像效果。

STEP 4 设置参数

①选择【图像】/【调整】/【照片滤镜】命令，打开“照片滤镜”对话框，在“滤镜”下拉列表中选择“加温滤镜（85）”；②单击“颜色”右侧的色块，可以打开“拾色器（照片滤镜颜色）”对话框，可以直接在其中设置颜色，这里设置颜色为“#e41d1e”，单击 确定 按钮；③设置浓度为50%，可以增加图像中的红色调。

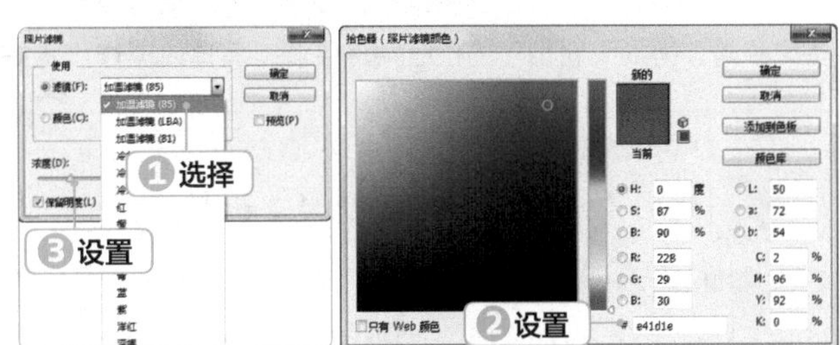

技巧秒杀

妙用“预览”栏

在调整图像色调时，如果设置参数后不满意，可以按住【Alt】键，此时 取消 按钮将变成 复位 按钮，单击该按钮即可将参数恢复到默认值。

STEP 5 查看添加滤镜图像效果

设置好照片滤镜参数后，单击按钮，即可得到添加照片滤镜后的图像效果。

疑难解答

相机中的滤镜是什么？

滤镜是相机的一种配件，安装在镜头前面，可以起到保护镜头的作用，并且还能降低或消除水面或非金属表面的反光。有些彩色滤镜还可以自动调整由镜头传输的光的色彩平衡和色温，从而生成特殊的色彩效果。Photoshop中的“照片滤镜”就能模拟这种彩色滤镜，对调整照片色彩非常有用。

STEP 6 输入文字

❶选择矩形选框工具，在图像下方绘制一个矩形选区，将颜色填充为“#1f2131”；❷选择横排文字工具，在矩形图像中输入两行英文文字，在属性栏中设置合适的字体。

STEP 7 添加素材图像

打开“标签 .psd”图像，使用移动工具将其直接拖动到当前编辑的图像中，放到矩形图像右侧，完成本实例的制作。

5.5.2 使用“可选颜色”命令

微课：使用“可选颜色”命令

使用“可选颜色”命令可以对 RGB、CMYK 和灰度等模式的图像中的某种颜色进行调整，而不影响其他颜色，该命令与“色彩平衡”命令相似，但更加详细。本例将打开“桃花美女 .jpg”图像，通过调整图像色调，得到清新自然的粉红果冻色调，其具体操作步骤如下。

	素材：素材 \ 第 5 章 \ 桃花美女 .jpg
	效果：效果 \ 第 5 章 \ 粉红果冻色调 .psd

STEP 1 打开素材图像

打开“桃花美女 .jpg”图像，拍摄时由于曝光不太准，导致部分图像太亮，而人物图像又偏暗，画面色彩不够厚重饱满。

STEP 2 调整红色

①选择【图像】/【调整】/【可选颜色】命令，打开“可选颜色”对话框；在“颜色”下拉列表中选择“红色”选项；②降低图像中的青色，再适当添加一些洋红色，参数设置分别为 -60、+34、+14、0。

STEP 3 调整图像中性色

①在“颜色”下拉列表中选择“中性色”选项，平衡图像中的色调和明暗度，降低图像中的青色和黑色，设置参数分别为 -13、0、0、-25；②单击 确定 按钮，得到调整后的图像。

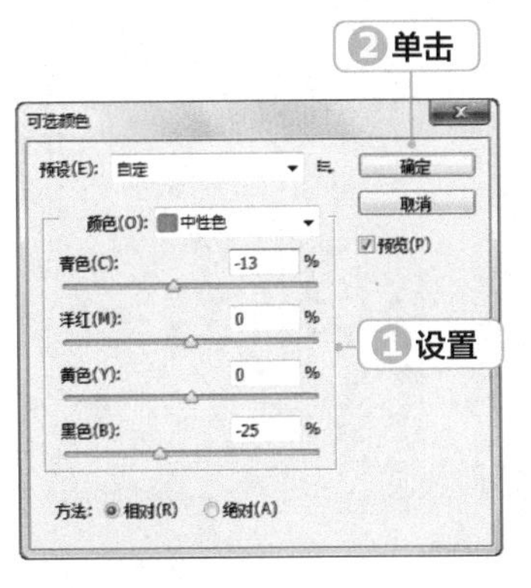

技巧秒杀

可选颜色中的CMYK

在“可选颜色”对话框中，颜色以CMYK的模式提供调整选项，所以，这是提供给出版印刷的调色命令。它可以精确控制画面中每一种颜色的油墨比例。由于该命令需要利用颜色的互相关系来做调整，所以就需要具有扎实的色彩原理基础。如要提高红色，就需要在图像中降低青色，因为青色与红色为互补关系。这一点在介绍“色彩平衡”命令时也有提到。

STEP 4 调整图像亮度

选择【图像】/【调整】/【曲线】命令，打开“曲线”对话框；在曲线中添加两个节点，向上拖动曲线，降低背景亮度高光，并增加人物亮度。

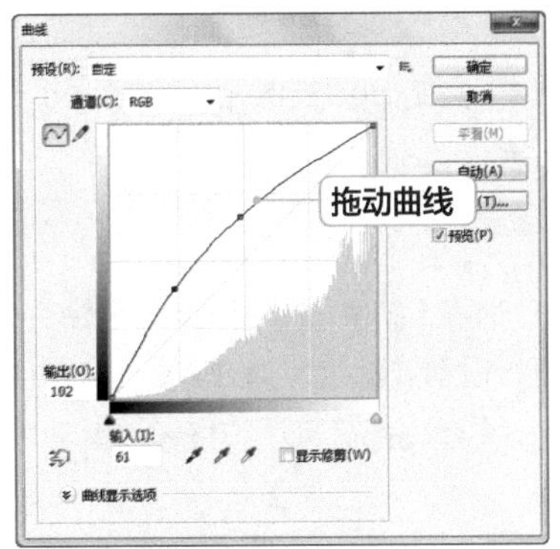

STEP 5 调整图像饱和度

①选择【图像】/【调整】/【自然饱和度】命令，打开“自然饱和度”对话框，设置参数的值分别为 +30、+32；②单击 确定 按钮，查看图像效果。

STEP 6 输入文字

选择横排文字工具，在图像下方输入“FLOWERS”，并且在属性栏中设置字体为 BauerBodni BT BlackItalic，填充为白色，适当调整文字大小，完成本实例的制作。

5.5.3 使用“颜色查找”命令

很多图像在输入和输出时，由于设备之间的差异性，导致图像色彩在设备之间传递时会出现不匹配的现象。通过“颜色查找”命令可以让颜色在不同设备之间精确地传递和再现。本例将打开多张素材图像，为图像制作统一色调的效果，其具体操作步骤如下。

微课：使用“颜色查找”命令

素材：素材 \ 第 5 章 \ 麦田 .jpg、麦穗 .jpg、小孩 .jpg
效果：效果 \ 第 5 章 \ 拼贴图像 .psd

STEP 1 调整画布大小

①打开“麦田 .jpg”图像，选择【图像】/【画布大小】命令，打开“画布大小”对话框，设置“宽度”为 30 厘米，定位在左侧，设置背景为白色；②单击 确定 按钮，得到扩展的画布效果。

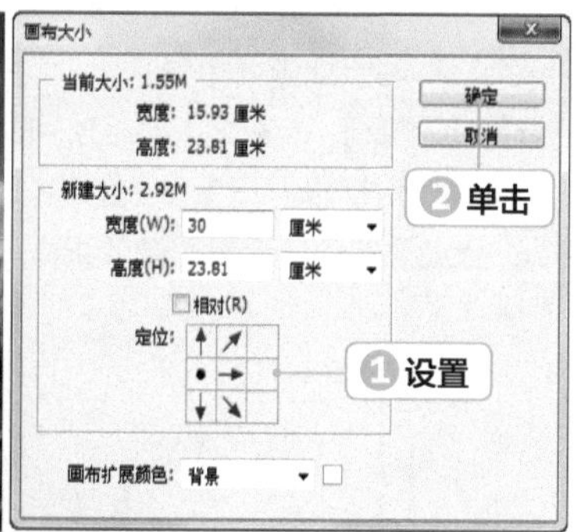

STEP 2 添加其他图像

分别打开“麦穗 .jpg”和“小孩 .jpg”图像，使用移动工具分别将其拖动到扩展画布后的图像中；按【Ctrl+T】组合键分别调整图像大小，将这两张照片放到画面右下方，通过观察可以发现，3 张照片的颜色虽然色调大概一致，但并不具有统一性。

STEP 3 添加调整图层

选择【图层】/【新建调整图层】/【颜色查找】命令，在打开的对话框中保存默认设置，单击 确定 按钮，打开“属性”面板，这时“图层”面板中也将得到一个调整图层。

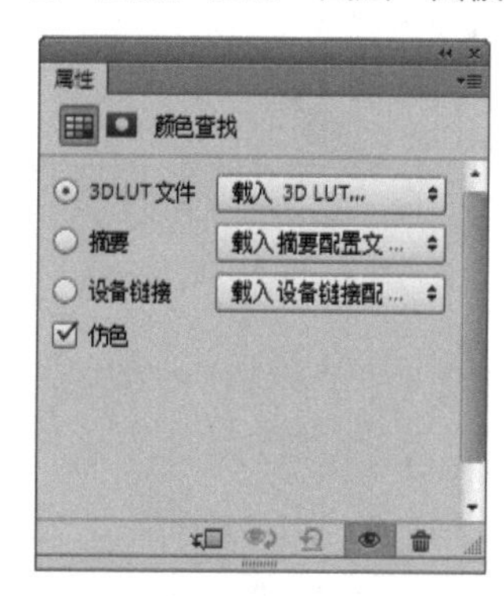

技巧秒杀

调整图层

调整图层中的调色命令与“图像/调整”菜单中的调色命令使用方法相同。不同的是，调整图层类似于图层蒙版，在创建后可以随时修改及调整，而不用担心会损坏原来的图像。它将作用于该图层以下的所有图层。单击“图层”面板底部的“创建新的填充或调整图层”按钮 ，在弹出的列表中可以看到所有颜色调整选项。

STEP 4 展开 3DLUT 列表

选择 3DLUT 文件，单击其右侧的下拉列表，在其中可以选择多种色彩模式，不同的模式能够给图像添加不同的特殊色彩效果。

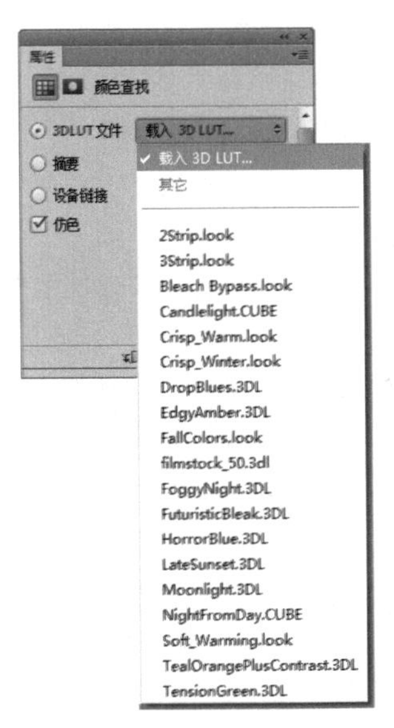

STEP 5 选择颜色选项

如选择“FuturisticBleak.3DL”选项，可以对图像营造一种朦胧低调的画面风格。

疑难解答

“颜色查找”中的多种预设颜色是什么？

“颜色查找”命令中包含了多种预设颜色样式，其实它是一个色彩标准表，也叫映射表，主要用来模拟在不同设备和载体上的表现效果，可以说它是一款校准颜色工具，而不是调整工具。但是由于该命令中的颜色对图像能产生一些特殊的效果，类似于色彩滤镜，所以，可以用来制作一些特殊色彩效果，增加图像的可观性。

STEP 6 增加图像亮度和对比度

单击“图层”面板底部的“创建新的填充或调整图层”按钮，在弹出的列表中选择“亮度/对比度”选项，打开“属性”面板，分别增加“亮度”和“对比度”参数。

技巧秒杀

制作不同风格图像

载入不同的3DLUT文件和摘要配置文件，尝试不同风格的色彩模式，如古朴的怀旧色调或热情的红色调。

疑难解答

什么是颜色查找表？

查找表，简称LUT（Look Up Table）是用来规定色彩的表现方式，在数字图像处理领域应用得很广泛。如在电影后期制作时，调色师就需要利用查找表来对照颜色，它可以确定特定图像所要显示的颜色和强度。

5.5.4 使用“渐变映射”命令

微课：使用“渐变映射”命令

“渐变映射”命令可以将相等的图像灰度范围映射到指定的渐变填充色，如指定双色渐变填充，将图像中的阴影映射到渐变填充的一个端点颜色，高光映射到另一个端点颜色，而中间调映射到两个端点颜色之间的渐变色。本例将打开多个素材，将其合并到一个图像中，然后添加渐变映射，得到卡通图像效果，其具体操作步骤如下。

	素材：素材\第5章\草地背景.psd、小鹿.jpg、栅栏.psd
	效果：效果\第5章\可爱的小鹿.psd

STEP 1 合成图像

打开“草地背景.psd”和“栅栏.psd”图像；使用移动工具将“栅栏”图像拖动到“草地背景”图像中，放到画面中间。并在“图层”面板中将“栅栏”图层调整到“草地”图层下方，使栅栏有种插在草地中的感觉。

STEP 2 获取图像选区

①打开“小鹿.jpg”图像，选择魔棒工具，在属性栏中设置“容差”值为50像素，单击白色背景获取选区；②选择【选择】/【反向】命令反选选区，得到小鹿图像选区；③使用移动工具直接将选区中的小鹿图像拖动到编辑好的草地图像中；按【Ctrl+T】组合键适当缩小图像，然后调整图像位置，放到栅栏图像左侧。

STEP 3 添加调整图层

①选择【图层】/【新建调整图层】/【渐变映射】命令，在打开的对话框中保持默认设置，单击 确定 按钮，打开“属性”面板，单击渐变色条，打开“渐变编辑器”对话框，设置颜色从“#362448”到“#ffd800”；②单击 确定 按钮，得到渐变颜色，整个图像色调将被渐变颜色覆盖。

技巧秒杀

“渐变映射”中的选项设置

“渐变编辑器”的使用方法与渐变工具一样，可以选择预设的颜色样式，也可以自定义颜色；单击选中☑仿色复选框，可以添加随机的杂色来平滑渐变填充的外观，让渐变更加平滑。单击选中☑反向复选框可以反转渐变颜色的填充方向。

STEP 4 设置图层混合模式

在“图层”面板中设置调整图层的混合模式为“柔光”，得到与图像融合的图像效果。

疑难解答

怎样保持色调亮度?

使用“渐变映射”命令后，图像色调会变得比较夸张，甚至会改变色调对比度。为了避免这种情况，可以使用调整图层，设置图层混合模式，这样就能只改变图像颜色，而不影响亮度。

5.6 调整黑白图像

在很多设计师的眼中，黑白色调或单色调都是一种较为高端的色调，通常可以用来制作具有艺术气息的商业广告，效果非常出彩。下面将介绍几种黑白色调的调整命令。

5.6.1 使用“黑白”命令

微课：使用“黑白”命令

使用“黑白”命令可以将色彩图像方便地转换为黑白照片效果，并且调整图像的黑白色调，或者为图像添加单一色调效果。本例将制作纪念青春的封面图，首先将图像融合在一起，然后使用“黑白”命令调整图像黑白色调，得到背景图像效果，再添加文字，其具体操作步骤如下。

素材：素材\第 5 章\青春伙伴 .jpg、青春背景 .jpg、米字格 .psd

效果：效果\第 5 章\青春纪念册封面 .psd

STEP 1 复制图像

打开“青春伙伴 .jpg”图像，选择套索工具，在属性栏中设置羽化值为 30 像素，在图像中勾选人物图像，得到选区；按【Ctrl+C】组合键复制选区中的图像。

STEP 2 粘贴图像

打开“青春背景 .jpg”图像，按【Ctrl+V】组合键将刚才复制的人物图像复制到背景中；适当调整人物图像大小和位置。

STEP 3 变为黑白色调

单击“图层”面板底部的“创建新的填充或调整图层”按钮 ，在弹出的列表中选择“黑白”选项，新建一个调整图层；这时将进入“属性”面板，默认面板中的设置，图像将会自动转为黑白色调。

技巧秒杀

“去色”命令

在“调整”菜单中有一个“去色”命令。“去色”命令只能单一地去除图像中的所有颜色信息，使图像呈灰度显示，但不能对灰度图像做进一步的调整。

STEP 4 精细调整黑白色调

通过观察原图像可以得知，整个图像色调属于暖色调，其中黄色、绿色和红色调都较多，所以转成黑白色调后整个图像显得较灰，没有层次感；适当降低红色，增加一些黄色，可以让黑白色调更有层次感。

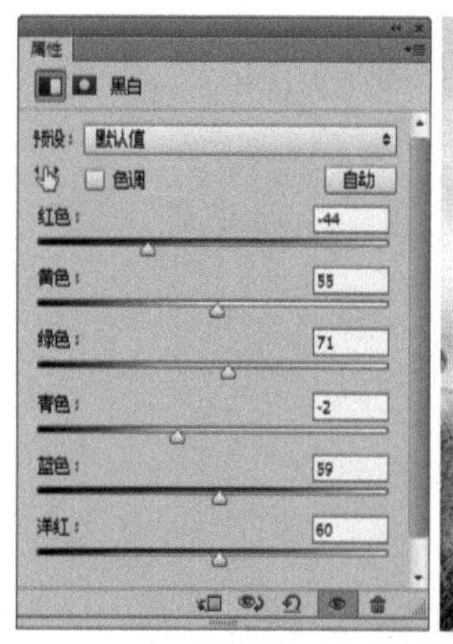

STEP 5 调整图像色阶

❶选择【窗口】/【调整】命令，打开“调整”面板，单击其中的“创建新的色阶调整图层”按钮，进入“属性”面板；❷拖动滑块，增加色调的对比度，让图像中的黑白色调更加漂亮。

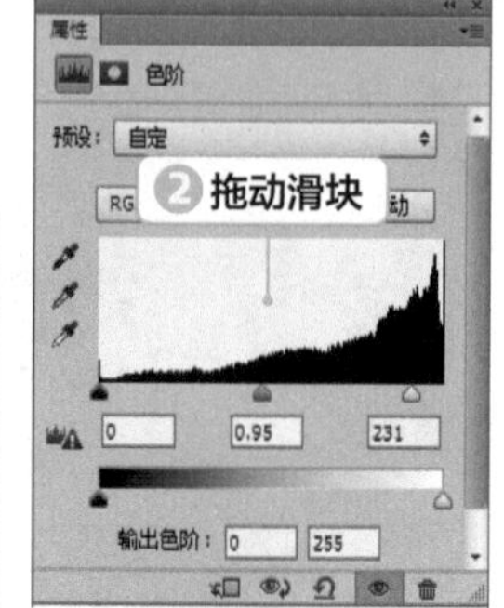

STEP 6 输入文字

打开“米字格 .psd”图像，使用移动工具将其拖动到黑白图像中，放到画面上方；选择横排文字工具，分别在米字格中输入文字“致青春”，在属性栏中设置字体为行草，填充颜色为“#b10000”。

STEP 7 绘制圆形图像

单击“图层”面板底部的“创建新图层”按钮，新建一个图层选择椭圆选框工具，按住【Shift】键，在文字右上方绘制一个正圆形选区，设置前景色为“#4c0c0c”；按【Alt+Delete】组合键填充选区，按【Ctrl+D】组合键取消选区。

STEP 8 输入文字

选择横排文字工具，在圆形图像中输入文字，并在属性栏中设置字体为方正正大黑简体、汉真广标，填充为白色，参照下图的方式排列文字。

STEP 9 黑白色调效果

选择铅笔工具，在属性栏中设置画笔大小为 3 像素，然后在圆形图像左侧绘制一条黑色直线条，并在直线上输入一行英文文字，在属性栏中设置字体为方正兰亭超细黑简体，填充为红色，完成黑白色调的制作。

STEP 10 单色效果

除了黑白色调外，在“黑白”命令中还可以为图像制作单一色调效果。单击选中复选框，单击右侧的色块，可以打开“拾色器”对话框，设置单色调颜色。

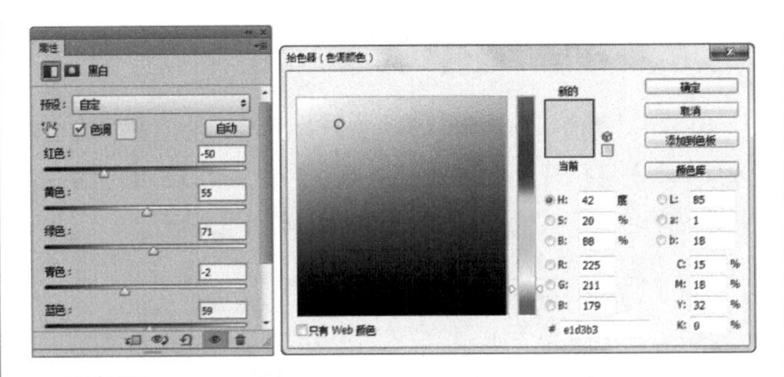

STEP 11 怀旧色调效果

设置颜色为“#e1bb72”，单击确定按钮回到“属性”面板中，适当调整红色、黄色和绿色，让画面中的颜色层次分明，具有怀旧感。完成怀旧色调的调整。

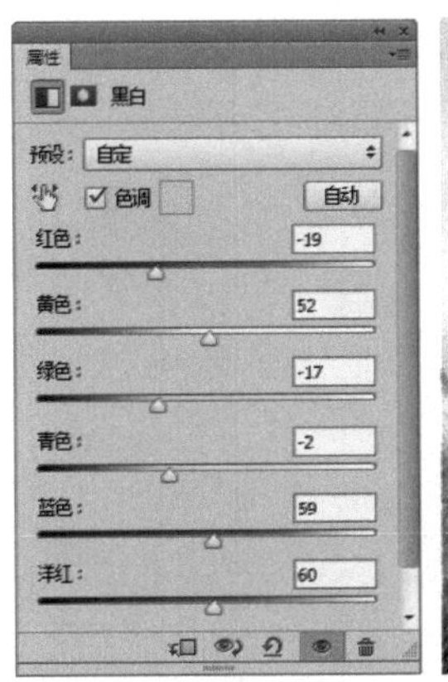

技巧秒杀

使用菜单中的“黑白”命令设置单色

选择【图像】/【调整】/【黑白】命令，打开相应的对话框，选择“色调”选项后，除了单击色块设置颜色外，还可以通过下方的“色相”和“饱和度”滑块设置颜色。

疑难解答

“黑白”对话框中为什么有多种颜色？

“黑白”命令将图像转为灰度效果后，还可以从细节上丰富黑白层次感，它可以对各颜色的转换方式进行完全控制，也就是可以控制每一种颜色的色调深浅度。当彩色图像转换为黑白图像时，有些颜色的灰度非常相似，如红色和绿色，色调的层次感就被削弱了。使用“黑白”命令就可以分别调整这两种颜色的灰度，将它们有效地区分开来，使色调的层次更加丰富、鲜明。

5.6.2 使用“阈值”命令

微课：使用“阈值”命令

使用“阈值”命令可以将图像转换为高对比度的黑白图像，它适合制作单色照片，或者模拟制作版画效果。本例将打开“摇滚人物”图像，为其应用“阈值”命令，将图像转变为黑白图像，然后添加其他参数，并调整颜色，合成海报图像，其具体操作步骤如下。

素材：素材 \ 第 5 章 \ 灰色背景 .jpg、喇叭 .psd、摇滚歌手 .psd、立体文字 .psd
效果：效果 \ 第 5 章 \ 歌唱比赛海报鹿 .psd

STEP 1 调整背景颜色

①打开“灰色背景 .jpg”图像，背景图像为灰色调，选择【图像】/【调整】/【色相 / 饱和度】命令，打开“色相 / 饱和度”对话框，单击选中 ☑着色(O) 复选框，设置各选项参数为 49、41、-9；②单击 确定 按钮，得到淡黄色背景图像效果。

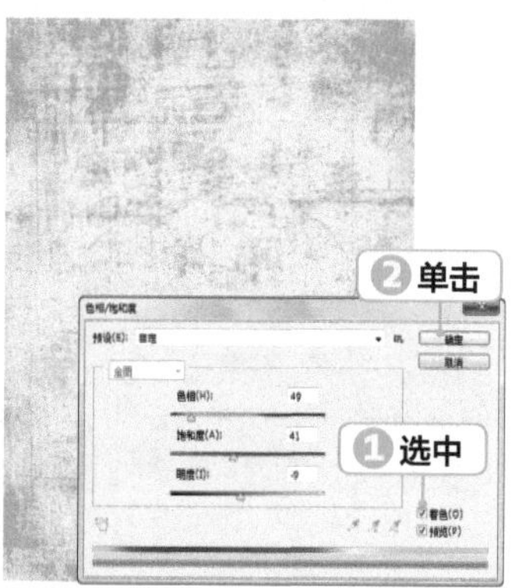

STEP 2 添加素材图像

打开“喇叭 .psd”和“摇滚歌手 .psd”图像，使用移动工具分别将这两个图像拖动到淡黄色背景图像中；按【Ctrl+T】组合键适当调整图像大小，参照下图的方式排列图像。

STEP 3 添加调整图层

打开“调整”面板，单击其中的“创建新的阈值调整图层”按钮，为图像添加一个调整图层；打开“属性”面板，设置参数为 128，得到黑白图像效果。

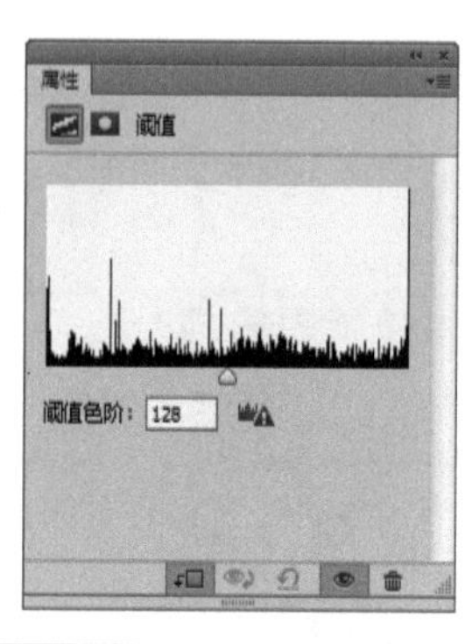

STEP 4 添加调整图层

选择【图层】/【创建剪贴蒙版】命令，让该调整图层只对人物图层起作用。这时背景图像将被显示出来。

技巧秒杀

剪贴蒙版的作用

剪贴蒙版可以用一个图层中包含像素的区域来限制相邻的上一层图像的显示范围。使用它可以通过一个图层来控制多个图层的可见内容。

STEP 5 设置图层混合模式

设置该调整图层的图层混合模式为“柔光”，改变图像显示效果。

STEP 6 制作单色图像

在“调整”面板中单击“创建新的色相 / 饱和度调整图层”按钮，在“属性”面板中选择“着色”选项，设置参数分别为 47、25、0，得到单色图像效果。

STEP 7 制作单色图像

选择矩形选框工具，框选人物手部以下图像，按【Delete】键删除图像。打开“立体文字 .psd”图像，使用移动工具将其拖动到当前编辑的图像中，放到画面中间。

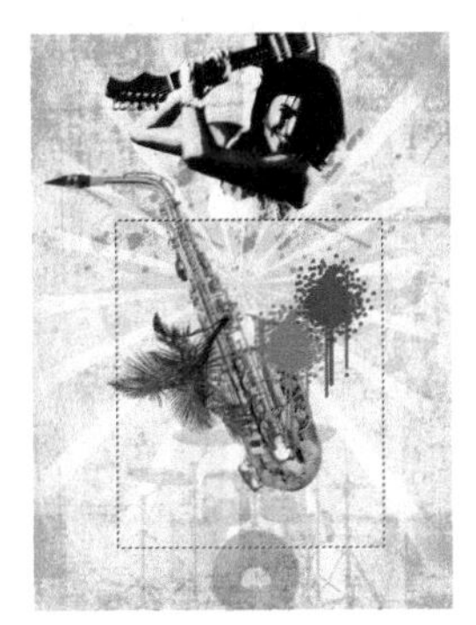

STEP 8 添加文字

选择横排文字工具，在画面下方输入文字，在属性栏中设置字体分别为方正兰亭细黑 -GBK、方正兰亭粗黑简体，填充为灰色，完成本实例的制作。

高手秘籍

1. 颜色的冷暖划分

色彩学上根据人们的心理感受，将颜色分为暖色调（红、橙、黄）、冷色调（青、蓝）和中性色调（紫、绿、黑、灰、白）。红、橙、黄色常使人联想起东方旭日和燃烧的火焰，因此有温暖的感觉，所以称为“暖色”；蓝色常使人联想起高空的蓝天、阴影处的冰雪，因此有寒冷的感觉，所以称为“冷色”；绿、紫等色给人的感觉是不冷不暖，故称为“中性色”。色彩的冷暖是相对的。在同类色彩中，含暖意成分多的较暖，反之较冷。所以，在我们设计或做图像处理时，可以根据需要选择或调整图像色调，达到理想的效果。通过左下图的色相环可以清楚地看到冷暖色调的变化过程，而右下图则将颜色做了更加清晰的划分。

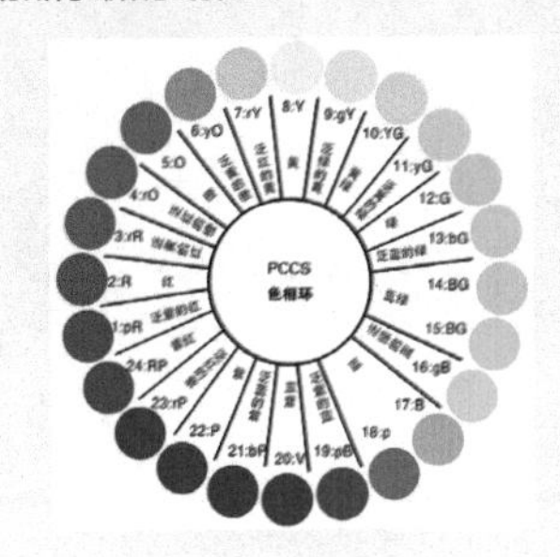

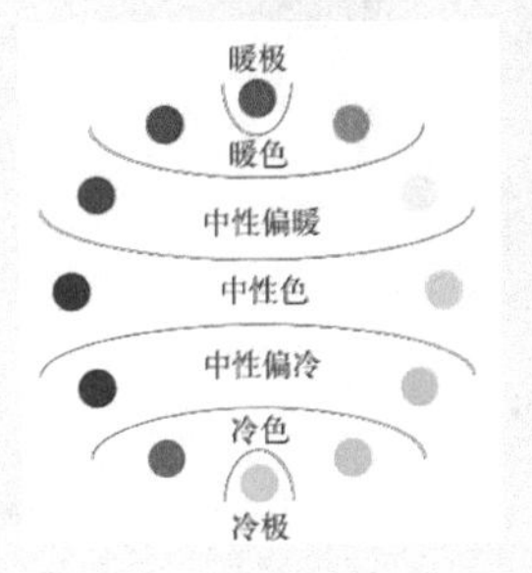

2. 已调色的图像在输出后为何有较大色差

图像主要有两大色彩模式：RGB 和 CMYK。它们各自有适合的场合，错误的色彩模式会给制作带来不理想的效果。

当 RGB 与 CMYK 模式的互相转换时，都会损失一些颜色，不过由于 RGB 的色域比 CMYK 更广，所以，当 CMYK 转换为 RGB 模式时，画面颜色损失较少，在视觉上也很难看出差别。将 RGB 转换为 CMYK 模式时，丢失的颜色较多，视觉上也能有明显的区分，此时再将 CMYK 模式转换为 RGB 模式，丢失的颜色也不能恢复。

所以，在调整图像颜色之前，首先要确定好作品的用途。如果图像只是在计算机、手机等设备上显示，就可以用 RGB 模式，这样可以得到较广的色域；如果图像需要打印或者印刷，就必须使用 CMYK 模式，才能确保印刷颜色与设计时一致。

提高练习

1. 制作高调色图像

高调色的特点是颜色偏白、偏亮，以人物为主，背景简洁。打开素材文件“红唇美女 .jpg”，对其进行编辑，制作要求如下。

素材：素材 \ 第 5 章 \ 红唇美女 .jpg

效果：效果 \ 第 5 章 \ 高调色图像 .psd

- 使用“色彩平衡”命令，降低红色，增加蓝色，营造图像的冷色调效果。
- 使用“曲线”命令，在曲线中间增加节点，向上拖动，增加图像中间调的亮度。
- 使用“色阶”命令，拖动右侧滑块，增加图像对比度，让色彩更有层次感。

2. 调出 LOMO 色调

LOMO 色调的特点就是色彩奇特浓郁，四周有暗角。打开素材文件“小可爱 .jpg”对其进行编辑，制作 LOMO 色调的要求如下。

素材：素材 \ 第 5 章 \ 小可爱 .jpg

效果：效果 \ 第 5 章 \ 调出 LOMO 色调 .psd

- 使用“亮度 / 对比度”命令，增加图像亮度和对比度。
- 使用“照片滤镜”命令，为图像添加深蓝色照片滤镜，并增加浓度。
- 新建一个图层，绘制一个椭圆选区，并反选，羽化选区后填充为黑色。
- 降低该图层的不透明度，形成图像周围的暗角效果。

高调色图像

LOMO 色调

06 Chapter 第 6 章

图像合成与特效制作

/ 本章导读

图像合成与特效制作是 Photoshop 的一个重要领域，我们日常生活看到的电影、电视、网页、广告中的海报基本上都是在 Photoshop 中通过平面合成与特效制作出来的。本章将介绍图层的高级应用与各种滤镜命令的使用方法，结合使用这些功能，可以制作出各种各样的特效图像。

6.1 图层的高级应用

通过前面几章内容的学习，相信大家对图层并不会陌生。为了方便理解，可以将图层看作一张张叠起来的透明胶片，这些胶片都是单独存在的，可以在不影响整个图像效果的前提下单独处理这些胶片，同时，每张胶片上的画面都不同，通过改变胶片的顺序、混合模式，可以改变图像的呈现效果。下面将对图层的相关知识进行详细介绍。

6.1.1 设置图层混合模式

图层混合模式是 Photoshop 的核心功能之一，使用它可调整图层之间像素的混合方式。在图像处理中，很多奇异的图像效果都需要它来实现。灵活使用图层混合模式，可以让用户制作的作品更加奇妙。

1. 了解图层混合模式

在“图层”面板中选择一个图层，单击面板顶部的按钮，在打开的下拉列表中即可查看所有图层混合模式。Photoshop 中预设了 27 种图层混合模式，它们按效果可分为 6 组，每一组的混合模式都可以产生相似的效果或是有着近似的用途。

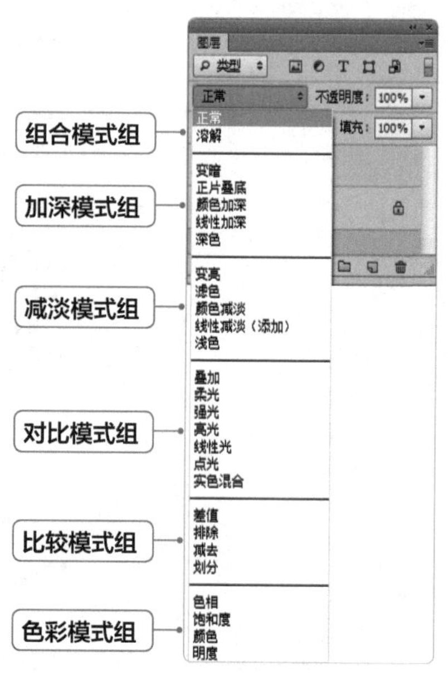

6 组图层混合模式的作用和效果如下。

- 组合模式组：该模式只有降低图层的不透明度，才能产生效果。
- 加深模式组：该模式可使图像变暗，在混合时，当前图层的白色将被较深的颜色所代替。
- 减淡模式组：该模式可使图像变亮，在混合时，当前图层的黑色将被较浅的颜色所代替。
- 对比模式组：该模式可增强图像的反差，在混合时，50% 的灰度将会消失，亮度高于 50% 灰色的像素可加亮图层颜色，亮度低于 50% 灰色的图像可弱化图层颜色。
- 比较模式组：该模式可比较当前图层和下方图层，若有相同的区域，该区域将变为黑色。不同的区域则会显示为灰度层次或彩色。若图像中出现了白色，则白色区域将会显示下方图层的反相色，但黑色区域不会发生变化。
- 色彩模式组：该模式可将色彩分为色相、饱和度和亮度这 3 种成分。然后将其中的一种或两种成分互相混合。

2. 混合模式原理

图层混合模式是指控制当前图层与下方所有图层的融合效果，融合范围以图层中的像素交集为准。如下图所示，当多种颜色相交时，交集区域就会产生色彩融合。

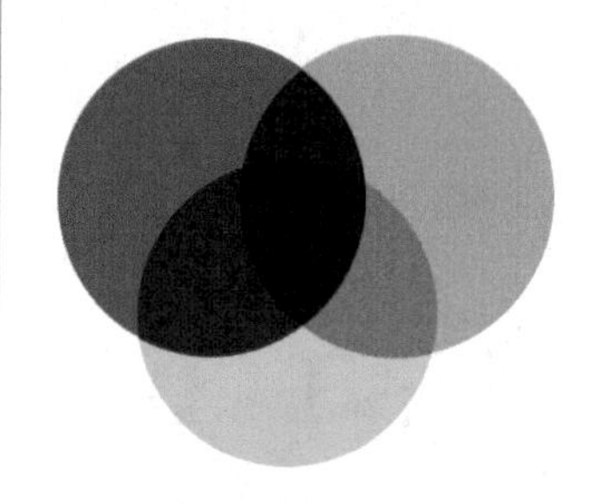

由于混合模式是当前图层与下方图层之间的关系，所以必然有 3 种颜色存在，位于下方图层中的色彩为基础色，上方图层为混合色，它们混合的结果称为结果色。

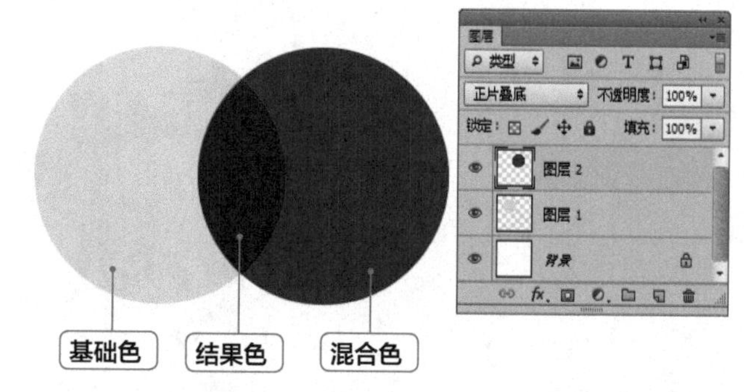

值得一提的是，同一种混合模式会因为图层不透明度的改变而有所变化。如将紫色圆圈的混合模式设置为“溶解”，可以更好地观察到不同的图层透明度与下方图层混合效果的

影响。

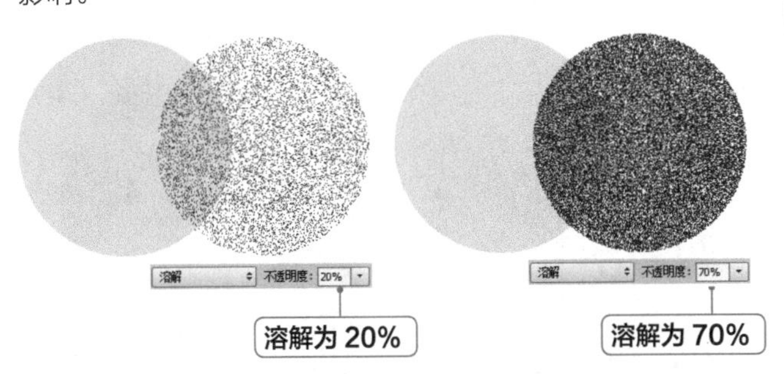

3. 混合模式分类介绍

Photoshop 预设的图层混合模式不同，其效果也有所不同，为熟练使用它们制作图像，用户需要了解它们的效果。下面将打开两幅需要混合的图像，使用较为典型和常用的混合模式。

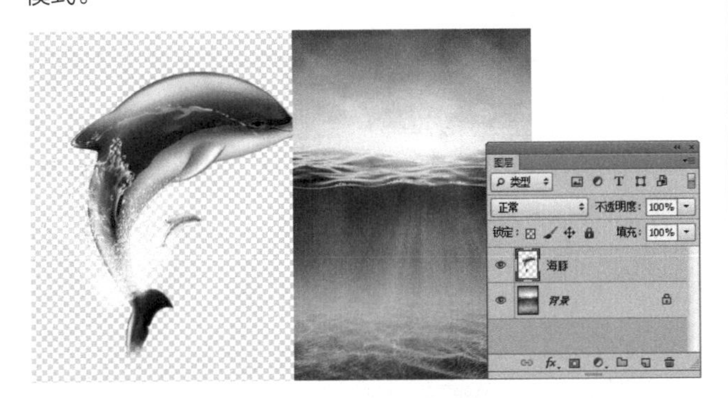

加深模式组的结果色一般偏暗，通过对比可以看出，基础色较亮区域中所显现出的混合色成分较多。

在“变暗”模式下，基础色的高光区域，也就是水面日出图像，该部分图像被混合色替换，所以海豚的头部图像几乎原样呈现，而基础色的较暗区域，也就是水面下方图像，基本看不到混合色成分。

在“正片叠底”模式中不会出现颜色的替代现象，而是按照亮度将两个图层的内容平均地显示出来，该模式可以反映出原先各自的图像轮廓，是较常用的混合模式之一。

减淡模式组中的结果色一般比较亮，其中“变亮”模式中替换和保留的部分与之前“变暗”模式的效果正好相反。而“滤色”与“正片叠底”模式的效果也相反，可以得到较亮的结果色。

对比模式组中的结果色能平均展现两个图层中的内容，其中，“叠加”模式以基础色的亮度为参照，较暗部分采用“正片叠底”方式混合，较亮部分采用“滤色”模式混合，所以，该模式效果基本是“正片叠底”与“滤色”两种模式的结合体，也是较为常用的混合模式之一。

比较模式组中的特点是采用亮度相减的方式进行混合。其中，“差值”模式主要是通过对比两个图层的亮度，用较亮的减去较暗的图像，得到结果色。

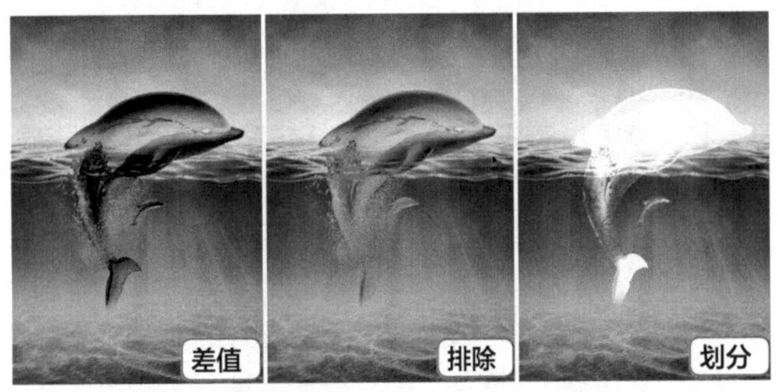

色彩模式组中的混合模式，其效果大都可以借由其他混合模式加上色彩调整来实现，因此较少被直接使用。

在“色相”模式中，上层图层的色相将被应用到下层图层的亮度和饱和度中，可改变下层图层的色相，但并不对其亮度和饱和度进行修改。

在“明度”模式中，将上层图层中的亮度应用到下层图层的颜色中，并改变下层图层的亮度，但不会改变下层图层的色相和饱和度。

技巧秒杀

选择合适的混合模式

在设置图层混合模式时，初学者往往不能一步到位地选择需要的混合模式，可先在“正常”下拉列表框中选择任意一种混合模式，然后通过按键盘上的上下键来浏览选择需要的混合模式，因为每选择一种混合模式，该模式对应的效果都会即时显示在图像窗口中。

6.1.2 添加图层样式

Photoshop 内置了多种图层样式，如投影、外发光、内发光、浮雕、描边等效果。只有为图层添加图层样式后，用户才能对图层样式进行设置，添加图层样式的具体方法如下。

1. 通过命令打开

选择【图层】/【图层样式】命令，在弹出的子菜单中选择一种图层样式命令。Photoshop 将打开“图层样式”对话框，并展开对应的设置面板。

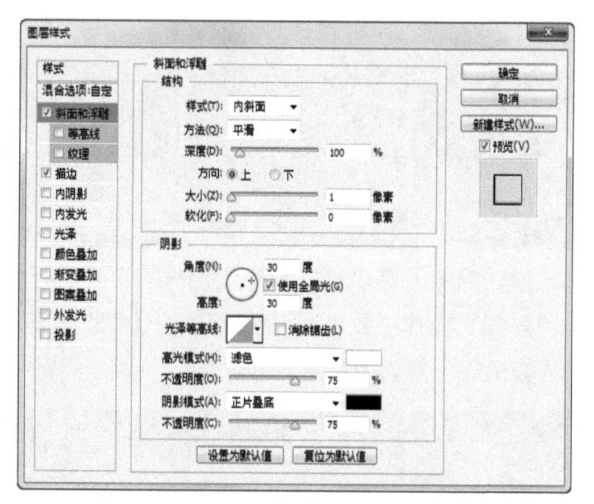

Photoshop 提供了 10 种图层样式效果，它们全都被列举在了“图层样式”对话框的“样式”栏中，样式名称前有个复选框，当成选中状态时，表示该图层应用了该样式，撤销选中可停用样式。

用户在单击样式名称时，将打开对应的设置面板。在“图层样式”对话框中设置参数后，单击 确定 按钮，即可应用该图层样式。

2. 通过按钮打开

在“图层”面板底部单击“添加图层样式”按钮 fx.，在弹出的列表中选择需要创建的样式选项，打开“图层样式”对话框，并展开对应的设置面板。

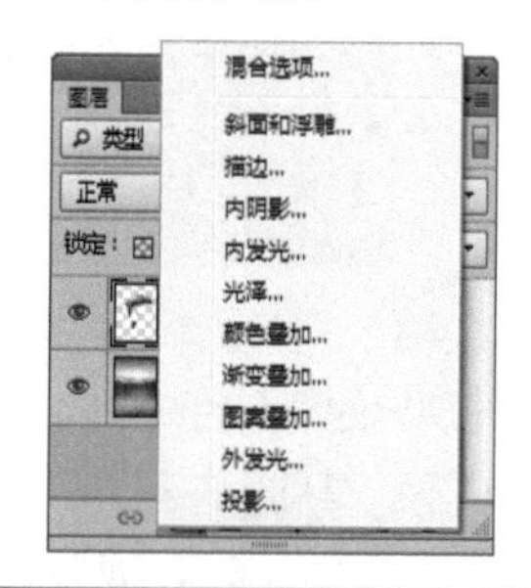

3. 通过双击图层打开

在需要添加图层样式的图层上双击，Photoshop 将打开“图层样式”对话框。

6.1.3 编辑图层样式

在图层中添加图层样式后，带有样式的“图层”面板将出现一个带“fx”字样的标识，单击其右边的小三角形可以折叠或展开所有的样式列表，单击眼睛图标可以隐藏或显示该样式。下面就来介绍这些图层样式的编辑方法。

1. 斜面和浮雕

使用“斜面和浮雕”样式可以为图层添加高光和阴影效果，让图像看起来更加立体生动。设置不同的“样式”“方法”及“方向”等选项，可以产生不同的浮雕效果。

“等高线”和“纹理”是斜面和浮雕的副选项，其中，“等高线”可以对图像的凹凸、起伏进行设置；“纹理”是通过设置，使图案产生凹凸的画面感。

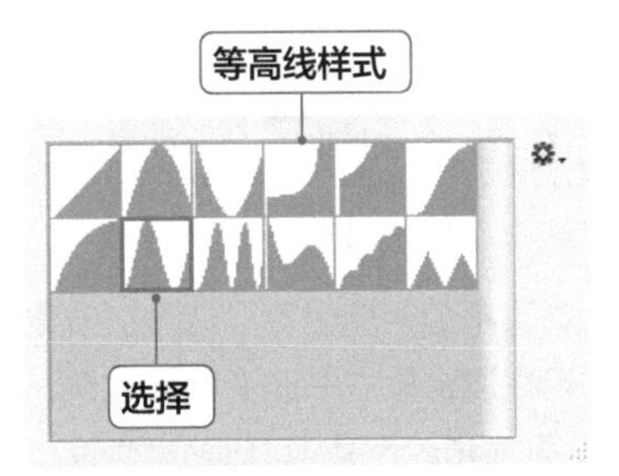

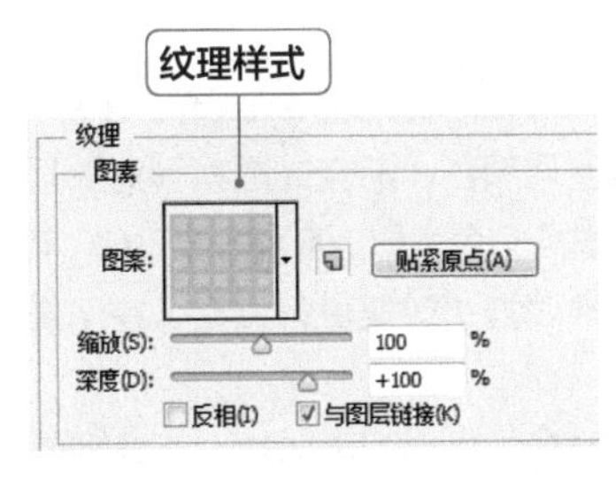

疑难解答

纹理样式是如何产生凹凸感的?

在使用纹理为图像添加图案后，图案会自动变为灰度模式叠加在图像中，然后根据灰度情况决定凹凸效果的分布，较深的部分将形成下凹感，让图像带有立体感。

2. 投影与内阴影

使用“投影”样式可以为图层图像添加投影效果，常用于增加图像立体感。其中“混合模式”用于设置投影与下面图层的混合方式；“角度”用于设置投影效果在下方图层中显示的角度；“距离”用于设置投影偏离图层内容的距离，数值越大，偏离得越远；“大小”用于设置投影的模糊范围，数值越高，模糊范围越广；“扩展”用于设置扩张范围，该范围直接受“大小”选项影响。

下图为设置不同投影参数所显示的投影效果。

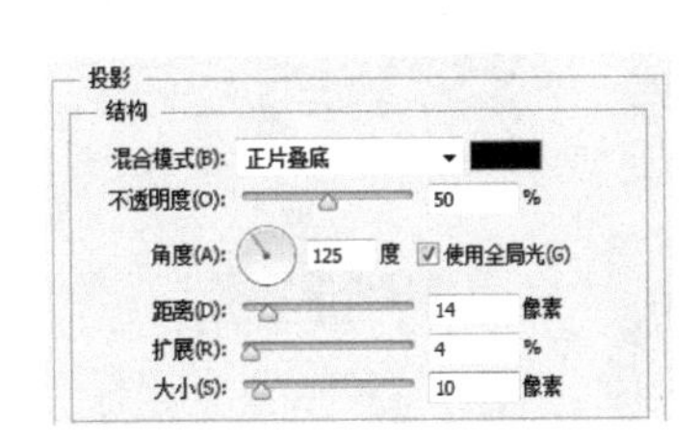

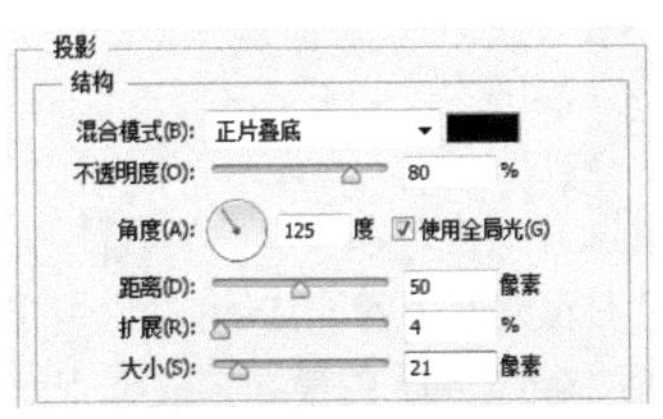

“内阴影”样式可以在图像内容的边缘内侧添加阴影效果，它的设置方式与投影样式几乎相同，区别在于它能使物体产生下沉感，制作陷入的效果。

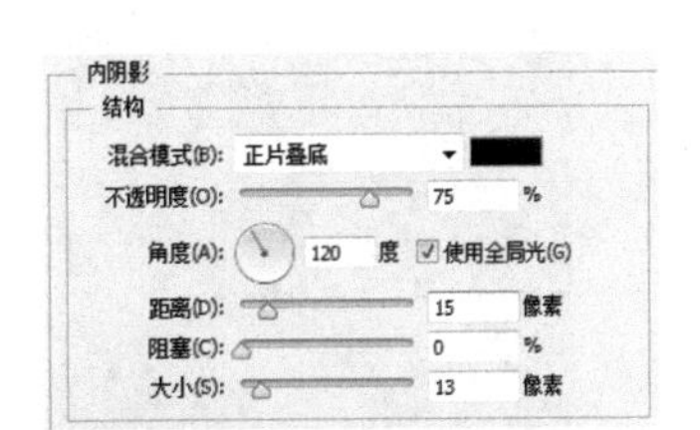

技巧秒杀

快速设置阴影位置

在设置投影和内阴影效果时，直接在图像中按住鼠标拖动，即可快速改变阴影的角度和距离。

3. 外发光与内发光

使用“外发光”样式，可以沿图层图像边缘向外创建发光效果。分别设置几种不同的外发光参数，可以得到不同的外发光效果。

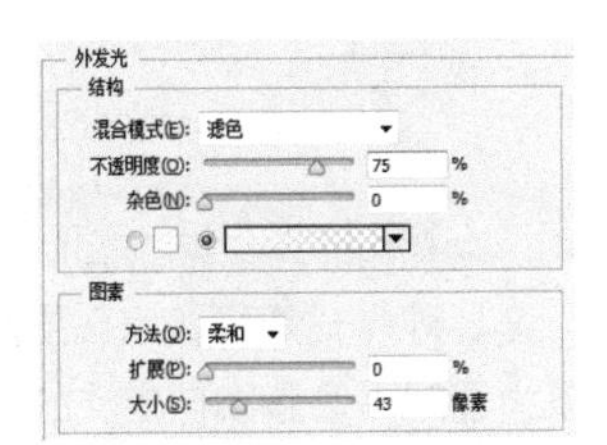

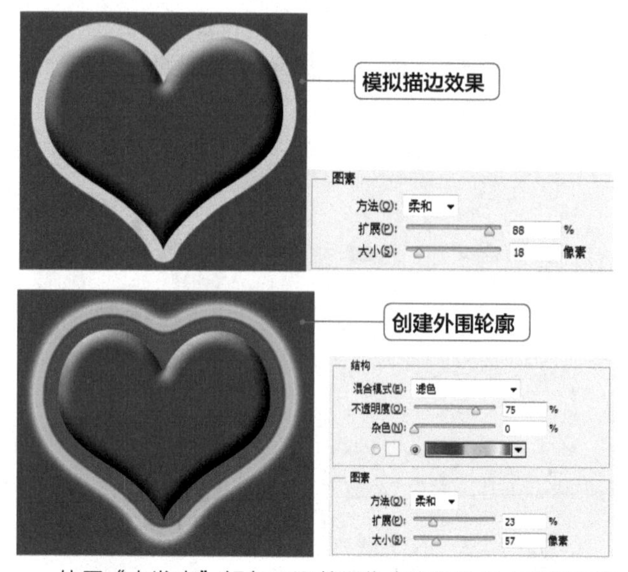

使用“内发光”颜色可沿着图像内容的边缘内侧添加发光效果，与外发光的使用方法基本相同，只是多了一个“源”选项。“源”用于控制发光光源的位置，单击选中 居中(E) 单选项，将从图层内容中间发光，单击选中 边缘(G) 单选项，将从图层内容边缘发光。

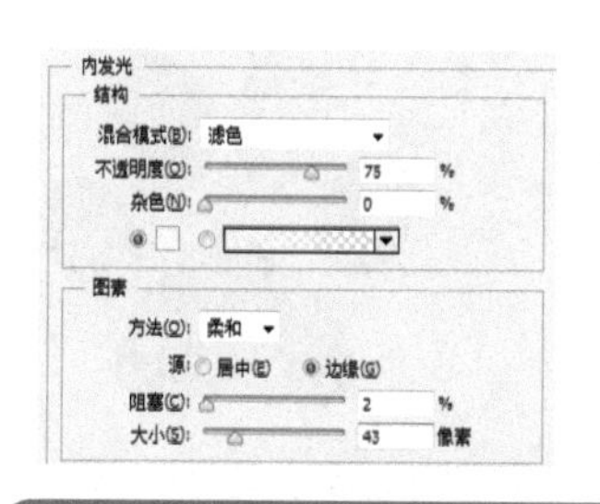

4. 光泽

使用“光泽”样式可以为图层图像添加光滑而有内部阴影的效果，常用于模拟金属的光泽效果。其原理是将图像复制两份后在内部进行重叠处理，拖动“距离”下方的滑块，会看到两个图像重叠的过程。光泽样式一般很少单独使用，大多是配合其他样式以提高画面质感。

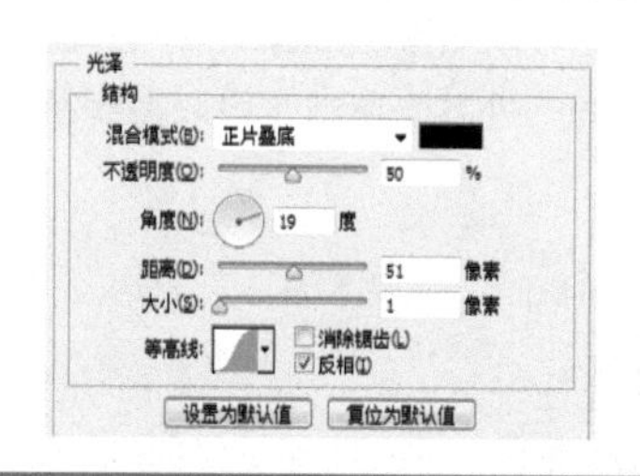

5. 颜色、渐变、图案叠加

这 3 种样式都是覆盖在图像表面的，“颜色叠加”样式可以为图层图像叠加自定义的颜色；“渐变叠加”样式可以为图像中单纯的颜色添加渐变色，从而使图像颜色看起来更加丰富、饱满；“图案叠加”样式可以为图层图像添加指定的图案。

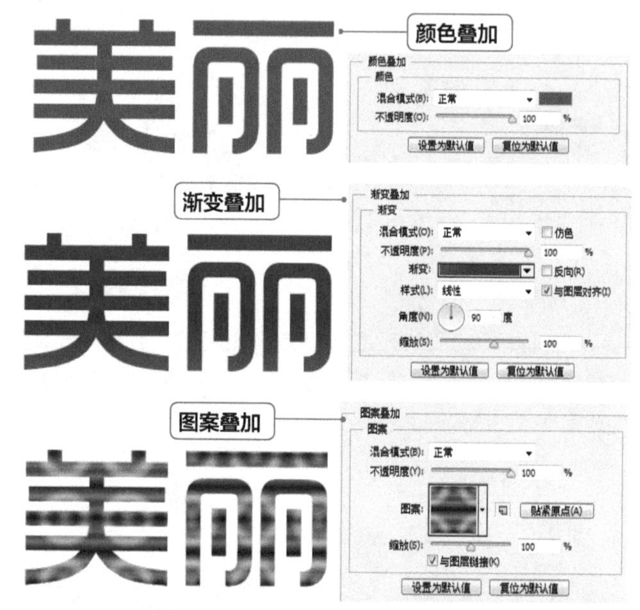

在使用这 3 种样式时，更改不透明度也可以让叠加效果有深浅的变化，还可以通过设置混合模式来改变叠加效果，常用的混合模式有正片叠底、叠加和滤色等，可以多做尝试，制作出不同的图像效果。

6. 描边

使用“描边”样式可以使用颜色、渐变或图案等对图层边缘进行描边，其效果与“描边”命令类似。但为图像添加“描边”样式可以更加随心所欲地对描边效果进行调整，在图像制作时，使用频率较高。

描边的方向主要有内外两种，其中向内的描边会随着宽度增加而出现越来越明显的圆角线，如果要保持物体的轮廓，应采用向内描边或设置较小的宽度值。

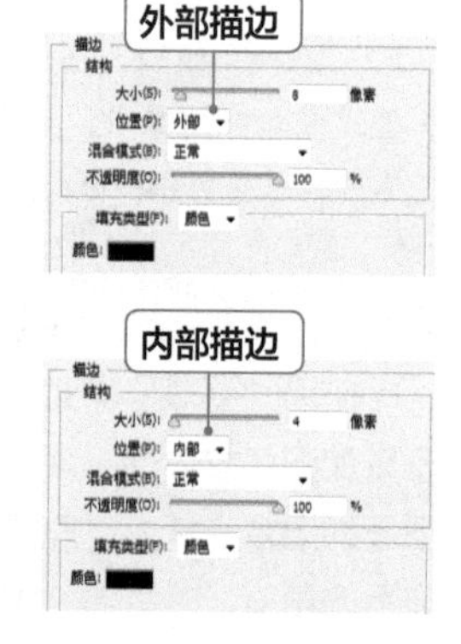

6.1.4 灵活使用图层样式

通过图层样式设置，可以为该图层中的所有内容制作特殊效果，包括文字、图像和矢量图形。下面将为文字添加多个图层样式，制作出特效文字，其具体操作步骤如下。

微课：灵活使用图层样式

	素材：素材\第6章\光.jpg
	效果：效果\第6章\特效文字.psd

STEP 1 打开素材图像

打开“光.jpg”素材图像。

STEP 2 添加填充图层

❶选择【图层】/【新建填充图层】/【渐变】命令，打开“新建图层”对话框；默认设置后单击 确定 按钮，打开“渐变填充”对话框；❷单击渐变色条，在打开的“渐变编辑器”对话框中设置渐变色从红色“#ff0000”到黄色“#ffea00”到绿色“#1d9637”。

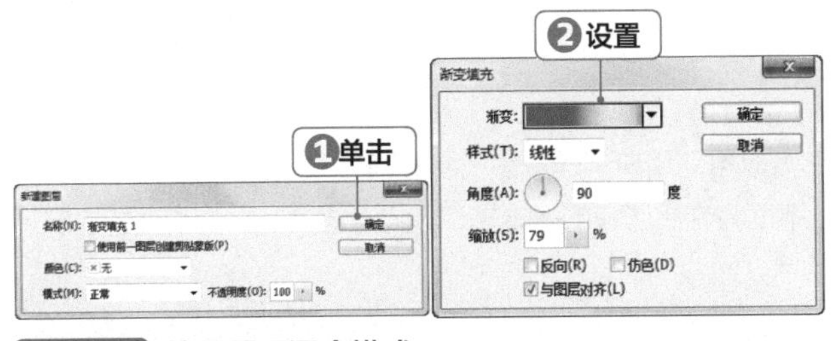

STEP 3 使用图层混合模式

单击 确定 按钮，得到渐变填充效果；“图层”面板中得到一个填充图层，将该图层的混合模式设置为“柔光”，得到与背景图像混合的图像效果。

STEP 4 输入文字

选择横排文字工具，在图像中单击光标，输入文字“LIGHT”；在属性栏中设置字体为 Normande It BT，并适当调整文字大小，填充为白色。

STEP 5 添加渐变叠加效果

选择【图层】/【图层样式】/【渐变叠加】命令，打开“图层样式”对话框；设置颜色为多个白色和灰色交替的渐变色，设置样式为线性，角度为 90 度。

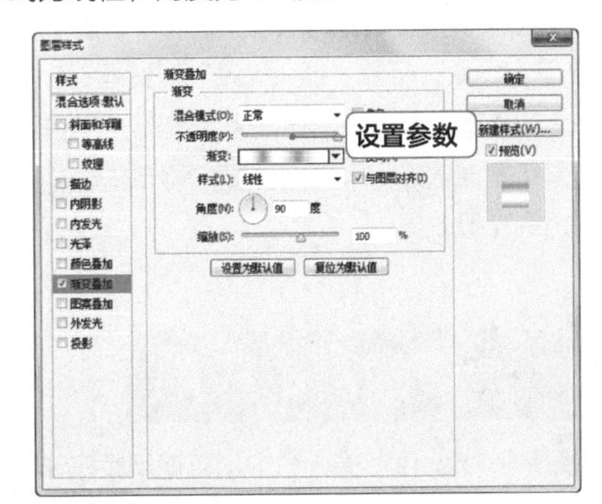

STEP 6 添加描边效果

在对话框左侧选择“描边”选项；设置描边大小为 3，位置为外部，单击“颜色”后面的色块，在打开的对话框中设置描边颜色为白色，得到文字描边效果。

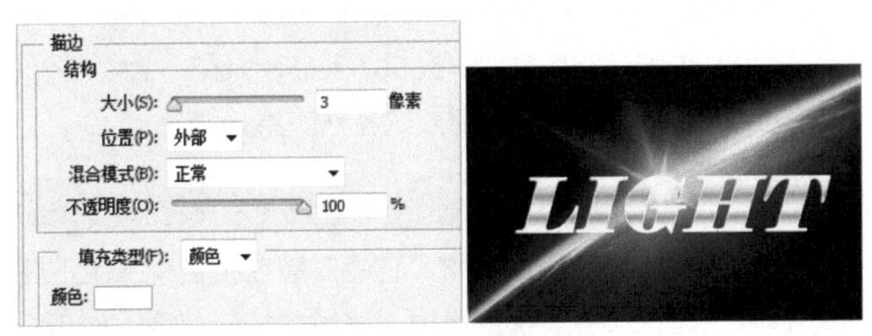

STEP 7 添加外发光与投影图层样式

❶选择“外发光”选项，设置外发光颜色为红色“#ac0a00”，再设置其他选项参数；❷选择“投影”选项，设置投影为黑色，然后再设置其他选项参数。

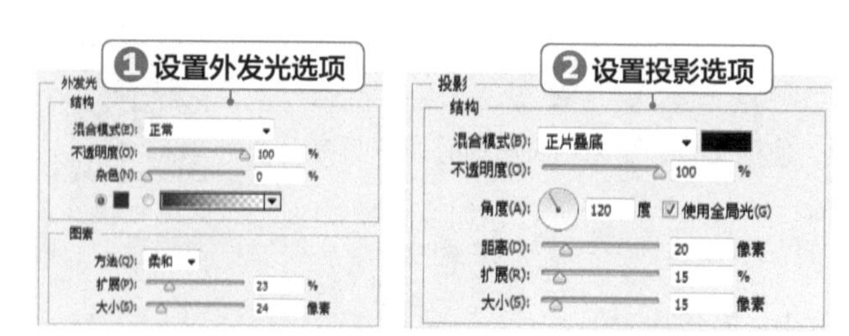

STEP 8 查看添加图层样式效果

单击 确定 按钮，得到添加图层样式后的文字效果。

STEP 9 添加镜头光晕

❶新建一个图层，将其填充为黑色；选择【滤镜】/【渲染】/【镜头光晕】命令，打开“镜头光晕”对话框，设置镜头类型为“50-300 毫米变焦”，亮度为 100%；❷在预览框中通过单击鼠标左键选定一个光照位置；❸单击 确定 按钮，得到镜头光晕效果。

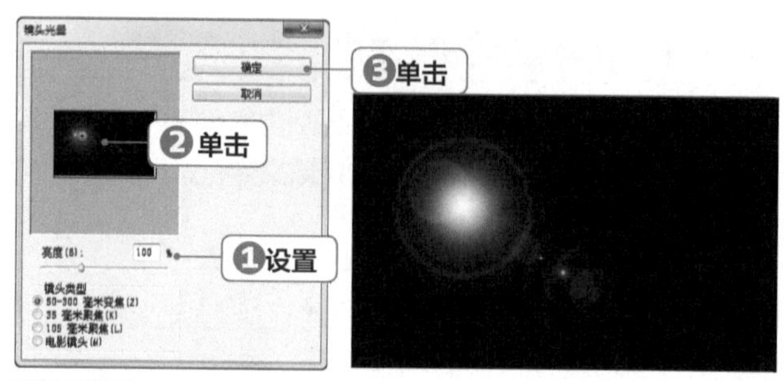

STEP 10 完成图像

设置该图层的混合模式为“滤色”，隐藏黑色图像，只显示光圈图像，完成本实例的制作。

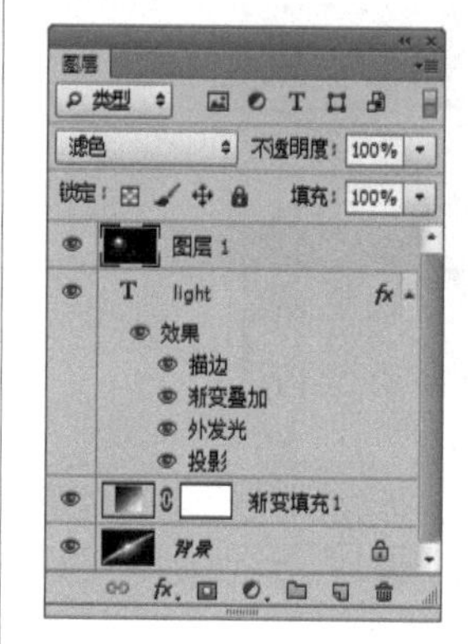

6.2 滤镜的基本应用

滤镜是 Photoshop 中十分实用且使用频率非常高的功能，它可以帮助用户制作油画、水彩画、素描和浮雕等艺术性很强的专业图像效果，也可以制作星光、扭曲、马赛克等特殊效果。下面将介绍滤镜的基本知识，先对滤镜有一个基础的了解，再进行后续的学习。

6.2.1 认识滤镜

Photoshop CS6 为用户提供了多达十几类、上百种滤镜，使用每一种滤镜都可以制作出不同的图像效果，而将多个滤镜叠加使用，更是可以制作出奇妙的特殊效果。

1. 什么是滤镜

滤镜最开始来自摄影器材，它是安装在相机镜头上的特殊玻璃片，可以改变光线的色温、光线的折射率等，使用它们可以完成一些特殊的效果，右图为几种常见的相机滤镜。

在 Photoshop 中，滤镜的功能更加强大，它不但能让用户制作出常见的风格化图像，还能制作出创意十足的图像效果，很多图像中的特效背景或图像中的光晕都可通过滤镜进行制作。

2. 滤镜的种类

选择“滤镜”菜单，即可显示所有滤镜。在 Photoshop 中，滤镜被分为特殊滤镜、滤镜组、外挂滤镜等 3 种。

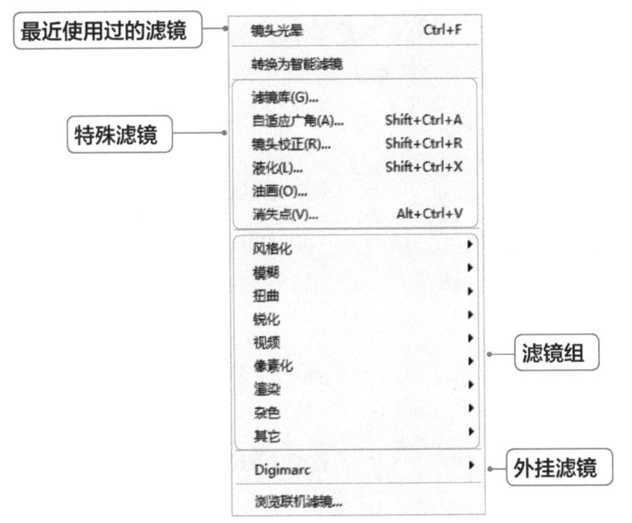

Photoshop 预设的滤镜主要有两种用途，一种创建具体的图像效果，如素描、粉笔画、纹理等。该类滤镜数量众多，部分滤镜被放置在“滤镜库”中使用，如“风格化”“画笔描边”“扭曲”“素描”滤镜组。另一种滤镜则用于减少图像杂色、提高清晰度等，如“模糊”“锐化”“杂色”等滤镜组。

3. 滤镜的作用对象

滤镜命令只能作用于当前正在编辑的、可见的图层或图层中的选定区域，如果没有选定区域，系统会将整个图层视为当前选定区域；另外，也可对整幅图像应用滤镜。

需要注意的是，滤镜可以反复应用，但一次只能应用在一个目标区域中。要对图像使用滤镜，必须要了解图像色彩模式与滤镜的关系。RGB 颜色模式的图像可以使用 Photoshop CS6 下的所有滤镜，而不能使用滤镜的图像色彩模式有位图模式、16 位灰度图、索引模式、48 位 RGB 模式。有的色彩模式图像只能使用部分滤镜，如在 CMYK 模式下不能使用画笔描边、素描、纹理、艺术效果和视频类滤镜。

4. 提高滤镜性能

在使用一些滤镜或对高分辨率的图像使用滤镜时，会消耗大量的计算机内存，造成处理速度变慢。此时，为了避免这种情况，用户可先在图像中的部分区域试用滤镜。当滤镜效果调整好后，再对整个图像应用。此外，在使用滤镜前退出多余的程序，也可空出不少内存。

5. 使用智能滤镜

智能滤镜在图像制作中时常被使用到。滤镜可以修改图像的外观，而智能滤镜则是非破坏性的滤镜，即应用滤镜后，用户可以很轻松地还原滤镜效果，不需担心滤镜会真实地对画面有所影响。

与普通滤镜相比，智能滤镜更像是一个图层样式，单击滤镜前的👁按钮，即可隐藏滤镜效果；再次单击该位置，将显示滤镜效果。

在“图层”面板中双击智能滤镜右下方的按钮，即可打开“混合选项”对话框，在其中可以选择混合模式，设置不透明度参数，得到更加特殊的图像效果。

技巧秒杀

删除智能滤镜

如果要删除智能滤镜，直接将它拖动到“图层”面板中的“删除图层”按钮上即可。

6.2.2 使用滤镜库

使用滤镜库可以浏览 Photoshop 中常用的滤镜效果，并可预览对同一幅图像应用多个滤镜的堆栈效果。选择【滤镜】/【滤镜库】命令，打开"滤镜"对话框。单击对话框中间的按钮，展开相应的滤镜组，然后单击需要的滤镜缩略图，在对话框左侧的预览框中可预览该滤镜效果，同时在对话框右侧将显示出相应的参数设置选项，进行设置后单击 确定 按钮即可。

6.3 滤镜的特效应用

Photoshop 为用户提供了种类非常丰富的滤镜效果，每种滤镜的使用方法类似，但其效果各具特色。为了帮助读者更快地掌握滤镜的操作，这里我们介绍几种常用并且效果较为突出的滤镜，读者可在这些滤镜的基础上举一反三，融会贯通。

6.3.1 燃烧特效

大部分滤镜都必须在已有图像中变换效果，如模糊类滤镜，而渲染类滤镜自身就可以产生图像，较为典型的就是云彩和分层云彩滤镜。下面我们就将使用分层云彩滤镜制作出火焰背景图像，其具体操作步骤如下。

微课：燃烧特效

素材：素材\第 6 章\扑克牌 .jpg
效果：效果\第 6 章\燃烧的扑克牌 .psd

STEP 1 使用分层云彩滤镜

新建一个 759 像素 ×985 像素的图像文件，按【D】键恢复默认的前景色和背景色；选择【滤镜】/【渲染】/【分层云彩】命令，得到灰度云彩图像。

STEP 2 调整图像亮度 / 对比度

①连续多次按【Ctrl+F】组合键重复应用"分层云彩"滤镜；②选择【图像】/【调整】/【亮度 / 对比度】命令，打开"亮度 / 对比度"对话框，适当增加图像亮度和对比度。

STEP 3 设置渐变颜色

选择【图层】/【新建调整图层】/【渐变映射】命令，在打开的对话框中保持默认设置，单击 确定 按钮，打开“属性”面板；单击渐变色条，设置渐变颜色从深红色“#200303”到红色“#e1241e”到黄色“#fff100”到淡黄色“#fffeee”，得到火焰图像背景。

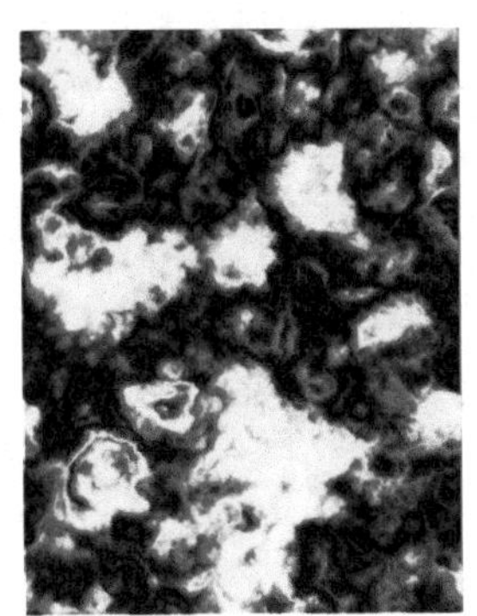

STEP 4 设置径向模糊

❶选择背景图层，选择【滤镜】/【模糊】/【径向模糊】命令，打开“径向模糊”对话框；设置数量为30、模糊方法为缩放；❷在“中心模糊”框中下方单击，确定模糊点；❸单击 确定 按钮，得到径向模糊图像效果。

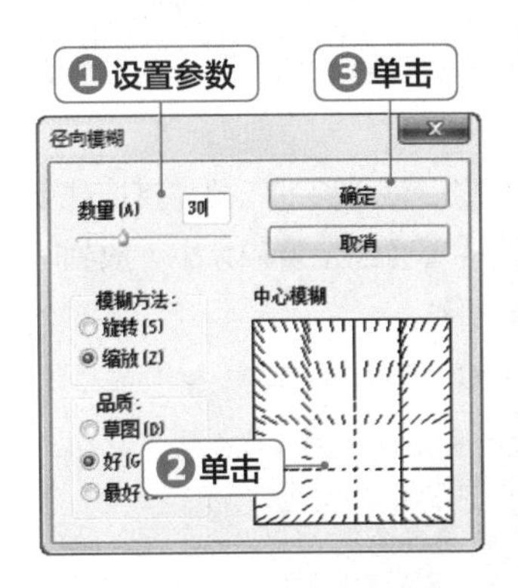

STEP 5 添加素材图像

❶打开“扑克牌.jpg”素材图像，使用移动工具将其拖动到当前编辑的图像中；❷适当调整图像大小，放到画面中间，设置该图层的混合模式为“变亮”，完成本实例的制作。

技巧秒杀

变换滤镜效果

对于制作火焰的图像，稍作改变就可以制作成另一种特殊效果。回到步骤4中，复制一次背景图像，选择【滤镜】/【滤镜库】命令，在打开的对话框中选择【艺术效果】/【塑料包装】命令，设置参数，即可得到具有塑料光泽感的火焰图像。

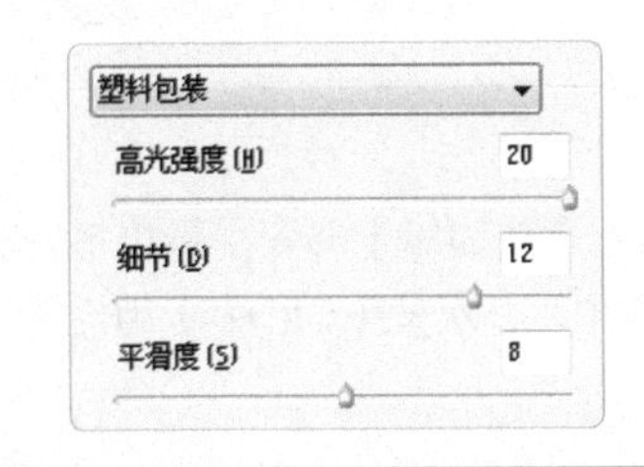

6.3.2 数码科技特效

云彩滤镜主要是利用前景色和背景色来生成随机的云雾效果，并且可以结合其他滤镜制作出各种特殊图像效果。下面我们将结合多个滤镜来制作出具有数码科技的图像，其具体操作步骤如下。

微课：数码科技特效

素材：素材\第6章\科技素材.psd
效果：效果\第6章\现代科技.psd

STEP 1 使用云彩滤镜

新建一个图像文件，按【D】键恢复默认的前景色和背景色；选择【滤镜】/【渲染】/【云彩】命令，得到灰度图像效果。

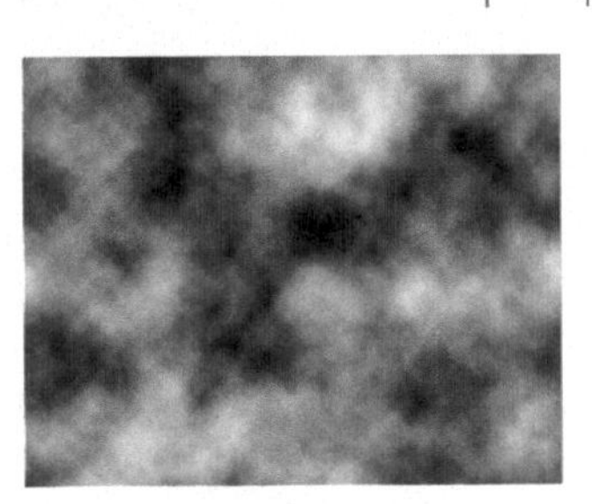

STEP 2 制作马赛克图像

❶选择【滤镜】/【像素化】/【马赛克】命令，打开“马赛克”对话框；设置单元格大小为 35；❷单击[确定]按钮，得到马赛克图像效果。

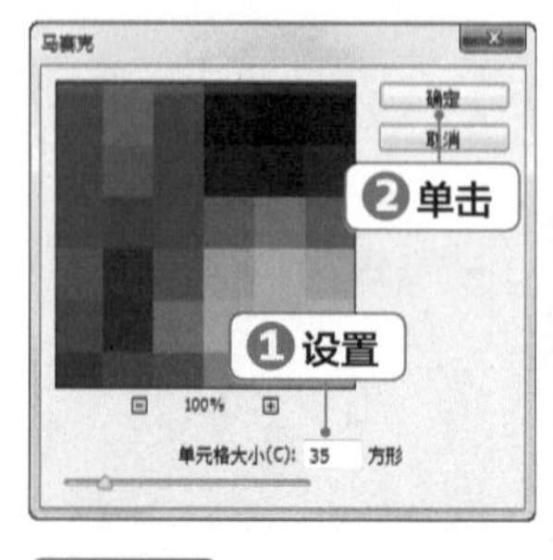

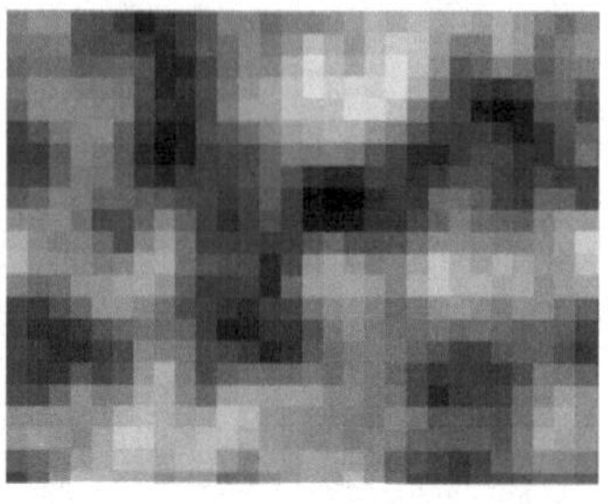

STEP 3 制作径向模糊图像

❶选择【滤镜】/【模糊】/【径向模糊】命令，打开“径向模糊”对话框；设置数量为 25，分别单击选中 缩放(Z) 和 最好(B) 单选项；❷定位模糊点在中心位置；❸单击[确定]按钮，得到径向模糊图像效果。

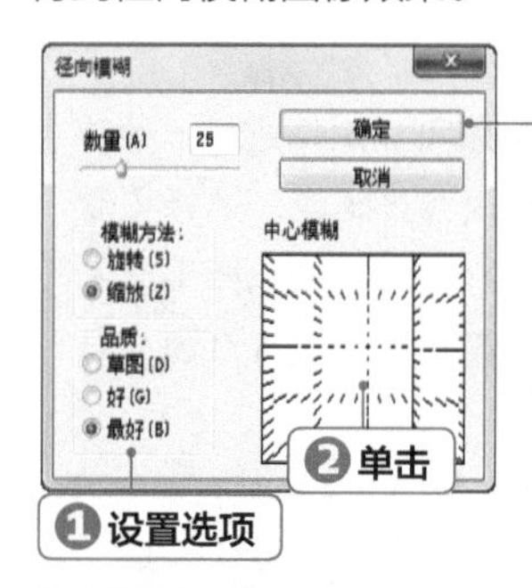

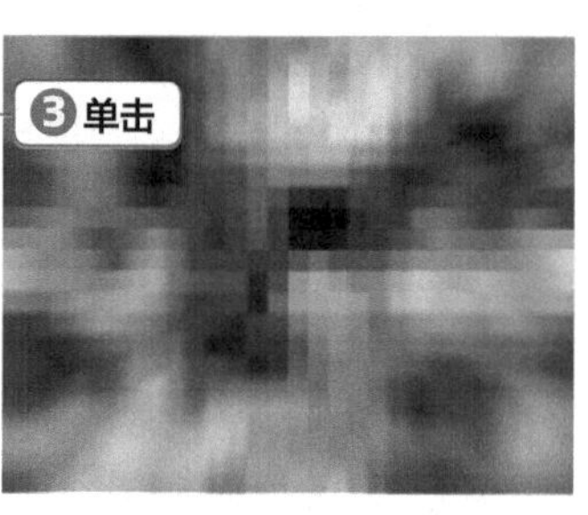

STEP 4 查找图像边缘

选择【滤镜】/【风格化】/【查找边缘】命令，系统将自动查找图像边缘，得到线条效果；多次按【Ctrl+F】组合键，得到叠加线条效果。

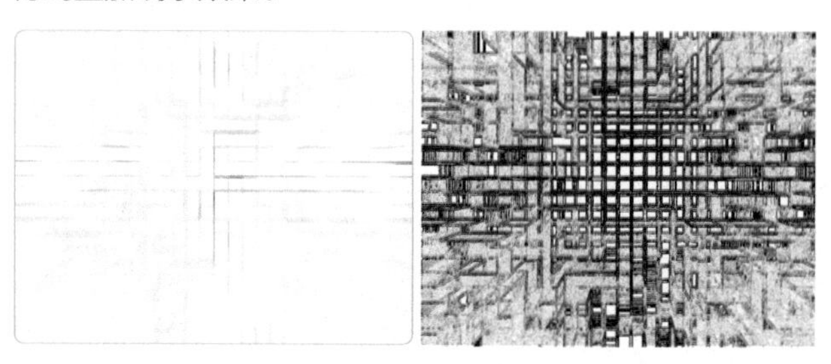

STEP 5 反相图像

单击“图层”面板底部的“创建新的填充或调整图层”按钮 ，在弹出的列表中选择“反相”选项，得到反相图像效果。

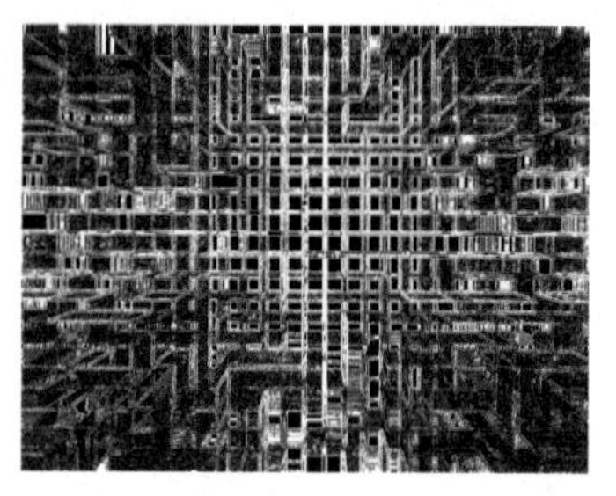

STEP 6 设置渐变颜色

添加“渐变映射”调整图层，设置调整颜色从深蓝色“#060f2a”到蓝色“#2582c6”到白色“#ffffff”，得到蓝色图像。

STEP 7 添加素材图像

打开“科技素材 .psd”素材图像，使用移动工具将其拖动到背景图像中，适当调整手和圆球图像的位置和大小，放到画面合适的位置，完成本实例的制作。

高手秘籍

1. 使用外挂滤镜

外挂滤镜是由 Photoshop 以外其他第三方公司或个人制作的滤镜，由于外挂滤镜种类繁多且效果明显，所以大多数 Photoshop 用户都喜欢使用外挂滤镜。目前常见的外挂滤镜有 KPT、Eye Candy、Ulead Effects 和 Photo Tool 滤镜组等，使用它们可以制作卷页、球、三维物体贴图、水晶、变形、烟雾和贴图等效果。

外挂滤镜与一般程序的安装方法基本相同，需将其安装在 Photoshop 的 Plug-in 目录下，才能打开运行。对于一些较小的滤镜，可以直接手动复制到 Plug-in 文件夹中使用。安装完成后，重新打开 Photoshop，即可在“滤镜”菜单底部看到安装的外挂滤镜。

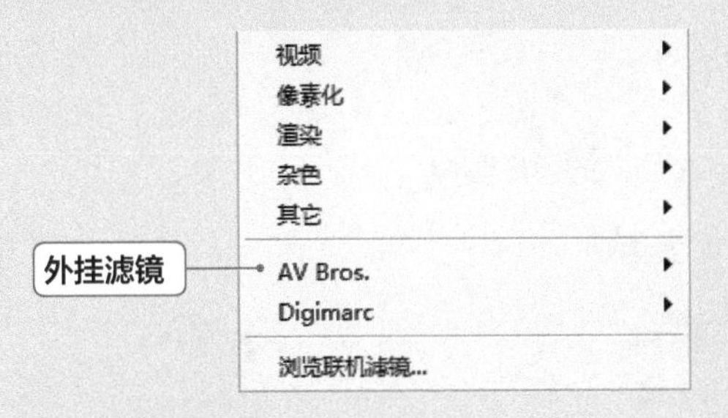

通过外挂滤镜添加的闪电效果

2. 使用全局光

在“图层样式”对话框中，“斜面和浮雕”“投影”“内阴影”样式中都有一个“全局光”选项，使用该选项后，投影和浮雕方向都会使用统一的光源角度。如为一个图像添加浮雕和投影样式后，在调整“斜面和浮雕”的光源角度时，如单击选中 ☑使用全局光(G) 复选框，“投影”的光影也会随之改变。

浮雕和投影效果

光源改变，投影随之改变

提高练习

1. 制作飞车特效

素材：素材 \ 第 6 章 \ 骑车 .jpg

效果：效果 \ 第 6 章 \ 飞车特效 .psd

通过滤镜可以制作出许多特殊效果。打开素材文件"骑车.jpg"，通过动感模糊滤镜，制作出带有速度感的自动车运动特效，制作要求如下。

- 选择套索工具，在属性栏中设置羽化值为 1，在图像中勾选人物骑车图像。
- 按【Ctrl+J】组合键两次复制选区，得到图层 1 和图层 1 副本。
- 选择图层 1，选择【滤镜】/【模糊】/【动感模糊】命令，为人物图像应用动感模糊效果，设置角度与人物运动的角度一致。
- 选择图层 1 副本，设置图层混合模式为"明度"。
- 选择橡皮擦工具，擦除图层 1 中人物前方的模糊图像，只保留人物后面的模糊图像，得到运动效果。

2. 制作液化纹理

效果：效果 \ 第 6 章 \ 液化纹理 .psd

制作液化纹理的要求如下。

- 新建 650 像素 ×552 像素的文件，选择【滤镜】/【渲染】/【分层云彩】命令，并按【Ctrl+F】组合键重复 2 次操作。
- 选择【滤镜】/【滤镜库】命令，在打开的对话框中选择【艺术效果】/【干画笔】命令，设置参数分别为 10、10、3。
- 选择【滤镜】/【扭曲】/【极坐标】命令，选择"极坐标到平面坐标"选项，并重复 3 次操作。
- 选择【滤镜】/【扭曲】/【波浪】命令，将"生成器数"和比例设置到最大，设置波长最小为 400、最大为 600，设置类型为三角形，未定义区域为折回。
- 为图像添加渐变映射调整图层，为其营造色彩变化效果。

07 Chapter

第7章

艺术照与婚纱照的处理

/ 本章导读

直接使用相机拍摄出来的艺术照或婚纱照，通常被称为原片。这些原片首先要经过设计师的修饰、润色等初步加工，然后再进行画面设计，做更加专业的后期处理，才能得到我们想要的各种独具风格的艺术画面。本章将通过多个实例，对个人艺术照和婚纱照做详细的介绍，让读者全面了解照片的初步加工和后期设计，为成为一个专业的设计师打下坚实的基础。

7.1 田园风情艺术照

要让一张普通的艺术照显得独具特色，需要设计师在后期处理时展开丰富的想象力，特别是画面较为单调的照片，更加考验设计师的专业能力。下面将为“写真少女”图像修饰和润色，然后添加鲜花图像，通过这些元素的组合，打造出独具特色的田园风情艺术照。

	素材：素材 \ 第 7 章 \ 鹿角 .psd、写真少女 .psd、鲜花 .psd、彩色蝴蝶 .jpg
	效果：效果 \ 第 7 章 \ 田园风情艺术照 .psd

7.1.1 修饰人物

微课：修饰人物

本小节主要进行人物的修饰，首先提高人物的整体亮度，然后增加图像的饱和度，让人物肤色显得更加白皙红润，其具体操作步骤如下。

STEP 1 新建图像

①选择【文件】/【新建】命令，打开“新建”对话框；设置文件名称为“田园风情艺术照”，宽度为 30 厘米、高度为 45 厘米，分辨率为 150 像素 / 英寸；②单击 确定 按钮，将背景填充为白色。

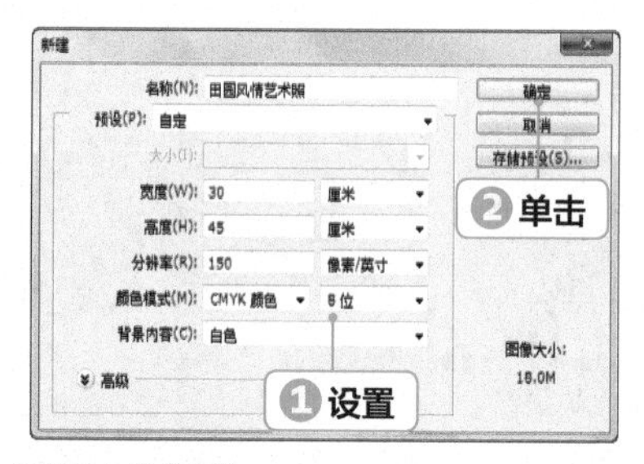

STEP 2 添加人物图像

打开“写真少女 .psd”素材图像，使用移动工具将其拖动到当前编辑的图像中；选择【编辑】/【变换】/【缩放】命令，适当放大人物图像，并放到画面下方，只显示半截人物图像。

STEP 3 添加素材图像

①单击“图层”面板底部的“添加图层蒙版”按钮，为该图层添加图层蒙版；使用画笔工具，在属性栏中设置画笔大小为 800 像素，不透明度为 40%；②对画面底部的人物图像做适当的涂抹，隐藏部分图像。

STEP 4 调整图像亮度

①选择【图像】/【调整】/【亮度 / 对比度】命令，打开“亮度 / 对比度”对话框；设置参数分别为 45、15，增加人物图像亮度；②单击 确定 按钮。

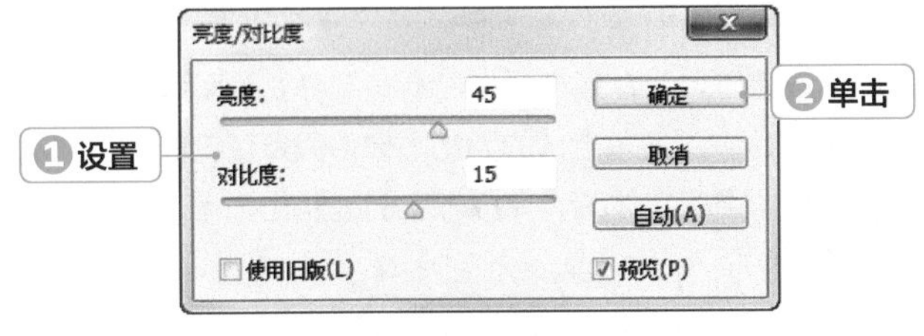

STEP 5　增加色彩饱和度

①选择【图像】/【调整】/【自然饱和度】命令，打开“自然饱和度”对话框；设置参数分别为 27、50，增加图像颜色饱和度；②单击 确定 按钮，得到增加人物色彩的效果。

STEP 6　绘制图像

①新建一个图层，选择画笔工具，在属性栏中选择柔角画笔样式，并设置大小为 30，不透明度为 60%；②设置前景色为土红色“#b44b34”，使用画笔工具对人物的眼部和唇部做一些涂抹，添加眼影和唇彩。

STEP 7　擦除图像

在“图层”面板中设置该图层混合模式为“叠加”，得到混合图像效果；选择橡皮擦工具，在属性栏中设置“不透明度”为 50%，擦除溢出的眼影和唇彩图像，让妆面效果更加自然。

技巧秒杀

妙用橡皮擦工具

橡皮擦工具用于擦除图像，使用时只需按住鼠标拖动即可进行擦除，被擦除的区域将变为背景色或透明区域。在属性栏中选择不同的模式可以设置不同的擦除效果，选择“画笔”选项，可创建柔和的擦除效果；选择“铅笔”选项，可创建明显的擦除效果；选择“块”选项，擦除效果接近的块状区域。

STEP 8　添加素材图像

打开“鹿角 .psd”素材图像，使用移动工具将其拖动到人物图像中；适当调整图像大小，将其放到人物头顶。

STEP 9　羽化图像

①按住【Ctrl】键单击鹿角图像所在图层的缩略图，载入该图像选区，选择任意一个选框工具，将鼠标放到选区中单击鼠标右键，在弹出的菜单中选择“羽化”命令；②打开“羽化选区”对话框，设置羽化半径为 10 像素，得到羽化选区；③完成后单击 确定 按钮。

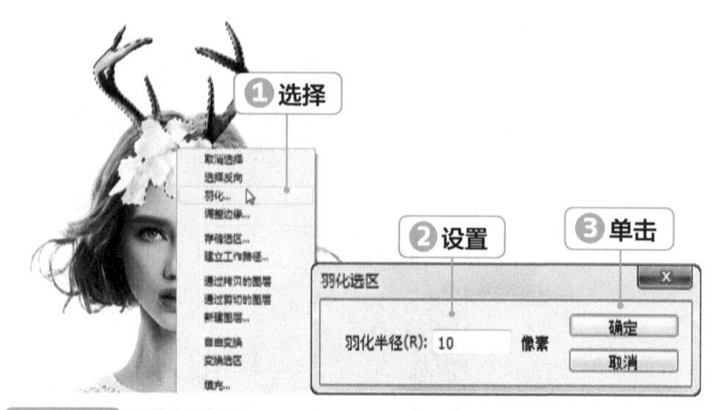

STEP 10 制作投影

新建一个图层，将该图层放到鹿角图层下方，填充选区为灰色“#a19288”；使用移动工具略微将图像向下移动，得到投影图像。

STEP 11 新建图像

选择橡皮擦工具，在属性栏中设置画笔样式为柔角，大小为150 像素；擦除鹿角上方的阴影图像，只保留花瓣下方的阴影，让鹿角更有立体感，完成本实例的制作。

Chapter 07

7.1.2 添加花朵

下面在人物周围添加一些花朵图像，使其排列在人物四周，将人物整个包围起来，让本来单调的人物画面，显得更加漂亮、丰富，其具体操作步骤如下。

微课：添加花朵

STEP 1 添加鲜花图像

打开“鲜花 .psd”素材图像，使用移动工具将鲜花拖动到当前编辑的图像中；适当调整鲜花图像大小，排列到画面周围，形成鲜花环绕的图像效果。

STEP 2 输入文字

选择横排文字工具，在图像上方输入一行中文文字；选择文字，在属性栏中设置字体为创艺简老宋，填充为土红色“#a01f24”。

技巧秒杀

快速切换文字工具

按【T】键可快速选择文字工具，按【Shift+T】组合键可在文字工具组内的4个文字工具之间来回切换。

STEP 3 设置图层样式

❶选择【图层】/【图层样式】/【描边】命令，打开“图层样式”对话框；设置描边大小为10、颜色为白色，再设置其他参数；❷在对话框中选择“投影”选项，设置投影颜色为黑色，再设置其他参数；单击 确定 按钮，得到添加图层样式的文字效果。

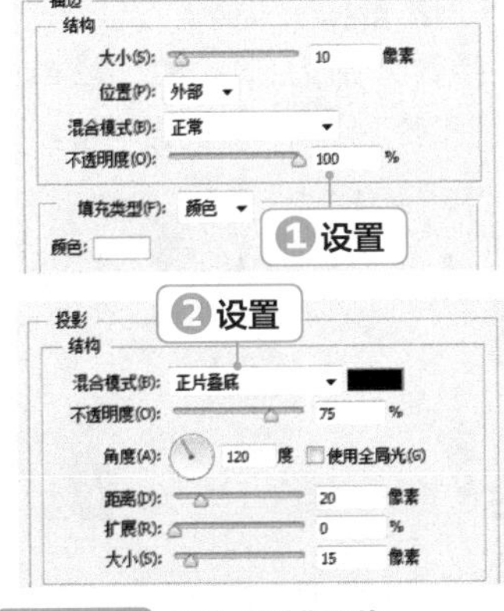

STEP 4 添加蝴蝶图像

打开“彩色蝴蝶.jpg”素材图像，使用移动工具将其拖动到当前编辑的图像中；适当调整蝴蝶图像大小并放在文字上方，遮盖住文字。

STEP 5 创建剪贴蒙版

选择【图层】/【创建剪贴蒙版】命令，创建剪贴图层；蝴蝶图像将置入到文字轮廓中，得到纹理文字效果。

STEP 6 输入文字

选择横排文字工具，在纹理文字下方输入几行英文文字，字体为Apa rajita，并适当缩小文字，填充为粉红色“#ea8692”，完成本实例的制作。

7.2 杂志风格婚纱写真

杂志风格的婚纱写真主要着重于画面的构图，通过多图展示搭配简单的文字来体现杂志的质感。本例将以“蒙面婚纱.jpg”图像为杂志的背景，为其添加淡黄色的底色，营造朦胧的情景；然后再展示其他婚纱照，配上甜蜜的文字，完成杂志风格的婚纱写真图片的制作。

	素材：素材\第7章\蒙面婚纱.jpg、戴戒指.jpg、圆点.psd
	效果：效果\第7章\杂志风格婚纱写真.psd

7.2.1 添加人物

本小节首先对婚纱照进行润色处理，并将其作为背景图像放大，与底色相融合，得到朦胧的人物图像背景，然后分别在其中绘制画框，将人物置入到画框中，其具体操作步骤如下。

微课：添加人物

STEP 1 新建图像

①选择【文件】/【新建】命令，打开“新建”对话框；设置文件名称为“杂志风格婚纱写真”，宽度为 42 厘米、高度为 29 厘米，分辨率为 150 像素 / 英寸；②完成设置后，单击 确定 按钮，将背景填充为白色。

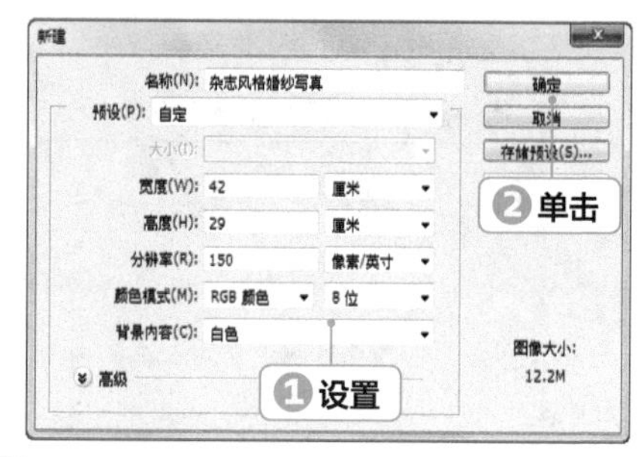

STEP 2 填充背景

设置前景色为淡黄色“#f1ebe2”；按【Alt+Delete】组合键填充背景。

STEP 3 调整图像亮度和对比度

①打开“蒙面婚纱.jpg”素材图像；②选择【图像】/【调整】/【亮度 / 对比度】命令，打开“亮度 / 对比度”对话框，设置参数分别为 40、20；③单击 确定 按钮，得到提高亮度和对比度的图像效果。

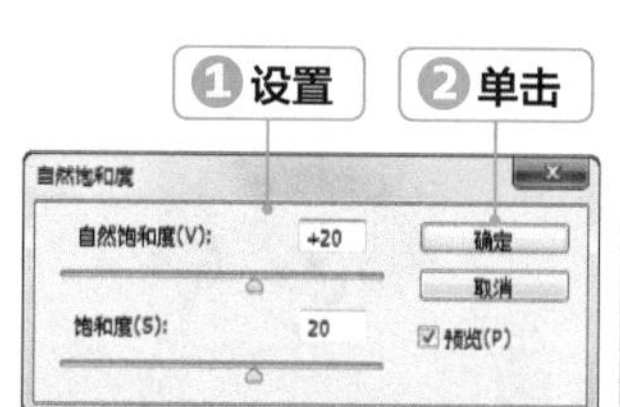

STEP 4 调整图像自然饱和度

①选择【图像】/【调整】/【自然饱和度】命令，打开“自然饱和度”对话框，设置参数分别为 20、20；②单击 确定 按钮，增加图像饱和度，让画面颜色更丰富。

STEP 5 调整图像透明度

选择移动工具，将婚纱图像拖动到新建的淡黄色图像中，适当调整图像大小，让婚纱图像布满整个画面；在“图层”面板中降低图层不透明度为 33%，得到透明图像。

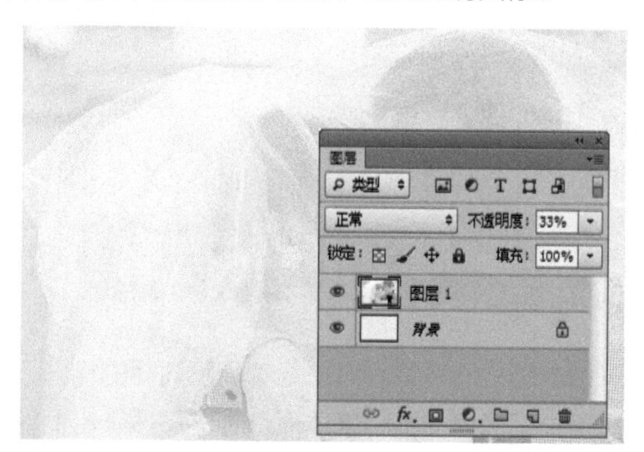

STEP 6 绘制矩形

选择【编辑】/【变换】/【水平翻转】命令，翻转图像；新建一个图层，选择矩形选框工具，在画面右侧绘制一个矩形选区，填充为淡绿色“#9cb9bb”。

STEP 7 制作外发光效果

选择【图层】/【图层样式】/【外发光】命令，打开“图层样式”对话框；设置外发光颜色为白色，再设置其他参数，得到矩形外发光效果。

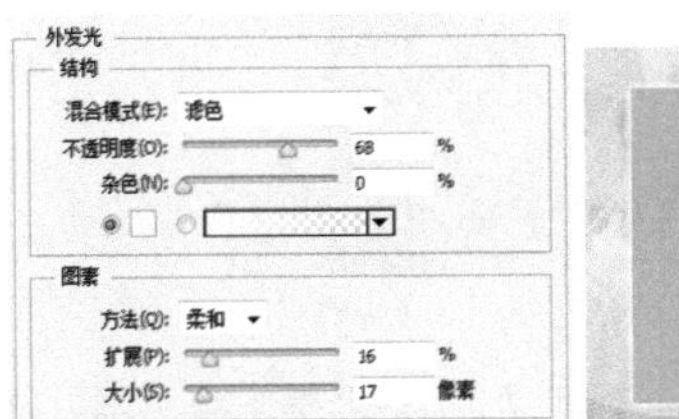

STEP 8 添加照片

选择蒙面婚纱照图像，使用移动工具再次将调整后的图像拖动过来；适当调整图像大小，放到矩形图像上方。

STEP 9 创建剪贴蒙版

选择【图层】/【创建剪贴蒙版】命令，创建剪贴蒙版，隐藏超出在绿色矩形外的图像。

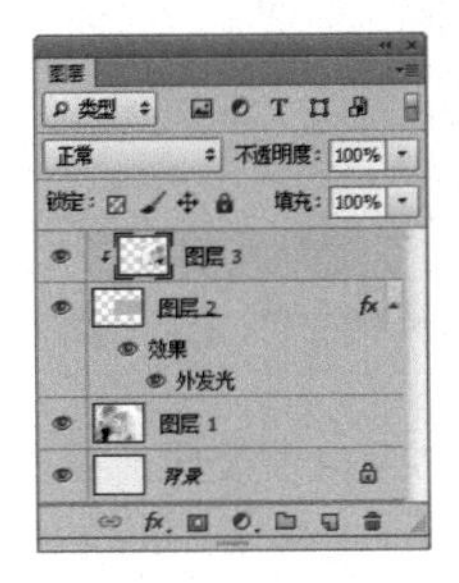

STEP 10 制作外发光效果

新建图层 4，选择矩形选框工具，在画面左侧绘制一个较小的矩形选区；填充选区为淡绿色“#9cb9bb”；为矩形添加外发光样式，参数与较大的矩形相同。

技巧秒杀

外发光颜色显示

在外发光样式中，默认使用的是“滤色”混合模式，因此适合运用在深色背景中，在浅色背景中效果会变得不明显，如果背景为纯白色，则应选择其他混合模式。

STEP 11 添加素材图像

打开“戴戒指.jpg”素材图像，使用移动工具将其拖动到当前编辑的图像中并调整其大小。

STEP 12 删除图像

按住【Ctrl】键单击图层 4 的缩略图，载入矩形选区；选择【选择】/【反向】命令，按【Delete】键删除选区中的图像。

7.2.2 排列文字

微课：排列文字

文字可以凸显主题，并丰富画面效果，能够对照片起到美化的作用。本小节运用与背景色相同的色系来填充文字，并通过中英文穿插排列的方式，令画面主题风格更突出，其具体操作步骤如下。

STEP 1 绘制土黄色矩形

新建一个图层，选择矩形选框工具，在画面左侧边缘处绘制一个矩形选区；填充选区为土黄色“#754723”。

STEP 2 输入中文

❶选择横排文字工具，在图像右上方输入文字“我们的爱”；❷选择文字，在属性栏中设置字体为方正兰亭中粗黑-GBK，填充为土黄色“#754723”。

STEP 3 输入英文

在中文文字下方再输入一行英文文字；为文字填充相同的颜色，并设置字体为 Georgia。

STEP 4 绘制箭头

新建一个图层，选择多边形套索工具，绘制一个箭头图形选区；填充选区为土黄色“#754723”；按【Ctrl+D】组合键取消选区。

STEP 5 复制箭头

选择移动工具，按住【Ctrl+Shift+Alt】组合键水平复制，移动箭头图形。

STEP 6 添加圆点图像

打开“圆点.psd”素材图像，选择移动工具将其拖动到画面中，放到文字左侧。

STEP 7 输入文字

选择横排文字工具，在图像下方输入英文和中文文字，在属性栏中设置字体为时尚中黑简体，填充为土黄色“#754723”。

STEP 8 绘制矩形

新建一个图层，选择矩形选框工具，在画面下方的文字中绘制多个细长矩形，填充为土黄色“#754723”，完成本实例的制作。

7.3 趣味儿童摄影

天真可爱的宝贝总能带给人欢乐，设计师在处理儿童艺术照时要尽可能地体现出画面中的欢乐与趣味性。下面以颜色亮丽、具有童趣的图片作为背景，再为儿童照片添加不同的可爱风格的相框，制作出精致的趣味儿童摄影图。

	素材：素材 \ 第 7 章 \ 草地 .psd、大树 .psd、彩虹边框 .psd、卡通相框 .psd、可爱男孩 .jpg、帽子男孩 .jpg、小帅哥 .jpg、相册 .psd、书 .psd
	效果：效果 \ 第 7 章 \ 趣味儿童摄影 .psd

7.3.1 制作彩虹边框

微课：制作彩虹边框

本小节首先选择了大树和草地作为背景图像，然后添加边框和人物照片，将照片放置到边框图像中，得到彩虹边框图像，其具体操作步骤如下。

STEP 1 新建图像

❶选择【文件】/【新建】命令，打开“新建”对话框；设置文件名称为“趣味儿童摄影”，宽度为 42 厘米、高度为 30 厘米，分辨率为 100 像素 / 英寸；❷单击 确定 按钮，将背景填充为白色。

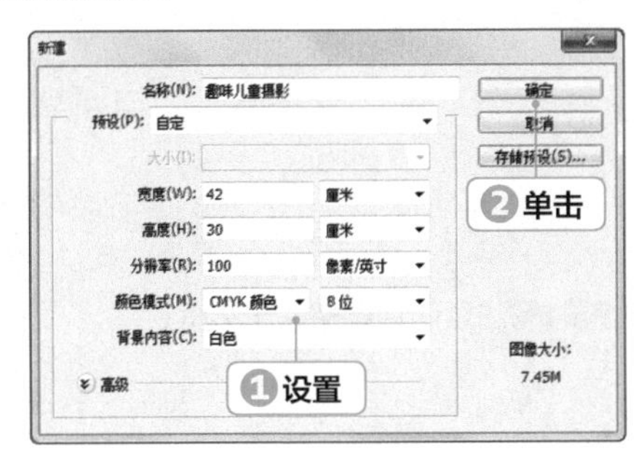

STEP 2 添加大树图像

打开“大树 .psd”素材图像，选择套索工具沿绿色图像边缘勾选图像；使用移动工具，将鼠标放到选区中，按住鼠标左键拖动画面到当前编辑的图像中。

STEP 3 添加草地图像

打开“草地 .psd”素材图像，使用套索工具沿草地图像边缘勾选图像；使用移动工具，将图像拖动到当前编辑的图像中，放到画面右下方。

STEP 4 添加边框图像

打开“彩虹边框 .psd”素材图像，使用移动工具，将图像拖动到当前编辑的图像中；适当调整图像大小，放到画面左侧。

STEP 5 填充图像

选择魔棒工具，单击彩虹边框图像中的白色圆圈图像，获取图像选区；新建一个图层，得到图层 4，设置前景色为淡蓝色“#d6e8f0”；按【Alt+Delete】组合键，填充选区。

STEP 6 添加小帅哥图像

打开“小帅哥 .jpg”素材图像，使用移动工具将其拖动过来；适当调整图像大小，放到彩虹边框画面上方；按住【Ctrl】键单击图层 4 的缩略图，载入该图像选区。

STEP 7 删除图像

选择【选择】/【反向】命令，反选选区；按【Delete】键删除选区中的图像。

技巧秒杀

删除背景图层中的选区内容

在删除图像时，如果选择的图层为背景图层，被删除的区域将填充背景颜色。

STEP 8 添加素材图像

打开“书 .psd”素材图像，使用移动工具将其拖动到当前编辑的图像中；按【Ctrl+T】组合键，按住【Shift】键等比例缩小图像，将书放到彩虹边框右上方。

7.3.2 制作相册效果

将人物照片添加到各种边框图像中，需要调整照片的大小和倾斜角度，调整时需注意照片要略大于边框，才能在裁剪后不留空白，其具体操作步骤如下。

微课：制作相册效果

STEP 1 添加边框图像

打开“卡通相框 .psd”素材图像，使用移动工具将带蝴蝶结的边框拖动到当前编辑的图像中，放到画面右上方。

STEP 2 填充选区

选择魔棒工具，在属性栏中设置“容差”为 20；单击卡通边框中的白色图像，获取图像选区；设置前景色为淡蓝色“#d6e8f0”，新建一个图层，按【Alt+Delete】组合键，填充选区。

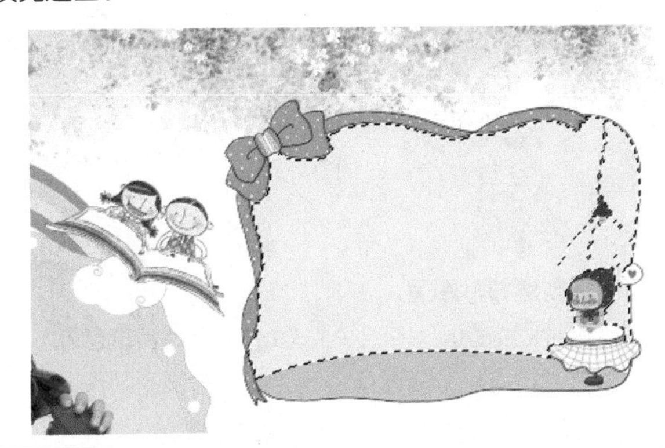

STEP 3 添加人物图像

打开“可爱男孩 .jpg”素材图像，使用移动工具将其拖动到当前编辑的图像中；适当缩小图像，放到画面右侧的相框位置，使图像大小比相框略微大一些。

STEP 4 创建剪贴蒙版

选择【图层】/【创建剪贴蒙版】命令，为可爱男孩图像创建剪贴蒙版；这时“图层”面板中将得到剪贴图层，超出蓝色图像边框的图像将被隐藏。

STEP 5 添加素材图像

打开“卡通相框 .psd”素材图像；使用移动工具将另一个相框图像拖动到当前编辑的图像中，放到画面右侧。

STEP 6 添加人物图像

打开“帽子男孩 .jpg”素材图像，将其拖动到当前编辑的图像中；按【Ctrl+T】组合键适当调整图像大小和角度，放到右下角相框的位置。

STEP 7 获取选区

选择白色边框图像所在图层，使用魔棒工具，单击白色边框图像中的白色部分，获取选区。

STEP 8 删除图像

选择【选择】/【反向】命令，反选选区；选择“帽子男孩”所在图层，按【Delete】键删除选区中的图像，按【Ctrl+D】组合键取消选区，得到装入画框中的照片效果。

STEP 9 复制图像

打开“相册.psd”素材图像，使用移动工具将其拖动过来，适当调整图像大小，放到画面左侧。

STEP 10 复制并重命名图层

选择魔棒工具，分别单击相册图像中的粉红色、粉绿色和粉蓝色色块；按【Ctrl+J】组合键复制图层，重命名复制的图层。

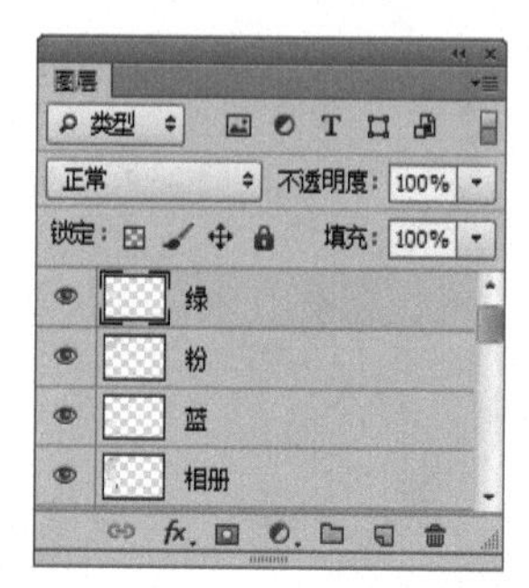

STEP 11 添加照片

分别打开已经运用过的3张儿童照片，将其拖动过来；适当调整大小后，分别放到相册图像中；在“图层”面板中调整照片位置，使其与颜色图层交叉放置。

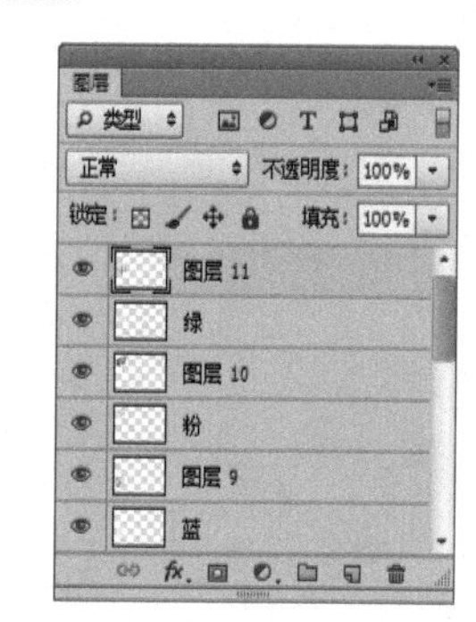

STEP 12 创建剪贴图层

分别选择照片图像图层，按【Alt+Ctrl+G】组合键创建剪贴图层，将照片放置到相册图像中，完成本实例的制作。

高手秘籍

1. 巧妙地对整张图片做排版设计

经典的单色艺术照一向很受年轻人的追捧，但如何才能在后期处理时表现出画面层次感，就需要添加一些素材和文字来对画面进行设计。

本章 7.1 小节中的实例就是通过花朵环绕的方式来衬托主画面。绚丽多彩的花朵素材覆盖在照片的四周，叠加渲染出繁密、温馨、热闹的氛围，为素雅的单色照片增添一丝新意和活力。这样的设计可以不用做背景抠图处理，为设计操作带来了便利性，借用当前流行的碎花图案的拼贴设计，能够大大提高工作效率。

运用大面积的色块加文字的方式也可以设计出丰富的画面版式，中规中矩的做法是上下添加色块和文字，活泼一点的就可以将色块和文字做倾斜处理。对于一些难以抠图的照片，又必须要设计，这种方式就不失为一个最好的选择。

鲜花环绕方式

添加色块和文字

2. 文字在图像中的运用

一个出色的设计师，每天都会与图像和文字打交道，我们常常希望能很好地在图像中使用文字，为设计加油添彩。字体的选择和排列方式，对整个画面设计会起到非常重要的作用。

当文字采用大写字母时，以单词的间距为节奏，字号大小进行对比形成韵律的强弱，文字排版理性而有秩序，就像由细微的韵律引导，突然变化成强烈的声调，让画面达到主题震撼、醒目突出的视觉效果。

通常排版总是喜欢用对齐的方式，如果另辟蹊径，将左右都不对齐或者不居中排列，呈现出一股递进的变化关系，整个画面将显得轻松透气、韵味十足。

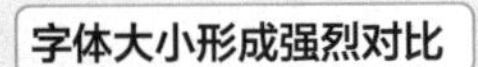

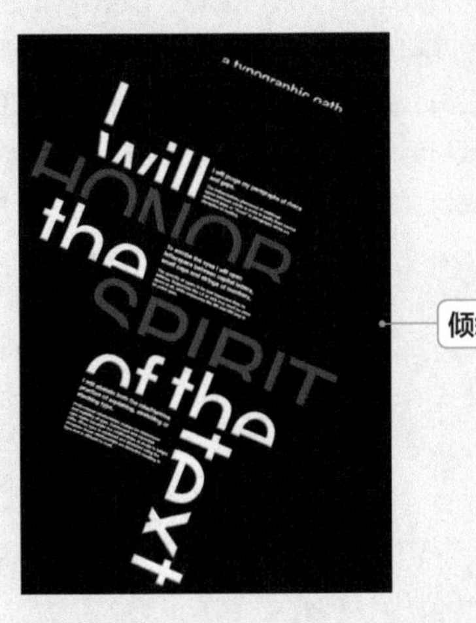

倾斜排列文字

提高练习

1. 可爱宝贝满月照

对于一个可爱的小婴儿，家长都希望通过美好的方式记录他的成长足迹，下面就来制作一个宝贝的满月形象照，制作要求如下。

素材：素材 \ 第 7 章 \ 可爱宝贝满月照 \

效果：效果 \ 第 7 章 \ 可爱宝贝满月艺术照 .psd

- 通过椭圆选框工具绘制出圆环图像，并填充为淡黄色，然后复制多个图像，得到圆环背景图像效果。
- 添加各种素材图像，围绕图像两侧排列。
- 使用椭圆选框工具绘制一个正圆形选区，填充为黄色，放到画面正中间。
- 添加宝贝艺术照，运用剪贴蒙版功能，将照片放置到黄色圆形中。
- 使用横排文字工具输入文字，并分别为其添加投影等图层样式。

2. 唯美艺术写真

制作唯美艺术写真的具体要求如下。

素材：素材 \ 第 7 章 \ 艺术照文字 .psd、蓝色背景 .psd、白色花瓣 .psd、美女照片 .psd

效果：效果 \ 第 7 章 \ 唯美艺术写真 .psd

- 打开“蓝色背景 .psd”素材图像，设置前景色为紫色，使用画笔工具，在画面下方添加一部分紫色色调。
- 添加“白色花瓣 .psd”素材图像，复制多个图像后，排列到画面两侧，并设置该图层混合模式为“叠加”。
- 使用画笔工具，为画面周围绘制一圈深蓝色图像。
- 添加人物素材图像“美女照片 .psd”，并为其添加图层蒙版，使用画笔工具对白色背景图层隐藏人物背景。
- 添加文字素材“艺术照文字 .psd”，放到画面右下方，并为其添加投影样式。

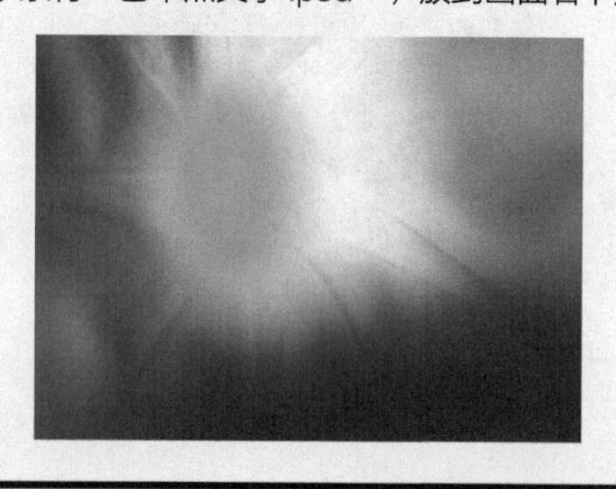

08 Chapter

第 8 章

商品图片与文字的处理

/ 本章导读

好看的商品图片是吸引消费者点击图片的一个重要因素，其次，图片中的文字是否能够突出商品的卖点也在很大程度上影响着消费者的点击行为。因此，对商品图片进行适当的后期处理，调整出最佳的色调和亮度，并配上版式优美的文字，是网店设计师的主要工作之一。本章将通过多个实例，对网店上会用到的商品图片做修饰处理，并添加商品广告文字，让读者初步了解网店广告的设计和运用。

8.1 添加商品水印

网络上的各种同类商品众多，所以常常在自己的商品图片上添加水印，以与其他商品区分。下面将制作商品文字图片，然后将其以水印的形式添加到商品图像中，得到水印效果。

素材：素材 \ 第 8 章 \ 蛋糕 .jpg
效果：效果 \ 第 8 章 \ 添加商品水印 .psd

8.1.1 绘制弯曲图像

微课：绘制弯曲图像

本小节主要对商品图像做处理，首先绘制出一个带尖角和弧度的图形，然后将商品图像放到该图形中，让画面显得更加生动，其具体操作步骤如下。

STEP 1 新建图像

新建一个图像文件，设置前景色为淡黄色“#fcf5bb”；按【Alt+Delete】组合键填充背景。

STEP 2 绘制蓝色图形

新建一个图层，选择钢笔工具，在画面左侧绘制一个尖角弧形；按【Ctrl+Enter】组合键将路径转换为选区，填充为浅蓝色“#a4c9da”；按【Ctrl+D】组合键取消选区。

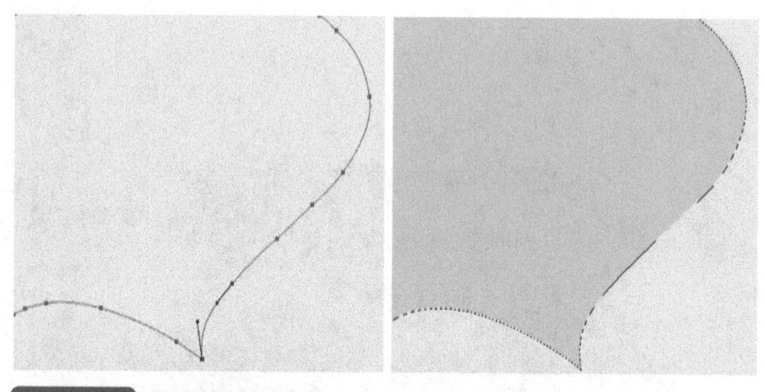

STEP 3 添加描边样式

选择【图层】/【图层样式】/【描边】命令，打开“图层样式”对话框；设置描边大小为 12、位置为内部、颜色为白色，得到描边效果。

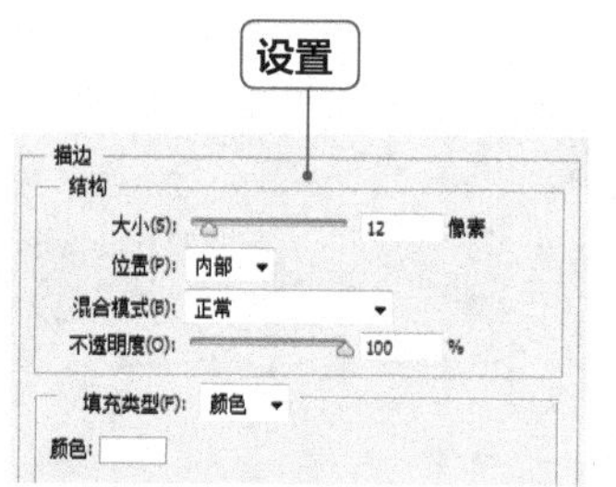

STEP 4 添加投影样式

选择“投影”选项，为图像添加投影；设置混合模式为正片叠底、不透明度为 19%，颜色为黑色，再设置其他参数，单击 确定 按钮，略微将蓝色图像向左移动。

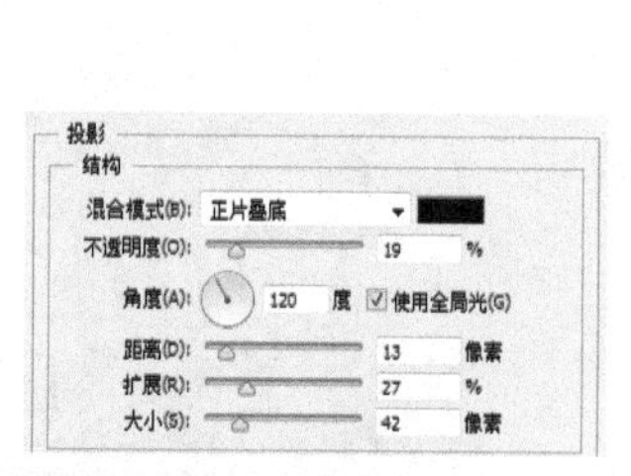

STEP 5 添加蛋糕图像

打开“蛋糕 .jpg”素材图像，使用移动工具将其拖动到当前编辑的图像中；按住【Ctrl+T】组合键调整图像大小，放到蓝色图像的位置。

STEP 6　创建剪贴蒙版

选择【图层】/【创建剪贴蒙版】命令，得到剪贴图层，隐藏超出蓝色弧形图形以外的蛋糕图像。

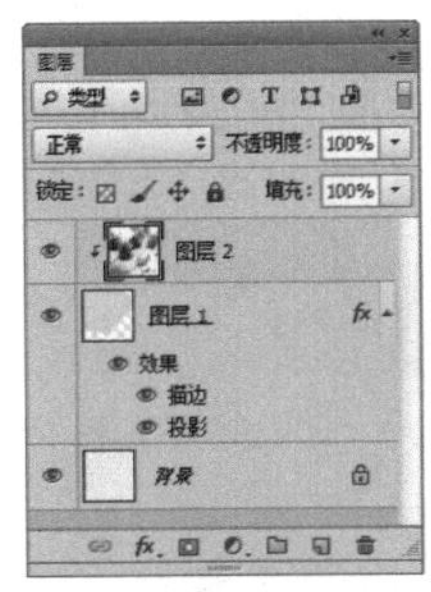

STEP 7　绘制图形

新建图层 3，选择钢笔工具在画面右下方再绘制一个弯曲的尖角图像；按【Ctrl+Enter】组合键将路径转换为选区，填充为土红色“#612a16”。

STEP 8　复制图层样式

选择添加图层样式的图层，在“图层”面板中单击鼠标右键，在弹出的快捷菜单中选择“复制图层样式”命令。

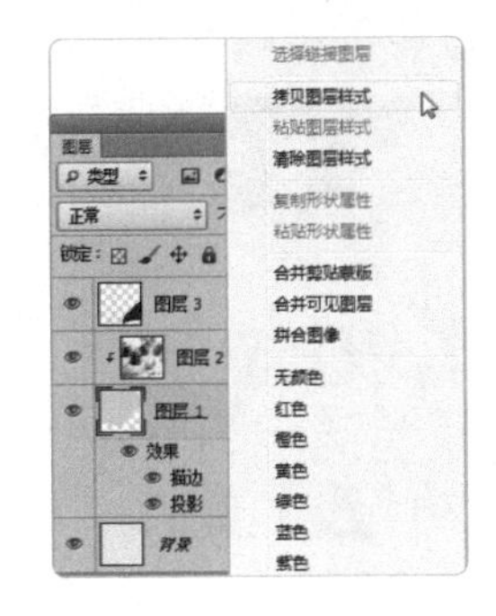

STEP 9　粘贴图层样式

选择绘制的土红色图形图层，单击鼠标右键，在弹出的菜单中选择“粘贴图层样式”命令，这时该图层中的图像将得到相同的图层样式。

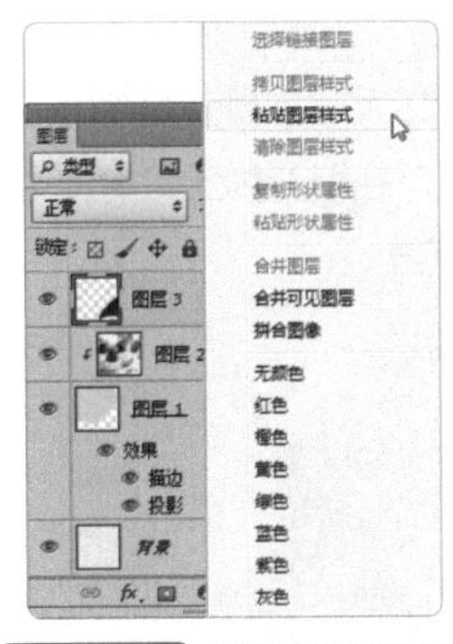

STEP 10　绘制花瓣图像

❶新建一个图层，选择自定形状工具，在属性栏中单击“形状”右侧的下拉按钮，在打开的面板中选择“花 1”图形；❷在土红色图像中绘制出花瓣图形，填充为淡黄色“#fcf5bb”，在花图层上单击鼠标右键，在弹出的快捷菜单中选择“栅格化图层”命令，将其转换为普通图层。

STEP 11　输入文字

选择椭圆选框工具，按住【Shift】键在花瓣图像中间绘制一个正圆形选区，按【Delete】键删除选区内容；使用横排文字工具，在花环中输入文字，并适当调整文字大小，填充为浅黄色“#fbe7b3”，在属性栏中设置字体为方正粗倩简体。

8.1.2 添加水印

本小节主要制作文字水印，先在图像中输入文字，再通过图层蒙版，让中英文文字融合在一起，然后将该组合文字填充为白色，并调整图像透明度，得到水印效果，其具体操作步骤如下。

微课：添加水印

STEP 1 输入文字

选择横排文字工具，在图像中输入英文大写字母“DIY”；在属性栏中设置字体为方正小标宋简，并填充为土红色“#612a16”，将文字放到画面左下方。

STEP 2 反选选区

选择矩形选框工具，在英文字母中绘制一个矩形选区；按【Shift+Ctrl+I】组合键反选选区。

STEP 3 添加图层蒙版

单击“图层”面板底部的“添加图层蒙版”按钮，隐藏文字中间部分图像。

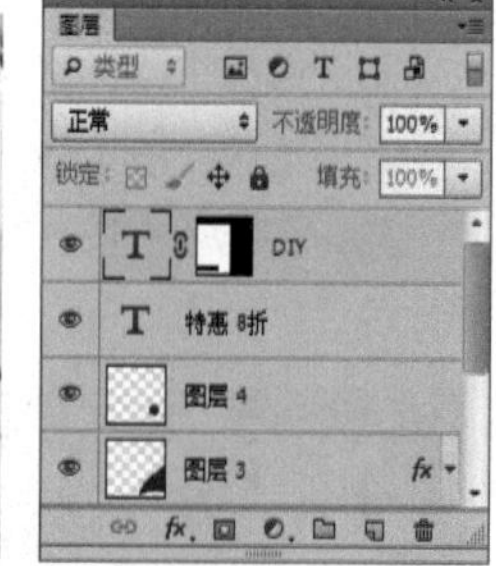

STEP 4 添加投影样式

选择横排文字工具，在文字中间的空白处输入一行中文文字；然后在属性栏中设置字体为黑体，填充为土红色“#612a16”。

STEP 5 输入虚线

使用横排文字工具在中文文字下方再输入两行虚线，设置相同的颜色，并参照下图的方式排列。

STEP 6 添加蛋糕图像

在“图层”面板中复制这两种文字和虚线所在图层，按【Ctrl+E】组合键将复制的图层合并成一个图层。

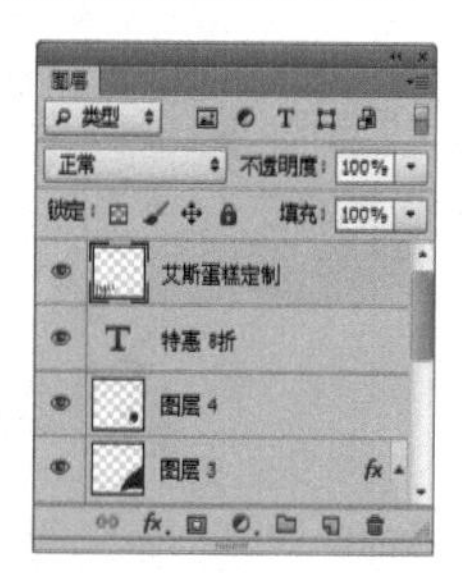

STEP 7 载入选区填充

按住【Ctrl】键单击合并后的图层缩略图，载入选区，填充选区为白色，将文字移动到任意位置。

STEP 8 **旋转文字**

按【Ctrl+T】组合键适当旋转白色文字，放到能够遮盖蛋糕图像的位置；在“图层”面板中降低文字的不透明度，设置参数为 30%。

STEP 9 **移动复制文字**

选择移动工具，按住【Alt】键移动并复制文字，放到画面其他位置，遮盖部分蛋糕图像，得到水印效果，完成本例操作。

8.2 快速变换衣服颜色

服装的样式、颜色非常丰富，对于大片纯色的服装商品来说，让模特重复拍摄会比较浪费时间与成本，而在 Photoshop 中可以快速替换衣服的颜色，达到拍摄的效果。下面对模特身上的衣服进行处理，将红色替换为水绿色，并制作夏季新品海报。

素材：素材 \ 第 8 章 \ 青春模特 .psd、树叶 .psd、鲜花 .psd

效果：效果 \ 第 8 章 \ 快速变换衣服颜色 .psd

8.2.1 选择衣服做调整

本小节将调整画面中人物的衣服颜色，首先需要选择人物衣服，然后改变衣服的色相和饱和度，得到与之前截然相反的颜色，其具体操作步骤如下。

微课：选择衣服做调整

STEP 1 **打开素材图像**

打开“青春模特 .psd”素材图像，可以看到人物的衣服颜色为橘红色。

STEP 2 **使用快速蒙版**

单击工具箱底部的“以快速蒙版模式编辑”按钮，进入快速蒙版；选择画笔工具，对橘红色衣服做涂抹，涂抹区域将以透明红色显示。

STEP 3 得到选区

按【Q】键，退出快速蒙版编辑模式，得到图像选区；选择【选择】/【反向】命令，反选选区，得到人物衣服选区。

STEP 4 改变衣服颜色

选择【图层】/【新建调整图层】/【色相/饱和度】命令，在打开的对话框中保持默认设置，单击 确定 按钮，进入“属性”面板；单击选中 ☑着色(O) 复选框，然后设置参数分别为 177、58、0，将衣服改变为水绿色。

STEP 5 选择人物图像

按住【Ctrl】键单击图层 1，载入人物选区；新建一个图层，将选区填充为黑色，并适当降低该图层不透明度为 18%；使用移动工具将该图像向左侧移动，得到人物投影效果。

STEP 6 扩大画布

❶选择【图像】/【画布大小】命令，打开“画布大小”对话框；将定位设置为右侧，然后扩大画布宽度为 17 厘米；❷单击 确定 按钮，得到扩大画布的效果。

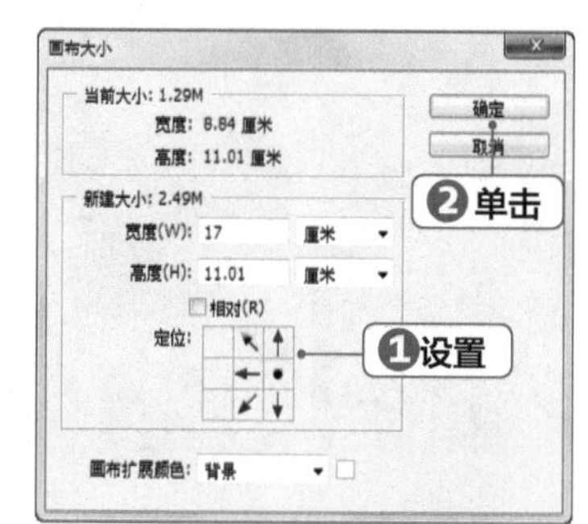

疑难解答

设计中留白的好处是什么？

在本实例中保留的大量空白区域，这种设计方式叫作留白。

设计中的留白区域不局限于白色，留白的“白”指的不是颜色的“白”，而是空白的“白”，留白区域指的是某一区域无额外元素、无装饰，处于空白状态。这种设计能够平衡布局，让需要突出的产品能够更清晰地呈递效果，更能吸引用户注意。

使用蓝色留白，并添加白色字体，营造纯净的品味

在网店广告设计中，设计做得简洁一点，不但设计师轻松，开发者也轻松，当然，用户浏览起来也轻松。所以，在设计时，应去除不必要、不重要的元素，只保留必要元素。

8.2.2 组合广告文字

微课：组合广告文字

本小节将为画面添加广告文字，并在文字周围添加装饰的花朵图像，在制作过程中，要注意矩形的绘制和图像的删除，其具体操作步骤如下。

STEP 1 打开素材图像

打开“树叶 .psd”素材图像，使用移动工具将其拖动到人物图像中，放到画面左上方。

STEP 2 绘制矩形

新建一个图层，选择矩形选框工具，在图像左侧绘制一个矩形选区；设置前景色为绿色“#00561f”，按【Alt+Delete】组合键填充选区。

STEP 3 删除图像

选择多边形套索工具，在矩形中绘制一个梯形选区；按【Delete】键删除选区中的图像。

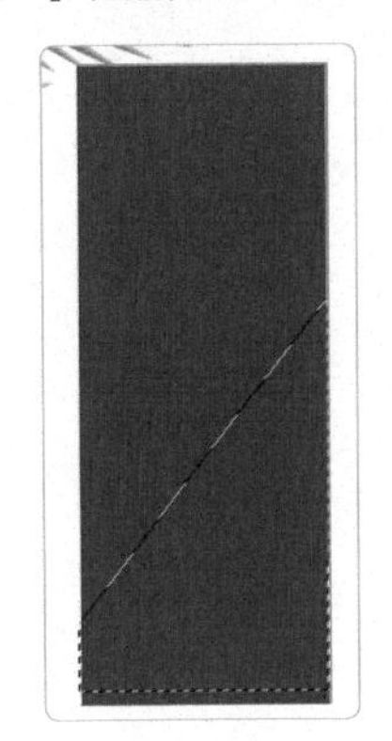

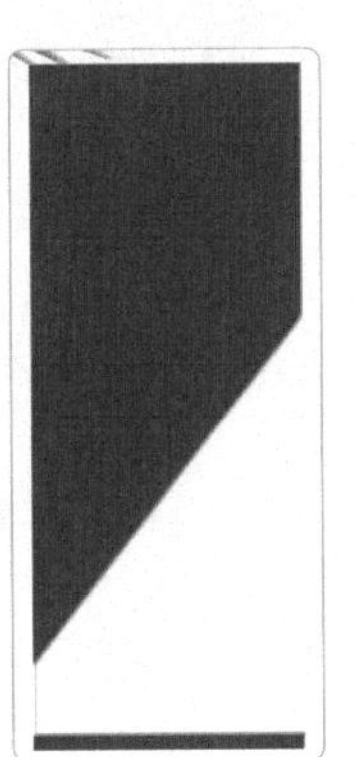

STEP 4 输入文字

选择直排文字工具，在图像中输入文字“夏季新品”，在属性栏中设置字体为方正粗黑简体，填充为绿色“#00561f”。

STEP 5 移动文字

将文字放到绿色矩形中，由于文字颜色与绿色矩形颜色相同，所以只能显示下部分文字效果。

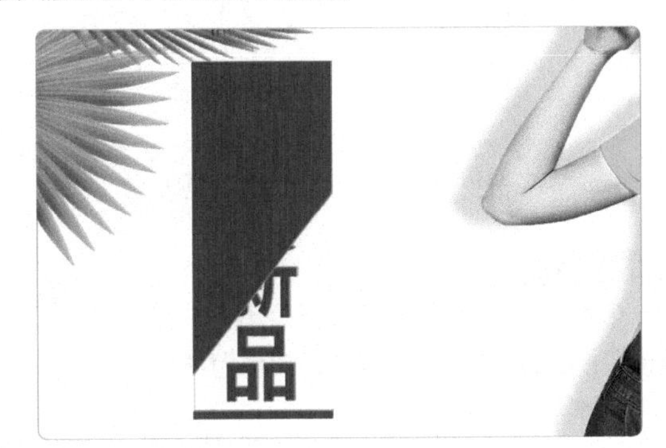

STEP 6 编辑选区

选择魔棒工具，按住【Shift】键分别单击文字“夏季新”这三个字，载入文字选区；使用多边形套索工具，按住【Alt】键沿着白色倾斜边缘绘制选区，减去选区。

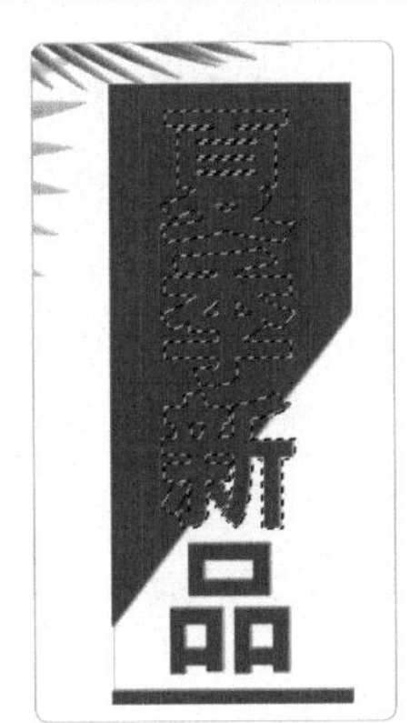

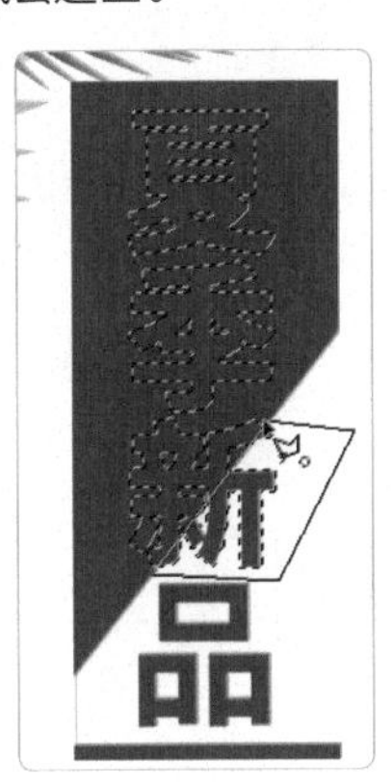

STEP 7 填充选区

将选区填充为白色，按【Ctrl+D】组合键取消选区，得到两截文字效果。

STEP 8 添加鲜花图像

打开“鲜花 .psd”素材图像，使用移动工具将其拖动到当前编辑的图像中，适当调整图像大小，放到文字右侧。

STEP 9 绘制斜线

新建一个图层，选择直线工具，在属性栏中选择工具模式为“像素”，粗细为 2 像素；设置前景色为绿色“#00561f”，在文字图像中绘制一条斜线。

像素 模式：正常 不透明度：100% 消除锯齿 粗细：2像素

STEP 10 绘制直线

使用直线工具，在“品”字右侧再绘制一条绿色直线。

STEP 11 输入文字

选择横排文字工具，在文字右侧输入英文文字，并在属性栏中设置为较细的字体，填充为绿色“#00561f”，并为文字添加投影效果，完成本实例的制作。

8.3 童装实拍产品修图

实拍产品图片通常会因为光线、环境的影响而产生色差。下面将对实拍童装图片进行颜色调整，并修饰图片。

	素材：素材 \ 第 8 章 \ 童装 .jpg、发箍 .psd
	效果：效果 \ 第 8 章 \ 童装实拍产品修图 .psd

Chapter 08

8.3.1 精修产品图样

本小节将调整产品图像的亮度、对比度，然后修正图像颜色，让衣服颜色更加明亮，更接近实物原色，其具体操作步骤如下。

微课：精修产品图样

STEP 1 打开素材图像

打开“童装.jpg”素材图像。

STEP 2 调整图像亮度 / 对比度

❶选择【图像】/【调整】/【亮度/对比度】命令，打开“亮度/对比度”对话框；设置亮度和对比度参数分别为35、15；❷单击 确定 按钮，得到调整亮度和对比度后的图像效果。

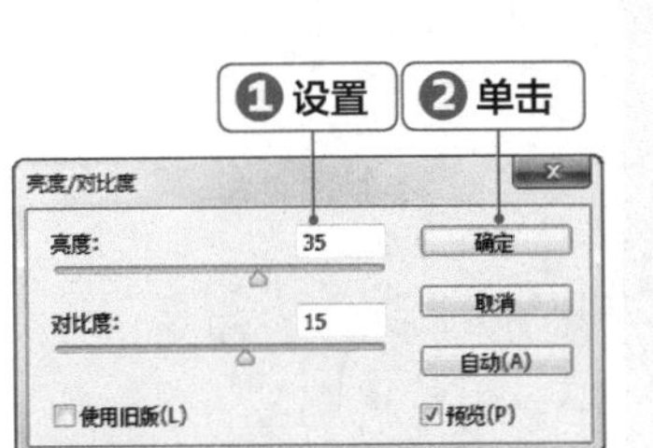

STEP 3 增加图像饱和度

❶选择【图像】/【调整】/【自然饱和度】命令，打开“自然饱和度”对话框；设置饱和度参数分别为37、13；❷单击 确定 按钮，得到增加饱和度后的图像效果。

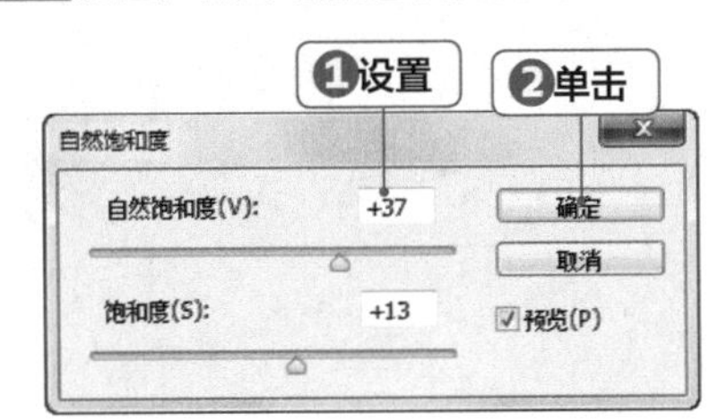

STEP 4 调整图像色差

❶选择【图像】/【调整】/【色相/饱和度】命令，打开“色相/饱和度”对话框；适当校正衣服色差，设置饱和度参数分别为-9、7、10；❷单击 确定 按钮，得到调整后的图像效果。

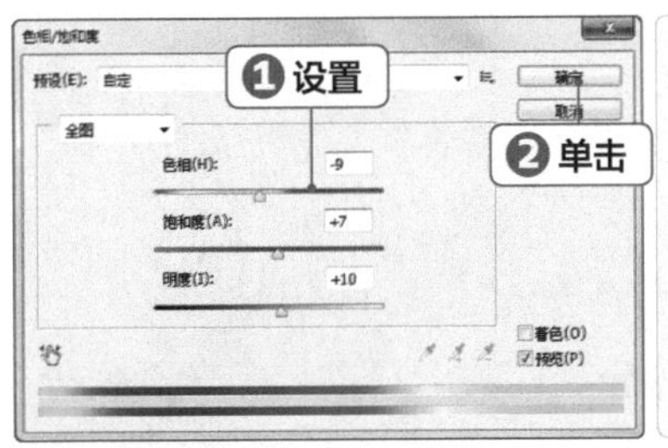

STEP 5 获取选区

选择魔棒工具，在属性栏中设置容差值为20；按住【Shift】键在背景图像中单击，获取背景图像选区。

STEP 6 **复制选区中的图像**

按【Shift+Ctrl+I】组合键反选选区，得到衣服图像选区；按【Ctrl+J】组合键将选区中的图像复制一层，得到单独的衣服图像图层。

STEP 7 **移动选区中的图像**

新建一个图像文件，将背景填充为橘黄色“#fcd704”；切换到童装文件中，使用移动工具将其拖动到黄色图像中，放到画面右侧。

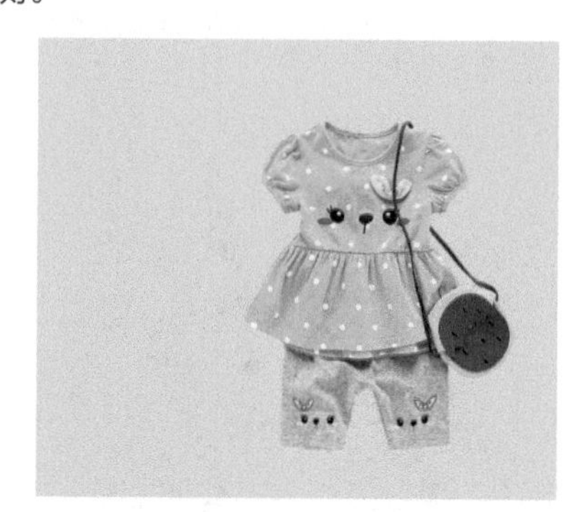

8.3.2 制作产品页面

本小节将制作产品页面中的图形和广告文字，其具体操作步骤如下。

微课：制作产品页面

STEP 1 **添加投影**

选择【图层】/【图层样式】/【投影】命令，打开“图层样式”对话框；设置投影颜色为黑色，再设置其他参数；单击 确定 按钮，得到衣服的投影效果。

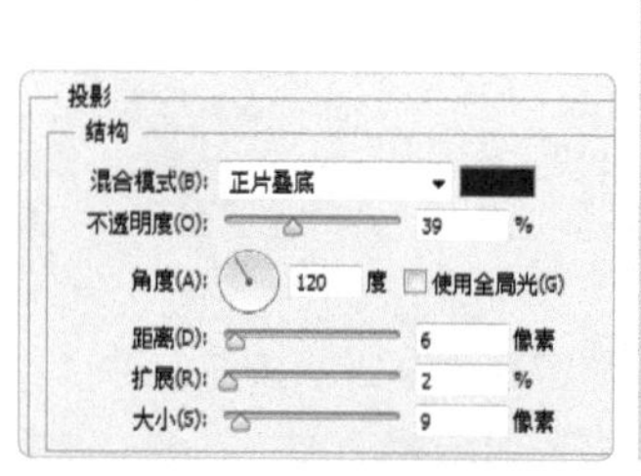

STEP 2 **添加发箍图像**

打开“发箍.psd”素材图像，使用移动工具将其拖动到当前编辑的图像中，放到衣服图像上方。

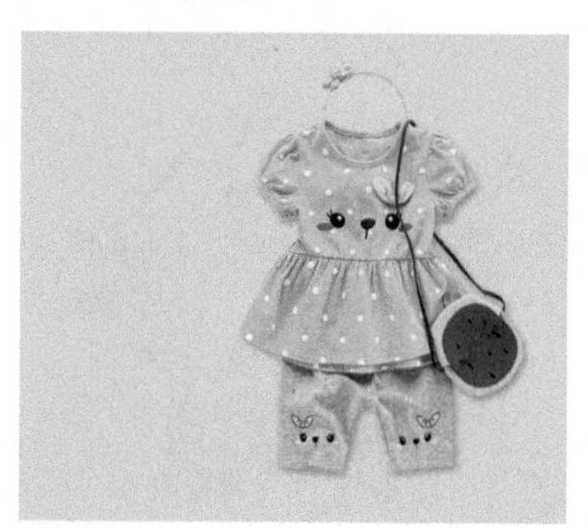

STEP 3 **绘制椭圆形**

新建一个图层，选择椭圆选框工具，在画面底部绘制一个圆形选区；设置前景色为淡绿色“#c7fffa”，按【Alt+Delete】组合键填充选区。

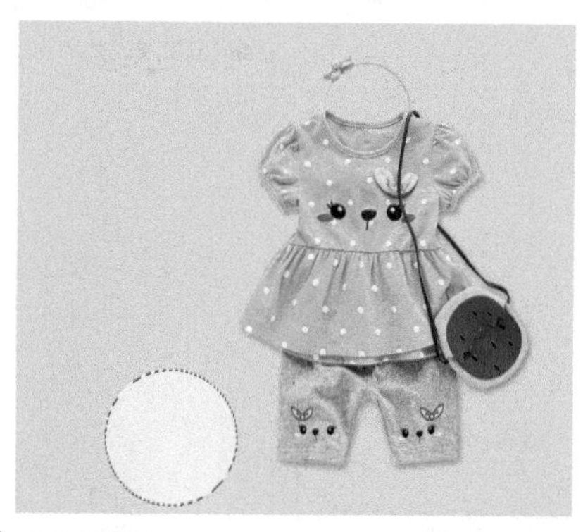

STEP 4 **复制圆形**

按【Ctrl+D】组合键取消选区，将该椭圆形放到画面下方，只显示半个圆形；复制一次该图层，将半圆放到画面右下角。

STEP 5 复制多个圆形

复制多个圆形选区，分别填充为粉红色“#ffcea3”和橘黄色“#fee195”，重叠放到画面下端。

STEP 6 绘制弧形

新建一个图层，选择钢笔工具，在画面底端绘制一个带弧度图形；按【Ctrl+Enter】组合键将路径转换为选区，填充为白色。

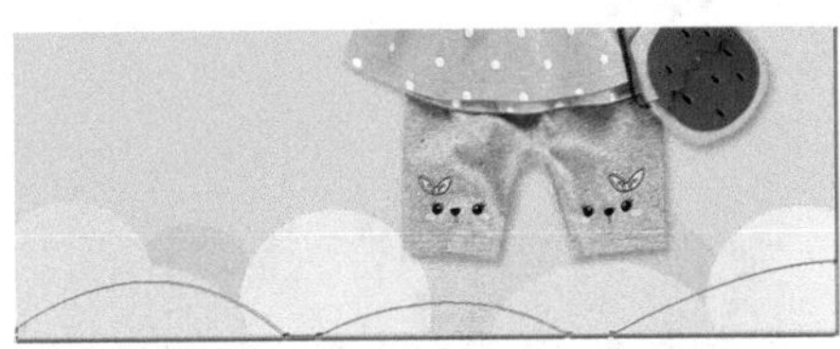

STEP 7 添加投影

选择【图层】/【图层样式】/【投影】命令，打开“图层样式”对话框；设置投影为土黄色“#cc8903”，再设置其他参数；单击 确定 按钮，得到投影效果。

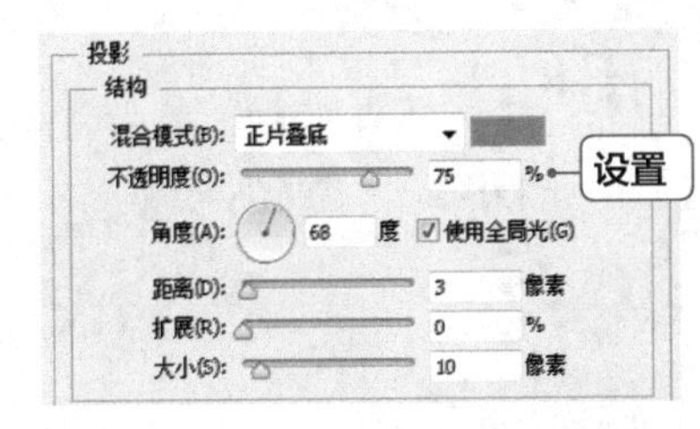

STEP 8 绘制另一个弧形

新建一个图层，使用钢笔工具再绘制一个弧形图形，将路径转换为选区，填充为白色；按照前面的方法，为图像应用投影效果，得到层叠的白色半圆图像。

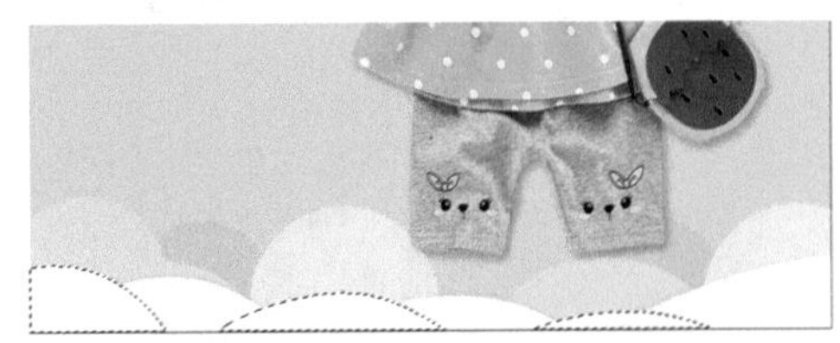

STEP 9 绘制云朵

新建一个图层，使用钢笔工具绘制一个云朵图像；单击“路径”面板底部的“将路径作为选区载入”按钮，将路径转换为选区，填充为白色。

STEP 10 制作云朵的投影

选择【图层】/【图层样式】/【投影】命令，打开“图层样式”对话框；设置投影为土黄色“#cc8903”，然后设置其他参数；单击 确定 按钮，得到投影效果。

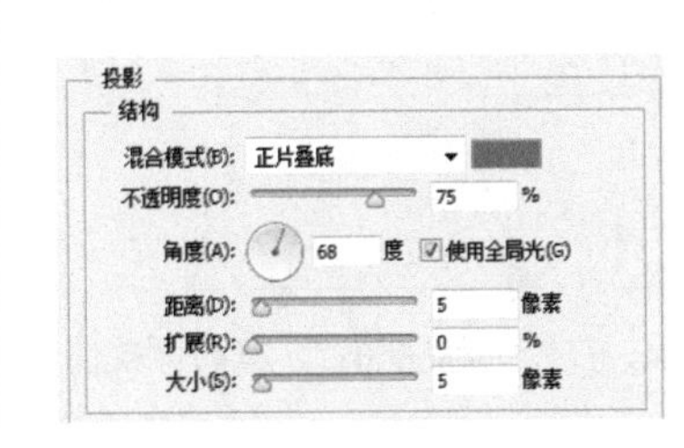

STEP 11 绘制白色矩形

新建一个图层，选择矩形选框工具，在云朵图像上方绘制一个细长的矩形，填充为白色；为矩形应用相同的投影效果。

STEP 12 复制云朵

复制多个云朵图像，放到画面两侧，并分别调整云朵图像的大小。

STEP 13 输入文字

选择横排文字工具，在最大的云朵图像中输入文字“可爱童装”，并在属性栏中设置字体为“方正淘淘简体”，填充为橘红色“#ff6958”。

STEP 14 输入文字

继续在云朵图像中输入文字“全场 1 折起”，在属性栏中设置字体为“方正淘淘简体”，填充为粉红色“#ffa299”，完成本实例的制作。

8.4 制作商品广告文字

修饰产品图像后，还需要添加一些具有艺术效果的文字，让商品广告显得更有设计感。下面将制作艺术文字效果，添加到商品图片中。

素材：素材 \ 第 8 章 \ 床 .psd
效果：效果 \ 第 8 章 \ 商品广告文字 .psd

8.4.1 调整商品图片

本小节将制作广告背景，并修饰商品图片，其具体操作步骤如下。

微课：调整商品图片

STEP 1 填充背景

新建一个图像文件，设置前景色为浅灰色“#e8e4dd”；按【Alt+Delete】组合键填充背景。

STEP 2 加深部分背景

选择加深工具，在属性栏中设置画笔大小为 300，曝光度为 51%；在画面周围进行涂抹，加深部分图像颜色。

技巧秒杀

妙用加深工具

在使用加深工具加深图像时，可以适当调整“曝光度”参数，制作出深浅不一的加深效果。

STEP 3 获取背景图像选区

打开“床.jpg”素材图像，选择魔棒工具，在属性栏中设置“容差”值为 5；在白色背景图像中单击，得到背景图像选区。

STEP 4 添加图像

选择【选择】/【反向】命令，反向选择选区，得到床图像的选区；选择移动工具，将鼠标放到选区中，按住鼠标左键拖动，将其拖动到灰黄色背景图像中，放到画面右侧。

STEP 5 增加图像亮度 / 对比度

❶选择【图像】/【调整】/【亮度 / 对比度】命令，打开“亮度 / 对比度”对话框；增加图像亮度和对比度，设置参数分别为 35、18；❷单击 确定 按钮，得到增加亮度图像效果。

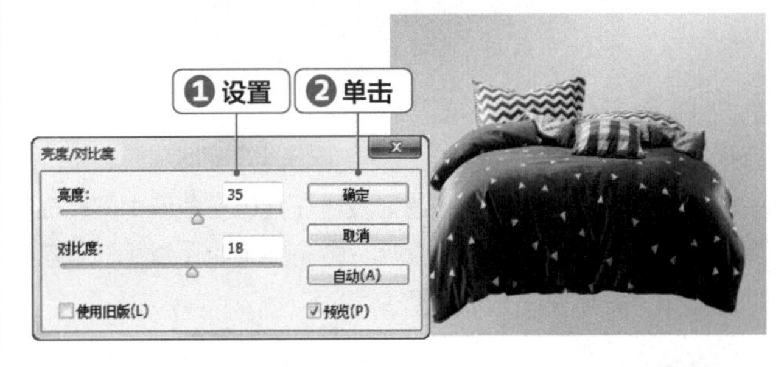

8.4.2 制作艺术广告文字

微课：制作艺术广告文字

本小节将制作较为复杂的广告文字，并添加一些图形和线条，其具体操作步骤如下。

STEP 1 绘制圆形

新建一个图层，选择椭圆选框工具；按住【Shift】键在画面左侧绘制一个正圆形选区，填充为土黄色“#9a7b5c”。

STEP 2 渐变填充图像

❶保持选区状态，选择渐变工具，单击属性栏左侧的渐变色条，打开“渐变编辑器”对话框；设置渐变颜色从透明到较深的土黄色“#84745b”；❷单击 确定 按钮，对选区左上方到右下方应用线性渐变填充，得到渐变填充图像。

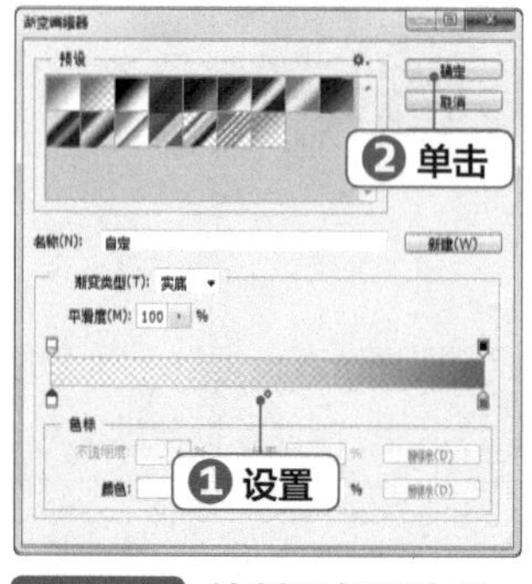

STEP 3 绘制三角形选区

新建一个图层，选择多边形套索工具，在圆形图像中绘制一个倒三角形选区，填充为黄色“#fecb10”。

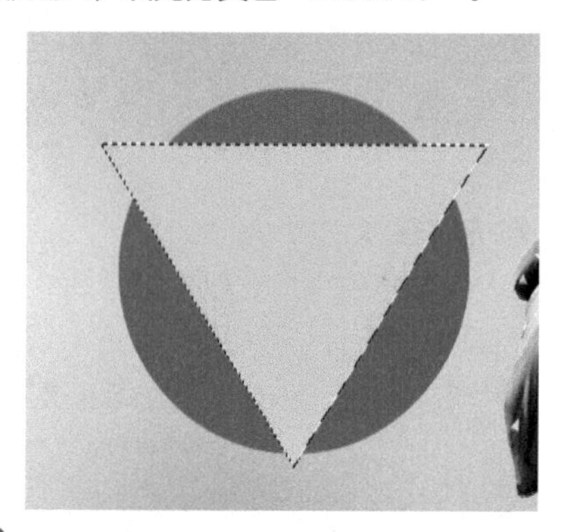

STEP 4 制作三角形边框

选择【选择】/【变换选区】命令，按住【Shift+Alt】组合键中心缩小选区，并适当调整选区位置在黄色三角形中间；在变换框中双击鼠标左键确定变换，按【Delete】键删除选区中的图像，得到三角形边框图像。

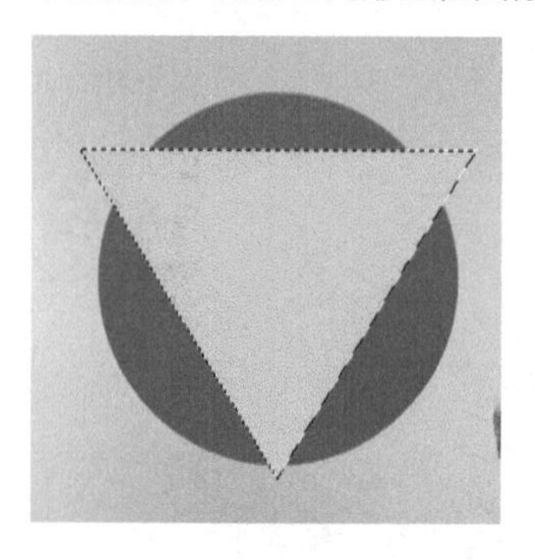

STEP 5 删除矩形选区中的图像

选择矩形选框工具，在三角形中绘制一个矩形选区；按【Delete】键删除选区中的图像。

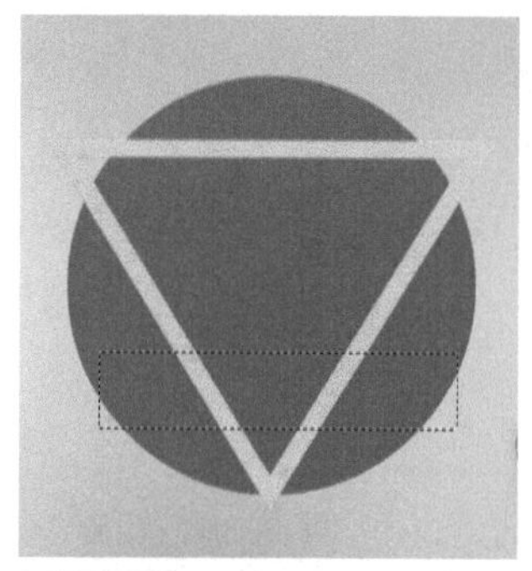

STEP 6 绘制矩形

新建一个图层，选择矩形选框工具，三角形下方绘制一个矩形选区，填充为黑色。

STEP 7 为图像描边

❶选择【编辑】/【描边】命令，打开“描边”对话框，设置描边宽度为 5 像素，颜色为米黄色“#dbd4ae”，位置为内部；❷单击 确定 按钮，得到矩形描边效果。

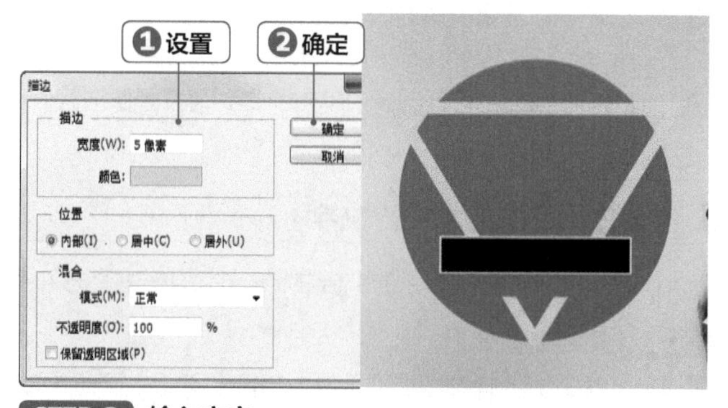

STEP 8 输入文字

选择横排文字工具，在黑色矩形中输入广告文字；选择文字，在属性栏中设置字体为微软雅黑，填充为米黄色“#dbd4ae”，并适当调整文字大小，放到矩形中间。

STEP 9 输入文字

选择横排文字工具，在矩形下方输入活动时间；在属性栏中设置字体为微软雅黑，颜色为黑色。

STEP 10 输入文字

选择横排文字工具，在三角形图像上半部分输入文字；在属性栏中设置字体为黑体，填充为白色。

STEP 11 载入文字选区

❶在“图层”面板中选择文字图层，单击前面的眼睛图标，隐藏该图层；❷按住【Ctrl】键单击该文字图层，即可载入文字选区。

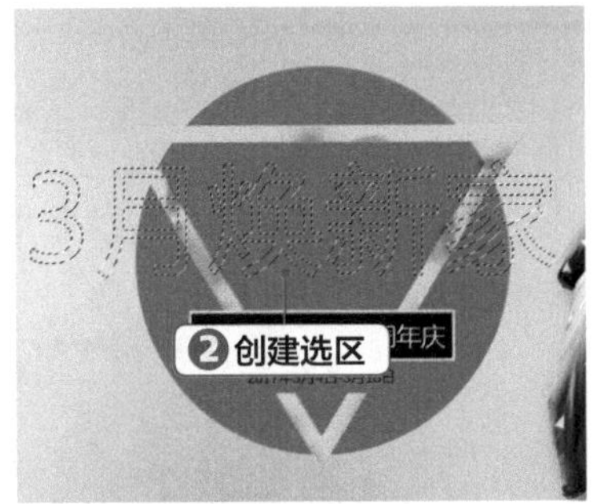

STEP 12 获取文字路径

切换到“路径”面板中，单击面板底部的“从选区生成工作路径”按钮，将选区转换为路径。

STEP 13 制作变形文字

选择钢笔工具，编辑路径；按【Ctrl+Enter】组合键将路径转换为选区，填充为白色。

STEP 14 添加文字投影

选择【图层】/【图层样式】/【投影】命令，打开“图层样式”对话框；设置投影颜色为土黄色“#9d9176”，再设置其他参数。

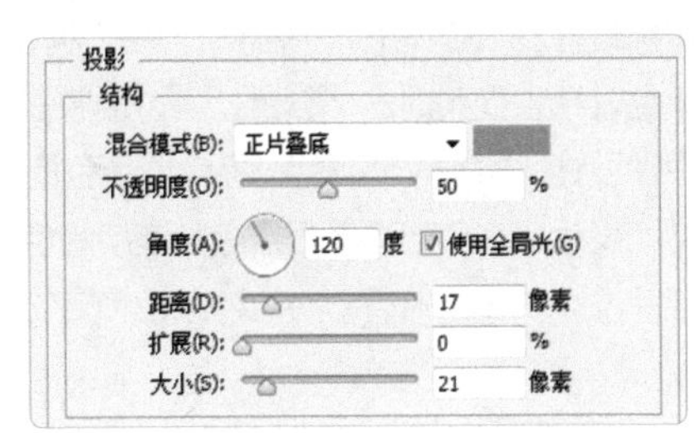

STEP 15 **加深图像**

选择套索工具，在文字与三角形交叉的位置绘制选区，按【Delete】键删除部分图像；在“图层”面板中选择三角形图像所在图层，使用加深工具，对文字投影到三角形中的位置做加深处理。

STEP 16 **绘制直线**

新建一个图层，选择直线工具，在属性栏中选择工具方式为“像素”，粗细为 1 像素；设置前景色为灰黄色“#7e6c53”，在图像中绘制出两条斜线。

STEP 17 **擦除部分线条**

使用橡皮擦工具对直线与文字交叉的位置多处擦除，得到穿越文字的效果。

STEP 18 **添加线条投影**

选择【图层】/【图层样式】/【投影】命令，打开“图层样式”对话框；设置投影颜色为黑色，再设置其他参数，完成操作。

高手秘籍

1. 色彩搭配方法

颜色绝不会单独存在，一个颜色的效果是由多种因素决定的，如物体的反射光、周边搭配的色彩，或是观看者的欣赏角度等。

下面将介绍 6 种常用的色彩搭配方法，掌握好这几种方法，能够让画面中的色彩搭配显得更具有美感。

- 互补设计：使用色相环上全然相反的颜色，得到强烈的视觉冲击力。
- 无色设计： 不用彩色，只用黑、白、灰 3 种颜色。
- 单色设计：使用同一个颜色，通过加深或减淡该颜色，来调配出不同深浅的颜色，使画面具有统一性。
- 中性设计：加入一个颜色的补色或黑色使其他色彩消失或中性化。这种颜色设计出来的画面显得更加沉稳、大气。
- 类比设计：在色相环上任选三种连续的色彩，或选择任意一种明色和暗色。
- 冲突设计：在色相环中将一种颜色和它左边或右边的色彩搭配起来，形成冲突感。

2. 商品图片的批量处理技巧

用相机拍完照片后，通常要将图片处理一下，但是大量照片的修改会很麻烦。此时可使用 Photoshop 特有的图片处理方法——批处理。批处理就是批量处理相同修改要求的图片，这个功能大大提高了工作效率。下面以修改图片大小来讲解一下批处理的技巧。

（1）选择【窗口】/【动作】命令，打开“动作”面板，单击“动作”面板下方的“创建新动作”按钮 ，打开“新建动作”对话框，新建一个名为“批处理图像大小”的动作，并单击 记录 按钮。

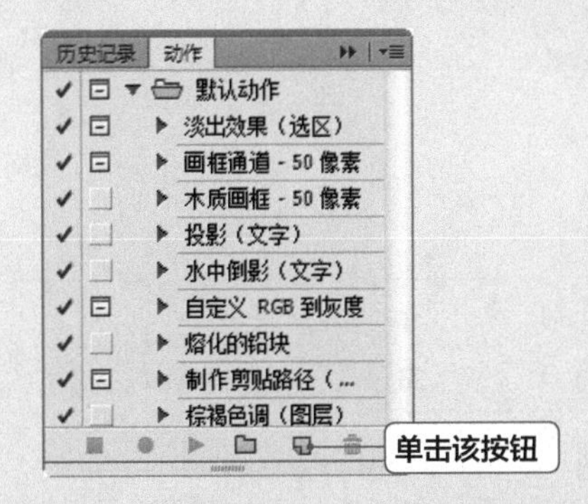

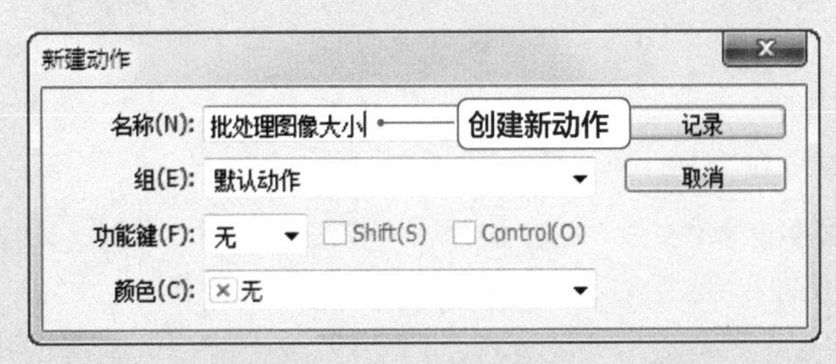

（2）打开一张图片，选择【图像】/【图像大小】命令，设置需要的图片大小参数并确定，然后对图像进行保存。

（3）单击“动作”面板下方的“停止播放 / 记录”按钮 ■，完成之前动作的记录。

（4）选择【文件】/【自动】/【批处理】命令，打开“批处理”对话框，在“动作”下拉列表框中选择刚才录制的“批处理图像大小”动作，然后单击 选择(C)... 按钮，设置要批处理的图片所在的文件夹。最后单击 确定 按钮完成批处理操作。

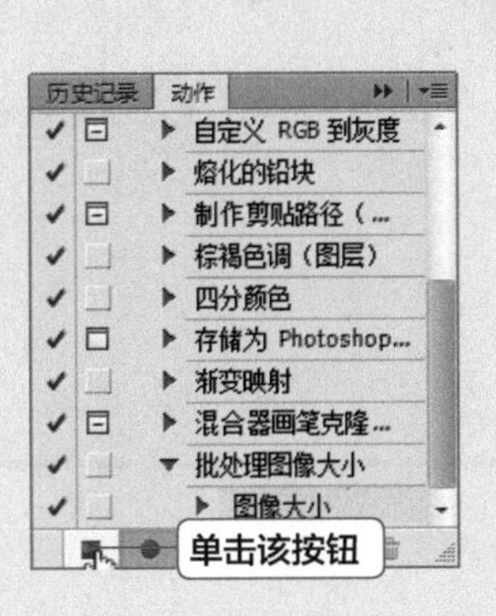

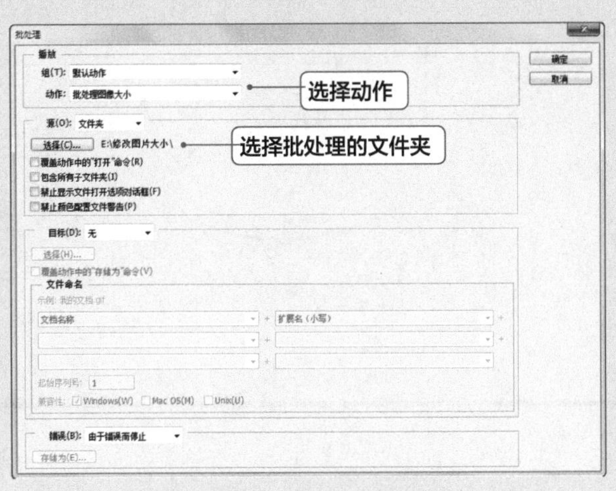

提高练习

1. 制作促销文字

效果：效果 \ 第 8 章 \ 促销文字 .psd

制作促销文字的具体要求如下。

- 选择椭圆选框工具绘制正圆形选区，填充为橘黄色。
- 选择【选择】/【变换选区】命令，中心缩小选区，填充为紫色。
- 使用相同的方式绘制出其他色彩的圆形图像。
- 在圆形中输入文字，并为其添加“描边”图层样式。

2. 修饰产品图片

素材：素材 \ 第 8 章 \ 戒指 .psd

效果：效果 \ 第 8 章 \ 修饰产品图片 .psd

打开提供的素材文件“戒指 .psd”，对其进行编辑，修饰戒指图片的要求如下。

- 打开“戒指 .psd”素材，使用“曲线”命令调整戒指的亮度和对比度，让戒指更有光泽感。
- 适当调整戒指图像大小，按左右两侧排列。
- 使用横排文字工具，在画面上方输入中英文文字。
- 对背景应用灰色渐变填充。

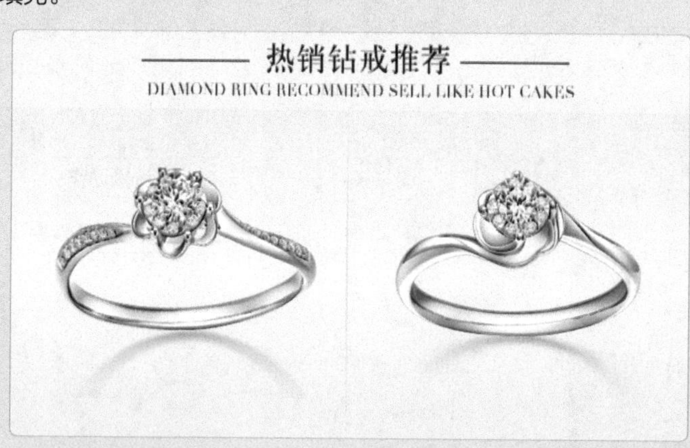

09 Chapter 第9章

网店广告设计与装修

/ 本章导读

新手开网店，最困惑的就是店铺装修。每一个网店卖家都想将自己的店铺装扮得引人注目，在提升店铺整体形象的同时提升店铺的浏览量。本章将通过多个实例来讲解设计与制作网店广告及其他各部分的方法。

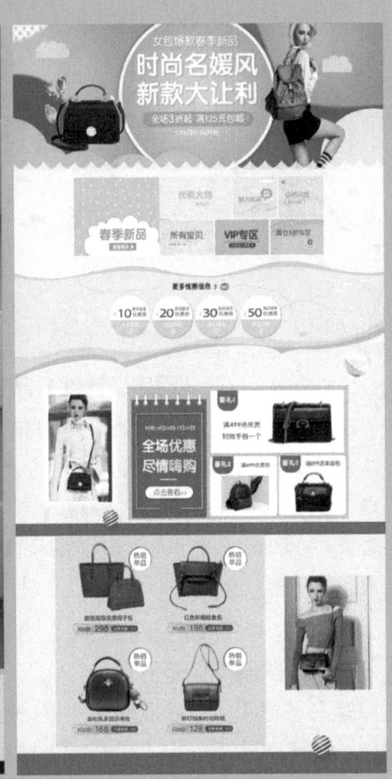

9.1 咖啡店铺店招

实体店有招牌，网店同样也有招牌。下面将制作一个网店招牌，其中包括店铺标志组合，以及下面的导航条。

素材：素材 \ 第 9 章 \ 飞溅咖啡 .psd、咖啡豆 .psd

效果：效果 \ 第 9 章 \ 淘宝咖啡店标设计 .psd

9.1.1 制作店招标志

本小节将制作店招中的标志部分，店招标志主要是表示网店主题或名称的图形标志，其具体操作步骤如下。

微课：制作店招标志

STEP 1 新建图像

❶选择【文件】/【新建】命令，打开"新建"对话框；设置"宽度"和"高度"分别为 950 像素 × 150 像素，分辨率为 200 像素 / 英寸；❷单击 确定 按钮，得到新建的图像文件。

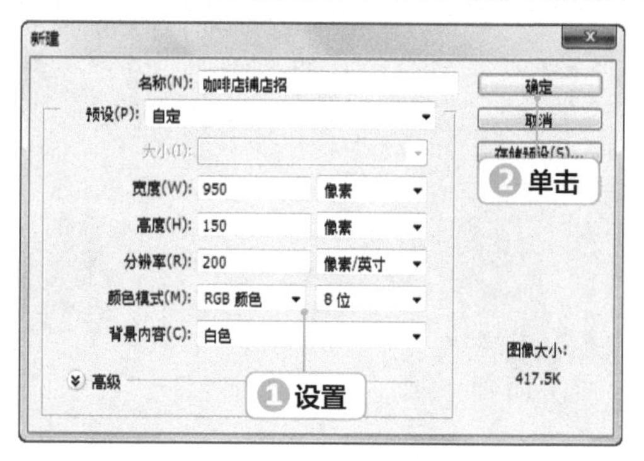

疑难解答

网店设计部分尺寸

在网店中，各版块的设计都有比较固定的尺寸，如店招尺寸为950像素×150像素；分类导航为宽160像素以内，高不限；左侧公告宽190像素以内，高不限；右侧公告宽750像素以内，高不限；类目促销区为宽750像素以内，高不限。

STEP 2 绘制黑色矩形

选择矩形选框工具，在画面中绘制一个矩形选区；新建一个图层，按【Alt+Delete】组合键，填充矩形为黑色。

STEP 3 绘制橘色矩形

新建一个图层，选择矩形选框工具，在画面右侧绘制一个矩形选区；设置前景色为橘黄色"#faa635"，按【Alt+Delete】组合键填充选区。

STEP 4 绘制咖啡色矩形

在橘色矩形下方再绘制一个矩形选区，填充为咖啡色。

STEP 5 **输入文字**

选择横排文字工具，分别在两个矩形中输入文字；在属性栏中设置字体为不同粗细的微软雅黑，填充为白色。

STEP 6 **绘制椭圆形**

选择椭圆选框工具，在图像中绘制一个椭圆形选区，填充为白色；适当调整图像大小后，放到字母“E”的上方。

STEP 7 **绘制绿色矩形**

选择矩形选框工具，在文字下方绘制一个较短的矩形选区，填充为绿色“#06a47b”。

STEP 8 **绘制其他矩形**

保持选区状态，将选区水平移动到右侧，填充为白色；再次移动选区到更右侧，填充为橘红色“#f16257”。

STEP 9 **绘制咖啡杯**

新建一个图层，选择钢笔工具，在画面左侧绘制一个咖啡杯图形；按【Ctrl+Enter】组合键将路径转换为选区，填充为白色。

STEP 10 **绘制曲线**

选择画笔工具，在属性栏中设置画笔大小为 4 像素；在咖啡杯上方绘制三条曲线图形，得到咖啡飘烟效果。

STEP 11 **输入文字**

选择横排文字工具，在咖啡杯中输入文字“Coffee”；在属性栏中设置字体为较细的英文字体，填充为黑色；按【Ctrl+T】组合键适当旋转文字。

STEP 12 **绘制线条**

选择画笔工具，选择“硬点圆”样式；设置前景色为黑色，在咖啡杯中绘制各种边缘线条。

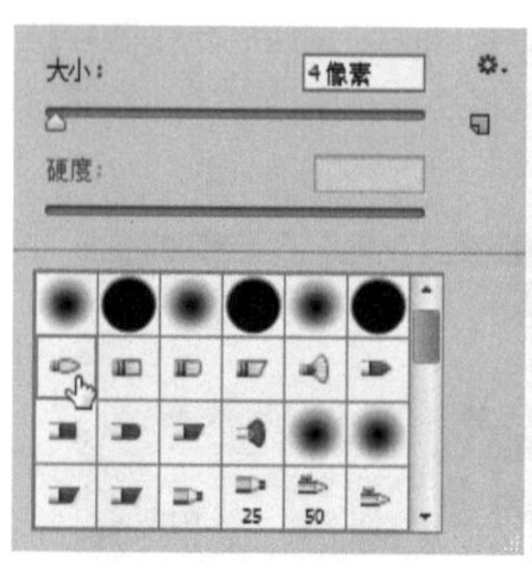

STEP 13 绘制其他图形

选择钢笔工具，在咖啡杯文字右下方绘制一个图形；按【Ctrl+Enter】组合键，将路径转换为选区，并填充为黑色；选择店招标志所有图层，按【Ctrl+E】组合键合并到一个图层中，完成本实例的制作。

9.1.2 制作店招标题

本小节将制作店招中的标题部分，制作过程中需要掌握文字的各种编辑方法，文字的大小、比例、颜色都需要根据店招的大小做相应的设计与调整，其具体操作步骤如下。

微课：制作店招标题

STEP 1 填充背景

选择背景图层，设置前景色为浅红色“#ded3cb”；按【Alt+Delete】组合键填充背景。

STEP 2 绘制图像

选择画笔工具，在属性栏中设置画笔大小为 40 像素；设置前景色为白色，在图像右侧上方绘制一团白色光芒图像。

STEP 3 输入文字

选择横排文字工具，在店招右侧输入文字；在属性栏中设置中文字体为微软雅黑，英文字体为 Myriad Pro，填充为咖啡色“#481913”。

STEP 4 选择文字填充

设置前景色为橘黄色“#faa635”，选择“蓝丁”两个字，按【Alt+Delete】组合键填充文字。

LANDIN CAFFEE 蓝丁咖啡

STEP 5 绘制图像

选择铅笔工具，在属性栏中设置画笔大小为 3 像素；设置前景色为咖啡色“#481913”，在最后一个字母“E”上方绘制一点。

LANDIN CAFFEÈ 蓝丁咖啡

STEP 6 载入文字选区

在“图层”面板中选择文字图层，按住【Ctrl】键单击该图层缩略图，载入文字选区。

STEP 7 变换选区

选择【选择】/【变换选区】命令，按住【Ctrl】键拖动上方中间的控制点，倾斜选区。

STEP 8 羽化选区

①选择【选择】/【修改】/【羽化】命令，打开“羽化选区”对话框，设置羽化值为1像素；②单击 确定 按钮，得到羽化选区；③新建一个图层，将选区填充为黑色。

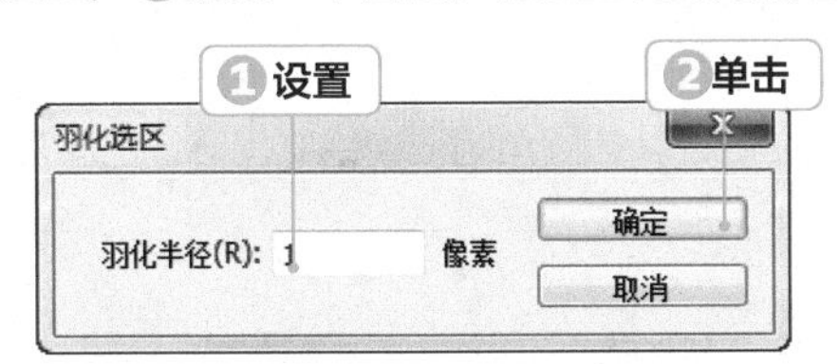

STEP 9 调整图层透明度

选择羽化图像所在图层，将其放到文字图层下一层；适当降低图层不透明度为20%，得到文字投影效果。

STEP 10 输入文字

选择横排文字工具，在文字下方再输入一行文字；在属性栏中设置字体为微软雅黑，填充为黑色。

STEP 11 绘制矩形

新建一个图层，选择矩形选框工具，在黑色文字左侧绘制一个矩形选区；选择渐变工具，对其应用从黑色到透明的线性渐变填充。

STEP 12 复制矩形

按【Ctrl+J】组合键复制一次黑色矩形；选择【编辑】/【变换】/【水平翻转】命令，将该矩形水平翻转，放到黑色文字右侧。

STEP 13 绘制圆角矩形

新建一个图层，选择圆角矩形工具，在属性栏中设置工具模式为像素、半径为5像素；设置前景色为橘红色“#f16257”，在标题文字右下方绘制一个圆角矩形。

STEP 14 减选选区

按住【Ctrl】键单击该圆角矩形所在图层的缩略图，载入圆角矩形图像选区；选择矩形选框工具，按住【Alt】键，在右侧绘制一个矩形选区，得到减选的选区。

STEP 15 填充选区

设置前景色为绿色“#06a47b”，按【Alt+Delete】组合键填充选区；按【Ctrl+D】组合键取消选区得到绿色矩形。

STEP 16 绘制细长矩形

选择矩形选框工具，在橘红色和绿色图像交界处绘制一个细长的矩形选区，填充为白色。

STEP 17 输入文字

选择横排文字工具，在矩形中输入文字，在圆角矩形中输入文字，并在属性栏中设置字体为微软雅黑，填充为白色。

STEP 18 选择自定形状

选择自定形状工具，设置工具模式为像素，在属性栏中单击“形状”右侧的下拉按钮；在打开的面板中分别选择“五角星”和“红心形卡”。

STEP 19 绘制自定形状

设置前景色为白色，在圆角矩形中绘制出选择的图形，分别调整图形大小，放到文字前方。

9.1.3 制作分类标题

微课：制作分类标题

本小节将通过绘制多个矩形，并在其中输入文字，制作出分类标题，其具体操作步骤如下。

STEP 1 绘制矩形

新建一个图层，选择矩形选框工具，在图像下方绘制一个高度为 20 像素的矩形选区；设置前景色为土红色“#4a2319”，按【Alt+Delete】组合键填充选区。

STEP 2 绘制矩形

使用矩形选框工具在土红色矩形左侧绘制一个较短的矩形选区，填充为橘黄色“#faa635”。

STEP 3 输入文字

选择横排文字工具，均匀输入分类名称；在属性栏中设置字体为微软雅黑，填充为白色。

STEP 4 绘制细长矩形

选择矩形选框工具，分别在分类文字间隔处绘制细长的矩形；填充为黑色。

STEP 5 绘制自定形状

选择自定形状工具，在“咖啡机”和“白咖啡”栏目右上方分别绘制一个“会话 10”标注形状；填充为红色“#ed0404”。

STEP 6 输入文字

使用横排文字工具，在会话框中输入文字“HOT”；在属性栏中设置字体，填充为白色。

STEP 7 添加素材图像

打开“飞溅咖啡.psd”和“咖啡豆.psd”素材图像；使用移动工具将其分别拖动到店招图像中，将咖啡豆放到画面右侧，飞溅咖啡图像放到画面左侧，完成本实例的制作。

9.2 女包店首页设计

淘宝装修，在首页上能有一个较好的活动和画面设计，对于能否吸引顾客，能起到举足轻重的作用。下面将设计一个女包店的首页，其中包括了首页中几个主要的版块（本设计仅作教学展示，广告设计应遵守当地法律）。

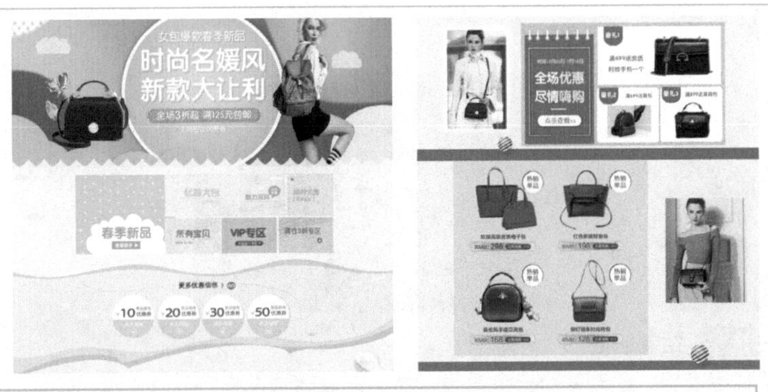

素材：素材\第9章\广告分类素材.psd、红包.psd、礼品包.psd、母子包.psd、虚线.psd、皮球.psd、女模特.psd、时尚手包.psd、彩环.psd、铆钉小方包.png、鲶鱼包.png、斜挎手提包.png、海水.psd、时尚模特.psd

效果：效果\第9章\女包店首页设计.psd

9.2.1 划分首页广告版块

本小节主要制作首页中除产品以外的3个广告版块，分别是标题广告版块、分类版块，以及广告优惠版块，其具体操作步骤如下。

微课：划分首页广告版块

STEP 1 新建图像并填充选区

新建一个1 920像素×1 857像素、分辨率为72像素/英寸的图像文件，设置前景色为淡紫色“#ebedfd”，按【Alt+Delete】组合键填充背景；新建一个图层，选择矩形选框工具，在图像上方绘制一个矩形选区；选择渐变工具，对其应用线性渐变填充，设置颜色从蓝色“#43beeb”到深蓝色“#2d71ff”，在选区中从左下方到右上方拖动，得到渐变填充效果。

STEP 2 绘制图形

选择画笔工具，分别在蓝色矩形左右两侧绘制不同深浅的蓝色图像。

STEP 3 绘制圆形

设置前景色为浅蓝色“#72c4f1”，使用画笔工具，在属性栏中设置画笔大小为 30 像素；在矩形左上方和右下方的白色图像中绘制多个蓝色圆点。

STEP 4 绘制椭圆形

使用画笔工具，绘制两个云朵图像；然后选择椭圆选框工具，在画面右侧绘制一个圆形选区；设置前景色为蓝色“#b4e9fb”，按【Alt+Delete】组合键填充选区。

STEP 5 绘制重叠椭圆形

新建一个图层，使用椭圆选框工具，按住【Shift】键，通过加选的方式在图像左侧绘制多个椭圆形选区；将其填充为天蓝色“#29c2fb”。

STEP 6 添加图像投影样式

选择【图层】/【图层样式】/【投影】命令，打开“图层样式”对话框；设置投影颜色为蓝色“#3bc9f9”，再设置各项参数，得到图像投影效果。

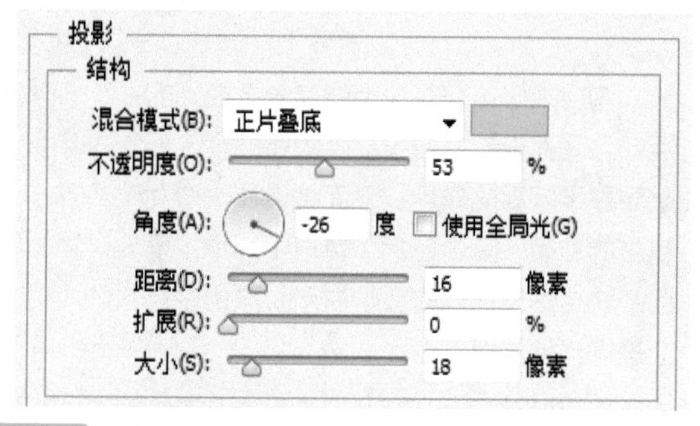

STEP 7 添加素材图像

打开“海水 .psd”素材图像，使用移动工具将其拖动到当前编辑的图像中；适当调整图像大小，放到画面中间。

STEP 8 绘制图形

选择自定形状工具，新建一个图层，设置前景色为淡蓝色

“#caebfa”，在属性栏中选择工具模式为“形状”，在图像中绘制出鱼图形。

STEP 9 复制图像

适当缩小鱼图像，选择【编辑】/【变换】/【水平翻转】命令；选择移动工具，按住【Alt】键复制移动多个鱼图像，得到首页分类介绍版块。

STEP 10 绘制曲形图像

新建一个图层，选择钢笔工具，更改工具模式为“路径”，在图像下方绘制一个曲线图形；按【Ctrl+Enter】组合键将路径转换为选区，填充为天蓝色“#76d1fe”。

STEP 11 编辑曲形图像

在“路径”面板中选择工作路径，也就是上一步骤所绘制的曲线路径；使用钢笔工具对其做适当的编辑，缩短曲线上下两侧，然后将路径转换为选区，填充为较浅的蓝色“#92defe”。

STEP 12 编辑图像

在“路径”面板中选择工作路径，再次使用钢笔工具对其做编辑；将路径转换为选区后填充为天蓝色“#bfecff”。

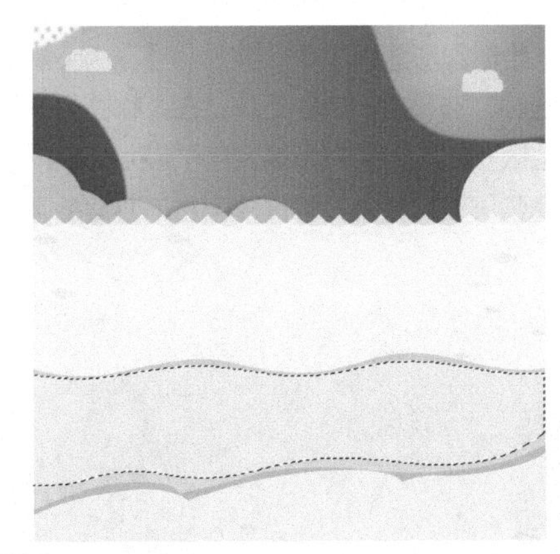

STEP 13 复制鱼图像

选择绘制的鱼图形，复制多个图像，将其颜色设置为白色，放到曲线图像中，使用相同的方法继续绘制其他鱼图形，得到首页中的优惠栏版块。

9.2.2 制作版块广告内容

本小节将制作各版块中的具体内容，由于图像和文字内容较多，所以制作时需要仔细调整画面效果，其具体操作步骤如下。

微课：制作版块广告内容

STEP 1 添加素材图像

打开“女模特 .psd”素材图像，使用移动工具将其拖动到当前编辑的图像中；适当调整图像大小，放到首页广告版块中。

STEP 2 绘制圆形图像

新建一个图层，选择椭圆选框工具，在人物图像左侧绘制一个正圆形选区；将选区填充为深蓝色“#2ea5ea”，并在图层面板中调整该图层位置，将其放到左下方层叠圆形图像的下一层。

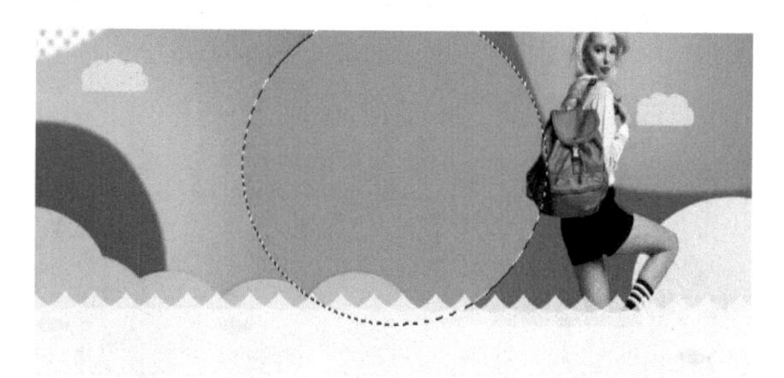

技巧秒杀

将图层编组

在图像编辑的过程中，当图层越来越多时，可以对图层做分组处理，选择同一类的图层，按【Ctrl+G】组合键即可将图层编组，这样将方便对图层的操作和管理。

STEP 3 设置描边样式

选择【图层】/【图层样式】/【描边】命令，打开“图层样式”对话框；设置描边颜色为白色，大小为 15 像素，再设置其他相关参数，得到图像描边效果。

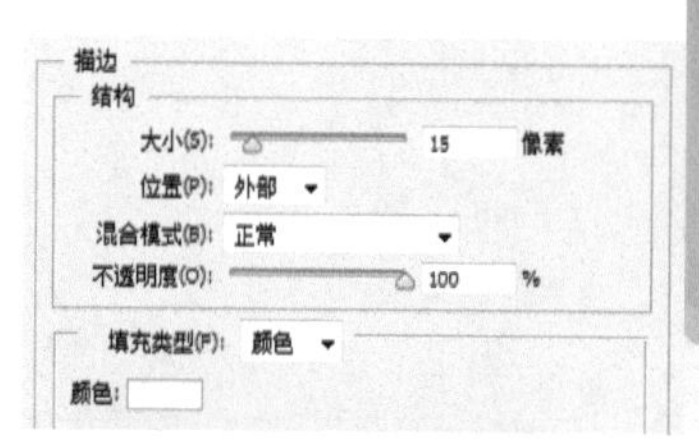

STEP 4 设置图层样式

选择“渐变叠加”样式，设置渐变颜色从白色到灰色，混合模式为“叠加”，再设置其他参数；选择“外发光”样式，设置外发光颜色为墨绿色“#1d6c87”，再设置其他参数，得到添加图层样式的图像效果。

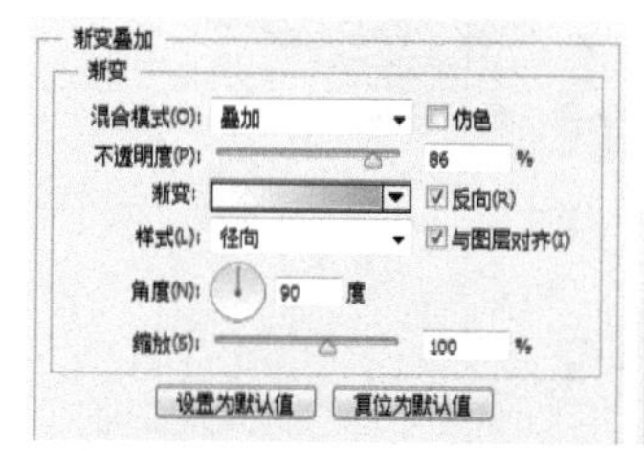

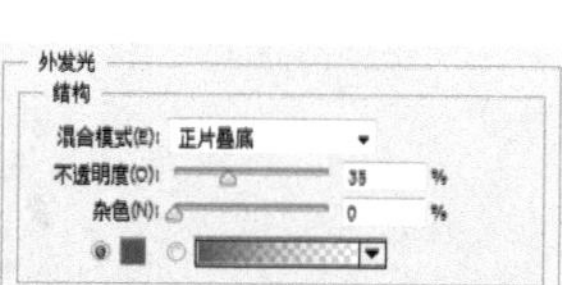

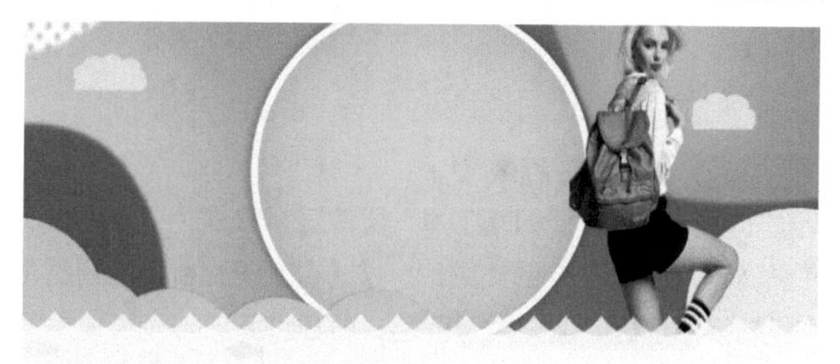

STEP 5 输入文字

选择横排文字工具，在圆形图像中输入两行文字；然后在属性栏中设置字体为方正粗圆简体，并填充为白色。

STEP 6 添加斜面和浮雕样式

在“图层”面板中双击文字图层空白处，打开“图层样式”对话框；选择“斜面和浮雕”样式，设置样式为内斜面，再设置其他参数；在“阴影”栏中设置高光模式为白色、阴影模式为蓝色。

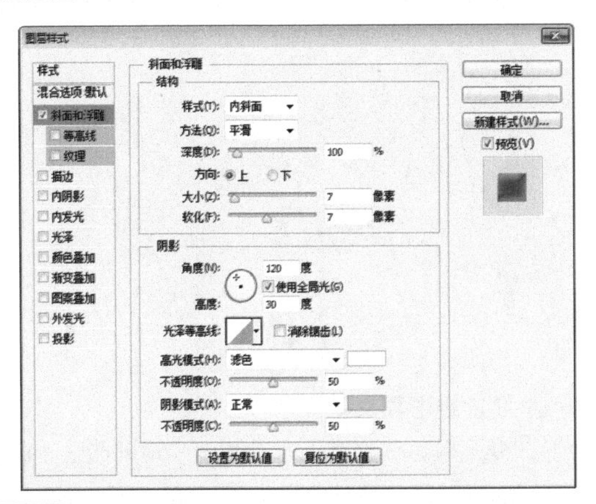

STEP 7 添加投影样式

选择“投影”样式，设置投影颜色为较深一些的蓝色“#38b1da”，再设置其他参数；单击 确定 按钮，得到文字的特殊效果。

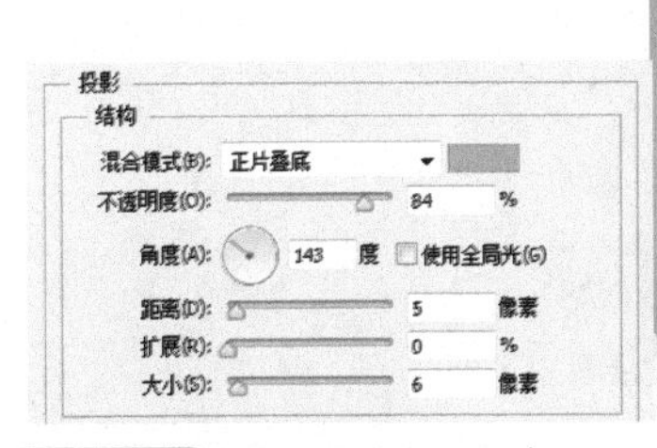

STEP 8 输入文字

选择横排文字工具，在文字上方输入一行较小的文字；在属性栏中设置字体为方正准圆简体，并适当调整文字大小，填充为白色。

STEP 9 添加投影样式

选择【图层】/【图层样式】/【投影】命令，打开“图层样式”对话框；设置投影颜色为蓝色“#38b1da”，再设置其他参数，得到文字的投影效果。

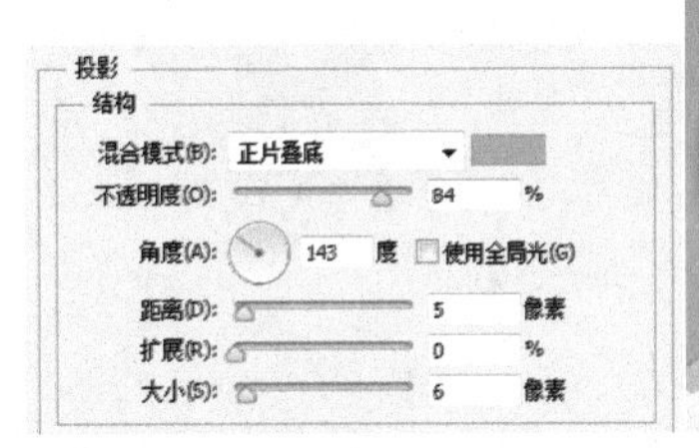

STEP 10 绘制圆角矩形

选择圆角矩形工具，在属性栏中设置工具模式为“像素”、“半径”为 100 像素；新建一个图层，设置前景色为橘黄色“#ff993e”，在文字下方绘制一个圆角矩形。

STEP 11 输入文本

为圆角矩形添加投影样式，参数设置与步骤 9 相同；选择横排文字工具，在圆角矩形中和下方分别输入文字，适当调整文字大小，设置字体为方正准圆简体，填充为白色。

STEP 12 添加产品图像

打开“红包 .psd”素材图像，选择移动工具将其拖动到当前编辑的图像中，放到广告版块左侧，完成该版块的内容制作。

STEP 13 绘制矩形

选择矩形选框工具，在分类介绍版块中绘制多个矩形选区，将该版块中的类别划分出来；分别将其填充为白色、淡绿色、淡紫色等较淡的颜色。

STEP 14 添加产品图像

打开“广告分类素材 .psd”，使用移动工具将其拖动到当前编辑的图像中，分别将素材图像放到分类广告版块中。

技巧秒杀

添加多个素材

该版块中的素材较多，所以本实例素材已经分类列好，读者只需打开素材直接拖动过来，放到该版块中即可。

STEP 15 添加文字

选择横排文字工具，在左侧第一个分类栏中输入文字“春季新品”，在属性栏中设置字体为方正粗圆简体，填充颜色为水绿色“#25a6bb”。

STEP 16 添加矩形和文字

选择矩形选框工具，在文字下方绘制一个矩形选区，填充为水绿色“#25a6bb”；选择横排文字工具，在其中输入文字，填充为白色；选择多边形套索工具，在矩形右侧绘制一个三角形选区，填充为白色。

STEP 17 制作其他分类版块

使用横排文字工具，分别在其他分类栏中输入相应的文字，分别填充为不同的颜色，再适当添加一些圆角矩形和线条等图形，完成分类版块的制作。

STEP 18 添加素材图像

打开“虚线 .psd”素材图像，使用移动工具将其拖动到当前编辑的图像中，调整位置到优惠版块中。

STEP 19 输入文字

选择横排文字工具，在虚线图像中输入一行文字，在属性栏中设置字体为黑体，填充为黑色。

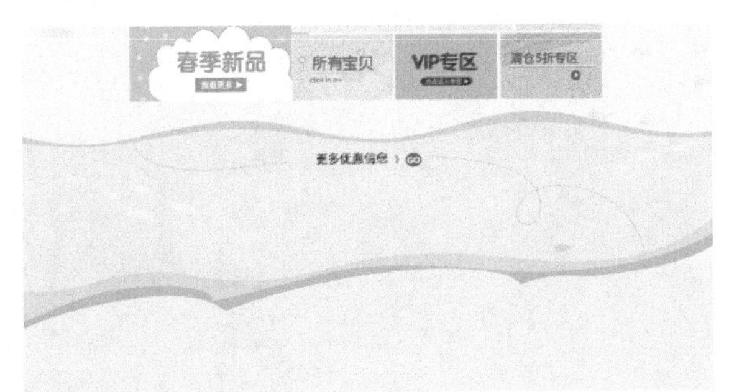

STEP 20 绘制圆形图像

新建一个图层，选择椭圆选框工具，按住【Shift】键绘制一个正圆形选区，填充为白色。

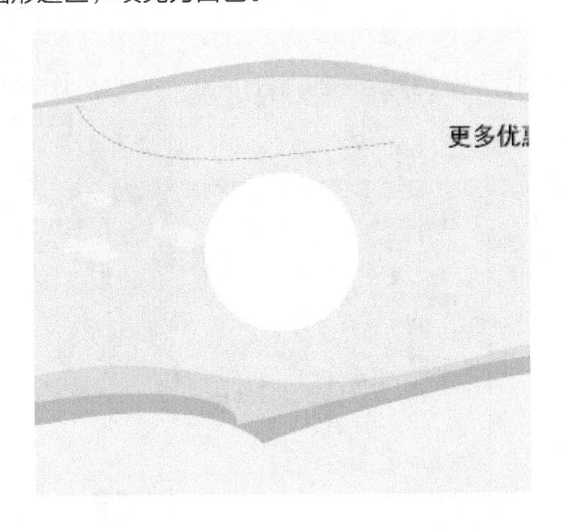

STEP 21 添加投影

在“图层”面板中双击该圆形所在图层，打开“图层样式”对话框；选择“投影”样式，设置投影颜色为黑色，再设置其他参数。

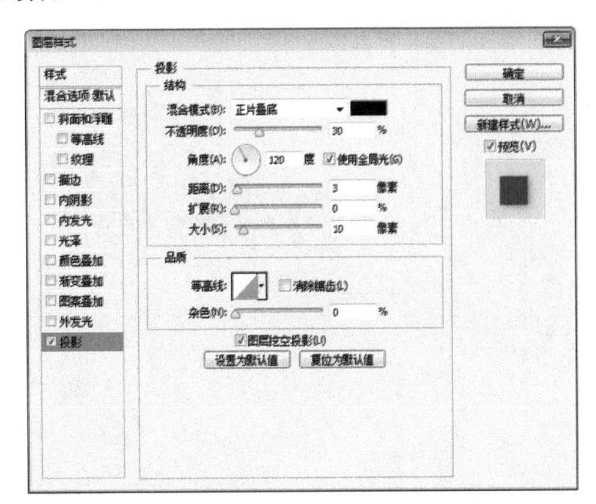

STEP 22 查看投影效果

单击 确定 按钮，得到白色圆圈的投影效果，使图像更具立体感。

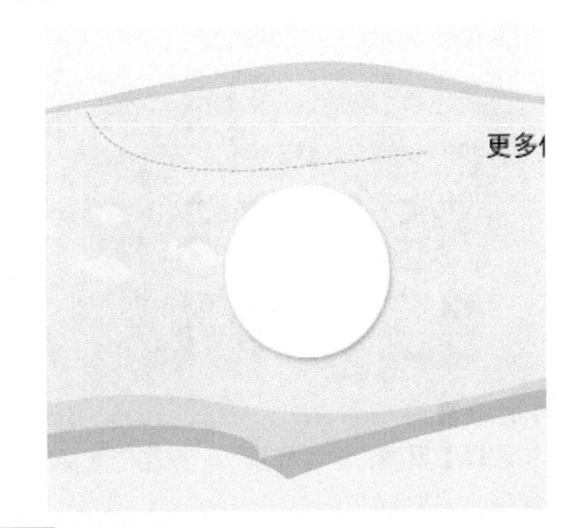

STEP 23 绘制矩形

新建一个图层，选择矩形选框工具，在图像中绘制一个矩形选区，填充为淡蓝色“#7dd1fb”；选择【图层】/【创建剪贴蒙版】命令，隐藏超出圆形以外的图像，只显示圆形内部的蓝色图像。

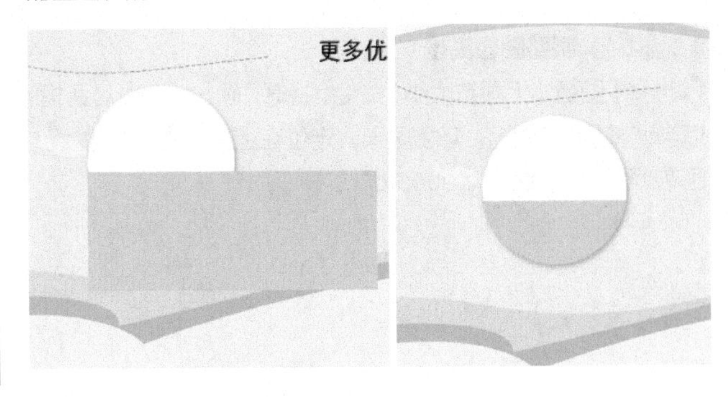

STEP 24 输入文字

选择横排文字工具，分别在圆形图像中输入文字，并设置中文字体为微软雅黑，数字字体为 Myriad Pro，分别填充为白色、黑色、红色。

STEP 25 绘制箭头图形

选择自定形状工具，在属性栏中单击“形状”右侧的下拉按钮；在打开的面板中选择“箭头”图形。

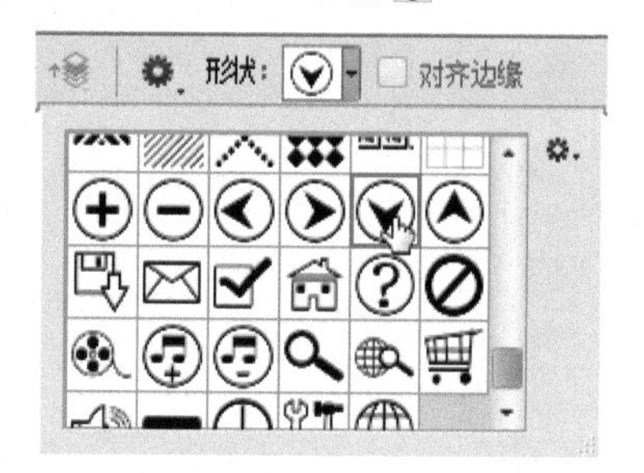

STEP 26 绘制箭头

在属性栏中选择工具模式为“像素”，在圆形图像中绘制出向下箭头图形，填充为白色。

STEP 27 复制图像

复制圆形图像和其中的所有文字，改变优惠券的金额，排列成一行，完成本实例的制作。

9.2.3 制作产品第一栏内容

微课：制作产品第一栏内容

本小节主要制作产品第一栏中的内容，绘制多个矩形，制作产品和栏目分类，得到清晰的内容介绍，其具体操作步骤如下。

STEP 1 调整图像高度

①选择【图像】/【画布大小】命令，打开“画布大小”对话框，适当调整图像高度为 132 厘米，定位在上方；②设置扩展画布颜色为淡紫色“#ebedfd”。

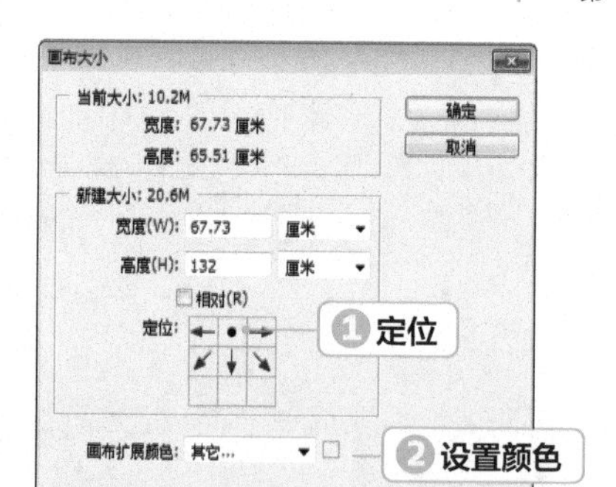

STEP 2 扩展画布效果

单击确定按钮，将得到扩展画布后的图像效果。

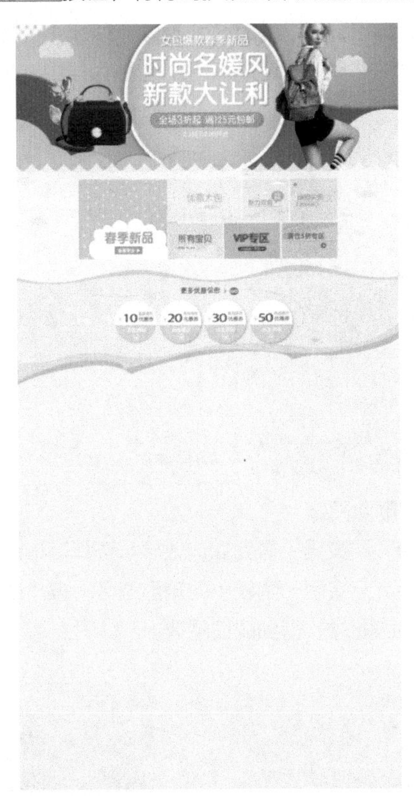

STEP 3 绘制矩形

新建一个图层，选择矩形选框工具，在图像下方绘制两个长条矩形选区，填充为紫色“#9070ff”。

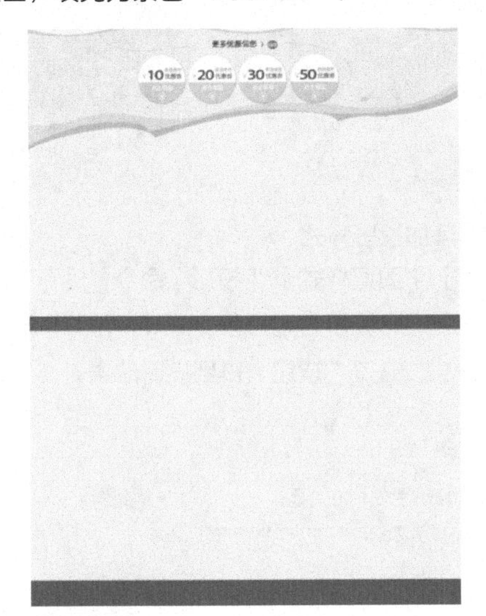

STEP 4 调整图像高度

新建一个图层，选择矩形选框工具，在内页第一栏中绘制一个矩形选区，将其填充为粉紫色“#cabbfe”；打开“时尚模特.psd”素材图像，使用移动工具将其拖曳到内页图像中，放到粉紫色图像左侧。

STEP 5 添加投影

新建一个图层，将其放到模特图像所在图层的下方，选择矩形选框工具，在属性栏中设置羽化值为 10 像素；在图像下方绘制一个矩形选区，并填充为白色，得到边框发光效果。

疑难解答

网店的页面长度

当用户浏览网店页面时，通常产品内页都较长，但设计风格和分类方式相似，不同的只是产品和文字介绍的替换。所以，本实例只介绍了一部分产品页面，读者在实际应用中，可以根据需要，制作出更长的产品页面。

STEP 6 绘制矩形

选择矩形选框工具，在第一栏矩形中再绘制一个矩形选区；设置前景色为紫色“#9070ff”，按【Alt+Delete】组合键填充选区。

STEP 7 绘制圆形

新建一个图层，选择椭圆选框工具，按住【Shift】键在紫色矩形左上方绘制一个正圆形选区；填充为粉紫色“#cabbfe”。

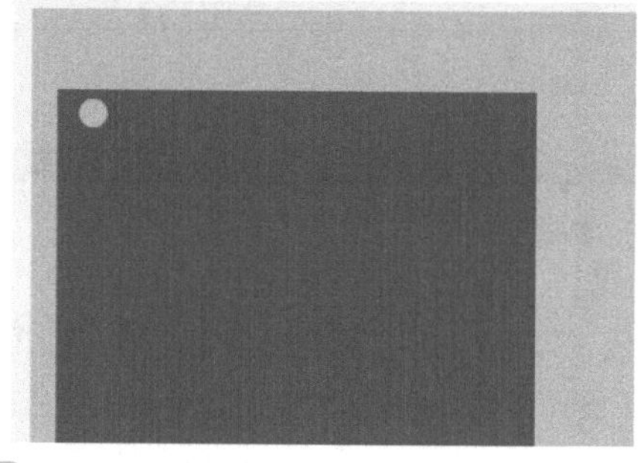

STEP 8 绘制圆角矩形

选择圆角矩形工具，在属性栏中选择工具模式为像素，半径为 50 像素；设置前景色为白色，在圆形上方绘制一个圆角矩形，得到一组链条图像。

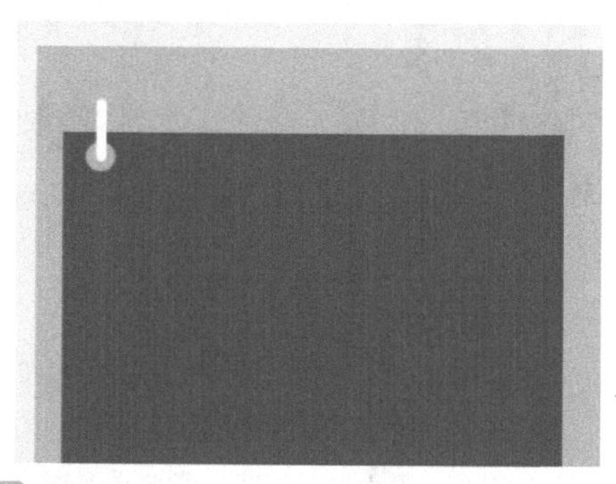

STEP 9 复制图像

多次按【Ctrl+J】组合键复制该链条图像；将复制的链条图像向右依次排放。

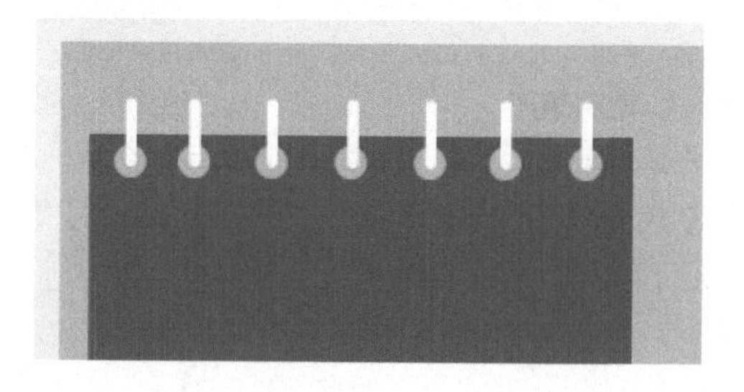

STEP 10 添加描边

新建一个图层，选择矩形选框工具，在链条下方绘制一个矩形选区；选择【编辑】/【描边】命令，打开“描边”对话框，设置宽度为 2 像素，颜色为白色，位置为居中。

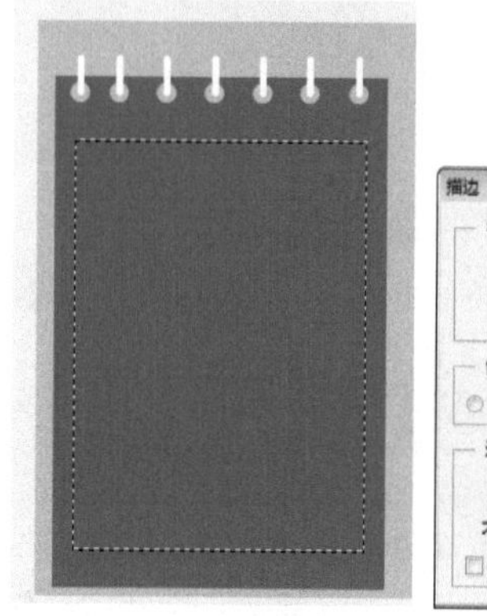

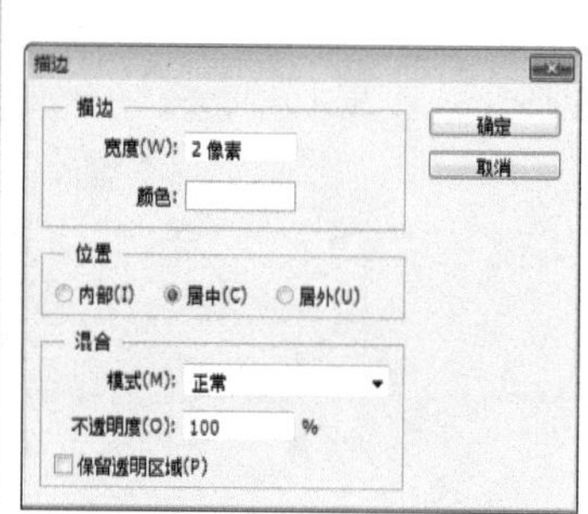

STEP 11 删除图像

单击确定按钮，得到描边效果；选择矩形选框工具，在描边矩形下方绘制一个较小的矩形选区，按【Delete】键删除选区中的图像，得到缺口图像。

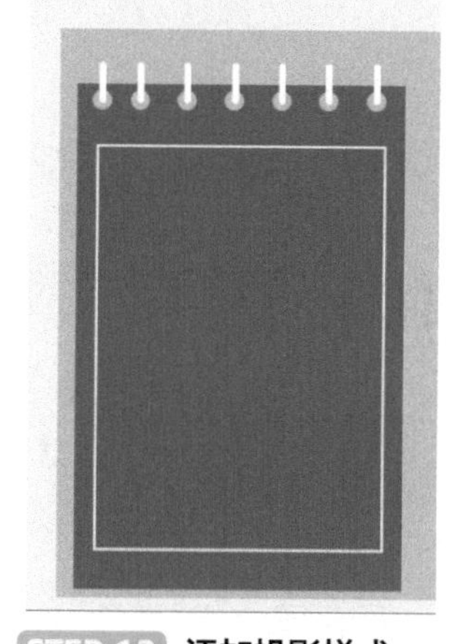

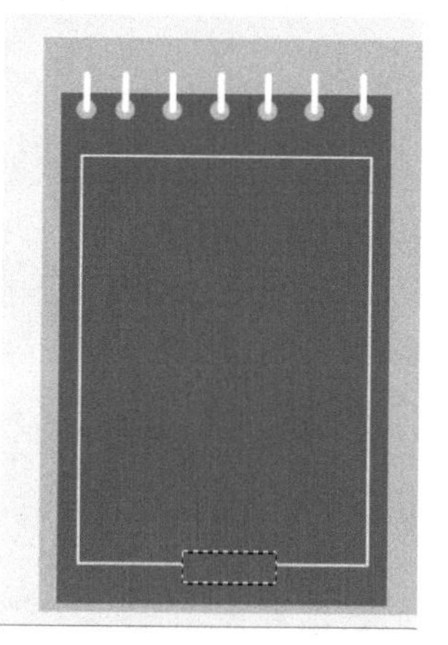

STEP 12 添加投影样式

选择【图层】/【图层样式】/【投影】命令，打开“图层样式”对话框；设置投影颜色为紫红色“#6b42f9”，再设置其他参数；单击确定按钮，得到投影效果。

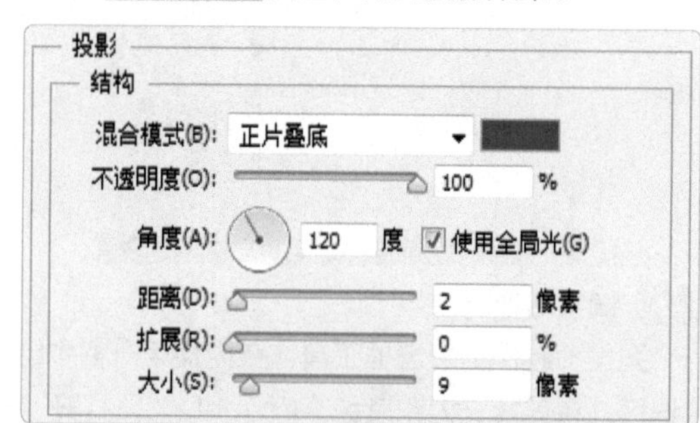

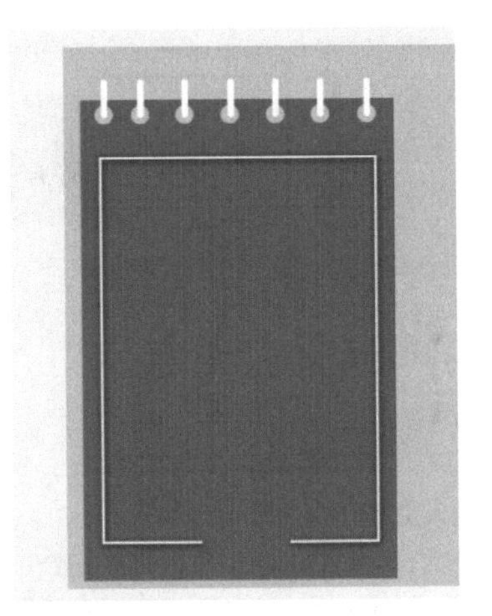

STEP 13 **绘制圆角矩形**

选择圆角矩形工具，在属性栏中选择工具模式为“形状”，半径为 50 像素；设置前景色为白色，在图像中绘制一个圆角矩形，这时“图层”面板中将自动生成一个形状图层。

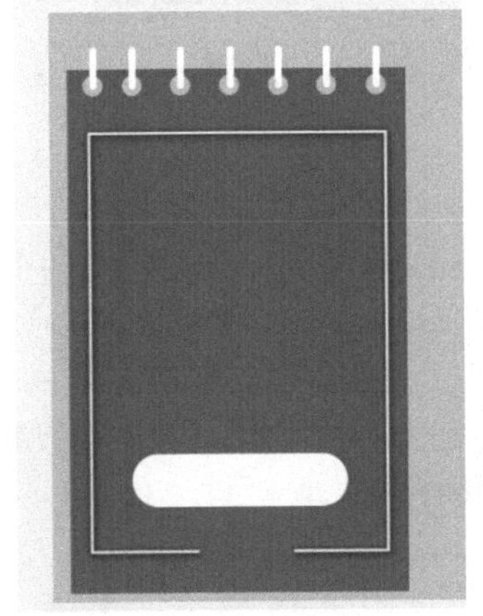

STEP 14 **添加投影样式**

双击该图层，打开“图层样式”对话框；选择“投影”样式，为其应用与描边矩形相同的投影参数。

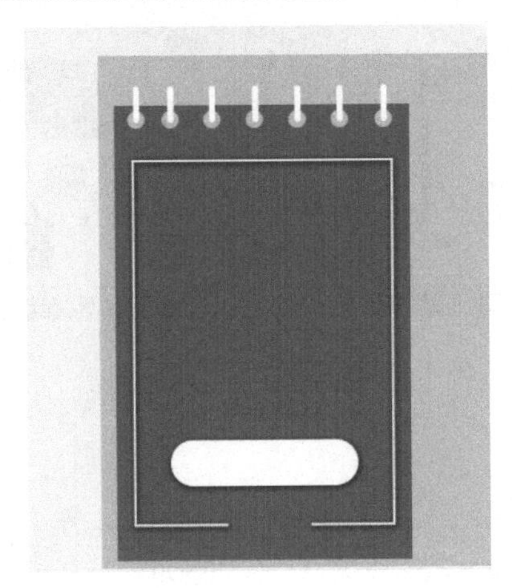

STEP 15 **输入文字**

选择横排文字工具，在绘制的该组图像中输入文字；在属性栏中设置字体为方正粗圆简，然后适当调整文字大小和位置，分别将文字填充为下图中的颜色。

STEP 16 **绘制矩形**

新建一个图层，选择矩形选框工具，在第一栏中绘制一个矩形选区，填充为白色。

STEP 17 **绘制圆角矩形**

新建一个图层，选择圆角矩形工具，在属性栏中设置“半径”为 50 像素；在白色矩形左上方绘制一个圆角矩形，填充为紫色“#9070ff”。

STEP 18 **创建剪贴蒙版**

选择【图层】/【创建剪贴蒙版】命令，圆角矩形将与下一层白色矩形相减，隐藏部分圆角矩形图像。

STEP 19 输入文字

选择横排文字工具，在该版块中输入文字；分别选择文字，在属性栏中设置字体为方正粗圆简，适当调整文字大小，参照下图为文字填充颜色。

STEP 20 添加素材图像

打开“时尚手包 .psd”素材图像，使用移动工具将其拖曳到当前编辑的图像中；适当调整图像大小，放到白色矩形中。

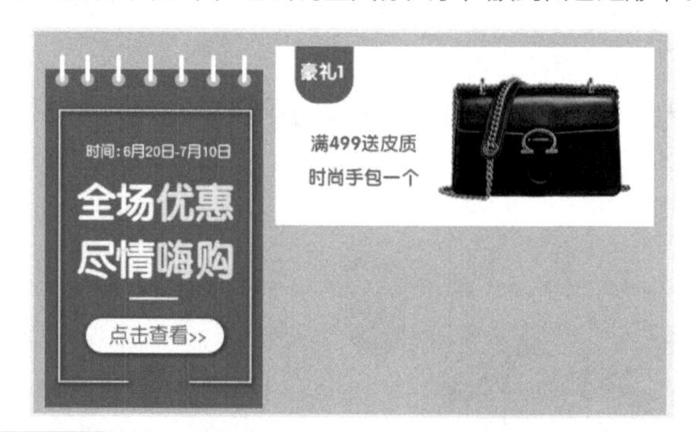

STEP 21 绘制白色圆角矩形

选择圆角矩形工具，在属性栏中设置半径为 20 像素；按住鼠标左键拖动，分别绘制两个圆角矩形，放到白色矩形下方。

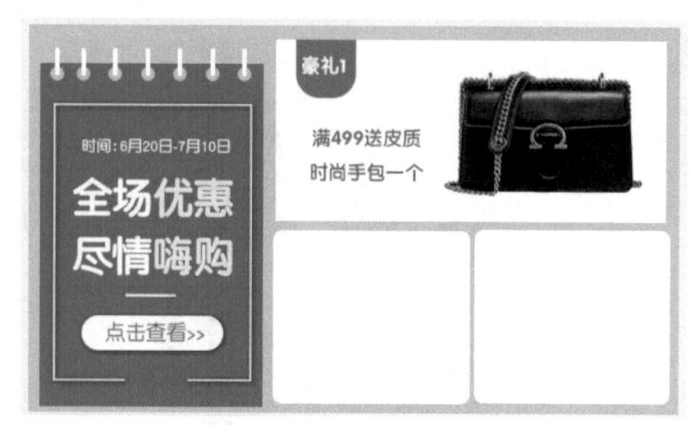

STEP 22 输入文字

参照步骤 18~20 的操作方法，在这两个圆角矩形中创建半截圆角矩形，并输入文字。

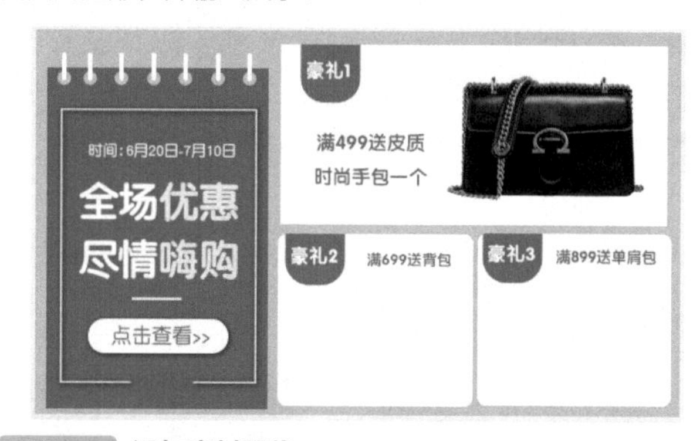

STEP 23 添加素材图像

打开“礼品包 .psd”素材图像，使用移动工具将两种包拖动过来，将背包放到左侧圆角矩形中，将手提包放到右侧圆角矩形中，完成第一栏内页版块的制作。

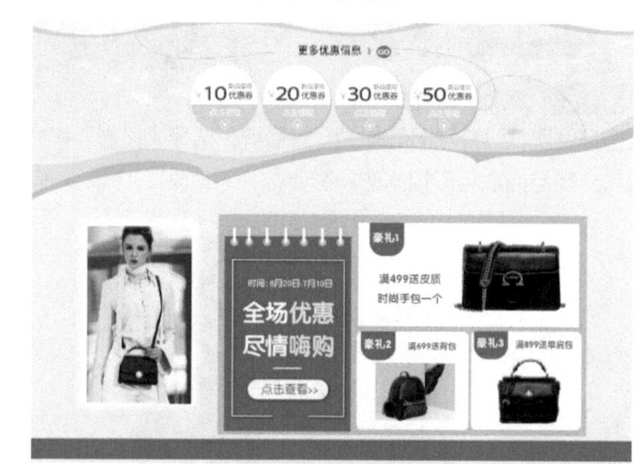

9.2.4 制作产品第二栏内容

本小节主要制作产品第二栏中的内容，包括具体的活动内容和产品的价格介绍等，其具体操作步骤如下。

微课：制作产品第二栏内容

STEP 1 **填充选区**

新建一个图层，选择矩形选框工具，在第二栏图像中绘制矩形选区；填充选区为淡紫色“#ddd3fd”。

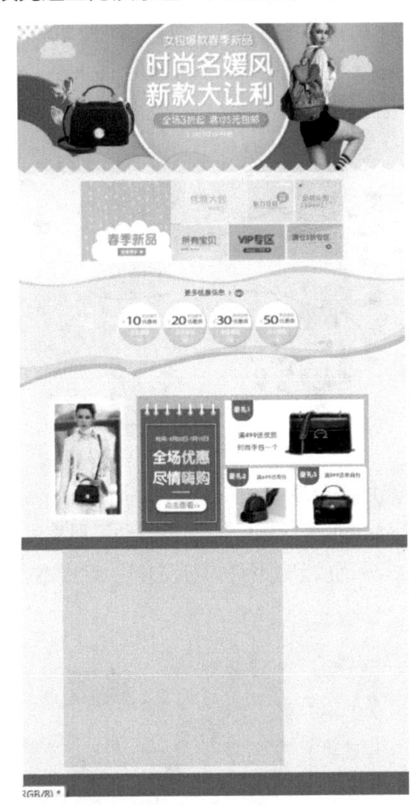

STEP 2 **添加素材图像**

打开“母子包 .psd”素材图像，使用移动工具，将母子包图像拖动过来；适当调整图像大小，放到内页广告第二栏中。

STEP 3 **绘制圆角矩形选区**

新建一个图层，选择圆角矩形工具，在属性栏中设置工具模式为路径，半径为30像素；在母子包下方绘制一个圆角矩形；按【Ctrl+Enter】组合键将路径转换为选区。

STEP 4 **填充选区**

使用渐变工具，设置颜色从橘黄色“#d2b628”到黄色“#ffef9a”到橘黄色“#d2b628”；在选区中从左到右应用线性渐变填充，得到渐变圆角矩形。

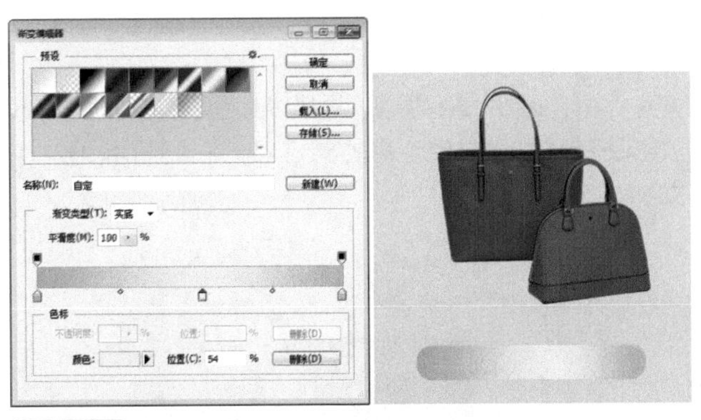

STEP 5 **复制图像**

按【Ctrl+J】组合键复制一次该图层，将复制的图像颜色填充为从黄色“#ffef9a”到橘黄色“#d2b628”到黄色“#ffef9a”；按【Ctrl+T】组合键适当缩小图像，得到重叠渐变图像效果。

STEP 6 **绘制图像**

使用圆角矩形工具，在橘黄色圆角矩形中再绘制一个较小的圆角矩形，填充为紫色“#6241d4”；在该图像左侧绘制一个矩形，填充为较淡一些的紫色“#7453ea”，通过剪贴蒙版命令，得到半截图像效果。

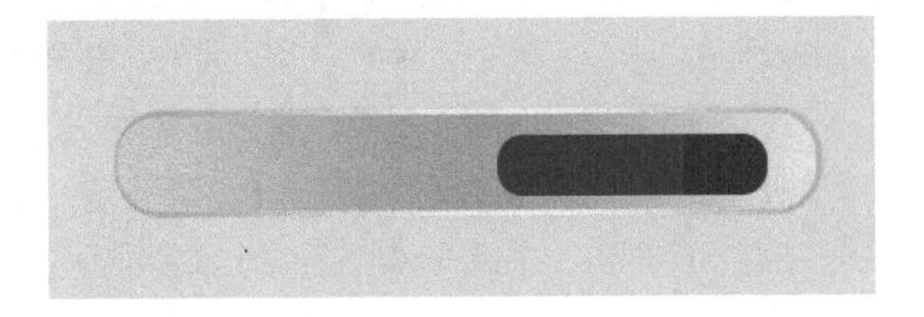

STEP 7 输入文字

选择横排文字工具，在圆角矩形中输入文字；分别调整文字大小和颜色，参照下图的方式排列文字。

STEP 8 输入文字

打开“彩环 .psd”素材图像，选择移动工具将其拖动过来，放到母子包右上方；使用横排文字工具，在该图形中输入文字。

STEP 9 复制图像

选择母子包和文字等图像所在图层，将其复制 3 个并分散排列，删除多余的图像。然后打开素材图像“鲶鱼包 .png”“斜挎手提包 .png”“铆钉小方包 .png”，使用移动工具将其拖动到母子包所对应的位置，缩放到合适大小，最后修改对应女包的价格和名称。

STEP 10 添加素材图像

打开“皮球 .psd”素材图像，使用移动工具将美女和皮球图像拖曳过来，分别放到画面右侧空白处，完成本实例的制作。

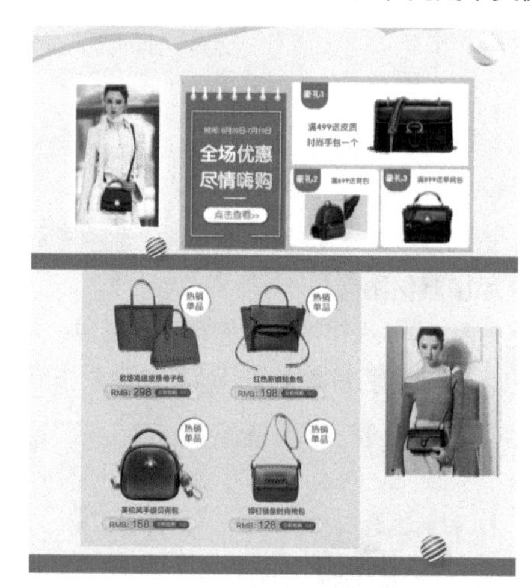

高手秘籍

1. 网店图片配色的原则

色彩是视觉与美学的组成元素之一，它与公众的生理和心理反应密切相关，所以在设计网店图片的时候千万注意颜色的运用及色彩搭配。下面就简略说说网店图片各种颜色的应用原则。

- 白色系：白色是全部可见色均匀混合而成的，称为全光色，是光明的象征色。在图片设计中，白色具有高级、科技的意象，通常需要和其他颜色搭配使用。纯白色会带给人寒冷、严峻的感觉，所以在使用白色时，都会掺一些其他色彩，如象牙白、米白、乳白、苹果白等。另外，在同时运用几种色彩的页面中，白色和黑色可以说是最显眼的颜色。
- 黑色系：黑色具有高贵、稳重、科技的意象，许多科技产品的用色，如电视、音响、摄影机等大多采用黑色调，在其他方面，黑色具有庄严的意象，也常用于在一些特殊场合的空间设计，生活用品和服饰用品设计大多利用黑色来塑造高贵的形象，也是一种永远流行的主要颜色。

- 蓝色系：高彩度的蓝色会营造出一种整洁轻快的映像；低彩度的蓝色会给人一种都市化的现代派映像。主颜色选择明亮的蓝色，配以白色的背景和灰色的辅助色，可以使图片干净而简洁，给人庄重、充实的印象。
- 绿色系：绿色本身具有一定的与健康相关的感觉，所以也经常用于与健康相关的网店。绿色还经常用于一些公司的公关站点或教育站点。当搭配使用绿色和白色时，可以得到清新自然的感觉，当搭配使用绿色和红色时，可以得到鲜明且丰富的感觉。
- 红色系：红色是强有力、喜庆的色彩，具有刺激效果，容易使人产生冲动，是一种雄壮的精神体现，给人愤怒、热情、活力的感觉。高亮度的红色通过与灰色、黑色等非色彩搭配使用，可以得到现代且激进的感觉。低亮度的红色给人冷静沉着的感觉，可以营造出古典的氛围。

绿色系网店图片

红色系网店图片

2. 网店宣传广告词的创意技巧

广告是艺术和科学的融合体，而广告词又往往在广告中起到画龙点睛的作用。现将一些网店宣传广告词的创意表现类型列举如下。

综合型：所谓综合型就是“同一化”，概括地把产品加以表现。

暗示型：即不直接坦述，用间接语暗示。例如刀片广告词“赠给你爽快的早晨”。

双关型：一语双关，既道出产品，又别有深意。如一家钟表店以“一表人才，一见钟情”为广告词，深得情侣喜爱。

警告型：以“横断性”词语警告消费者，使其产生意想不到的惊讶。如一则护肤霜的广告词就是“20岁以后一定需要”。

比喻型：以某种情趣为比喻产生亲切感。如牙膏广告词“每天两次，外加约会前一次”。

反语型：利用反语，巧妙地道出产品特色，往往给人印象更加深刻。如牙刷广告词“一毛不拔”；打印机广告“不打不相识”。

经济型：强调在时间或金钱方面经济。“飞机的速度，卡车的价格”。如果你要乘飞机，当然会选择这家航空公司。“一倍的效果，一半的价格”，这样的清洁剂当然也会大受欢迎。

感情型：以缠绵轻松的词语，向消费者内心倾诉。如一家咖啡厅以“有空来坐坐”为广告词，虽然只是淡淡的一句，却打动了许多人的心。

韵律型：如诗歌一般的韵律，易读好记。如古井贡酒的广告词“高朋满座喜相逢，酒逢知己古井贡”。

幽默型：用诙谐、幽默的句子做广告，使人们开心地接受产品。例如杀虫剂广 告“真正的谋杀者”；脚气药水广告“使双脚不再生‘气’”；电风扇广告“我的名声是吹出来的”。

提高练习

1. 化妆品展示设计

打开提供的素材文件“森林.psd”，制作化妆品展示设计的具体要求如下。

素材：素材\第9章\森林.psd、化妆瓶.psd
效果：效果\第9章\化妆品展示设计.psd

- 打开“森林.psd”背景图像，添加化妆瓶素材图像。
- 选择画笔工具，设置笔触样式为柔角，绘制瓶身中的淡绿色曲线图像。
- 在“画笔”面板中调整画笔的间距和大小，添加“散布”样式，在曲线图像中添加白色圆点图像。
- 使用横排文字工具，在画面左侧输入文字。

2. 彩妆直通车广告

打开提供的素材文件“彩色背景.psd”，添加图像和文字，并对其进行编辑，要求如下。

素材：素材\第9章\唇彩.psd、彩色背景.psd
效果：效果\第9章\唇彩直通车.psd

- 打开“唇彩.psd”素材图像，使用移动工具将其拖动到彩色背景中。
- 选择横排文字工具，在画面上方输入文字，并做调整。
- 为文字添加投影样式。
- 使用钢笔工具绘制聚划算版块图形，并在其中添加文字。

化妆品展示设计

彩妆直通车广告

10 Chapter

第 10 章

广告设计

/ 本章导读

随着经济的持续高速增长，市场竞争越来越激烈，广告也从以前的“媒体大战”“投入大战”上升到广告创意的竞争。“创意”一词成为近几年广告界最流行的常用词。本章将通过多个实例，对广告与画册的制作进行详细介绍，让读者掌握广告与画册的创意设计和运用方法。

10.1 制作红酒广告

红酒拥有与生俱来的艺术气质。在进行红酒广告的设计时，要体现一定层次的享受、一定阶层的生活方式。下面将制作一款红酒广告，体现红酒尊贵、浪漫、时尚的效果。

素材：素材\第 10 章\底纹 .jpg、酒瓶 .psd、瓶标 .psd、酒 .psd、花瓣 .psd、印章 .psd

效果：效果\第 10 章\红酒广告 .psd

Chapter 10

10.1.1 绘制背景图像

本小节主要绘制红酒广告的背景图像。首先将背景填充为黑色，然后绘制一个椭圆选区并羽化，使用径向渐变对选区进行渐变填充，再结合蒙版，添加并编辑背景素材，其具体操作步骤如下。

微课：绘制背景图像

STEP 1 新建图像

❶选择【文件】/【新建】命令，打开“新建”对话框，设置文件名称为“红酒广告”，宽度为 30 厘米、高度为 45 厘米，分辨率为 100 像素 / 英寸；❷单击 确定 按钮，新建一个图像文件。

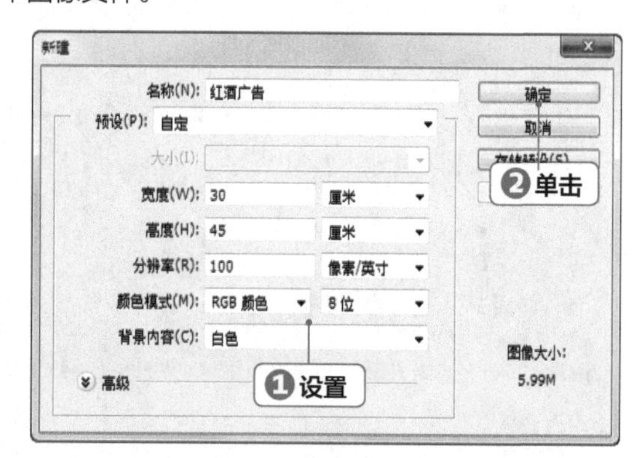

疑难解答

广告尺寸的标准

在实际工作中，海报招贴类广告没有特别固定的尺寸，设计师可以根据当地实际情况，测量合适的尺寸来制作广告。

STEP 2 填充背景

设置前景色为黑色，按【Alt+Delete】组合键将背景填充为黑色。

STEP 3 绘制并编辑椭圆选区

❶新建一个图层，选择椭圆选框工具，在画面中绘制一个椭圆选区，选择【选择】/【变换选区】命令，对选区适当进行旋转；❷选择【选择】/【修改】/【羽化】命令，设置选区羽化值为 120 像素；❸单击 确定 按钮完成设置。

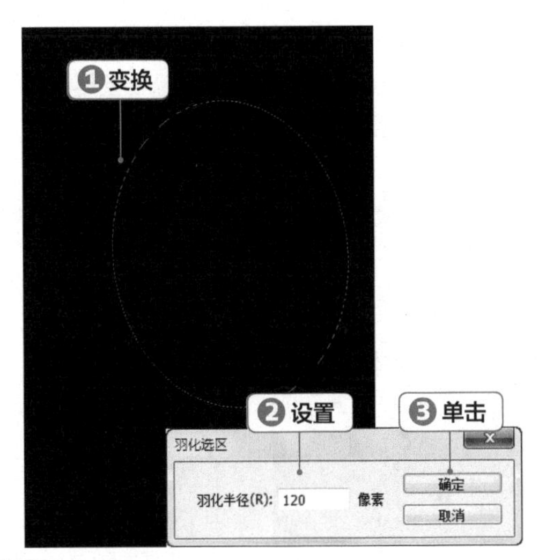

STEP 4 渐变填充选区

❶选择渐变工具，设置渐变色从深棕色"#453225"到白色渐变，选择"径向渐变"方式；❷单击选中☑反向复选框；❸在椭圆选区中由内向外进行渐变填充，按【Ctrl+D】组合键取消选区。

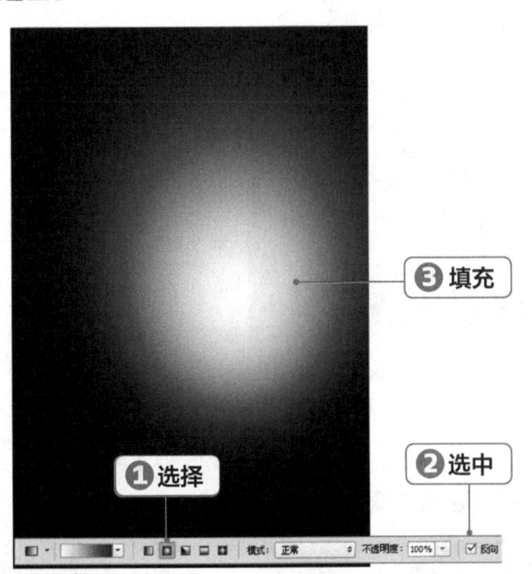

技巧秒杀

妙用渐变工具

在使用渐变工具渐变填充选区时，可以通过设置不同的起点，得到不同的渐变效果。在该操作中，渐变的起点是在选区中心偏下方。

STEP 5 添加并调整图像

打开"底纹.jpg"素材图像，使用移动工具将其拖动到当前编辑的图像中；按【Ctrl+T】组合键调整图像大小，并调整图像的位置。

STEP 6 添加图像蒙版

❶设置底纹素材的图层混合模式为"正片叠底"；❷在图层面板下方单击"添加图层蒙版"按钮，为底纹素材图层添加一个蒙版；❸在图层下方用画笔工具进行涂抹。

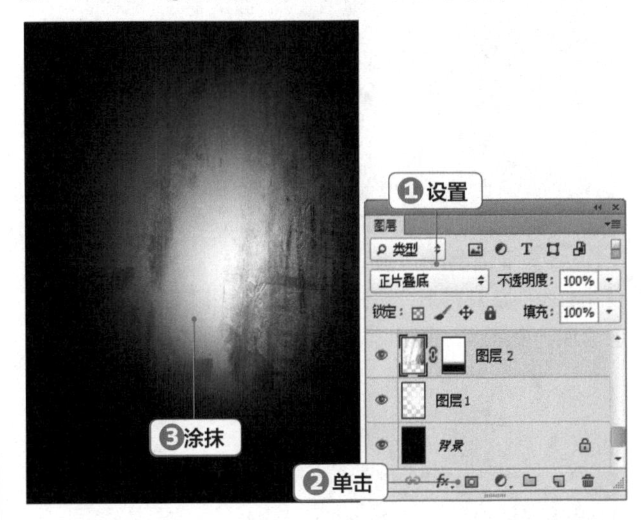

10.1.2 绘制广告主体图像

本小节主要制作广告的主体对象。先在图像中添加主体素材，然后使用图层蒙版功能对图像中的酒瓶标签、花瓣、酒等图像进行编辑，其具体操作步骤如下。

微课：绘制广告主体图像

STEP 1 添加酒瓶图像

打开“酒瓶 .psd”素材图像，使用移动工具将酒瓶拖动到当前编辑的图像中；按【Ctrl+T】组合键适当调整图像大小，并调整图像的位置。

STEP 2 添加酒图像

打开“酒 .psd”素材图像，使用移动工具将酒拖动到当前编辑的图像中；将酒放在酒瓶图层下方，并适当调整图像的位置。

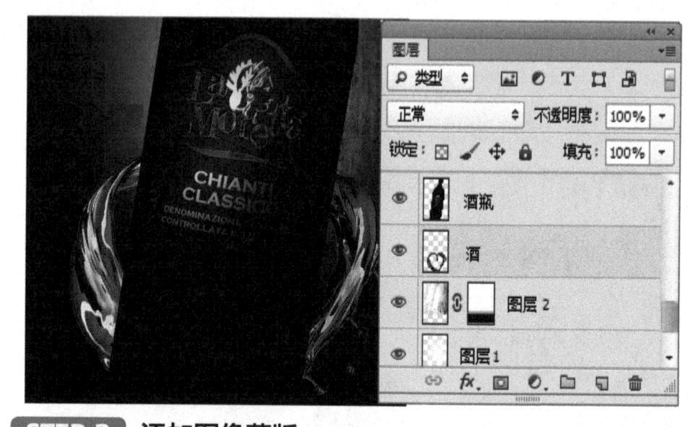

STEP 3 添加图像蒙版

在图层面板下方单击“添加图层蒙版”按钮，为酒素材图层添加一个蒙版；在图层蒙版下方用画笔工具进行涂抹。

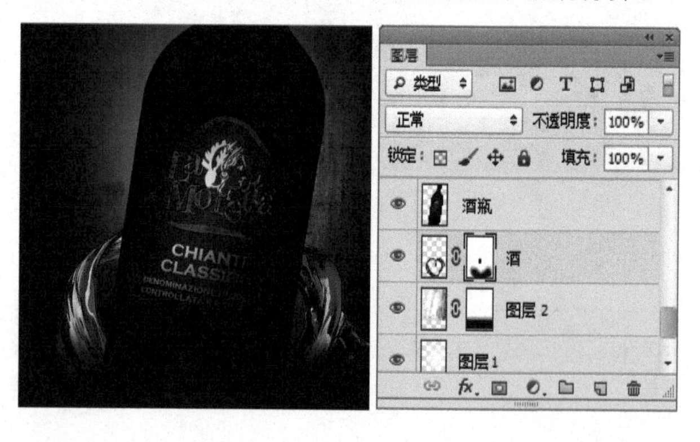

STEP 4 添加图像蒙版

选择酒瓶图层，在图层面板下方单击“添加图层蒙版”按钮，为酒瓶素材图层添加一个蒙版；在图层蒙版中用画笔工具进行涂抹。

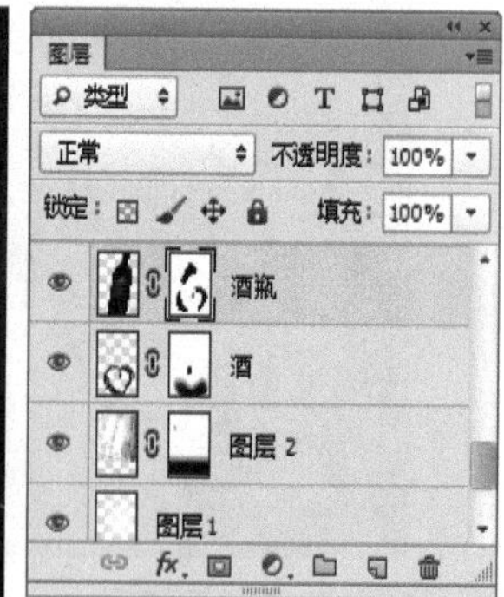

STEP 5 绘制高光

新建一个图层，将其放在酒瓶图层下方；设置前景色为白色，使用画笔工具在瓶颈下方进行涂抹，绘制高光。

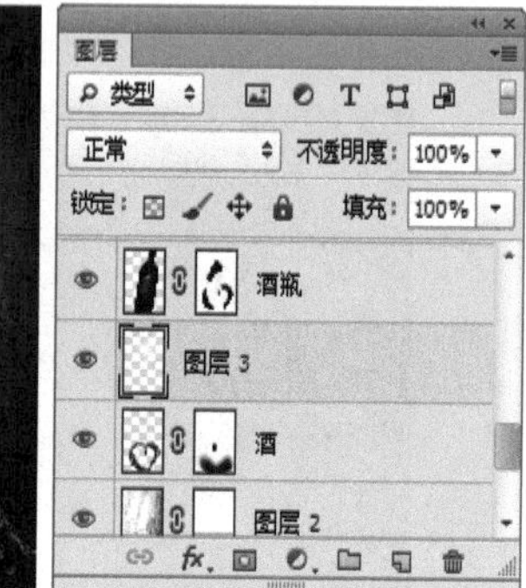

STEP 6 添加瓶标图像

打开“瓶标 .psd”素材图像，使用移动工具将瓶标拖动到当前编辑的图像中；将瓶标图层放在酒瓶图层上方，然后适当调整图像的位置。

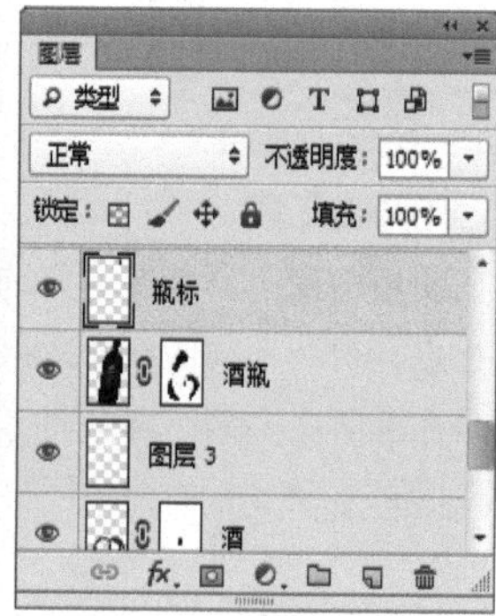

STEP 7 添加图像蒙版

在图层面板下方单击“添加图层蒙版”按钮，为瓶标素材图层添加一个蒙版；设置前色景为黑色，在图层蒙版中用画笔工具进行涂抹，涂抹时需设置画笔不透明度。

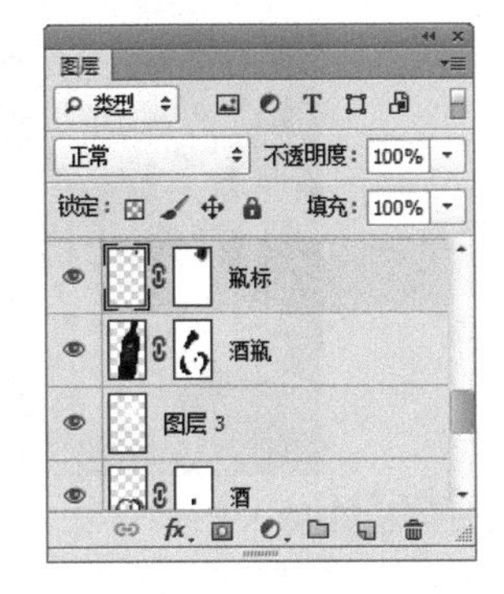

STEP 8 添加花瓣图像

打开"花瓣.psd"素材图像，使用移动工具将其拖动到当前编辑的图像中；为花瓣素材图层添加一个蒙版，用画笔工具在图层蒙版中进行涂抹。

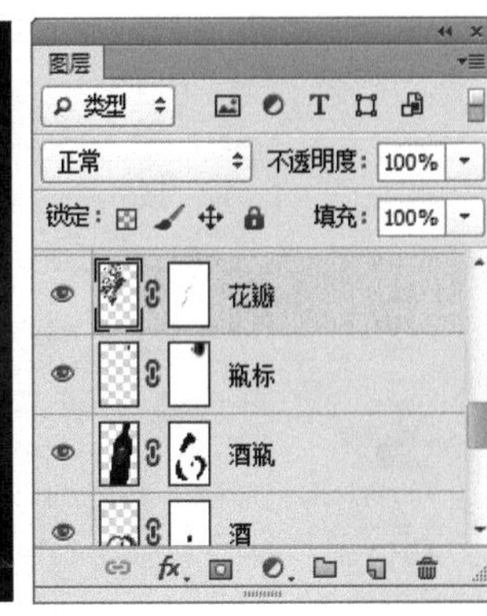

10.1.3 制作文字效果

本小节主要进行文字效果的制作。先创建特殊效果的文字"典"，单独对其进行编辑，并添加图层样式效果，使文字效果更加美观；然后使用相同的方法设置文字"藏"，最后设置其他文字效果，其具体操作步骤如下。

微课：制作文字效果

STEP 1 输入文字

❶选择横排文字工具，在图像左下方输入文字"典"；❷在文字属性栏中设置文字的字体和大小。

STEP 2 添加斜面和浮雕图层样式

选择【图层】/【图层样式】/【斜面和浮雕】命令，打开"图层样式"对话框，设置内斜面的深度、大小和软化参数分别为 399、13、3。

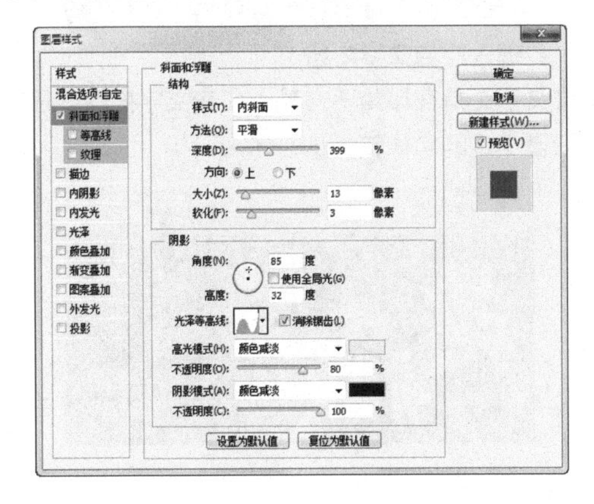

STEP 3 添加内阴影图层样式

❶选择"内阴影"样式；❷设置内阴影的不透明度、角度、距离和大小参数。

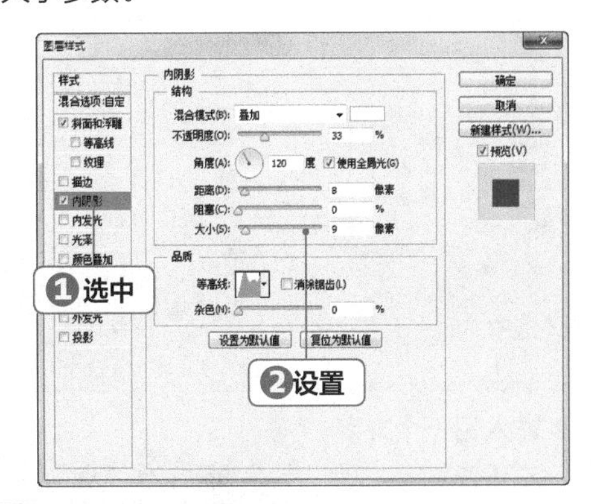

STEP 4 添加光泽图层样式

❶选择"光泽"样式；❷设置光泽的混合模式、距离和大小参数。

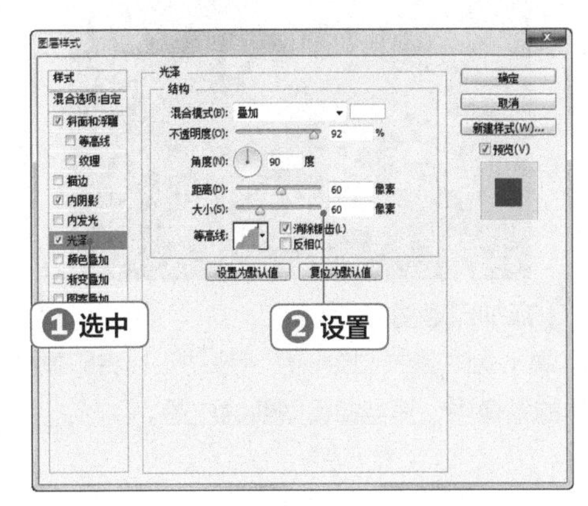

STEP 5 添加渐变叠加图层样式

❶选择"渐变叠加"样式；❷设置渐变叠加的不透明度和角度；❸单击渐变色条，打开"渐变编辑器"对话框，设置渐变色。

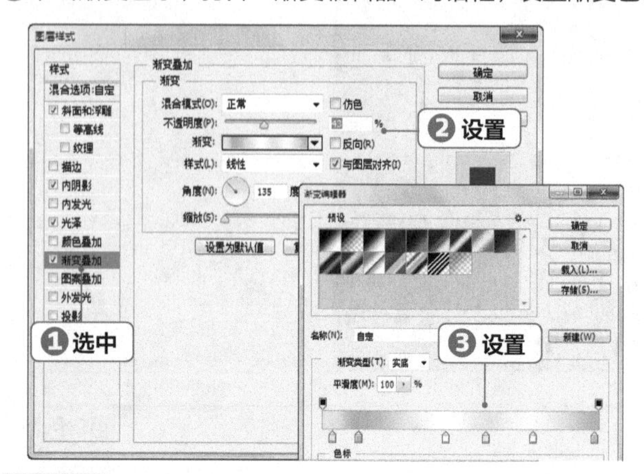

STEP 6 添加投影图层样式

❶选择"投影"样式；❷设置投影的角度、距离、扩展和大小；❸单击 确定 按钮。

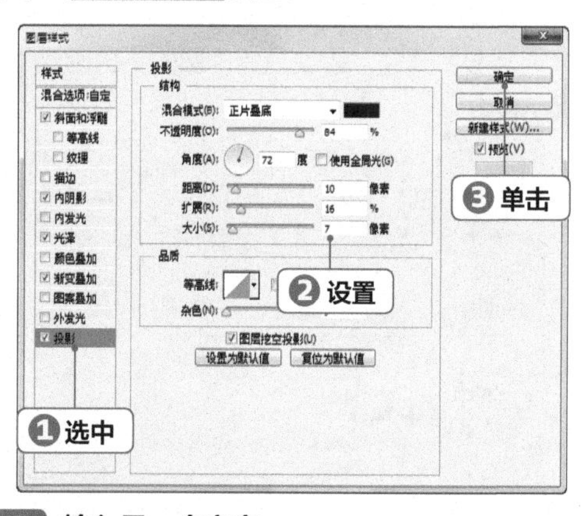

STEP 7 输入另一个文字

在"典"字右下方输入"藏"字，参照制作"典"字的方法设置"藏"字的图层样式。

STEP 8 添加印章图像

打开"印章.psd"素材图像，使用移动工具将印章拖动到当前编辑的图像中；适当调整图像的位置。

STEP 9 输入文字

使用横排文字工具在印章中输入文字"典藏　年"；在文字属性栏中设置文字的字体和大小。

STEP 10 输入数字

使用横排文字工具在"年"字前输入"15"；在文字属性栏中设置数字的字体和大小。

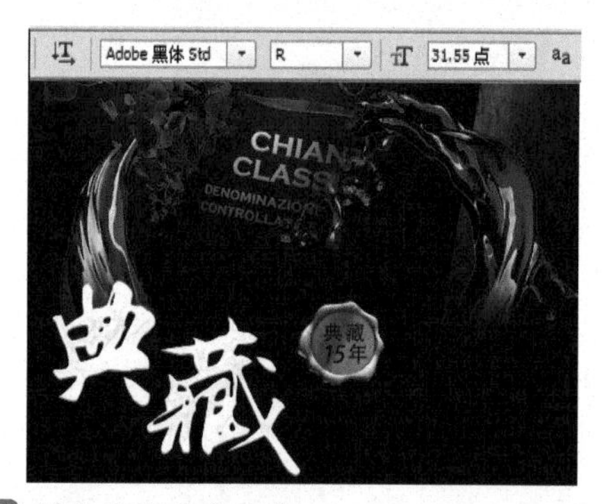

STEP 11 输入广告文字内容

使用横排文字工具在印章下方输入广告文字内容；在文字属性栏中设置文字的字体和大小。

STEP 12 输入红酒英文名

使用横排文字工具在图像左上方输入红酒英文名；在文字属性栏中设置文字的字体和大小。

STEP 13 输入红酒中文名

使用横排文字工具在图像左上方输入红酒中文名；在文字属性栏中设置文字的字体和大小，完成本实例的制作。

10.2 制作房地产开盘广告

房地产广告必须注重原创性。醒目而富有力量的大标题，简洁而务实的文案，具备识别性和连贯性的色彩运用，是每个房地产广告的必要因素。在浩瀚的信息流中仅能引起受众的注意显然是不足的，对于房地产广告来说，它更看中由注意力带来的后发效应。下面将制作房地产开盘广告，通过绚丽醒目的背景和文字来快速吸引人们的视线。

	素材：素材\第 10 章\背景 .jpg、花朵 .jpg、绸缎 .jpg、建筑 .psd
	效果：效果\第 10 章\房地产开盘广告 .psd

10.2.1 制作房地产广告背景

本小节将制作房地产广告的背景图像，首先要添加蓝色的背景素材，并通过图层蒙版对图像进行编辑，再使用画笔工具绘制星光图像，其具体操作步骤如下。

微课：制作房地产广告背景

STEP 1 新建图像

❶选择【文件】/【新建】命令，打开“新建”对话框，设置文件名称为“制作房地产开盘广告”，宽度为 20 厘米、高度为 29 厘米，分辨率为 150 像素 / 英寸；❷单击 确定 按钮，新建一个图像文档。

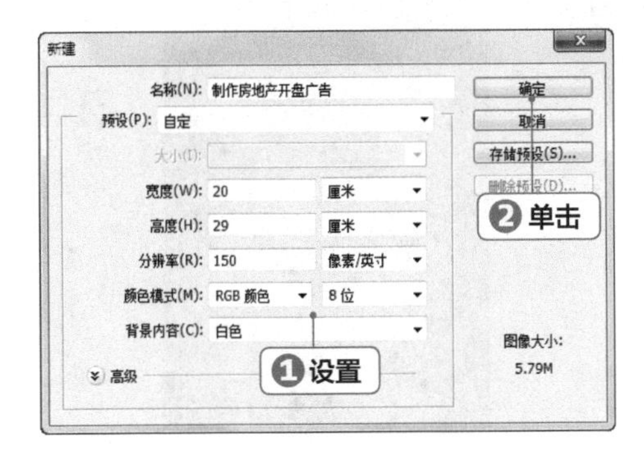

STEP 2 添加背景图像

打开“背景.jpg”素材图像，使用移动工具将背景拖动到当前编辑的图像中；按【Ctrl+E】组合键，将添加到的图像合并到背景图层。

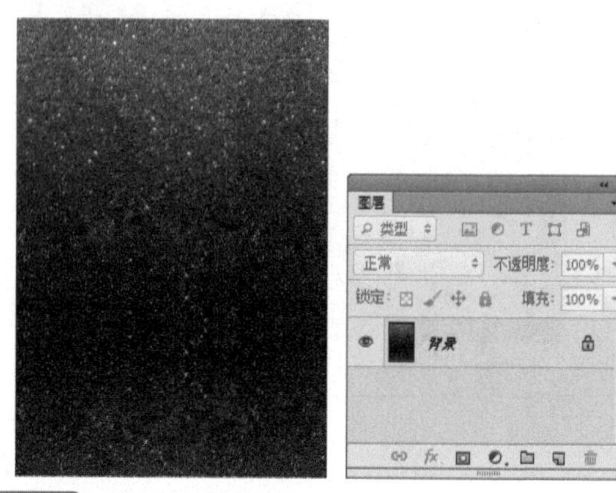

STEP 3 渐变填充图像

❶新建一个图层，选择渐变工具，设置渐变色从透明到黑色渐变；在工具属性栏中选择“径向渐变”方式，在图像中由内向外进行渐变填充；❷设置渐变图层的混合模式为“柔光”。

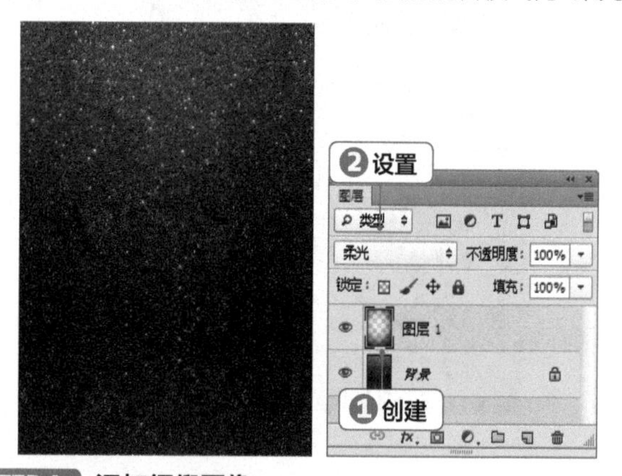

STEP 4 添加绸缎图像

打开“绸缎.jpg”素材图像，使用移动工具将绸缎拖动到当前编辑的图像中；适当调整绸缎的位置。

STEP 5 添加图像蒙版

❶设置绸缎素材的图层不透明度为“63%”；❷在图层面板下方单击“添加图层蒙版”按钮，为底纹素材图层添加一个蒙版；用画笔工具在图层上下方及两侧涂抹成黑色。

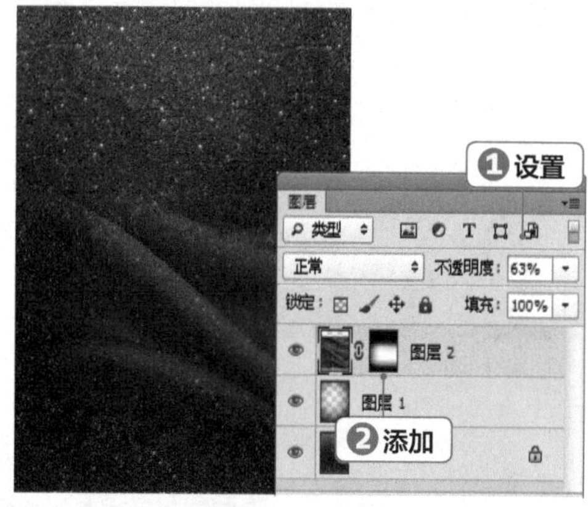

STEP 6 添加花朵图像

打开“花朵.jpg”素材图像，使用移动工具将花朵拖动到当前编辑的图像中。

STEP 7 擦除图像

使用橡皮擦工具将花朵周围的背景色擦除；适当调整花朵的位置。

STEP 8 添加调整图层

单击图层面板下方的“创建新的填充或调整图层”按钮，在弹出的列表中选择“色相 / 饱和度”选项；在打开的属性面板中设置色相为 +21、饱和度为 +42，改变图像色调。

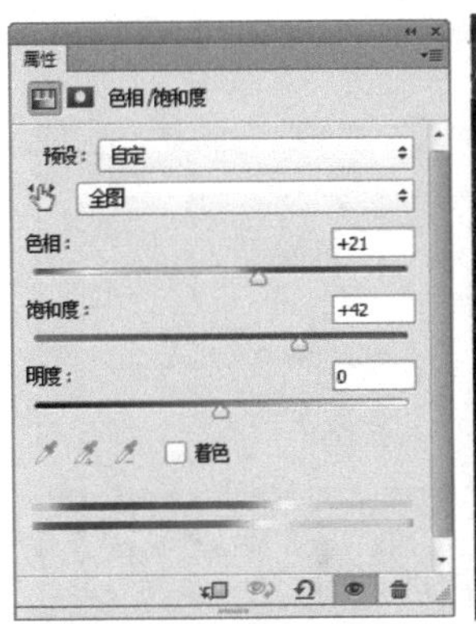

STEP 9 绘制圆形图像

❶新建一个图层，设置前景色为红色“#d74e64”，选择画笔工具，设置画笔硬度为 0、大小为 180、不透明度为 85%；❷在图像中绘制一个圆形图像。

STEP 10 绘制小圆形图像

❶打开画笔面板，设置画笔大小为 40 像素、硬度为 100%，单击选中间距复选框，设置间距为 25%；❷在圆形图像中绘制一个小圆形图像。

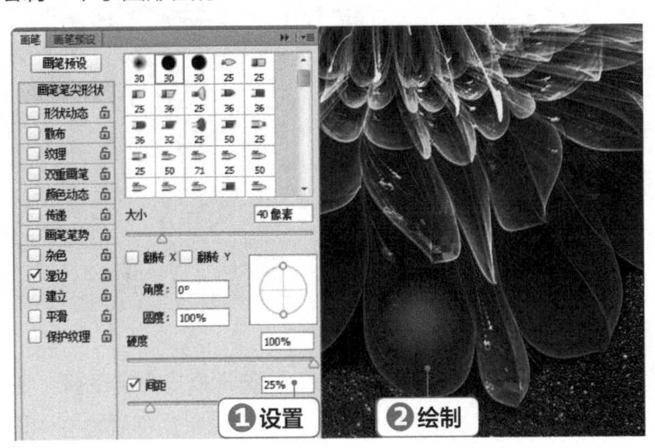

STEP 11 绘制十字星

❶在画笔面板中设置画笔的大小为 125 像素、角度为 45°、圆度为 5%、硬度为 0；❷设置前景色为白色，在圆形图像中绘制一条斜线；设置画笔的角度为 -45°，在圆形图像中绘制另一条斜线。

STEP 12 绘制其他星光图像

对创建的星光图像进行复制，并调整图像的大小和位置，绘制其他相同颜色的星光图像；参照前面的方法，设置前景色为白色，绘制并复制白色星光图像。

STEP 13 添加建筑图像

打开“建筑 .psd”素材图像，使用移动工具将建筑拖动到当前编辑的图像下方。

STEP 14 制作图像倒影

将建筑图像复制一次，设置图层不透明度为 60%；按【Ctrl+T】组合键，将复制的图像向下翻转；添加一个图层蒙版，在倒影下方进行适当涂抹。

STEP 15 绘制蓝色光

新建一个图层，设置前景色为蓝色“#4b7db8”，使用画笔工具在倒影中绘制一小团蓝色图像；设置图层的混合模式为变亮，设置不透明度为 60%。

10.2.2 制作开盘宣传文字

本小节将制作房地产开盘广告的宣传文字，除了要设计房地产开盘的宣传语外，还要设计楼盘的开盘信息内容，包括地址和时间等，其具体操作步骤如下。

微课：制作开盘宣传文字

STEP 1 输入文字

❶设置前景色为黑色，选择横排文字工具，在图像右上方输入文字“华丽”；❷在文字属性栏中设置文字的字体和大小。

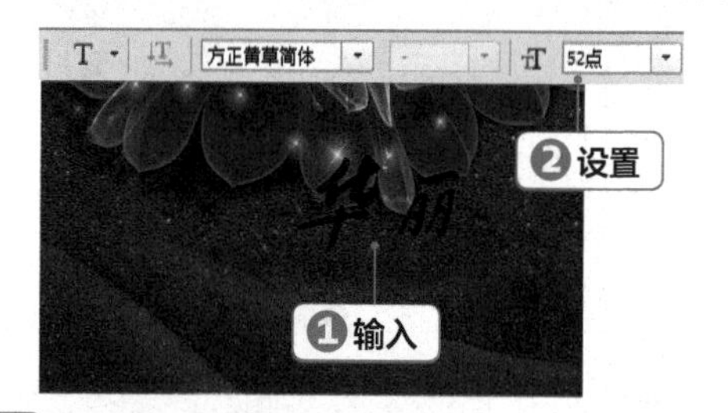

STEP 2 添加斜面和浮雕图层样式

选择【图层】/【图层样式】/【斜面和浮雕】命令；打开“图层样式”对话框，设置其参数。

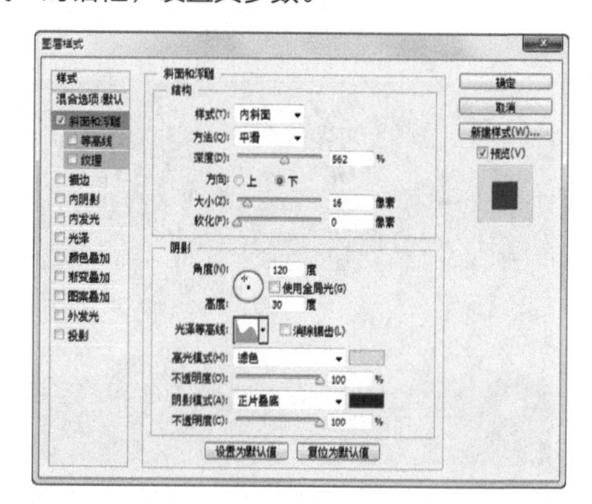

STEP 3 添加渐变叠加图层样式

选择“渐变叠加”样式；设置渐变叠加的不透明度。

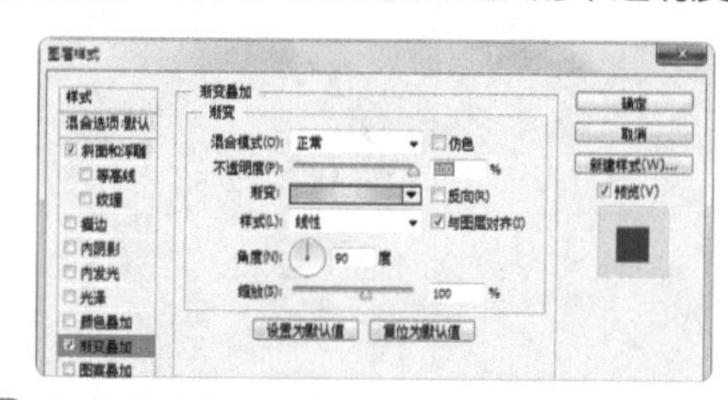

STEP 4 设置渐变叠加颜色

单击渐变叠加的渐变色条，打开“渐变编辑器”对话框，设置渐变色从黄色“#ffb331”到黄色“#ffe683”到黄色“#ffb331”渐变，单击 确定 按钮，完成图层样式的设置。

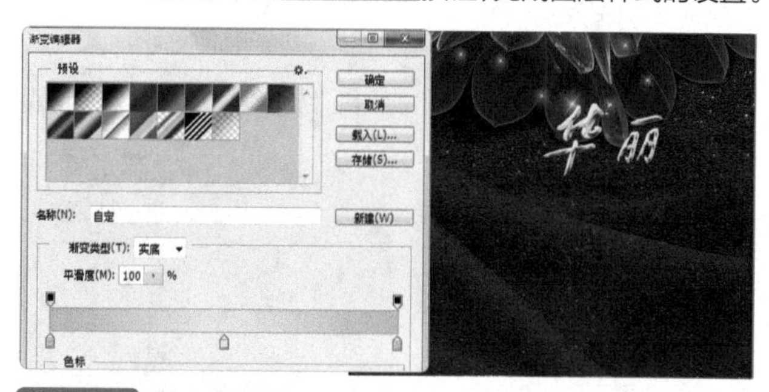

STEP 5 输入英文字

❶设置前景色为黄色“#ffb85d”，选择横排文字工具，在图像右上方输入文字“Gorgeous”；❷在文字属性栏中设

置文字的字体和大小。

STEP 6 复制文字图层样式

❶在“华丽”文字图层上单击鼠标右键，在弹出的快捷菜单中选择“复制图层样式”命令；❷在“Gorgeous”文本图层上单击鼠标右键，在弹出的快捷菜单中选择“粘贴图层样式”命令。

STEP 7 创建其他广告语

分别输入“绽”“放”和“Bloom”文字，适当设置文字的字体和大小；将“华丽”文字的图层样式复制到当前的文字上；使用画笔绘制一团颜色为“#162749”的阴影图形，将该图层放到文字图层下方。

STEP 8 创建其他楼盘信息文字

分别输入楼盘的名称、地址、电话、开盘时间等信息，设置文字的字体分别为方正兰亭中黑 -GBK、方正大标宋简体、方正宋三简体，调整文字大小，完成本实例的制作。

10.3 制作冷饮店广告

当夏季来临时，冷饮店备受欢迎，冷饮店广告如何设计才能吸引顾客，这是设计时需要认真考虑的。通常，冷饮店的年轻访客居多，一定要有可以吸引他们的元素，因此，要注重冷饮店的广告风格，在颜色选择上要有清爽、明朗的感觉。下面将制作冷饮店广告，得到冰爽一夏的效果。

	素材：素材\第 10 章\冰块 .psd、树叶 .psd、冷饮 .psd
	效果：效果\第 10 章\冷饮店广告 .psd

10.3.1 制作冷饮广告背景

微课：制作冷饮广告背景

本小节将制作冷饮店背景画面。首先绘制渐变的蓝色背景，再加入冰块和饮料等图像，创建凉爽的冷色调画面。在制作背景画面时，可以使用色彩平衡功能对画面色彩进行调整，其具体操作步骤如下。

STEP 1 新建图像

❶选择【文件】/【新建】命令，打开"新建"对话框，设置文件名称为"冷饮店广告"，宽度为 20 厘米、高度为 30 厘米，分辨率为 150 像素 / 英寸；❷单击 确定 按钮，新建一个图像文档。

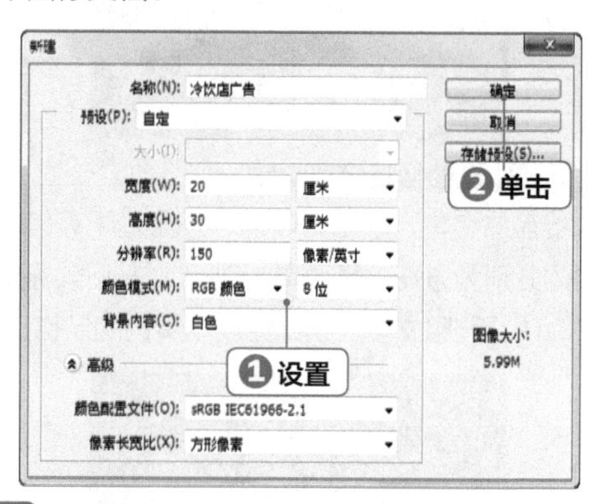

STEP 2 渐变填充图像

新建一个图层，选择渐变工具，设置渐变色从白色到青色"#1899b2"渐变；在工具属性栏中设置"径向渐变"方式，在图像中由内向外进行渐变填充。

技巧秒杀

妙用渐变工具

在该操作中，如果设置渐变色从青色到白色渐变，然后在工具属性栏中单击选中"反向"复选框，在进行渐变操作时，也可以得到与前面相同的渐变效果。

STEP 3 添加冰块图像

打开"冰块 .psd"素材图像，使用移动工具将冰块拖动到当前编辑的图像中；在图层面板中设置冰块图层的混合模式为"滤色 "。

STEP 4 添加色彩平衡调整图层

❶单击图层面板下方的"创建新的填充或调整图层"按钮 ，在弹出的列表中选择"色彩平衡"选项；❷在打开的属性面板中设置参数分别为 -3、+5、+26。

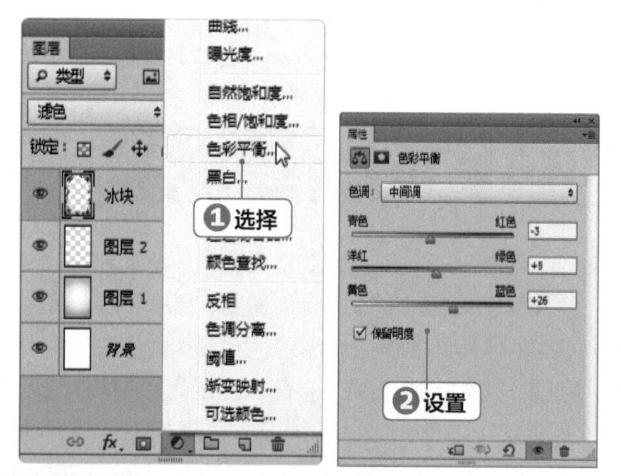

STEP 5 再次添加色彩平衡调整图层

单击图层面板下方的"创建新的填充或调整图层"按钮 ，在弹出的列表中再次选择"色彩平衡"选项；在打开的属性面板中设置参数分别为 -60、+34、-7。

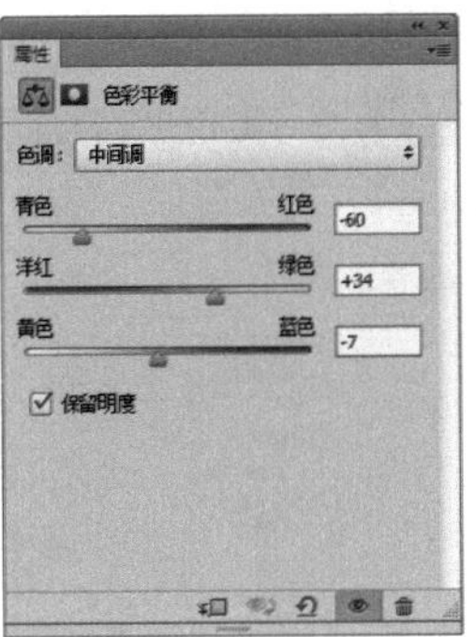

STEP 6 添加冷饮图像

打开“冷饮 .psd”素材图像，使用移动工具将冷饮和冰块图像拖动到当前编辑的图像中。

STEP 7 添加投影图层样式

选择【图层】/【图层样式】/【投影】命令，打开“图层样式”对话框，设置投影的不透明度、距离和大小参数。

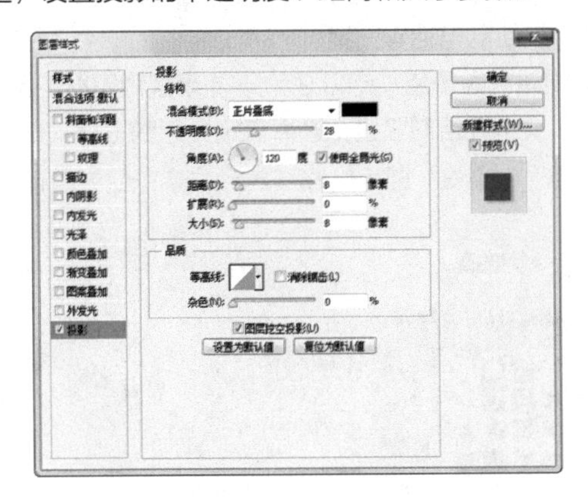

STEP 8 添加树叶图像

打开“树叶 .psd”素材图像，使用移动工具将树叶图像拖动到当前编辑的图像中。

STEP 9 添加外发光图层样式

选择【图层】/【图层样式】/【外发光】命令，在打开的对话框中设置外发光的混合模式为滤色、不透明度为 11%、大小为 2。

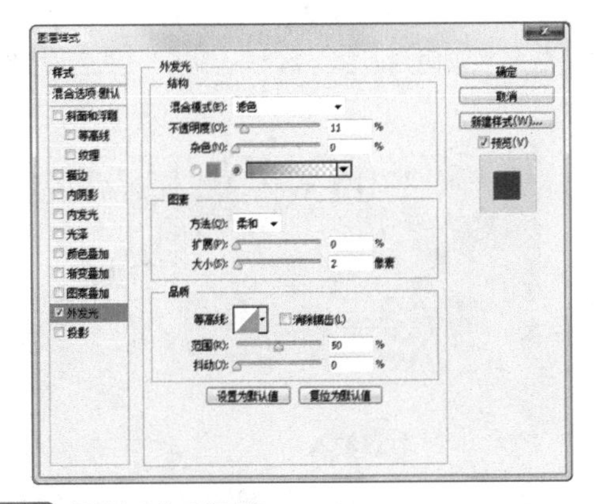

STEP 10 绘制三角形图像

新建一个图层，选择多边形套索工具，在图像右上角绘制一个三角形；设置前景色为绿色“#127c8a”，按【Alt+Delete】组合键填充选区。

10.3.2 制作冷饮广告文字

本小节将制作冷饮广告文字。广告文字内容要简述清楚广告主题、冷饮店名、产品特色、优惠方案及抢购电话等。在文字设计中，主题文字要醒目，其他文字可以根据实际情况进行调整，其具体操作步骤如下。

微课：制作冷饮广告文字

STEP 1 输入店名文字

①设置前景色为白色，选择横排文字工具，在图像右上方输入文字“齐琳小屋”；②在文字属性栏中设置文字的字体和大小。

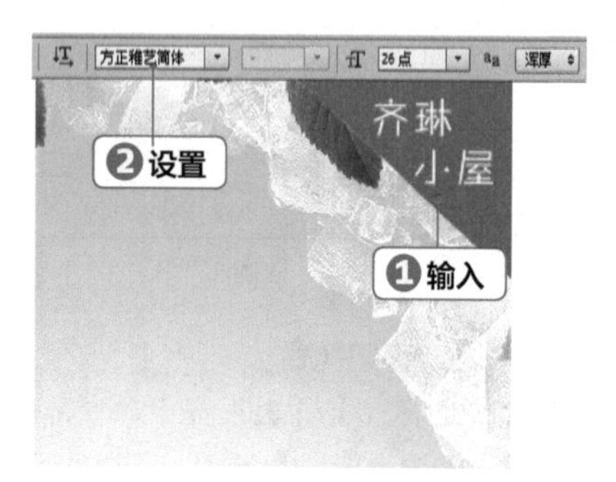

STEP 2 输入主题文字

①选择横排文字工具，输入文字“冰爽夏日”；②在文字属性栏中设置文字颜色为蓝色“#0b64b4”，然后设置文字的字体和大小。

STEP 3 添加描边图层样式

选择【图层】/【图层样式】/【描边】命令；在打开的对话框中设置描边的大小为 10，颜色为白色。

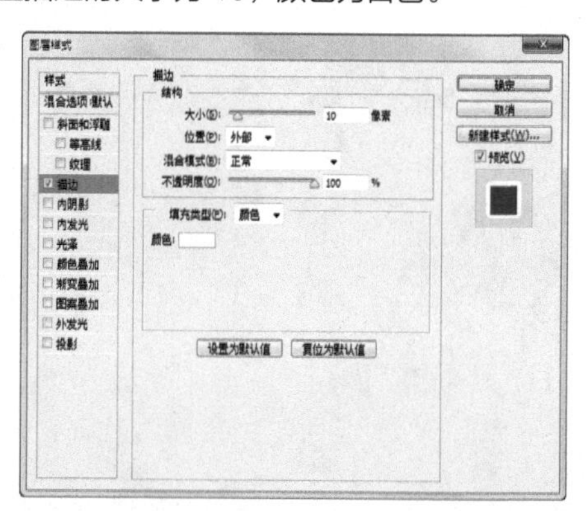

STEP 4 添加图案叠加图层样式

①选择“图案叠加”样式；②选择图案的混合模式和要叠加的图案；③单击 确定 按钮，完成图层样式的设置。

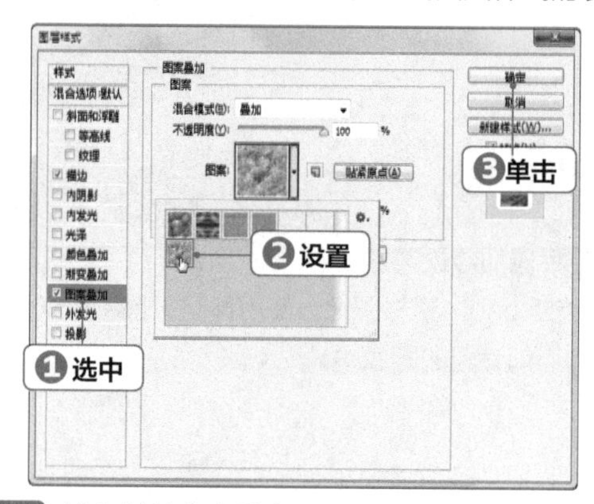

STEP 5 输入其他文字信息

选择横排文字工具，分别输入优惠内容、电话和广告语等，并适当设置各种文字的字体和大小。

STEP 6 绘制电话等图案

①设置前景色为青色“#42c3ff”，使用圆角矩形工具在“限时优惠”文字间绘制竖线；选择自定义形状工具，在形状列表中选择“电话 3”形状；②在电话文字前绘制电话图形。

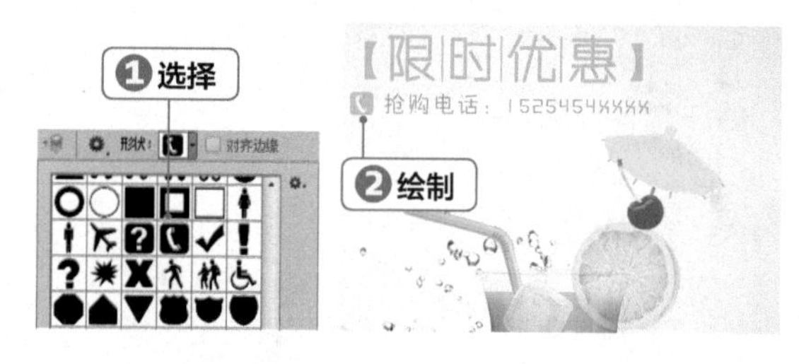

STEP 7 绘制花朵图案

❶设置前景色为红色“#e04c5f”，选择自定形状工具，在形状列表中选择“花 1”形状；❷在工具属性栏中设置形状描边颜色为白色，描边宽度为 3 点；❸在图像中绘制一个花形图案。

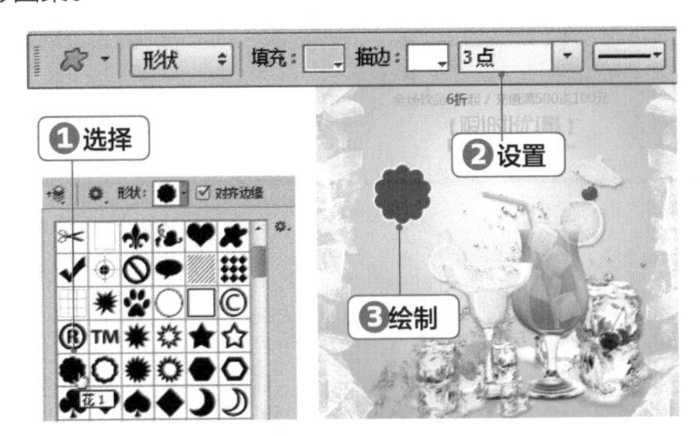

STEP 8 输入文字

选择横排文字工具，输入文字“100% 纯果汁”；在文字属性栏中设置文字颜色为白色，然后设置文字的字体为“汉真广标”，调整文字大小，完成本实例的制作。

高手秘籍

广告中图片素材的选择技巧

平面广告设计中，图片是比较直观的表现方式，消费者从图片中一眼就能看出平面广告推销的是哪种产品、产品的基本样式，这是图片最直观的意义，也是对平面广告设计作品最浅层次的要求。那么怎样才能把图片与作品处理得相得益彰呢？可以从以下几个方面分析。

- 图片视觉化对比：表现产品的有力方法就是让读者看着摆在眼前的广告，当场亲自动手示范产品用法。“视觉化对比”也是示范产品利益点最有力的方法之一。采用并排对比的照片可显示出使用前及使用后，或者是有产品跟没产品的差别。
- 图片的大小设计：通常一张篇幅大而醒目的图片，比起一堆零星散布的小图片，能吸引更多的读者。但是图片除了大以外，也必须要引人入胜。

- 选择具有出人意料的视觉效果：天天看见的东西通常会让人麻木，就像陈腔滥调一样，应该考虑让那些图片变得与众不同。
- 选择能表达商品对象的图片：把产品塑造成广告画面中的主角通常是很值得一试的做法，因为产品永远是广告的核心所在。

提高练习

1. 制作房地产广告

制作房地产广告的具体要求如下。

素材：素材 \ 第 10 章 \ 翅膀 .psd、海螺 .jpg、楼房 .psd
效果：效果 \ 第 10 章 \ 房地产广告 .psd

- 将背景填充为白色到蓝色的径向渐变。
- 添加“海螺 .jpg”素材图像，设置图层混合模式和图层样式。
- 输入“接受诚意登记”文字，添加“描边”图层样式。
- 添加楼房、翅膀素材，复制翅膀和花纹并水平翻转。

2. 制作健身房广告

制作健身房广告的具体要求如下。

素材：素材 \ 第 10 章 \ 健身 .jpg、底纹 .psd
效果：效果 \ 第 10 章 \ 健身房广告 .psd

- 打开“健身 .jpg”素材图像，添加彩色圆条图像，调整该图层混合模式为“叠加”。
- 输入并编辑文本，添加金沙图像，运用剪贴蒙版的方式，将金沙图像放置到文字中。
- 使用横排文字工具，输入广告说明文字。
- 使用多边形工具绘制出六边形，放到文字中。

房地产广告

健身房广告

11 Chapter 第 11 章

包装设计

/ 本章导读

包装是品牌理念、产品特性、消费心理的综合反映，它直接影响了消费者的购买欲。一个优秀的包装设计师，需要将商品和艺术相结合，才能做出更有吸引力的包装设计图。本章将通过多个实例，制作不同类型的包装设计效果，包括纸盒包装、礼盒包装等。

11.1 制作蛋糕盒包装

包装设计中的素材、色调，都应根据产品的不同属性做出选择，如本实例中的蛋糕盒包装，就使用了温暖的红色，以及蛋糕图片，明确告诉大众，这是一款与蛋糕相关的包装设计。下面将制作一个蛋糕的盒装效果图。

	素材：素材\第 11 章\白色条纹 .jpg、草莓蛋糕 .psd、小蛋糕 .psd、水果 .psd、卡通蛋糕 .psd、漫画 .psd
	效果：效果\第 11 章\蛋糕盒平面图 .psd、蛋糕盒立体包装效果 .psd

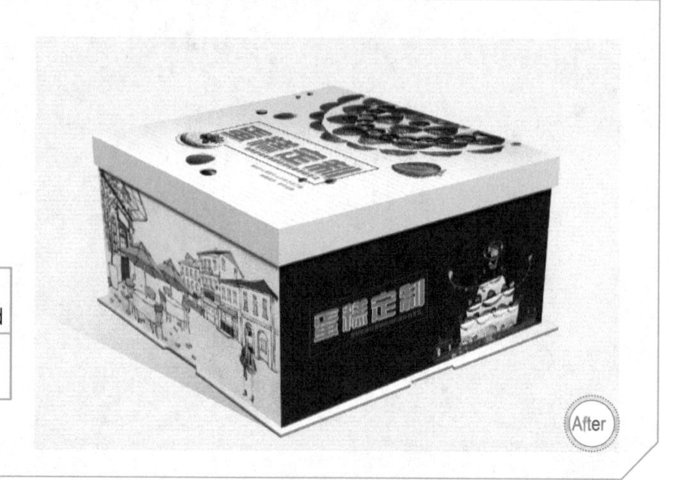

11.1.1 制作盒面图像

微课：制作盒面图像

本小节将制作蛋糕盒的盒面图像，制作时注意各素材的图像位置和大小比例的调整，其具体操作步骤如下。

STEP 1 新建选区

打开“白色条纹 .jpg”素材图像；选择矩形选框工具，在图像中绘制一个矩形选区。

STEP 2 设置描边样式

①新建一个图层，选择【编辑】/【描边】命令，打开“描边”对话框，设置描边宽度为 3 像素，颜色为红色“#b63451”，位置为内部；②单击 确定 按钮，得到描边效果。

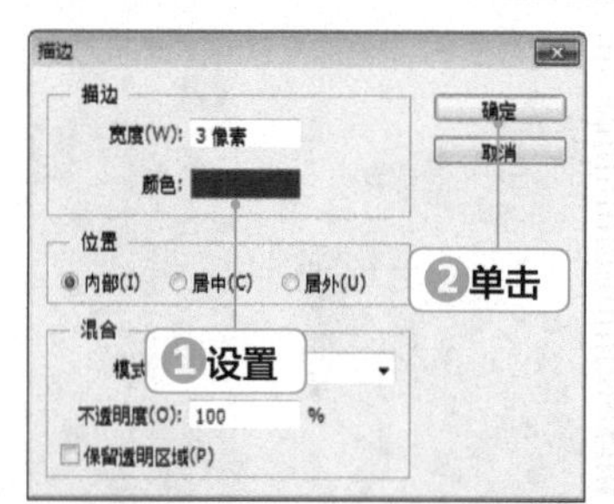

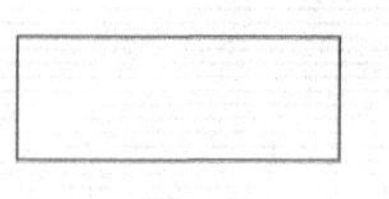

STEP 3 添加蛋糕图像

打开“草莓蛋糕 .psd”素材图像；选择移动工具将其拖动到当前编辑的图像中，放到画面上方。

STEP 4 输入文字

选择横排文字工具，在红色边框矩形中输入文字“蛋糕定制”；在属性栏中设置字体为“汉真广标”，填充为粉红色“#ec7769”。

STEP 5 设置投影样式

选择【图层】/【图层样式】/【投影】命令，打开“图层样式”对话框；设置投影颜色为黑色，再设置其他参数。

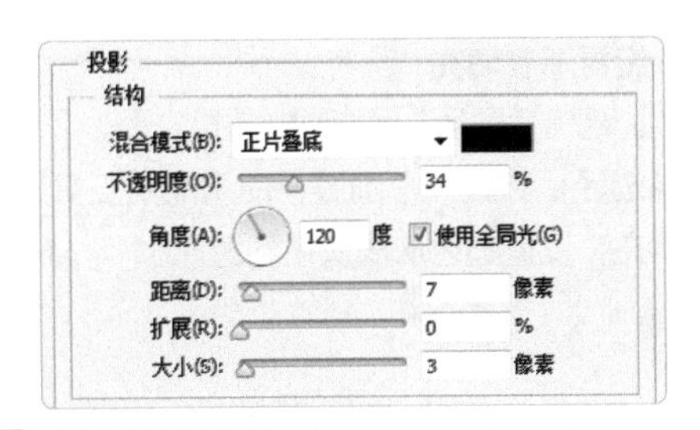

STEP 6 设置描边样式

选择“描边”样式，设置描边颜色为白色，大小为 2 像素；单击 确定 按钮，得到添加图层样式后的文字效果。

STEP 7 输入文字

选择横排文字工具，在红色边框下方和外部输入文字；分别填充为橘红色和灰色，并在属性栏中设置字体为黑体。

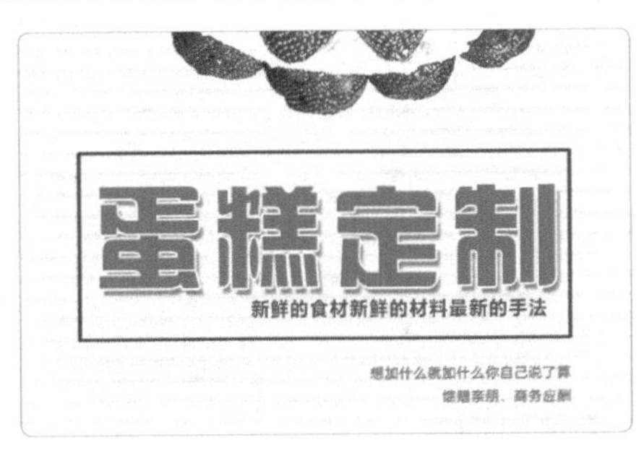

STEP 8 添加素材图像

打开“小蛋糕 .psd”素材图像，使用移动工具将其拖动到当前编辑的图像中；适当调整图像大小，放到红色边框图像左侧。

STEP 9 添加素材图像

打开“水果 .psd”素材图像，使用移动工具将其拖动过来；适当调整图像大小，放到画面四周，完成盒面图像的制作，将其保存为“蛋糕盒平面图 .psd”文件。

11.1.2 制作蛋糕盒立体效果图

微课：制作蛋糕盒立体效果图

本小节将制作蛋糕盒立体效果图，制作过程中需要对图形进行透视变换操作，其具体操作步骤如下。

STEP 1 新建图像

新建一个大小为 20.72 厘米 ×13.95 厘米，分辨率为 300 像素 / 英寸的图像文件，设置前景色为淡黄色“#ffedc5”；按【Alt+Delete】组合键填充背景。

STEP 2 添加素材图像

打开“白色条纹 .jpg”素材图像，使用移动工具将其拖动到淡黄色背景中；调整图像大小，使其布满整个画面。

STEP 3 调整图像透明度

在“图层”面板中设置白色条纹图层的“不透明度”为57%，得到较为透明的纹理背景。

STEP 4 添加平面图

打开“蛋糕盒平面图 .psd”文件，按【Ctrl+Alt+Shift+E】组合键盖印图层；使用移动工具将盖印后的图像拖动到淡黄色图像中，放到画面中间。

技巧秒杀

妙用盖印图层

盖印图层就是把所有图层拼合后的效果变成一个图层，但是保留了之前的所有图层，并没有真正地拼合图层，方便以后继续编辑个别图层。按【Ctrl+Alt+Shift+E】组合键可盖印所有可见图层；按【Ctrl+Alt+E】组合键可盖印所选图层。

STEP 5 透视变换图像

按【Ctrl+T】组合键，图像四周将出现变换框；按住【Ctrl】键分别调整变换框四个角，做成透视效果。

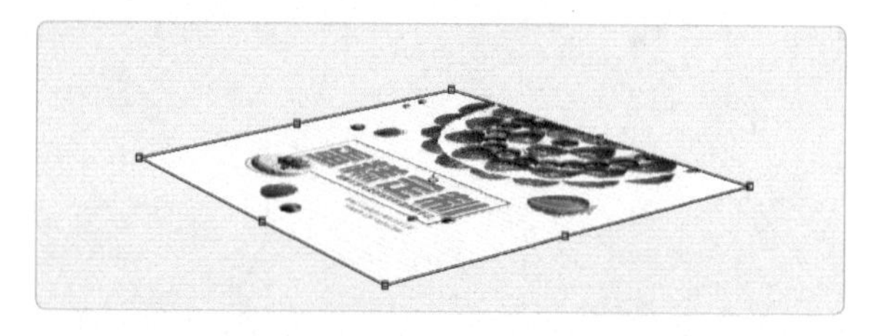

STEP 6 设置渐变填充

按住【Ctrl】键在“图层”面板中单击“图层 2”缩略图，载入该图像选区；新建一个图层，使用渐变工具，对其应用线性渐变填充，设置颜色从浅灰色到透明。

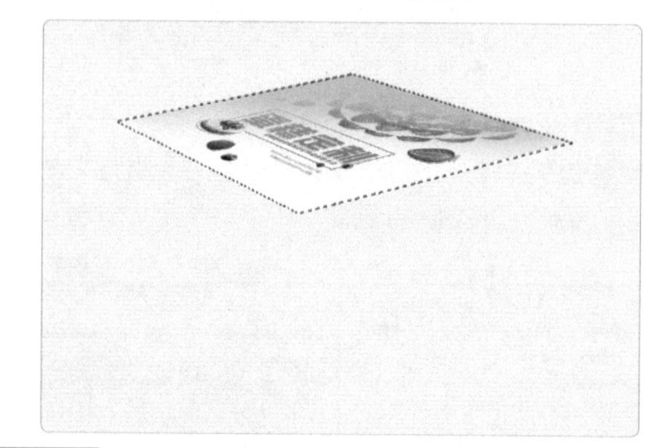

STEP 7 设置图层属性

设置该图层的混合模式为正片叠底、不透明度为57%，得到与下一层混合的图像效果。

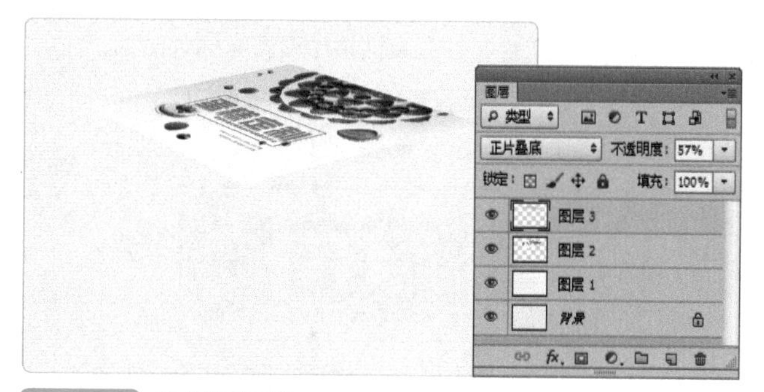

STEP 8 绘制侧面图

新建一个图层，选择多边形套索工具，在图像中绘制一个四边形选区，作为蛋糕盒的侧面图；设置前景色为深红色“#881536”，按【Alt+Delete】组合键填充选区。

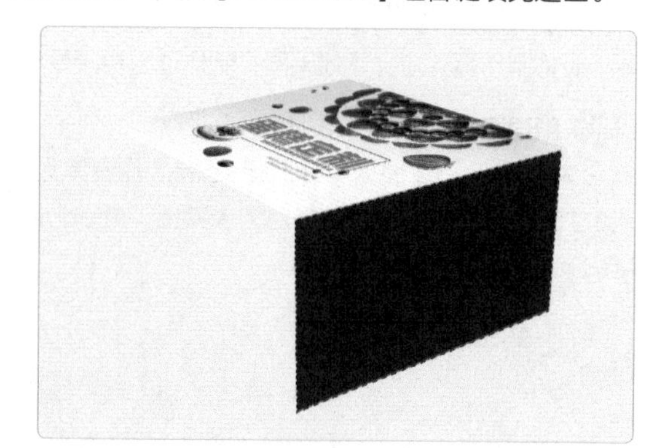

STEP 9 添加卡通蛋糕图像

打开“卡通蛋糕 .psd”素材图像，使用移动工具将其拖动到当前编辑的图像中；适当调整图像大小，放到红色图像中。

STEP 10 透视变换图像

按【Ctrl+T】组合键，图像周围将出现变换框；按住【Ctrl】键分别调整四个角，将卡通蛋糕调整成透视形状。

疑难解答

什么是透视图?

“透视”是绘画活动中的观察方法和研究视觉画面空间的专业术语，通过这种方法可以归纳出视觉空间的变化规律。通过画笔准确地将三度空间的景物描绘到二度空间的平面上，这个过程就是透视过程。用这种方法即可在平面上得到相对稳定的立体特征画面，得到“透视图”。

STEP 11 添加素材图像

打开“漫画.jpg”素材图像，使用移动工具将其拖动到当前编辑的图像中；选择【编辑】/【变换】/【扭曲】命令，图像四周将出现变换框。

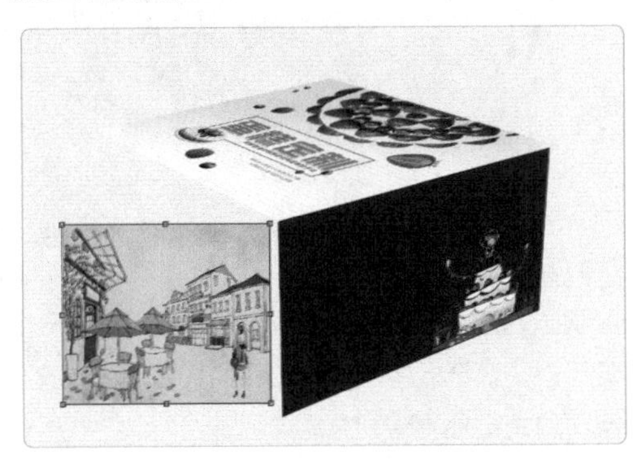

STEP 12 调整图像透视效果

按住【Ctrl】键分别调整变换框四个角，将其变换成透视状态。

STEP 13 绘制盒边图像

新建一个图层，选择多边形套索工具，在蛋糕盒侧面上方绘制一个四边形选区；设置前景色为浅灰色“#bab9b6”，按【Alt+Delete】组合键填充选区，得到盒子边缘图像。

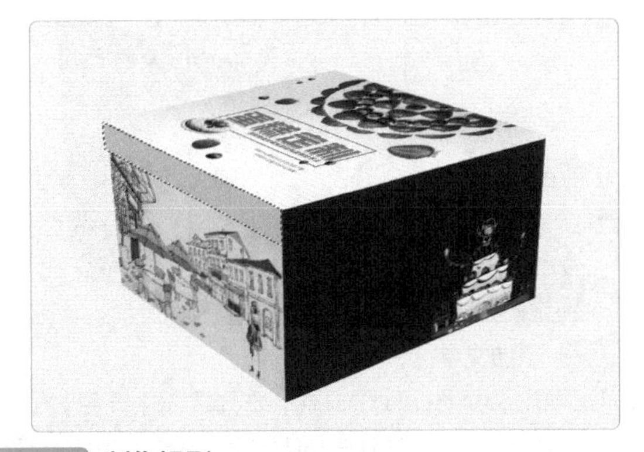

STEP 14 制作投影

❶保持选区状态，按【Shift+F6】组合键打开“羽化选区”对话框，设置羽化半径为8像素；❷单击 确定 按钮，得到羽化选区；新建一个图层，将该图层放到盒边图像的下方，然后将选区填充为黑色，得到盒边缘的投影效果。

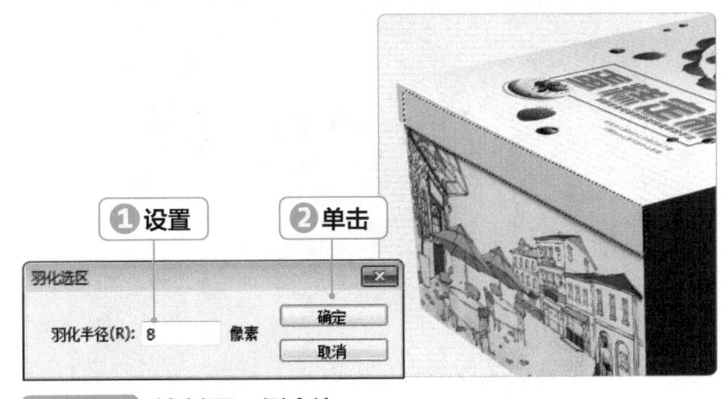

STEP 15 绘制另一侧盒边

新建一个图层，选择多边形套索工具，绘制另一侧的盒边图像；填充为较浅一点的灰色“#d4d2cc”。

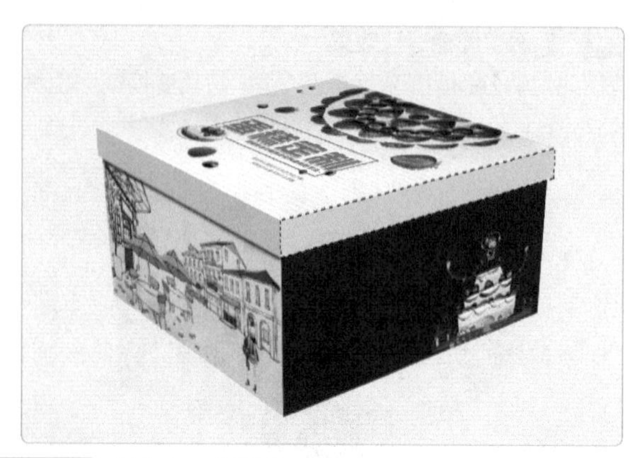

STEP 16 制作另一侧边缘

新建一个图层，参照前面的步骤制作出该盒边的投影图像。

STEP 17 添加文字

打开“蛋糕盒平面图.psd”文件，选择盒盖中红色边框以及其中的文字图层，按【Ctrl+E】组合键将其合并为一个图层；将其拖动到立体效果图中，适当调整图像大小与角度，放到红色侧面图中。

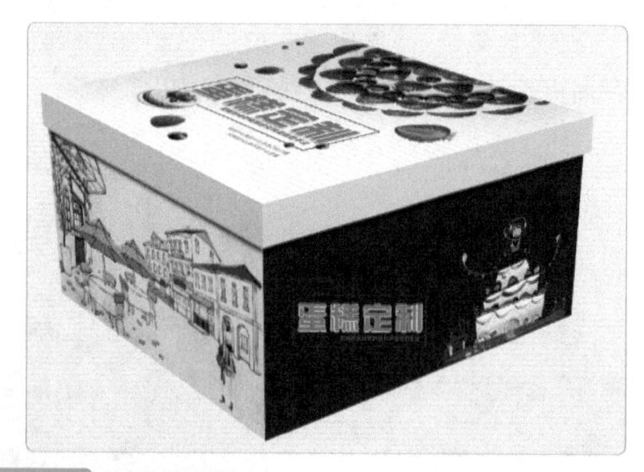

STEP 18 创建透视效果

选择【编辑】/【变换】/【斜切】命令，再分别调整变换框的四个角，使该组图像与红色图像边缘透视效果一样，得到透视的文字效果。

STEP 19 绘制盒底投影图形

新建一个图层，将其放到“图层 1”上方；选择钢笔工具，在图像盒子底部绘制一个投影外形。

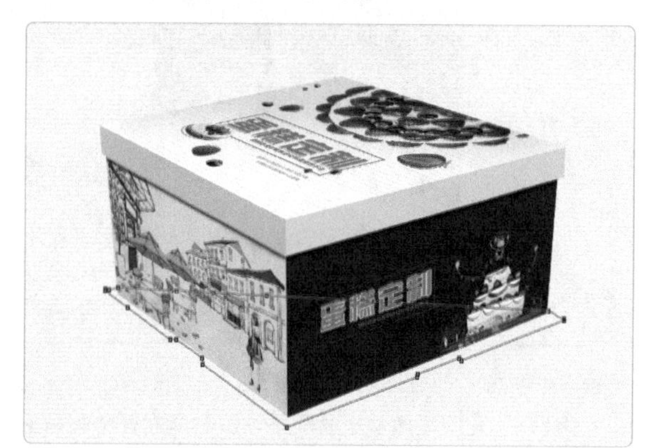

STEP 20 制作另一侧边缘

按【Ctrl+Enter】组合键将路径转换为选区；设置前景色为深灰色“#76736e”，按【Alt+Delete】组合键填充选区。

STEP 21 渐变填充选区

保持选区状态，按【↑】键略微向上移动选区；新建一个图层，选择渐变工具，在选区中从左到右应用线性渐变填充，设置颜色从浅灰色到白色，得到盒底图像。

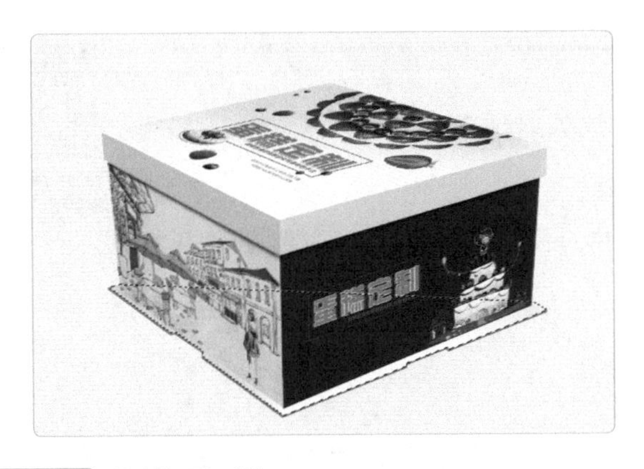

STEP 22 绘制投影形状

新建一个图层，放到“图层 1”的上方；选择多边形套索工具，在盒底绘制一个多边形选区。

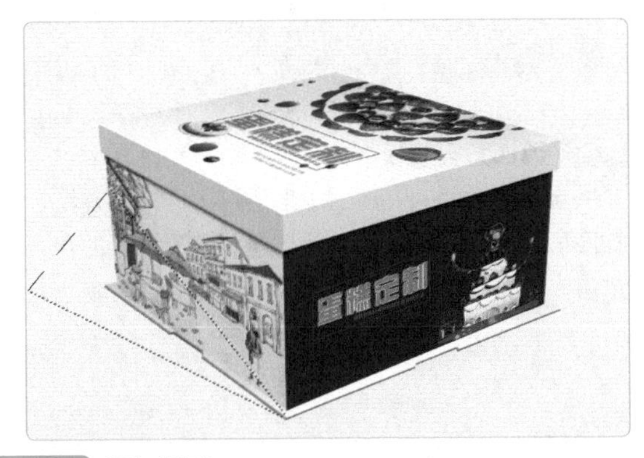

STEP 23 添加投影

选择渐变工具，打开“渐变编辑器”对话框，设置渐变颜色从灰色到透明；对选区应用线性渐变填充，得到盒子的投影效果，完成本实例的制作。

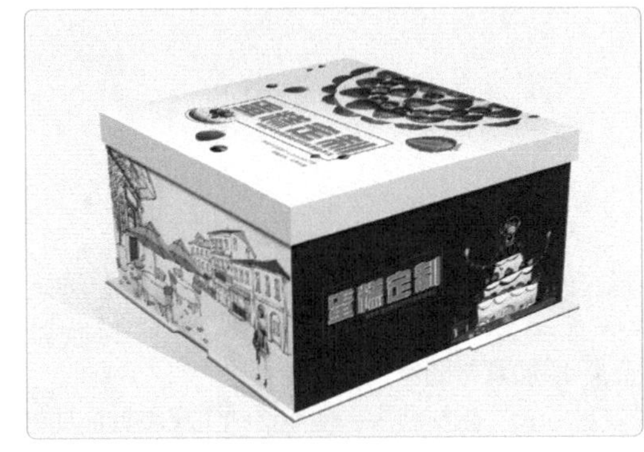

疑难解答

如何做好包装设计？

包装设计看似简单，实则不然；一个有经验的包装设计师在设计个案时，考虑的不只是视觉的掌握或结构的创新，还要对包装所牵涉的产品营销规划有全盘的了解。包装设计若缺乏周全的产品分析、定位、营销策略等前期规划，就不算是一件完备、成熟的设计作品。

11.2 制作茶叶礼盒包装

采用礼盒包装的产品通常用来送礼，所以在设计画面时，首先要考虑的就是大气、有档次。下面将制作一个茶叶包装效果图，通过茶叶、文字等元素体现包装的精美。

素材：素材\第 11 章\茶山 .jpg、墨迹 .psd、水墨 .psd、印章 .psd、树叶 .psd、花纹 .jpg
效果：效果\第 11 章\茶叶包装 .psd、茶叶包装效果图 .psd

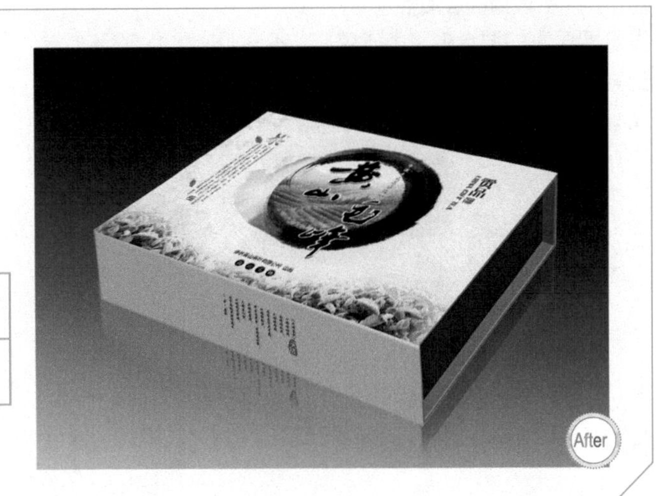

11.2.1 制作毛峰茶叶图

本小节将制作茶叶包装中的正面图像，制作过程并不复杂，其具体操作步骤如下。

微课：制作毛峰茶叶图

STEP 1 填充背景

新建一个图像文件，设置前景色为淡绿色“#e2eec5”；按【Alt+Delete】组合键填充背景。

STEP 2 添加素材图像

打开“花纹 .jpg”素材图像；使用移动工具将其拖动到新建图像中，适当调整图像大小，使其布满整个画面，这时“图层”面板中将得到图层 1。

STEP 3 设置图层属性

设置图层 1 的混合模式为浅色，“不透明度”为 33%，得到与底层混合的图像效果。

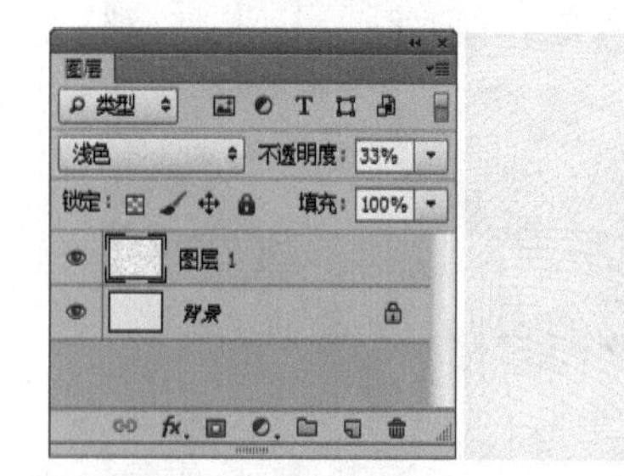

STEP 4 添加素材图像

打开“茶山 .jpg”素材图像，选择移动工具将其拖动到绿色图像中；适当调整图像大小，放到画面左下方。

STEP 5 添加图层蒙版

单击“图层”面板底部的“添加图层蒙版”按钮，为图像添加图层蒙版；设置前景色为黑色，背景色为白色，使用画笔工具，在茶山图像上部做涂抹，隐藏部分图像。

STEP 6 复制图像

按【Ctrl+J】组合键复制一次茶山图像；选择【编辑】/【变换】/【水平翻转】命令，将翻转的图像放到右侧底部。

STEP 7 添加水墨图像

打开“墨迹 .psd”素材图像，使用移动工具将其拖动过来，放到画面中间；设置该图层的混合模式为明度。

STEP 8 绘制圆形选区

打开“茶山 .jpg”素材图像，将其拖动过来，放到画面中间，放大图像；使用椭圆选框工具，按住【Shift】键在图片中绘制一个正圆形选区。

STEP 9 删除图像

选择【选择】/【反向】命令，反选选区；按【Delete】键删除选区中的图像。

STEP 10 添加素材图像

打开“水墨 .psd”素材图像，使用移动工具将其拖动过来，放到画面圆形图像中；适当放大图像，使其在茶山图像外围。

STEP 11 设置图层属性

在“图层”面板中设置水墨图像的混合模式为正片叠底，得到边缘自然的图像效果。

STEP 12 添加书法文字

使用钢笔工具绘制“黄山毛峰”文字形状；填充为黑色。

STEP 13 添加描边样式

选择【图层】/【图层样式】/【描边】命令，打开“图层样式”

对话框；设置描边大小为 8 像素，颜色为白色，位置为居中。

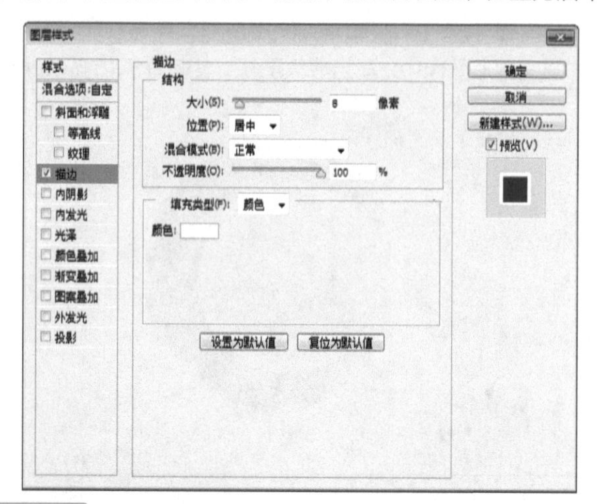

STEP 14 添加投影样式

在对话框中选择【投影】样式；设置投影颜色为黑色，不透明度为 75%，距离为 10 像素，大小为 10 像素；单击 确定 按钮，得到添加图层样式后的文字效果。

STEP 15 添加书法文字

选择直排文字工具，在“黄山毛峰”右侧输入一行较小的文字；在属性栏中设置字体为“叶根友毛笔”行书，填充为白色。

STEP 16 为文字添加投影

选择【图层】/【图层样式】/【投影】命令，打开“图层样式”对话框；设置投影为黑色，再设置其他参数，得到文字的投影效果。

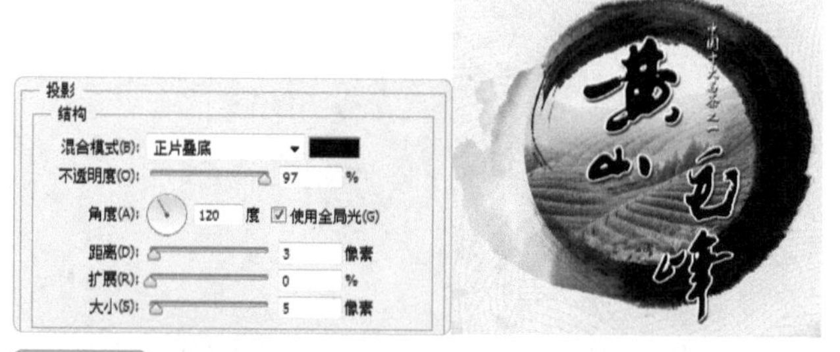

STEP 17 添加文字

选择直排文字工具，在画面右侧输入两行中英文文字；选择文字，在属性栏中设置字体为汉仪大宋简，填充为深红色“#530000”。

STEP 18 添加树叶图像

打开“树叶 .psd”素材图像，使用移动工具将其拖动过来，放到画面左侧；适当调整图像大小，设置该图层的混合模式为正片叠底、不透明度为 56%。

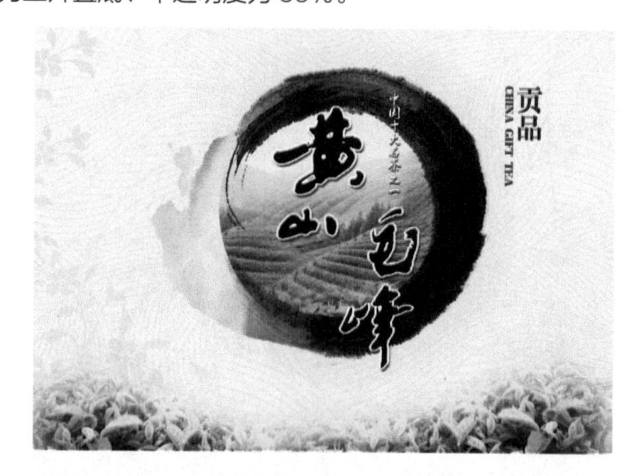

STEP 19 输入文字

选择直排文字工具，在画面左侧输入一段茶叶介绍性文字，在属性栏中设置字体为宋体，填充为黑色；输入文字“茶”，将字体放大，放到段落文字上方，栅格化介绍性文字与茶文字。

STEP 20 应用渐变填充

按住【Ctrl】键单击“茶”文字图层缩略图，载入选区；新建一个图层，使用渐变工具对选区应用线性渐变填充，设置颜色从绿色“#004919”到淡绿色“#8fc41e”。

STEP 21 添加树叶和文字图像

打开“印章.psd”素材图像，使用移动工具将其拖动过来，分别将印章放到画面两侧文字下方；将印章中的树叶图像拖动过来，放到左侧文字旁边。

STEP 22 绘制圆形

新建一个图层，选择椭圆选框工具，在图像下方绘制一个正圆形选区，填充为黑色；选择移动工具，按住【Alt】键移动并复制圆形。

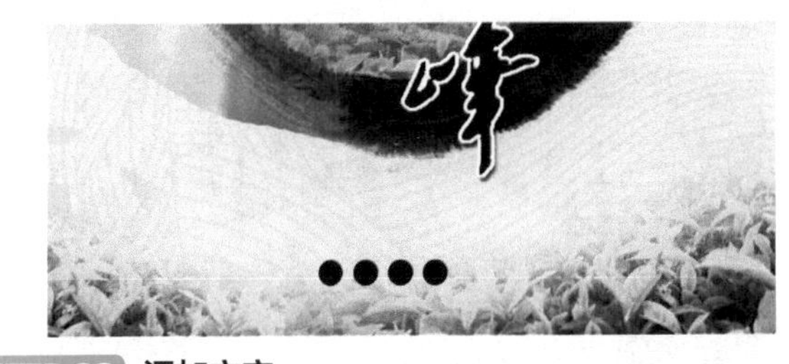

STEP 23 添加文字

选择横排文字工具，在圆形中间和圆形上方分别输入文字；选择文字，在属性栏中设置字体为微软雅黑，分别设置文字颜色为黑色和白色，完成包装盒正面图像的制作。

11.2.2 制作茶叶包装效果图

本小节将制作茶叶包装立体效果图，制作过程中需要调整包装的透视效果，其具体操作步骤如下。

微课：制作茶叶包装效果图

STEP 1 添加平面图

新建一个图像文件，使用渐变工具对背景应用黑白渐变填充;打开茶叶包装平面图，按【Shift+Ctrl+Alt+E】组合键盖印图层；使用移动工具将其拖动到新建图像中。

STEP 2 变换图形

按【Ctrl+T】组合键对图像做变换；按住【Ctrl】键分别调整变换框四个角，将其制作成透视效果。

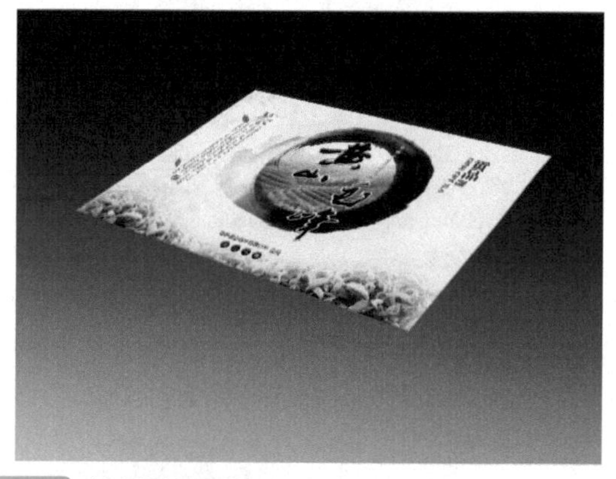

STEP 3 绘制侧面图像

新建一个图层，选择多边形套索工具，首先绘制出左侧面图像选区，将其填充为淡绿色“#a1a485”；再绘制出右侧面的图像选区，将其填充为深绿色“#00311c”。

STEP 4 绘制侧面图像

使用多边形工具绘制出其他侧面图像，分别对其填充不同深浅的绿色，得到立体包装效果。

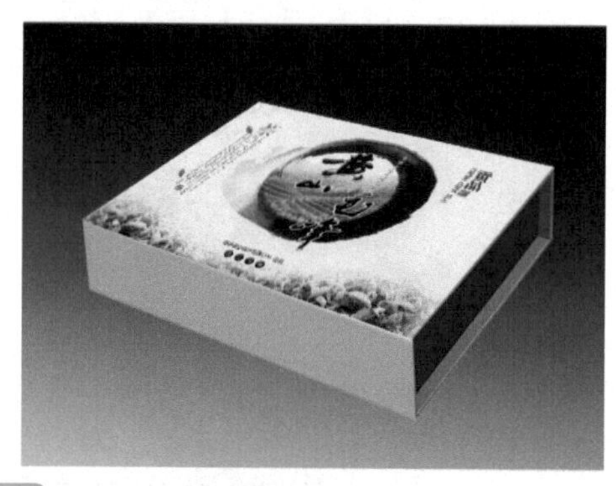

STEP 5 为文字添加透视效果

打开“文字 .psd”素材图像，使用移动工具将其拖动过来，放到淡绿色侧面图像中；按【Ctrl+T】组合键变换图像，再按住【Ctrl】键调整变换框，得到透视文字效果。

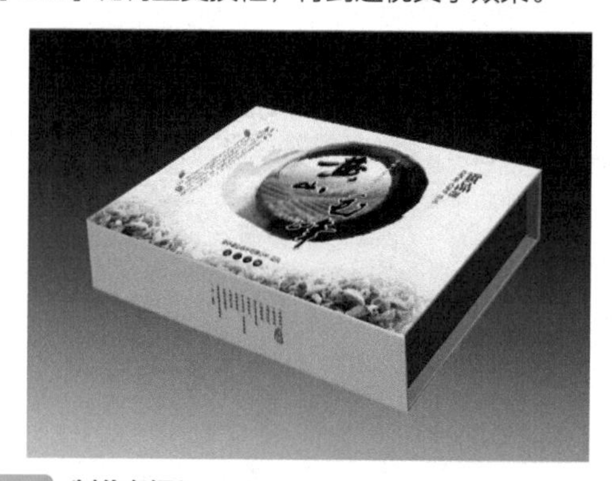

STEP 6 制作倒影

选择除背景图层以外的所有图层，按【Ctrl+J】组合键复制一次图层；再按【Ctrl+E】组合键合并复制的图层，并将其放到背景图层上方；使用移动工具适当向下移动图像，设置该图层不透明度为 30%，得到图像的倒影效果，完成本实例的制作。

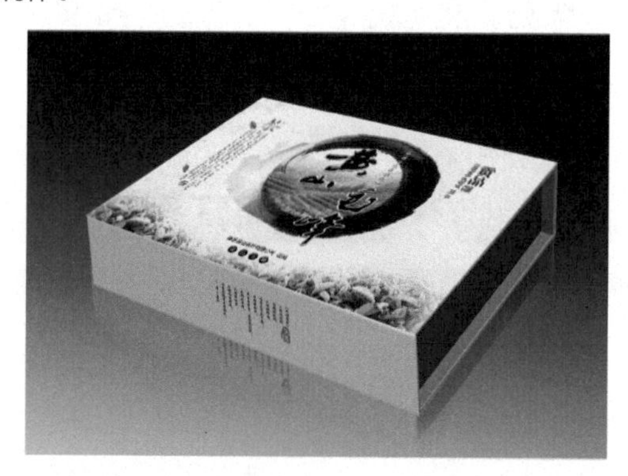

高手秘籍

1. 包装设计构成要素

包装设计即指选用合适的包装材料，运用巧妙的工艺手段，为包装商品进行的容器结构造型和包装的美化装饰设计。包装设计有以下 3 大构成要素。

- 外形要素：外形要素就是商品包装示面的外形，包括展示面的大小、尺寸和形状。日常生活中所见到的形态有三种，即自然形态，人造形态和偶发形态。但在研究产品的形态构成时，必须找到适用于任何性质的形态，即把共同的规律性的东西抽出来，称之为抽象形态。
- 构图要素：构图是将商品包装展示面的商标、图形、文字和色彩组合排列在一起，组成一个完整的画面。这四方面的组合构成了包装装潢的整体效果。优秀的包装设计往往在商标、图形、文字和色彩等方面都运用得十分恰当。
- 材料要素：材料要素是商品包装所用材料表面的纹理和质感。它往往会影响商品包装的视觉效果。利用不同材料的表面变化或表面形状可以达到商品包装的最佳效果。

2. 包装设计的色彩运用

色彩在包装设计中占有特别重要的地位。在竞争激烈的商品市场中，使商品具有明显区别于其他产品的视觉特征，更富有诱惑消费者的魅力，刺激和引导消费，以及增强人们对品牌的记忆，都离不开色彩的设计与运用。

包装的色彩设计有以下 8 点要求。

- 包装色彩能否在竞争商品中有清楚的识别性。
- 是否很好地象征着商品内容。
- 色彩是否与其他设计因素和谐统一，有效地表示商品的品质与分量。
- 是否为商品购买阶层所接受。
- 是否有较高的明视度，并能对文字进行很好的衬托。
- 单个包装的效果与多个包装的叠放效果如何。
- 色彩在不同市场、不同陈列环境中是否都充满活力。
- 商品的色彩是否不受色彩管理与印刷的限制。

提高练习

1. 罐装立体效果

素材：素材\第 11 章\盖子 .psd、茶文字 .psd

效果：效果\第 11 章\灌装立体效果 .psd

下面将制作一个罐装包装的立体效果图，具体要求如下。

- 新建一个图像文件，对其应用径向渐变填充。
- 选择钢笔工具绘制出罐体图像外形，并为其应用绿色渐变填充。
- 添加圆形盖子图像“盖子 .psd”。
- 打开“茶文字 .psd”，使用横排文字工具，在罐装图像中输入文字。
- 复制立体罐装图像，对其应用变换效果，制作得到第二个倒式图像。
- 选择套索工具，在罐子底部绘制选区，填充为绿色，得到投影图像。

2. 化妆品手提袋

素材：素材\第 11 章\绳子 .psd、蓝色背景 .psd

效果：效果\第 11 章\化妆品手提袋 .psd

下面将制作一个化妆品商行的手提袋效果图，具体要求如下。

- 打开“蓝色背景 .psd”素材图像，使用文字工具在其中输入文字，制作出手提袋的正面图像。
- 使用自由变换命令，将手提袋正面图制作成透视效果。
- 使用多边形套索工具，绘制手提袋的其他面。
- 添加“蓝色背景”图像到侧面图像中。
- 使用钢笔工具，绘制出手提袋内部的多个面，并填充为不同深浅的灰色。
- 添加“绳子 .psd”素材图像，完成实例的制作。

灌装立体效果

化妆品手提袋

12

Chapter

第12章

网页设计

/ 本章导读

网页设计是根据企业希望向浏览者传递的信息，包括产品、服务、理念、文化等，进行网站功能策划，然后进行的页面设计美化工作。作为企业对外宣传材料的一种，精美的网页设计对于提升企业的互联网品牌形象十分重要。本章将通过多个实例，对网页的制作进行详细介绍，让读者掌握网页设计的方法。

12.1 网页按钮设计

网页中的按钮通常具有两种功能：一种是提交功能；另一种是链接功能。在设计时，应该使按钮具有易识别的特点。下面将制作网页按钮效果，包括按钮的形状和按钮上的文字。

效果：效果 \ 第 12 章 \ 网页按钮设计 .psd

12.1.1 绘制按钮

本小节主要绘制水晶按钮。在绘制按钮的过程中，首先确定按钮的颜色，然后进行渐变填充和添加图层蒙版等操作，其具体操作步骤如下。

微课：绘制按钮

STEP 1 新建图像

❶选择【文件】/【新建】命令，打开“新建”对话框，设置文件名称为“网页按钮设计”，宽度为 20 厘米、高度为 19 厘米，分辨率为 72 像素 / 英寸；❷单击 确定 按钮，新建一个图像文档。

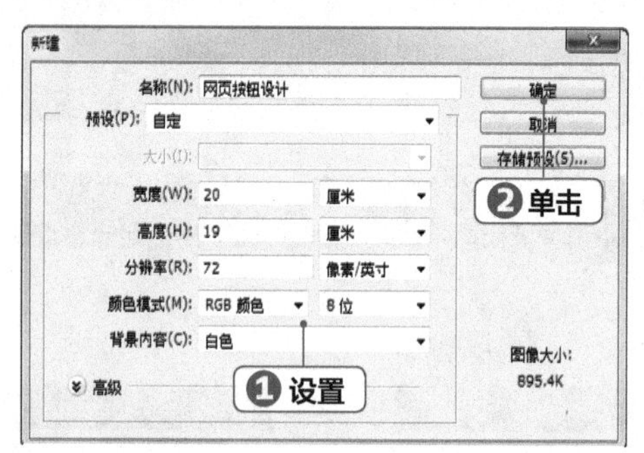

STEP 2 填充背景

设置前景色为灰色“#e0e0e0”；按【Alt+Delete】组合键将背景填充为灰色。

STEP 3 绘制圆角矩形

❶新建一个图层，设置前景色为绿色“#669900”；选择圆角矩形工具，在属性栏中设置半径为 40 像素；❷在画面中绘制一个长约 253 像素、宽约 112 像素的圆角矩形。

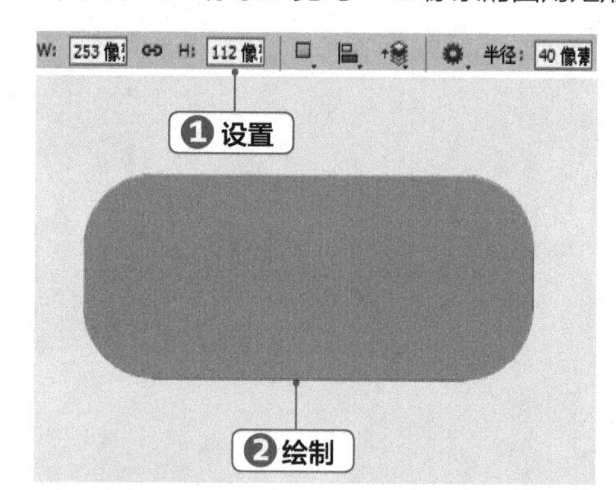

STEP 4 倾斜圆角矩形

选择【编辑】/【变换路径】/【斜切】命令；将光标移到控制框上方的中点处，向右拖动控制点，对图像进行倾斜变形操作。

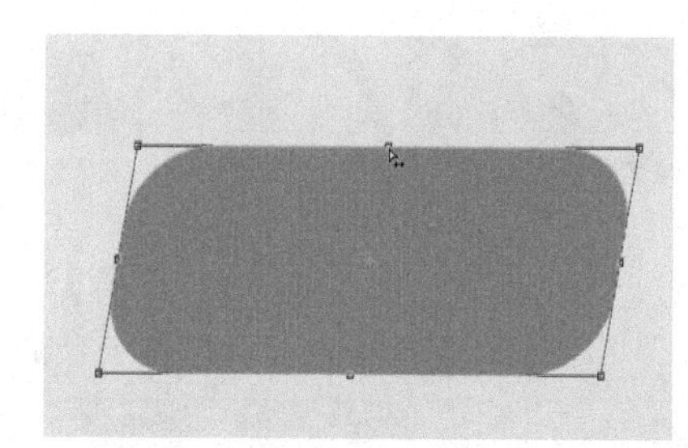

STEP 5 编辑圆角矩形

选择钢笔工具，按【Ctrl】键对圆角矩形左下方和右上方的顶点进行编辑，修改图像形状。

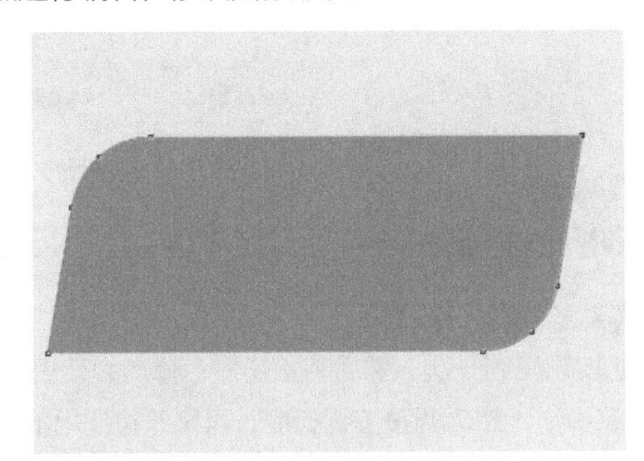

STEP 6 添加渐变叠加图层样式

选择【图层】/【图层样式】/【渐变叠加】命令，打开“图层样式”对话框；设置渐变叠加的颜色从黑色到白色；设置渐变叠加的混合模式、不透明度和角度。

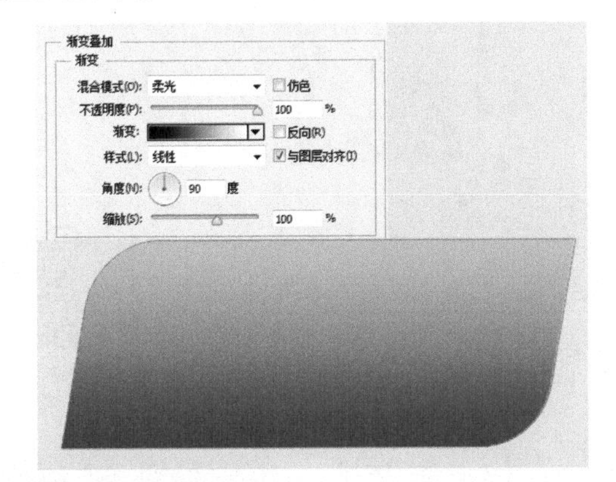

STEP 7 绘制并填充选区

新建一个图层，使用套索工具绘制一个选区；将选区填充为白色，然后取消选区。

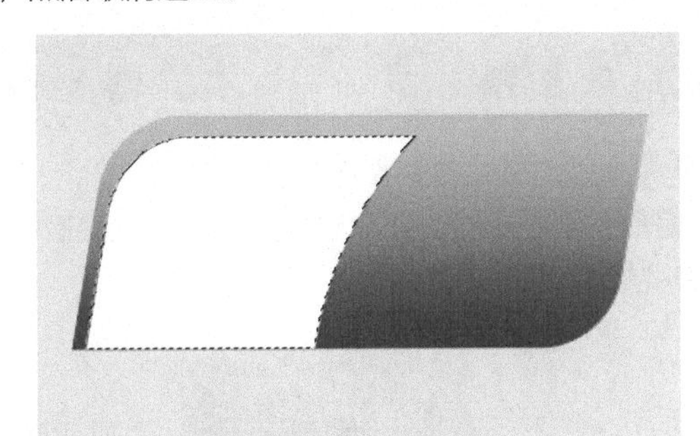

STEP 8 添加图层蒙版

在“图层”面板下方单击“添加图层蒙版”按钮，为当前图层添加一个蒙版；选择渐变工具，在图层蒙版中进行白色到黑色的线性渐变填充。

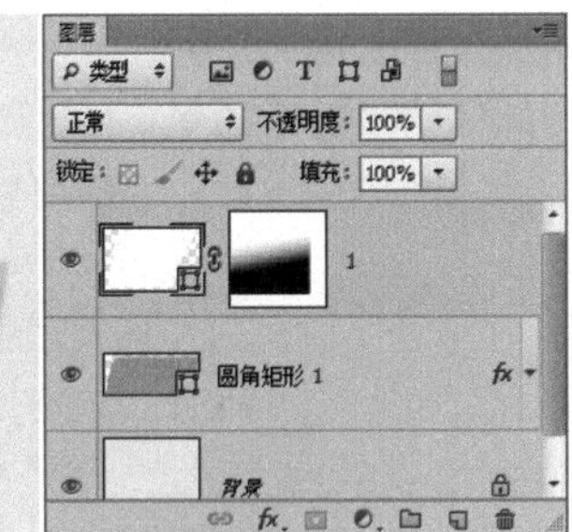

STEP 9 绘制矩形

新建一个图层，选择矩形工具，在图像上方绘制一个长约218像素、宽约2.5像素的矩形，设置矩形填充颜色为白色；设置当前图层的不透明度为60%。

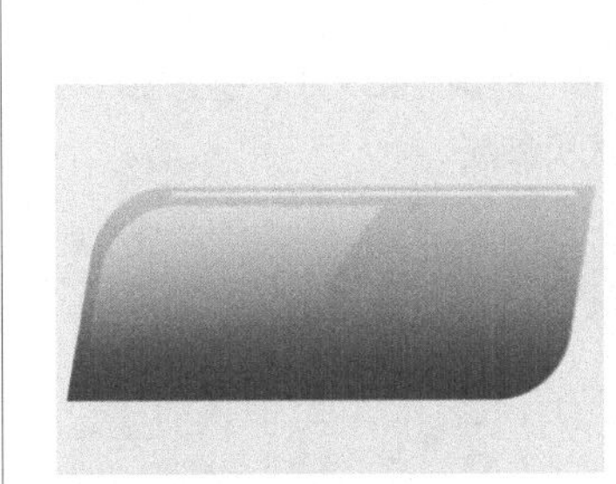

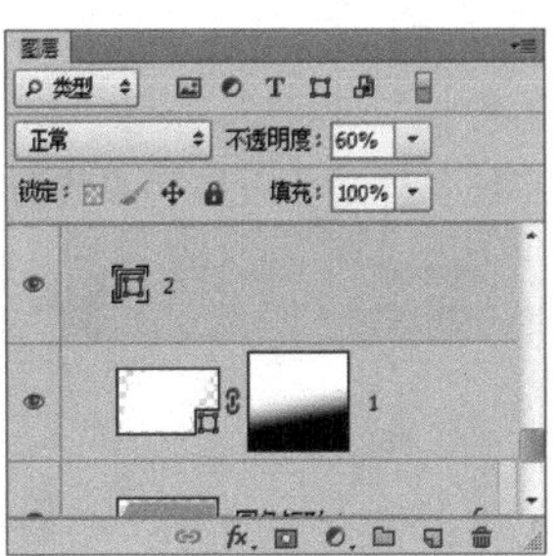

STEP 10 添加图像蒙版

在图层面板下方单击“添加图层蒙版”按钮，为当前图层添加一个蒙版；选择渐变工具，在图层蒙版中进行黑色到白色、再到黑色的线性渐变填充，制作高光效果。

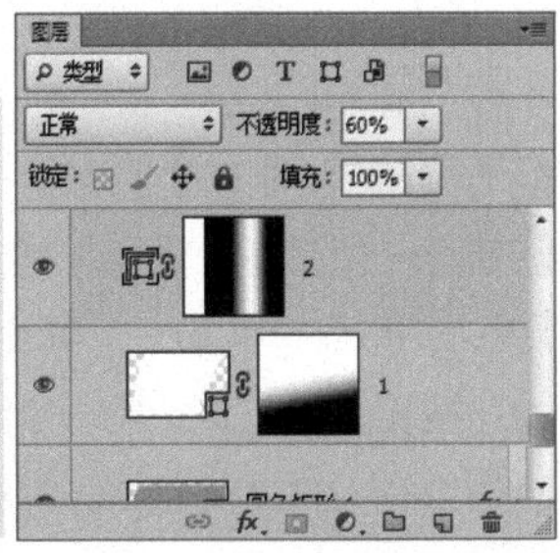

STEP 11 绘制下方高光效果

新建一个图层，使用前面相同的方法在图像下方绘制一个渐变色高光效果。

STEP 12 添加文字

❶选择横排文字工具，在图像中输入按钮的英文字；❷在工具属性栏中设置文字的字体和大小。

STEP 13 添加图层样式

❶选择【图层】/【图层样式】/【斜面和浮雕】命令，打开“图层样式”对话框，设置“外斜面”的深度和大小；❷选择“等高线”样式，设置等高线形状和参数。

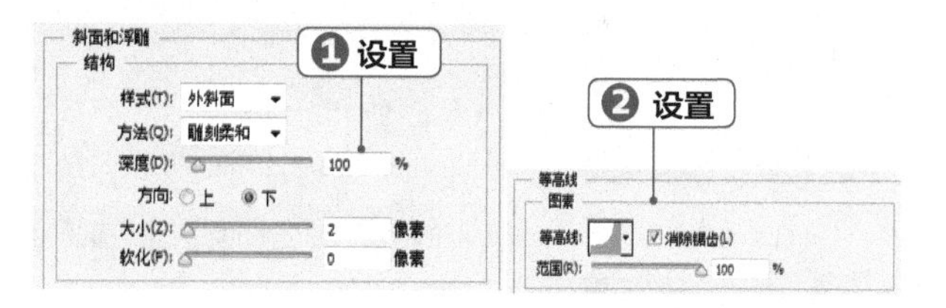

STEP 14 设置内阴影效果

在样式列表中选择“内阴影”样式，设置内阴影的不透明度、角度和距离等参数。

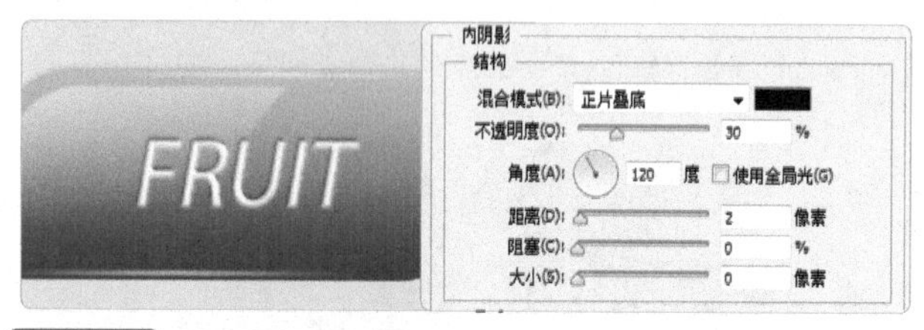

STEP 15 绘制另一个按钮

将绘制的按钮复制一次，然后将按钮颜色修改为蓝色“#006699”，然后调整按钮长度，再修改按钮上的文字。

12.1.2 绘制按钮类型图标

本小节主要绘制按钮旁边的类型图标，包括两个类型的图标，一个是水果图标，另一个是蔬菜图标，其具体操作步骤如下。

微课：绘制按钮类型图标

STEP 1 绘制渐变圆形

❶新建一个图层，选择椭圆工具，在属性栏中设置填充为黄色“#fffc01”到红色“#ff6d00”的径向渐变，无轮廓色；❷在按钮图像左侧绘制一个渐变圆形。

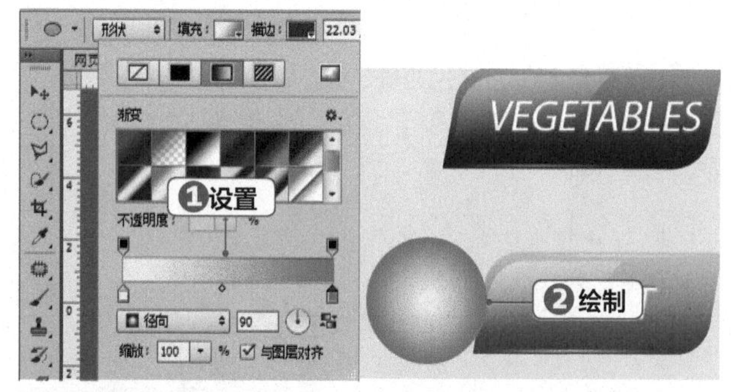

STEP 2 制作扇形图像

将形状图层栅格化，使用套索工具在圆形图像中绘制条形选区，然后按【Delete】键删除选区内的图像，制作扇形图像。

STEP 3 对扇形进行变形操作

选择【编辑】/【变换】/【斜切】命令，通过拖动变换控制点，调整图形的形状。

STEP 4 绘制并修改白色圆形

新建一个图层，选择椭圆工具，在属性栏中设置填充为白色，在按钮图像左侧绘制一个白色圆形；参照扇形的形状调整圆形，然后将该图层放在扇形图层下方。

STEP 5 绘制并修改黄色圆形

新建一个图层，选择椭圆工具，在属性栏中设置填充为黄色“#ffcc00”，在按钮图像左侧绘制一个黄色圆形；参照白色圆形的形状调整黄色圆形，然后将该图层放在白色圆形图层下方。

STEP 6 绘制月牙图形

新建一个图层，选择钢笔工具，在属性栏中设置填充颜色为黄色“#fffc01”到黄色“#ffaa00”的径向渐变，无轮廓色；在圆形图像左侧绘制一个月牙渐变图形，将该图层放在圆形图层下方。

STEP 7 绘制椭圆

❶新建一个图层，选择椭圆工具，在属性栏中设置填充为黑色；在图标下方绘制一个黑色椭圆，将该图层放在图标图层的下方；❷设置图层的填充为 40%。

STEP 8 添加图层蒙版

在图层面板下方单击“添加图层蒙版”按钮，为椭圆图层添加一个蒙版；在图层蒙版中用画笔工具进行涂抹，绘制出阴影图像。

STEP 9 绘制树叶图形

新建一个图层，选择钢笔工具，在属性栏中设置填充为绿色“#c0e100”到绿色“#5ca300”的径向渐变，无轮廓色；在圆形图像左侧绘制一个缺口树叶图形。

STEP 10 **绘制高光图形**

新建一个图层，选择钢笔工具，在属性栏中设置填充为白色，无轮廓色；绘制一个缺口树叶图形。

STEP 11 **添加图层蒙版**

在图层面板下方单击“添加图层蒙版”按钮，为图层添加一个蒙版；选择渐变工具，在图层蒙版中进行白色到黑色的斜角线性渐变。

STEP 12 **绘制其他高光**

继续使用钢笔工具绘制绿色“#99cc66”和白色的树叶形状；在新建的树叶图层中分别添加一个图层蒙版，然后对图层蒙版进行白色到黑色的线性渐变填充。

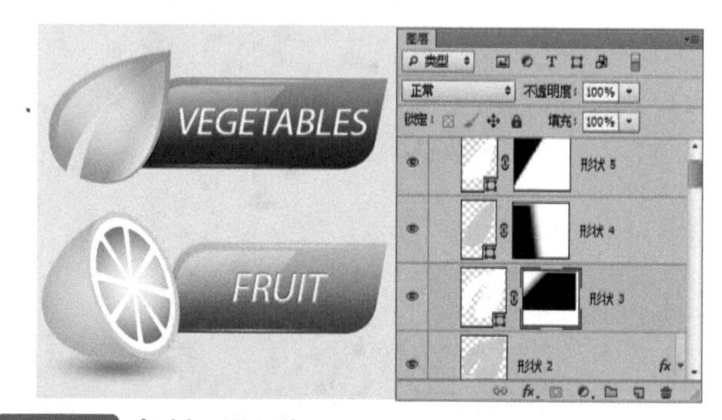

STEP 13 **复制阴影图像**

将前面绘制好的水果阴影图像复制一次，然后放在树叶图像下方，完成本实例的制作。

12.2 网站导航栏设计

导航栏就像网站的眼睛或者是地图，方便用户查看或者寻找所需要的网站信息。直接点击网站导航，可以跳转到相应的页面。下面将制作网站导航栏，包括网站首页和其他页的导航效果。

效果：效果\第 12 章\网站导航栏设计 .psd

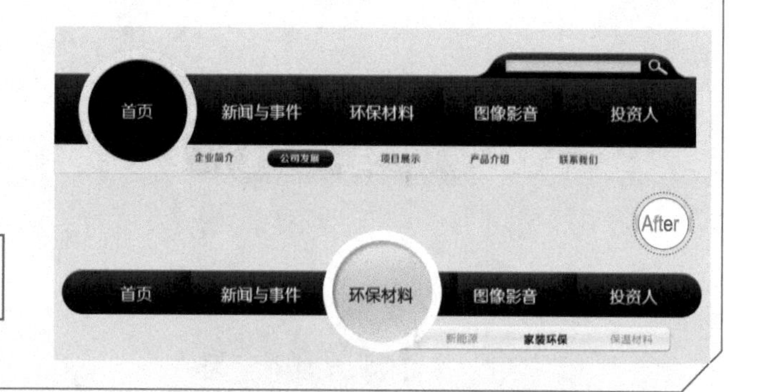

12.2.1 制作首页导航栏

本小节将制作网站首页导航栏。首先绘制导航栏的背景，然后在导航栏上添加文字。本例导航栏的背景以黑色和黄色为主色调，其具体操作步骤如下。

微课：制作首页导航栏

STEP 1 新建图像

选择【文件】/【新建】命令，新建一个名为“网站导航栏设计”图像文档，设置宽度为 35 厘米、高度为 19 厘米，分辨率为 72 像素 / 英寸；填充图像背景为灰色“#e0e0e0”。

STEP 2 绘制矩形

①新建一个图层，使用矩形选框工具绘制一个矩形选区，然后填充为黄色“#ffea00”，再取消选区；②选择【图层】/【图层样式】/【投影】命令，打开“图层样式”对话框，设置投影参数，完成后单击 确定 按钮。

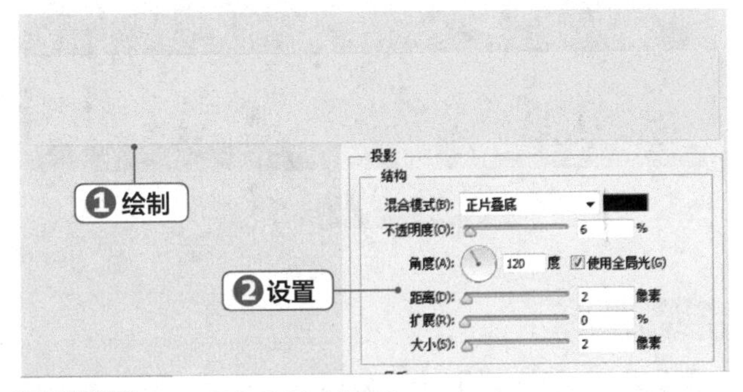

STEP 3 绘制并渐变填充矩形

新建一个图层，使用矩形选框工具绘制一个矩形选区；选择渐变工具，对矩形选区进行黑色“#000000”到灰色“#474747”的线性渐变填充。

STEP 4 绘制并涂抹选区

隐藏黑色图像所在的图层，然后新建一个图层；使用椭圆选框工具绘制一个椭圆选区，然后使用矩形选区工具减去椭圆右半部分选区；设置前景色为黑色，使用画笔工具在选区内进行涂抹。

STEP 5 绘制栏目分隔图形

取消选区，将绘制的图像复制两次，并按相同的间距分布复制的图像；将原图像和复制的两个图像合并在一个图层，然后打开被隐藏的图层。

STEP 6 绘制圆形并描边

①新建一个图层，使用椭圆选框工具绘制一个圆形选区，然后填充为黑色，再取消选区；②选择【图层】/【图层样式】/【描边】命令，打开“图层样式”对话框，设置描边颜色为黄色“#ffea00”，再设置其他参数，完成后单击 确定 按钮。

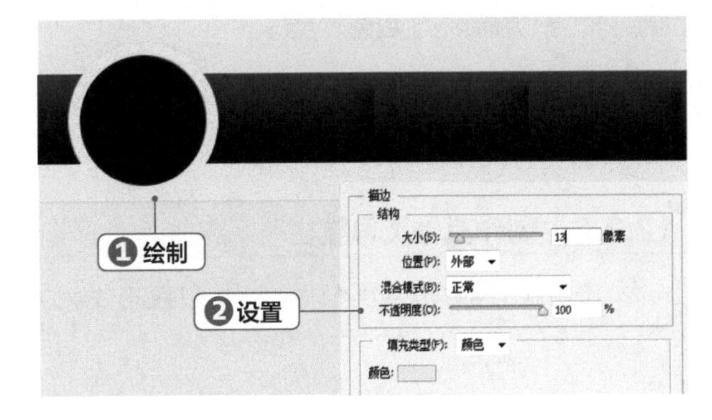

STEP 7 绘制并渐变填充图形

新建一个图层，使用钢笔工具在图像右上方绘制一个曲线封闭造型；在属性栏中设置工具模式为形状，填充为黑色“#000000”到灰色“#474747”的线性渐变填充。

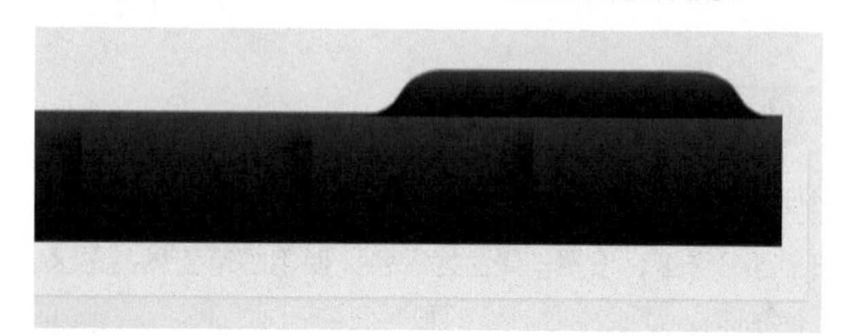

STEP 8 绘制矩形

❶新建一个图层，使用矩形选框工具在曲线造型内绘制一个矩形选区，然后填充为灰色“#cecece”，再取消选区；❷选择【图层】/【图层样式】/【内阴影】命令，打开“图层样式”对话框，设置内阴影参数。

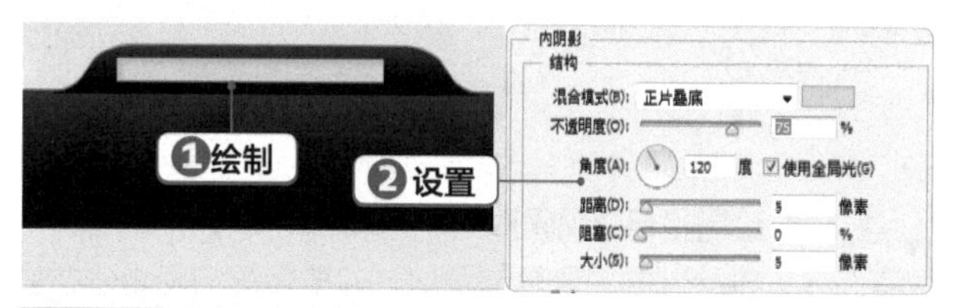

STEP 9 绘制搜索图形

❶新建一个图层，选择自定形状工具，在形状列表中选择“搜索”形状；❷设置形状的填充颜色为灰色“#dcdcdc”，然后在曲线造型右上方绘制一个搜索图形。

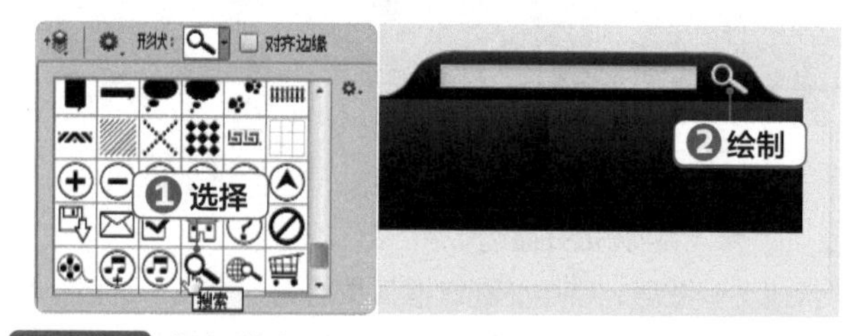

STEP 10 添加文字

❶选择横排文字工具，在图像中输入导航文字；❷在工具属性栏中设置文字的字体和大小，设置“首页”文字为黄色“#ffea00”，其他文字为白色。

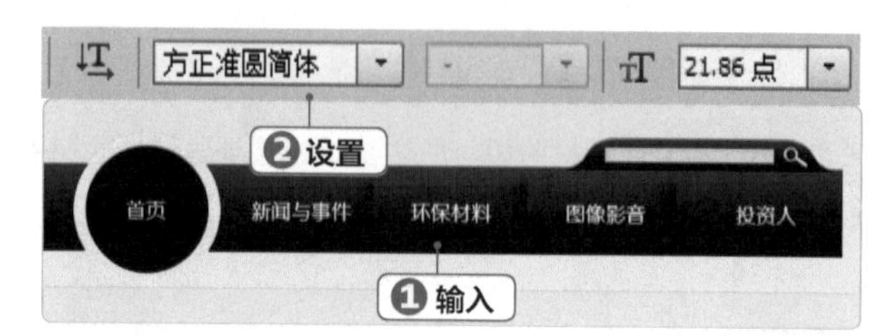

STEP 11 添加子栏目文字

选择横排文字工具，在图像中输入子栏目文字；在工具属性栏中设置文字的字体和大小，设置“公司发展”文字为白色，其他文字为黑色。

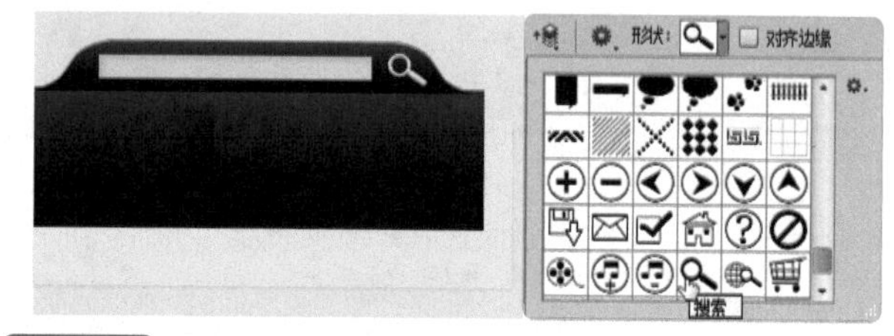

STEP 12 绘制并渐变填充圆角矩形

新建一个图层，使用圆角矩形工具在“公司发展”文字处绘制一个长为 90 像素、宽为 22 像素、半径为 45 像素的圆角矩形；在属性栏中设置工具模式为形状，填充为黑色“#000000”到灰色“#585858”的线性渐变填充；将圆角矩形图层放在文字图层下方，完成本节图像的绘制。

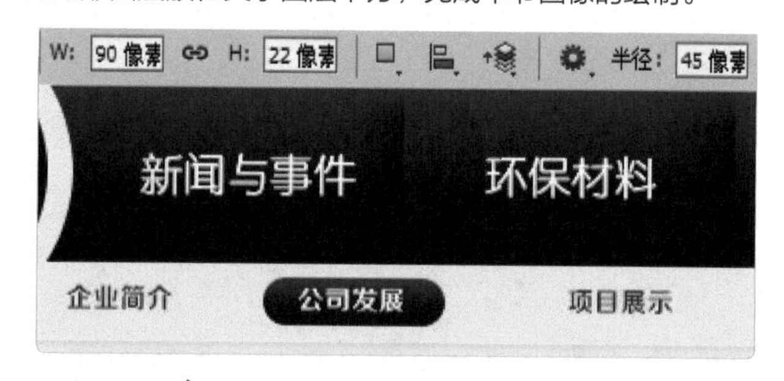

技巧秒杀

创建组，对导航栏图像进行管理

为了方便对绘制的图像进行编辑管理，在制作完成主页导航栏的图像后，可以创建一个图层组，并将所有的图层放入到该组中。

12.2.2 制作其他页导航栏

本小节将制作网站其他页导航栏。制作该例图形效果的方法与主页导航栏相同，其具体操作步骤如下。

微课：制作其他页导航栏

STEP 1 绘制并渐变填充圆角矩形

新建一个图层，使用圆角矩形工具在图像下方绘制一个长为860像素、宽为55像素、半径为45像素的圆角矩形；在属性栏中设置工具模式为形状，填充为黑色“#000000”到灰色“#474747”的线性渐变。

STEP 2 绘制栏目分隔图

新建一个图层，使用椭圆选框工具绘制一个椭圆选区，然后使用矩形选框工具减去椭圆右半部分选区；设置前景色为黑色，使用画笔工具在选区内进行涂抹，然后取消选区；将绘制的图像复制两次，并适当分布图像，然后将原图像和复制图像的图层进行合并。

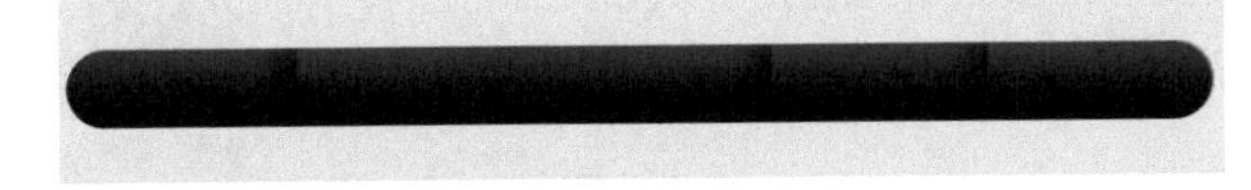

STEP 3 绘制圆形并进行渐变填充

新建一个图层，使用椭圆选框工具绘制一个圆形选区；对选区进行黄色“#f3e459”到黄色“#ffc400”的径向渐变填充。

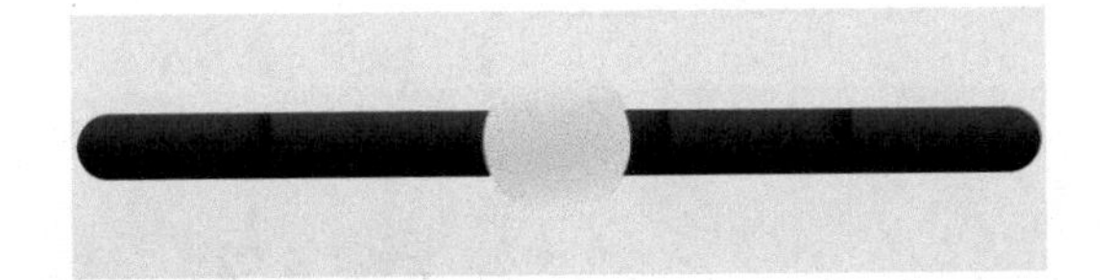

STEP 4 添加描边和内阴影

选择【图层】/【图层样式】/【描边】命令，打开“图层样式”对话框，设置描边颜色为白色，再设置其他参数；在样式列表中选择“内阴影”样式，设置内阴影颜色为土黄色“#998c00”，再设置其他参数。

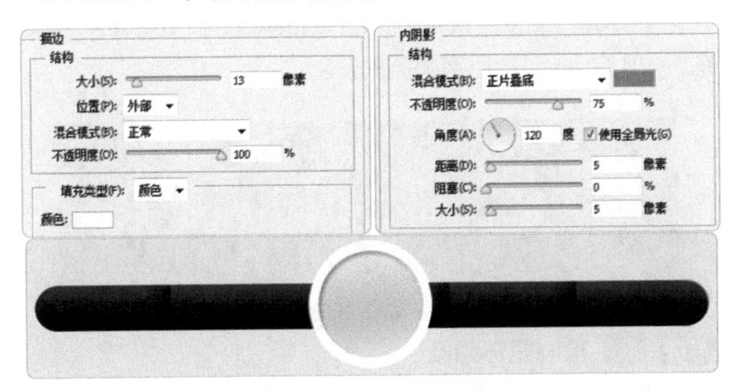

STEP 5 添加文字

选择横排文字工具，在图像中输入导航文字；在工具属性栏中设置文字的字体和大小，设置“首页”文字为黄色“#ffea00”“环保材料”文字为黑色，其他文字为白色。

STEP 6 绘制圆角矩形

新建一个图层，使用圆角矩形工具在图像右下方绘制一个长为380像素、宽为35像素、半径为5像素的圆角矩形；在属性栏中设置工具模式为形状，填充为紫色“#c572dd”。

STEP 7 添加渐变叠加和投影

选择【图层】/【图层样式】/【渐变叠加】命令，打开“图层样式”对话框，设置渐变叠加颜色为白色“#f5f5f5”到灰色“#e4e4e4”再到白色“#fafafa”，再设置其他参数；在样式列表中选择“投影”样式，设置投影的不透明度、距离和大小等参数。

STEP 8 添加子栏目文字

选择横排文字工具，在图像中输入子栏目文字；在工具属性栏中设置文字的字体和大小，设置“家装环保”文字为黑色，其他文字为灰色“#848484”，完成本实例的制作。

第12章 网页设计

12.3 科技公司网站设计

网站设计要能充分吸引访问者的注意力，让访问者产生视觉上的愉悦感。因此在网页创作时，必须将网站的整体设计与网页设计的相关原理紧密结合起来，包括策划案中的内容、网站的主题模式，以及设计师自己的认识等。下面将制作一个科技公司的网站首页，通过艺术的手法表现出网站的科技感。

素材：素材\第12章\科技.psd、计算机.psd、建筑.psd、立体字.psd、人物.psd、树叶.psd
效果：效果\第12章\科技公司网站.psd

12.3.1 制作网站页面背景图像

本小节将制作网站页面的背景图像。本例的背景图像以蓝色调为主，其具体操作步骤如下。

微课：制作网站页面背景图像

STEP 1 新建图像

❶选择【文件】/【新建】命令，打开“新建”对话框，设置文件名为“科技公司网站”，设置宽度为36厘米、高度为29厘米，分辨率为72像素/英寸；❷单击 确定 按钮。

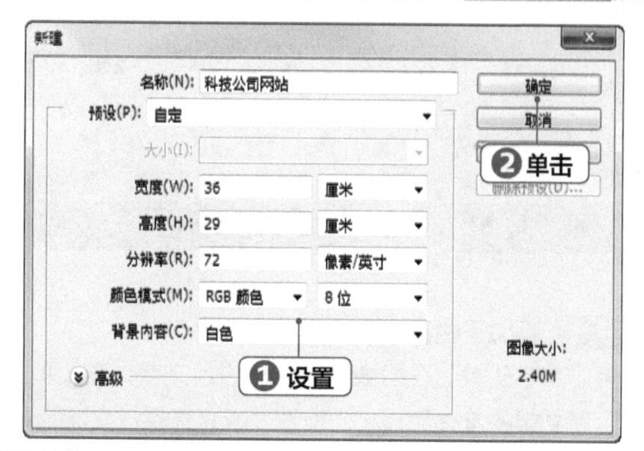

STEP 2 绘制并填充选区

选择矩形选框工具，在图像下方绘制一个矩形选区，将其填充为蓝色“#1857aa”，按【Ctrl+D】组合键取消选区。

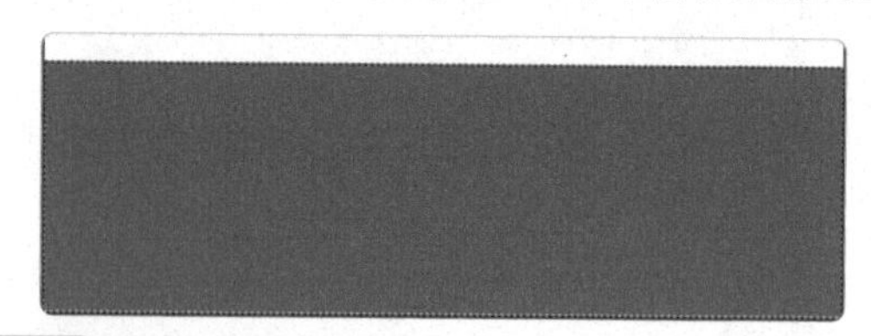

STEP 3 绘制并渐变填充选区

选择矩形选框工具，在图像下方绘制一个矩形选区；选择渐变工具，设置渐变色为蓝色“#2e73b0”到蓝色“#0f5996”渐变，然后对选区进行从上到下的线性渐变填充；按【Ctrl+D】组合键取消选区。

STEP 4 绘制并渐变填充选区

选择矩形选框工具，在蓝色矩形上方绘制一个矩形选区；选择渐变工具，设置渐变色为蓝色“#004f8f”到蓝色“#3175b3”渐变，然后对选区进行从上到下的线性渐变填充；按【Ctrl+D】组合键取消选区。

STEP 5 绘制圆环图像

❶选择自定形状工具，在属性栏中设置工具模式为“形状”，填充颜色为白色，描边颜色为蓝色“#004e8d”，描边宽度为4像素，在形状列表中选择“圆形边框”形状；❷在图像在绘制一个长宽为65像素的圆环形。

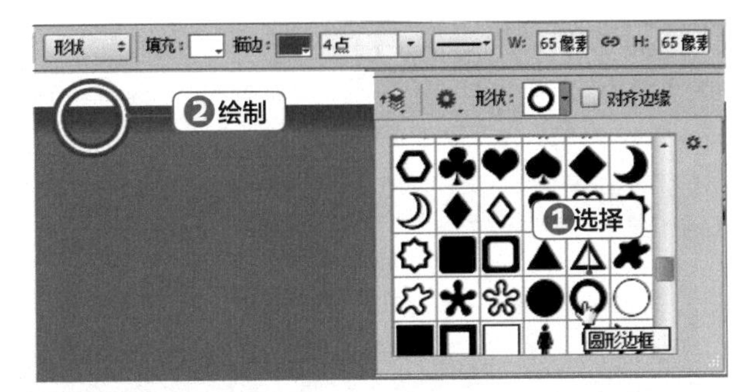

STEP 6 绘制圆形图像

❶选择椭圆工具，在属性栏中设置工具模式为“形状”、填充颜色为蓝色“#004e8d”、描边颜色为白色、描边宽度为4像素；❷在圆环图像中心绘制一个长宽为40像素的圆形。

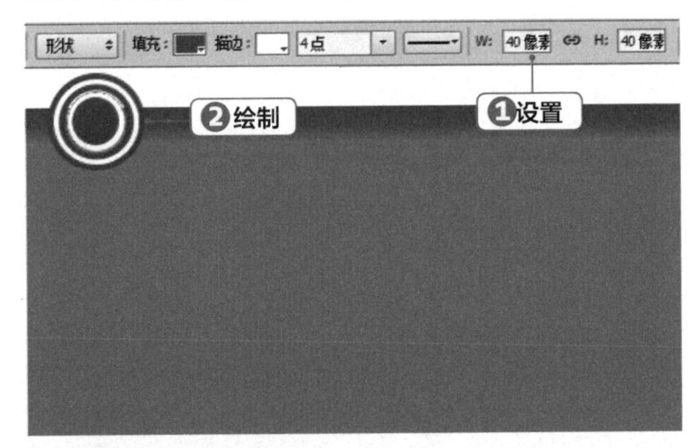

STEP 7 删除半圆形图像

栅格化形状图层，然后再两个栅格化形状后的图层进行合并；使用矩形选框工具在圆形图像下半部分绘制一个矩形选区；按【Delete】键将选区内的图像删除。

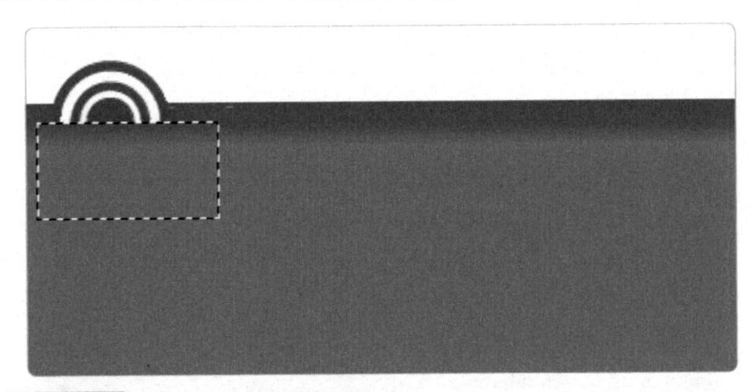

STEP 8 绘制其他半圆形图像

使用相同的方法绘制其他两个圆图像；将其中一个圆删除四分之三，将另一个删除下半部分。

STEP 9 复制图像

将绘制好的3个圆图像复制一次；选择【编辑】/【变换】/【水平翻转】命令，将复制的图像水平翻转，然后将其放在图像右方。

STEP 10 添加建筑图像

打开“建筑.psd”素材图像，使用移动工具将其中的素材图像拖动到当前编辑的图像中。

STEP 11 添加立体字图像

打开“立体字.psd”素材图像，使用移动工具将其中的素材图像拖动到当前编辑的图像中。

STEP 12 绘制立体字阴影

新建一个图层，将其放在立体文字图层下方；选择画笔工具，在立体字下方绘制阴影图像；设置图层混合模式为“正片叠底”。

STEP 13 添加科技图像

打开“科技 .psd”素材图像，使用移动工具将其中的素材图像拖动到当前编辑的图像中。

STEP 14 绘制并羽化选区

❶新建一个图层，将其放在科技图层下方；选择多边形套索工具，参照计算机底座图像绘制一个多边形选区；❷选择【选择】/【修改】/【羽化】命令，设置羽化值为 10 像素，单击 确定 按钮。

STEP 15 绘制阴影

设置前景色为黑色，然后按【Alt+Delete】组合键，使用前景色填充选区；设置图层混合模式为“正片叠底”。

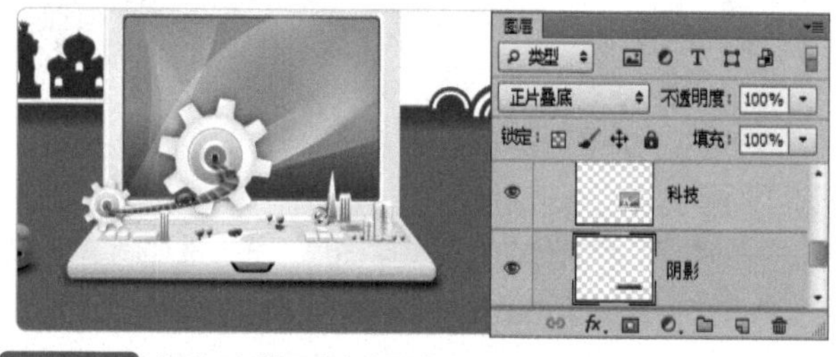

STEP 16 添加人物和树叶图像

打开“人物 .psd”和“树叶 .psd”素材图像，使用移动工具将素材图像拖动到当前编辑的图像中，并排列素材位置。

STEP 17 创建文字

选择横排文字工具，在立体文字下方输入文字；设置文字颜色为白色，然后设置文字的字体和大小。

STEP 18 创建圆角矩形路径

新建一个图层放在科技图层下方；选择圆角矩形工具，在属性栏中设置工具模式为“路径”、设置半径为 225 像素；在图像中绘制一个圆角矩形路径。

STEP 19 创建并描边选区

❶单击“路径”面板下方的“将路径作为选区载入”按钮 ，将路径转换为选区；❷选择【编辑】/【描边】命令，打开“描边”对话框，设置描边值为 20 像素，单击 确定 按钮。

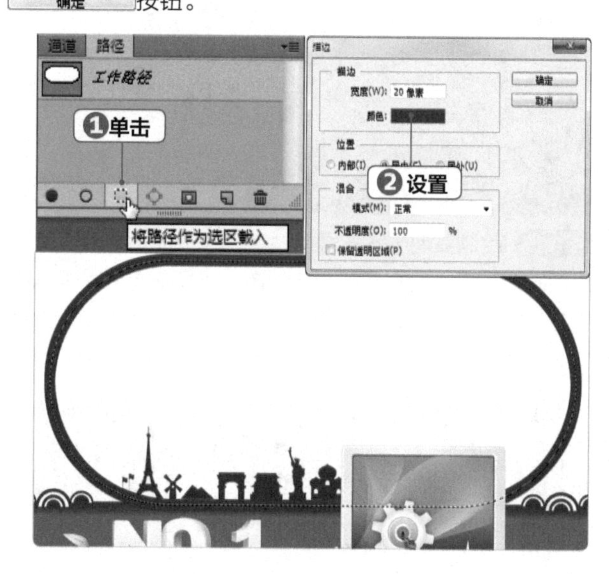

STEP 20 **载入并渐变填充选区**

按住【Ctrl】键的同时，单击描边图像的图层缩略图，载入图像的选区；选择渐变工具，设置渐变色从浅蓝色“#1699da”到深蓝色“#004773”渐变，然后对选区从上到下进行线性渐变填充。

STEP 21 **复制并调整图像**

将填充的渐变图像复制一次；按【Ctrl+T】组合键，然后对复制图像的大小进行适当调整。

STEP 22 **载入并渐变填充选区**

按住【Ctrl】键的同时，单击复制图像的图层缩略图，载入图像的选区；选择渐变工具，设置渐变色从浅蓝色“#1699da”到深蓝色“#004773”渐变，然后对选区进行线性渐变填充；将复制修改后的图层放在原对象图层的下方。

STEP 23 **添加内发光效果**

选择渐变填充图层和复制的图层，然后合并两个图层；选择【图层】/【图层样式】/【内发光】命令，打开“图层样式”对话框，设置内发光的颜色为蓝色“#3175b3”，然后设置不透明度参数，单击 确定 按钮。

12.3.2 制作产品内容

微课：制作产品内容

本小节将添加网站的产品对象和文字描述，完善网页内容，其具体操作步骤如下。

STEP 1 **添加计算机图像**

打开“计算机 .psd”素材图像，使用移动工具将计算机素材图像拖动到当前编辑的图像中，并排列素材位置。

STEP 2 **绘制竖线**

选择矩形选框工具，在计算机之间绘制一个线性矩形选框；设置前景色为灰色“#c2c2c2”，按【Alt+Delete】组合键，使用前景色对选区进行填充。

STEP 3 复制竖线

按【Ctrl+D】组合键取消选区；将绘制的竖线复制一次，然后将其移到右方两个计算机之间。

STEP 4 输入计算机品牌及型号

选择横排文字工具，在左边计算机图像下方输入“普利惠R5”文字；在工具属性栏中设置文字的字体和大小。

STEP 5 输入办公必备文字

选择横排文字工具，在左边计算机图像下方输入“办公必备”文字；在工具属性栏中设置文字的字体和大小。

STEP 6 输入产品描述文字

选择横排文字工具，在左边计算机图像下方输入产品描述文字；在工具属性栏中设置文字的字体和大小。

STEP 7 输入其他产品信息文字

选择横排文字工具，在其他计算机图像下方输入产品信息文字；设置工具属性与左方对应的文字相同。

STEP 8 绘制圆角矩形

❶选择圆角矩形工具，选择工具模式为“形状”，设置填充颜色为深蓝色“#002a4d”，设置圆角半径为 5 像素；❷在图像中绘制一个长为 38 像素、宽为 13 像素的圆角矩形。

STEP 9 输入英文字

选择横排文字工具，在圆角矩形内输入英文字“GO”；在工具属性栏中设置文字的字体和大小。

STEP 10 绘制三角形

选择多边形套索工具，在英文字右方绘制一个三角形选区；将选区填充为白色，然后取消选区。

STEP 11 复制图像

将圆角矩形、英文字和三角形图层合并；将合并后的图层复制两次，然后将复制图像分别移到计算机型号文字右方。

STEP 12 输入分栏文字

选择横排文字工具，在图像上方输入分栏文字；设置“首页”文字为蓝色“#6296cb”，其他文字为黑色，然后设置文字的字体和大小。

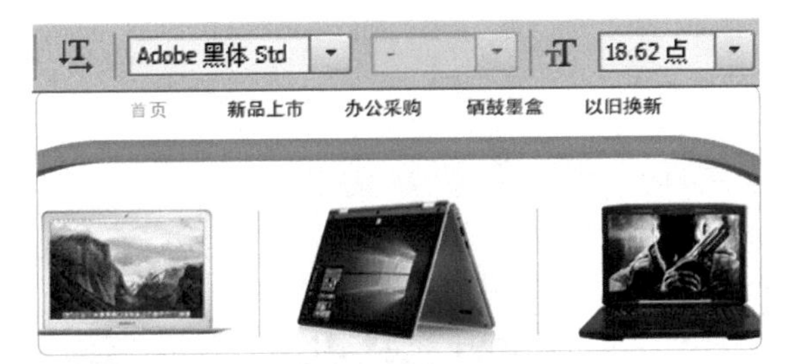

STEP 13 绘制文字分隔线

设置前景色为灰色“#c7c7c7”；选择铅笔工具，设置铅笔大小为 1，然后在分栏文字之间绘制竖线。

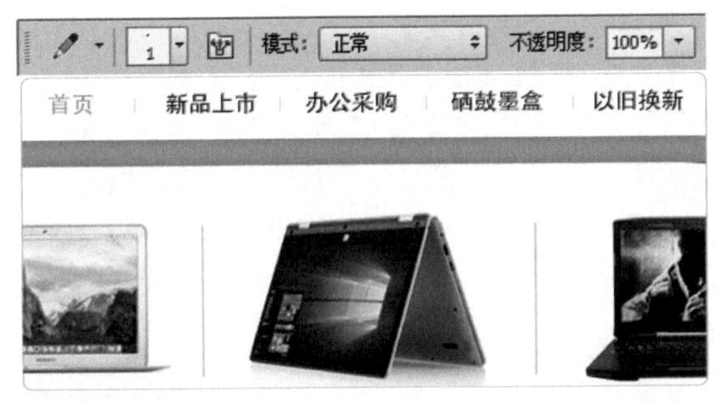

STEP 14 绘制圆角矩形

选择圆角矩形工具，选择工具模式为“形状”，设置填充颜色为白色，设置圆角半径为 12 像素；在图像中绘制一个长为 321 像素、宽为 24 像素的圆角矩形。

STEP 15 添加描边和阴影效果

选择【图层】/【图层样式】/【描边】命令，打开“图层样式”对话框，设置描边大小为 2，颜色为蓝色“#004a86”；在样式列表中选择“投影”样式，然后设置投影参数，单击 确定 按钮。

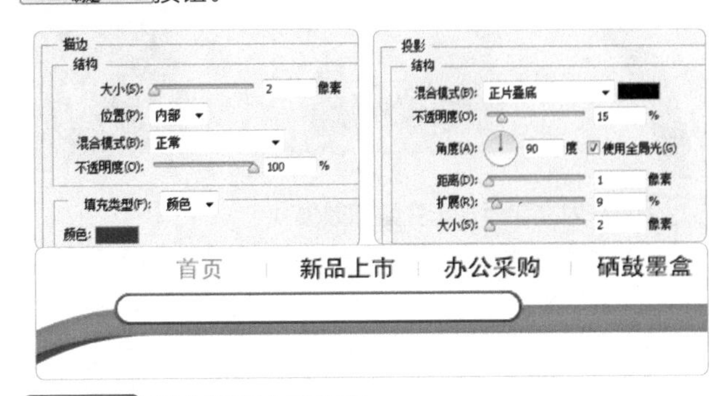

STEP 16 输入首页文字内容

选择横排文字工具，在圆角矩形内输入首页文字内容；设置“笔记本及平板 ”文字为深蓝色“#05165e”，其他文字为灰色“#727272”，然后设置文字的字体和大小。

STEP 17 绘制三角形

选择多边形套索工具，在首页文字内容前面绘制一个三角形选区；将选区填充为黑色，然后取消选区。

STEP 18 输入首页文字内容

选择横排文字工具，在图像左上方输入企业名称及官方商城文字；设置文字为蓝色“#3175b3”，然后设置文字的字体和大小。

STEP 19 为文字添加渐变叠加效果

选择【图层】/【图层样式】/【渐变叠加】命令，打开“图层样式”对话框；设置渐变叠加的颜色从蓝色“#01559a”到浅蓝色“#76aee1”再到蓝色“#125b98”，然后设置其他渐变叠加参数。

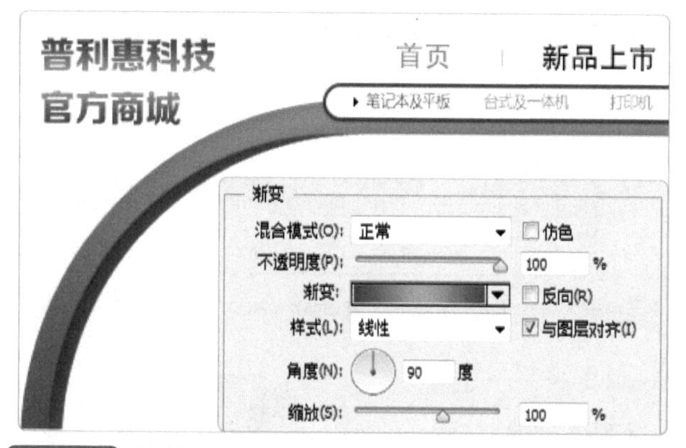

STEP 20 绘制圆角矩形

选择圆角矩形工具，选择工具模式为“形状”，设置填充颜色为白色，设置圆角半径为 7 像素；在图像右上方绘制一个长为 68 像素、宽为 14 像素的圆角矩形。

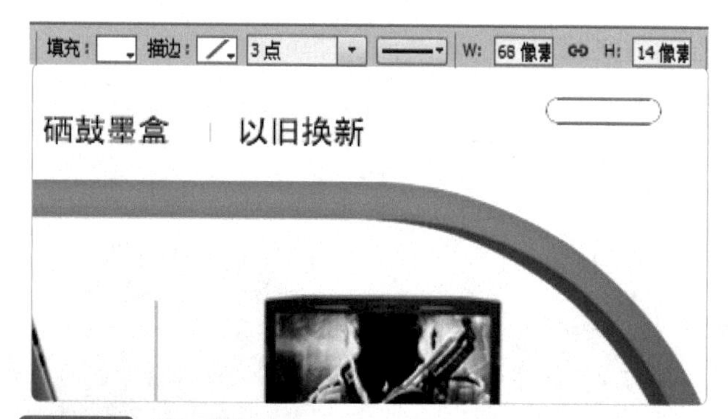

STEP 21 添加描边效果

选择【图层】/【图层样式】/【描边】命令，打开“图层样式”对话框；设置描边大小为 1 像素，颜色为蓝色“#5b92c9”，然后单击 确定 按钮。

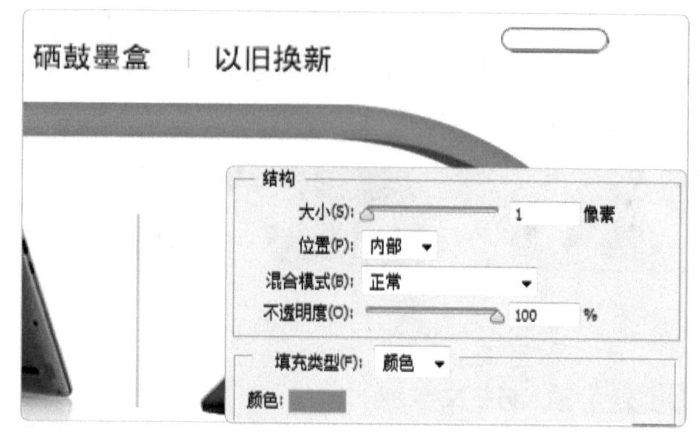

STEP 22 复制圆角矩形

将添加描边的圆角矩形复制两次；排列 3 个圆角矩形的位置，使其在垂直方向对齐，垂直间距相同。

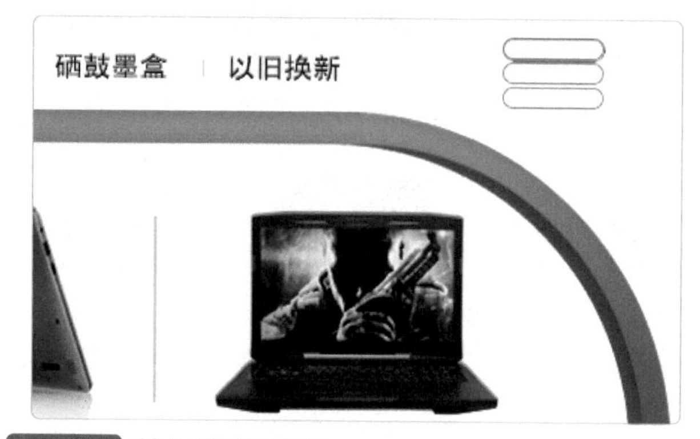

STEP 23 输入登录等文字

选择横排文字工具，在圆角矩形内分别输入“登录”“注册”“企业会员”文字；设置“登录”文字为蓝色“#578fc6”，其他文字为灰色“#929292”，再设置文字的字体和大小。

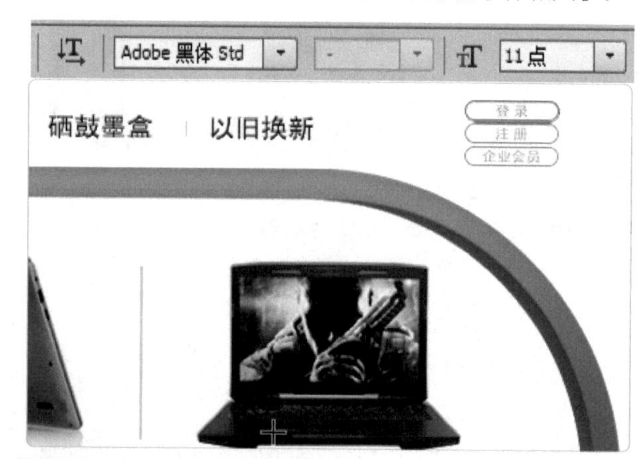

STEP 24 输入企业名称文字

选择横排文字工具，在图像的左下方输入“普利惠科技”文字；设置文字为浅蓝色“#a9c5df”，然后设置文字的字体和大小。

STEP 25 绘制分隔线

❶设置前景色为白色，选择铅笔工具，然后选择【窗口】/【画笔】命令，打开“画笔”面板，设置画笔大小为 1 像素、间距为 500%；❷在“普利惠科技”文字右方绘制一条虚线。

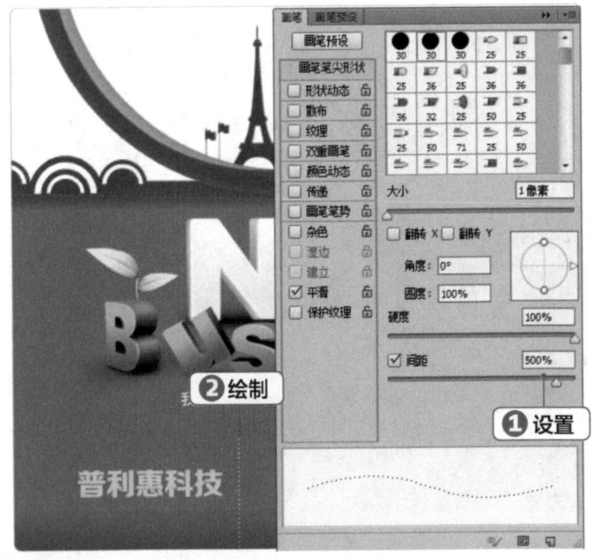

STEP 26 输入关于我们等文字

选择横排文字工具，在分隔线右方输入“关于我们”等文字内容；设置文字为白色，然后设置文字的字体和大小。

STEP 27 输入授权内容

选择横排文字工具，在“关于我们”文字下方输入授权内容；设置文字为浅蓝色“#9ec6ed”，然后设置文字的字体和大小。

STEP 28 绘制列表框图形

使用矩形工具在图像右下方绘制一个矩形，填充颜色为白色；设置前景色为蓝色“#1857aa”，使用铅笔工具在矩形右侧绘制一条竖线，再绘制一个箭头图形。

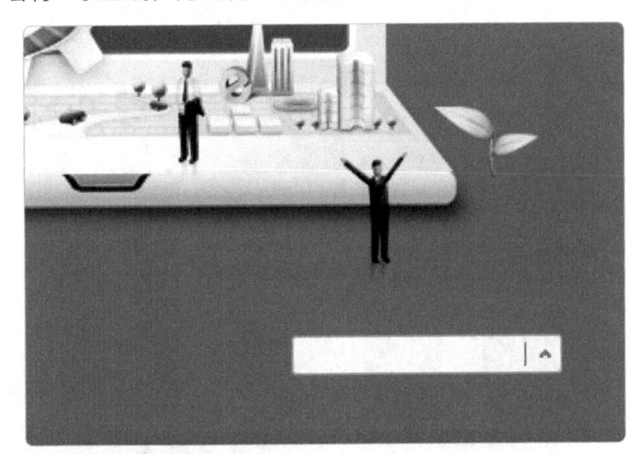

STEP 29 输入产品查询文字

选择横排文字工具，在列表框内输入“产品查询”文字；设置文字为浅蓝色“#617dbe”，然后设置文字的字体和大小，完成本实例的制作。

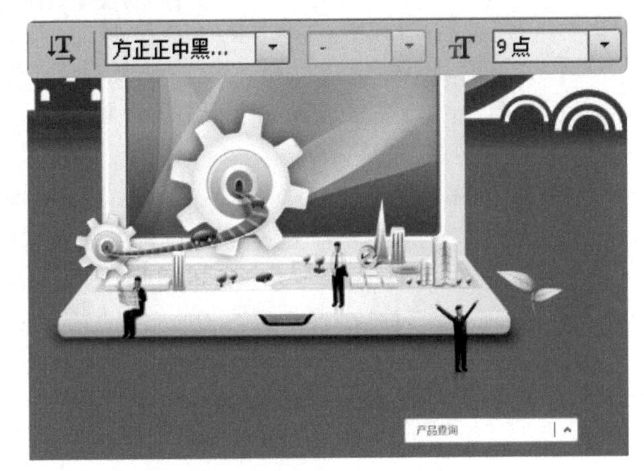

高手秘籍

1. 网页版式构成分类

网页版式的构成主要有骨骼型、国字型、拐角型、框架型等类型。下面介绍各种类型的特点。

（1）骨骼型

骨骼型也可称为栏型，网页中的骨骼型版式是一种规范的、理性的设计形式，类似于报刊的版式。常见的骨骼有竖向通栏、双栏、三栏、四栏和横向的通栏、双栏、三栏和四栏等。这种版式给人以和谐、理性的美，几种分栏方式结合使用，显得网页既理性、条理，又活泼而富有弹性，这种版式常用于公司网站的设计。下图左侧为“素材公社”网站的图片，其布局属于“骨骼型”。

（2）国字型

口字型、同字型、回字型都可归属于此类，是一些大型网站所喜欢的类型，即最上面是网站的标题、导航以及横幅广告条，接下来就是网站的主要内容，左右分列一些小条内容，中间是主要部分，与左右一起罗列，最下面是网站的一些基本信息、联系方式、版权声明等。这种布局的优点是充分利用版面，信息量大，缺点是页面拥挤，不够灵活。这种结构是网上最常见的一种结构类型，常用于门户网站的设计。下图右侧的网站就属于“国字型”。

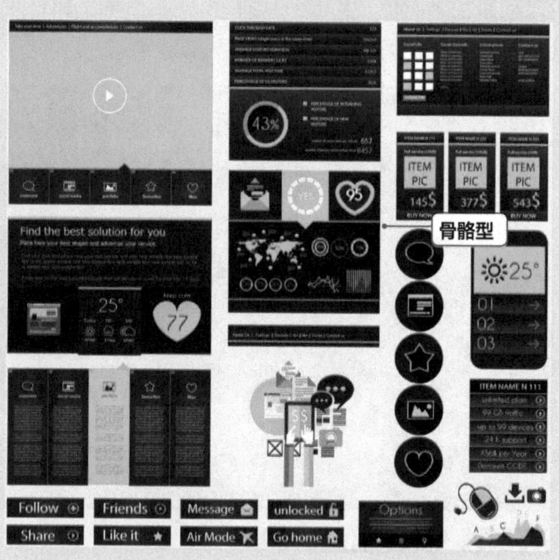

（3）拐角型

匡型布局或 T 型布局可归于此类，在匡型布局中，常见的类型为上面是标题与导航，左侧是展示图片的类型，最上面是标题及广告，右侧是导航链接的类型。这种版式在韩国的网站中常见。T 布局就是指页面顶部为横条网站标志与广告条，下方左侧为主菜单，右侧显示内容的布局，因为菜单背景色彩较深，整体效果类似英文字母 T，所以称之为 T 形布局。这种布局的优点是页面结构清晰、主次分明，是初学者最容易上手的布局方法。缺点是规矩呆板，如果在细节色彩上不注意，则很容易让人感觉枯燥无味。

（4）框架型

框架型版式常用于功能型网站，例如邮箱、论坛、博客等。

- 左右框架型：这是一种左右分别为两页的框架结构，一般左面是导航链接，有时最上面会有一个小块标题或标志，右面是正文。大部分的大型论坛都是这种结构，一些企业网站也喜欢采用。这种类型结构非常清晰，一目了然。
- 上下框架型：与左右框架类似，区别仅仅在于这是一种上下分为两页的框架。
- 综合框架型：这是上述两种结构的结合，是一种相对复杂的框架结构，较为常见的综合框架型多类似于“拐角型”。常见的邮箱网站的版式多为综合框架型。

2. 网页版式设计应遵循的原则

现在网页版式设计的风格千差万别，但是它们始终都遵循着同样的设计原则，这些原则规范了网页设计，使网站充分发挥了应有的作用和功能。网页版式设计应遵循以下原则。

（1）简洁原则

相信不管是现在还是将来，遵循简洁原则的扁平化设计都会是网页设计的主流，它要求网站专注于产品的功能、内容的质量，而一味地不是追求华丽的动态效果或者繁杂的装饰元素，企业在进行网页设计时一定要注意。下图左侧所示的网站就遵循了“简洁原则”。

（2）对比原则

网页内容有主有次，要想保证用户第一眼就能抓住中心内容，就需要通过对比原则来突出主体。对比可以是色彩、大小、形状等方面上的对比，但是一定要注意一个度，因为过多的对比等于没有对比，还会给用户带来疑惑。下图右侧所示的网站图片就遵循了“对比原则”。

（3）黄金比例原则

黄金比例 1 ：1.618 是一个最佳的设计比例，网站设计中常用的三分法就是根据黄金比例来设计的，具体的设计方法就是将重要的信息，如 Logo、导航栏，与其他次要的信息按照这个比例分布在同一行中。

（4）平衡对称原则

一个网页中会有很多元素，比如颜色、形状、图标、图片、文字等，这些元素放在同一个页面中，需要达到平衡对称的效果，否则就会减低用户的阅读体验。下图左侧所示的网站就遵循了“对称原则”。

（5）三角原则

三角形是最稳定的图形，所以经常会在网站中看到与 3 相关的设计，如 3 种颜色、3 个版块、3 图片等，这样可以让设计稳定又美观。下图右侧所示的网站就遵循了“三角原则”。

提高练习

1. 制作网页按钮

制作网页按钮的具体要求如下。

效果：效果 \ 第 12 章 \ 网页按钮 .psd

- 选择圆角矩形工具，绘制一个圆角矩形。
- 为其添加图层样式，添加渐变叠加和浮雕效果。
- 选择圆角矩形工具绘制出一个白色圆角矩形。
- 选择铅笔工具，绘制出倒三角形，填充为黄色。
- 选择横排文字工具，在其中输入文字。
- 使用同样的方法，制作出另一个红色按钮。

2. 制作年终盛典导航栏

效果：效果 \ 第 12 章 \ 年终盛典导航栏 .psd

制作年终盛典导航栏的具体要求如下。

- 选择矩形选框工具，绘制出多个矩形选区，填充为不同深浅的红色，作为导航栏中的各版块。
- 选择横排文字工具，在导航栏中输入各栏目名称。
- 选择画笔工具，调整画笔间距参数，绘制出数字 12 的圆点效果。
- 输入文字“年终盛典”，将文字转换为形状，编辑特殊文字效果。

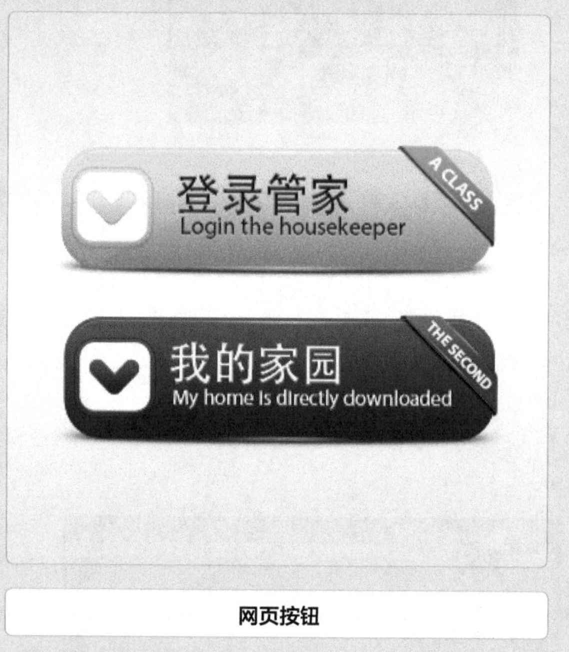

网页按钮

年终盛典导航栏

13 Chapter 第 13 章

手机 UI 界面设计

/ 本章导读

UI 是指用户界面（User Interface），即人和工具之间的界面。而 UI 设计师即是专注于各种界面图形设计的人员。本章主要介绍手机的 UI 界面设计，设置了多个实例，用以制作不同类型的 UI 设计效果：常用图标、日历 UI 界面、天气预报 UI 界面，以及播放器 UI 界面等。

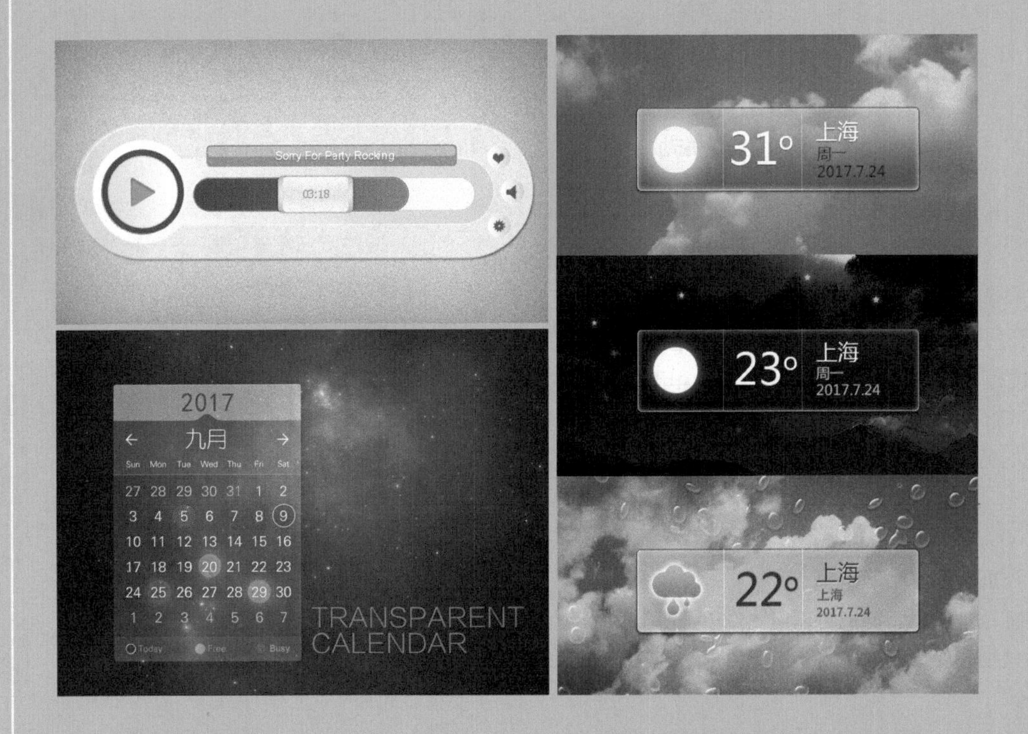

13.1 制作手机图标

在手机 UI 界面中，各种图标是必不可少的元素，通常手机图标的效果都需要与整个 UI 界面的风格统一。下面将制作一组带浮雕效果的手机图标。

效果：效果 \ 第 13 章 \ 手机图标 .psd

13.1.1 制作图标底图效果

微课：制作图标底图效果

本小节将制作图标的底面浮雕效果，其具体操作步骤如下。

STEP 1 渐变填充背景

①新建一个 1 026 像素 ×1 100 像素的图像文件，选择渐变工具，在属性栏中选择渐变方式为“径向渐变”；②设置渐变颜色从灰蓝色“#556979”到白色，在背景图像中间按住鼠标左键向外拖动，填充背景。

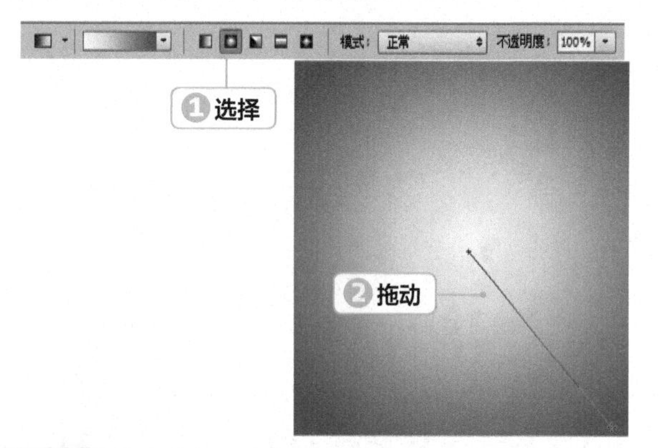

STEP 2 为图像添加杂色

①选择【滤镜】/【杂色】/【添加杂色】命令，打开“添加杂色”对话框，设置数量为 12%，单击选中 高斯分布(G) 单选项和 单色(M) 复选框；②单击 确定 按钮，得到添加杂色的背景图像。

技巧秒杀

添加杂色滤镜的作用

“添加杂色”滤镜可以向图像中随机混合杂点，添加一些细小的颗粒状像素，模拟出高速胶片中的拍照效果。

STEP 3 绘制圆角矩形

新建一个图层，选择圆角矩形工具，在属性栏中选择工具模式为“形状”，设置半径为 80 像素；设置前景色为白色，按住鼠标左键绘制出一个圆角矩形，“图层”面板中将自动新建一个形状图层。

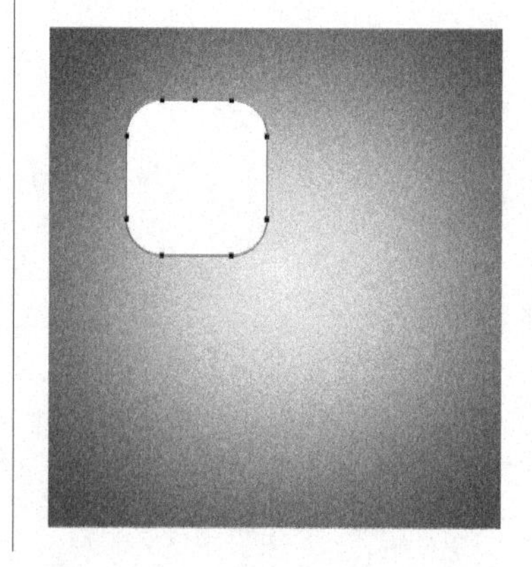

STEP 4 缩小选区

选择直接选择工具和钢笔工具，对圆角矩形做适当的编辑，编辑过程中可以适当删除节点。

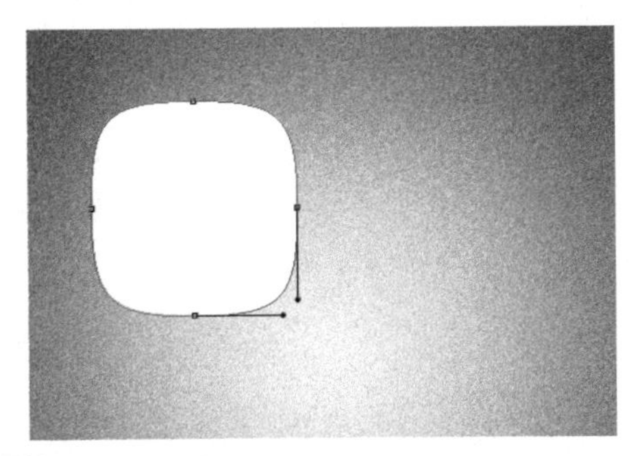

STEP 5 添加浮雕样式

选择【图层】/【图层样式】/【斜面和浮雕】命令，打开“图层样式”对话框；设置样式为内斜面，深度为40%，大小为7像素，再设置其他参数。

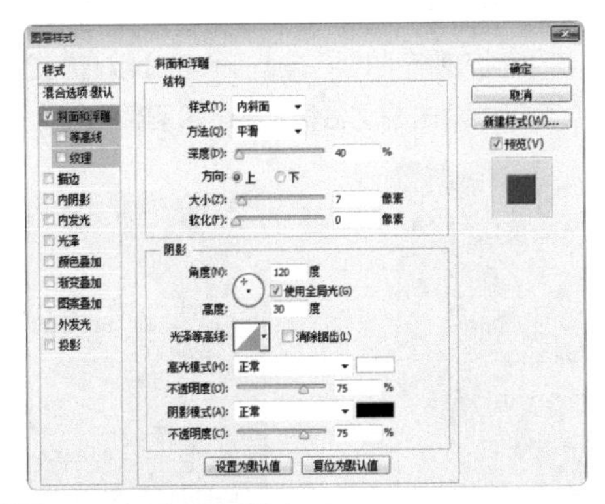

STEP 6 设置其他图层样式

①在对话框中选择“渐变叠加”样式，设置渐变颜色从蓝色“#148fcc”到淡蓝色“#73bfe5”，再设置其他参数；②选择“投影”样式，设置投影颜色为黑色，再设置其他参数。

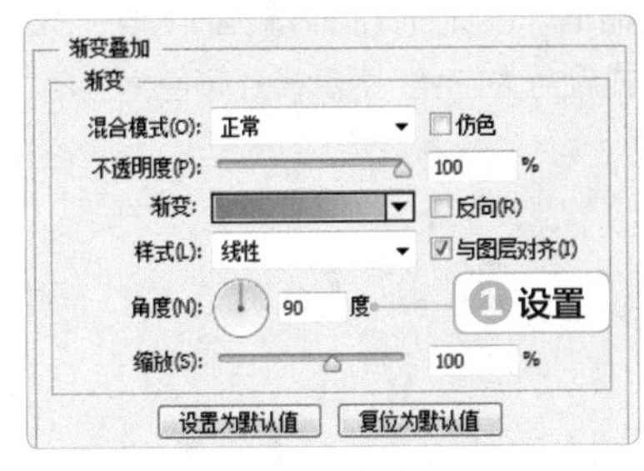

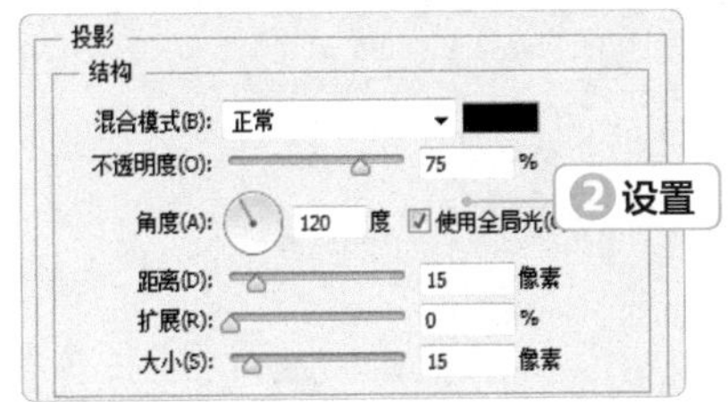

STEP 7 图标效果

单击 确定 按钮，得到添加图层样式后的图像效果。

STEP 8 复制图标

按【Ctrl+J】组合键复制3次该图层，分别移动复制的图像，排列成两行。

STEP 9 改变图标颜色

分别选择复制的圆角矩形图层，打开“图层样式”对话框，更改“渐变叠加”样式的颜色，分别设置为黄色渐变（#fe9666-#efd0bb）、绿色渐变（#226600-#44cc00）和灰白色渐变（#fcfcfc-#cecbcb）。

13.1.2 制作图标内容

微课：制作图标内容

每一个图标代表着不同的选项内容，本小节就将制作图标中的各种内容，其具体操作步骤如下。

STEP 1 绘制圆环图形

①选择自定形状工具，在属性栏左侧选择形状模式；单击“形状”右侧的下拉按钮，打开“形状”面板，选择“圆形边框”图形；②设置前景色为淡蓝色“#d4e6f6”，在蓝色按钮中绘制出圆环图形。

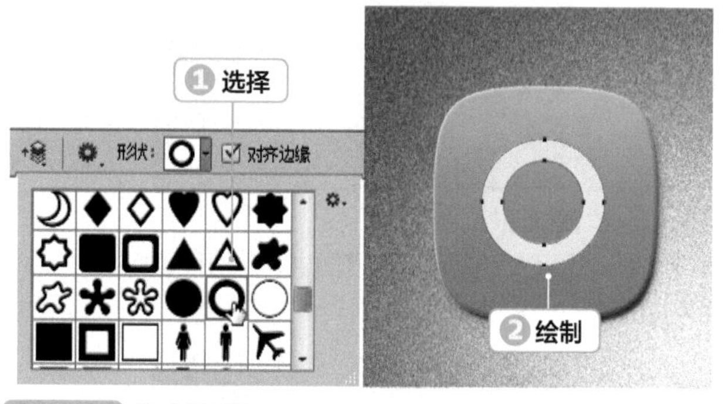

STEP 2 绘制圆形

新建一个图层，选择椭圆选框工具，按住【Shift】键绘制一个正圆形选区；填充选区为淡蓝色“#d4e6f6”，放到圆环图形中。

STEP 3 绘制圆角矩形

选择圆角矩形工具，在属性栏中设置“半径”为 80 像素；在圆环顶部绘制一个竖式的圆角矩形。

STEP 4 复制圆角矩形

按【Ctrl+J】组合键，复制 7 次对象；分别将复制的对象放到圆环图形四周，并按【Ctrl+T】组合键适当旋转图像。

STEP 5 合并图层

选择前 4 步绘制的所有图层，按【Ctrl+E】组合键合并图层；在“图层”面板中双击图层名称，将该图层重命名为“圆环”。

STEP 6 设置浮雕样式

选择【图层】/【图层样式】/【斜面和浮雕】命令，打开“图层样式”对话框；设置样式为内斜面，大小为 3，再设置下方的高光模式颜色为白色，阴影模式颜色为蓝色“#6face1”。

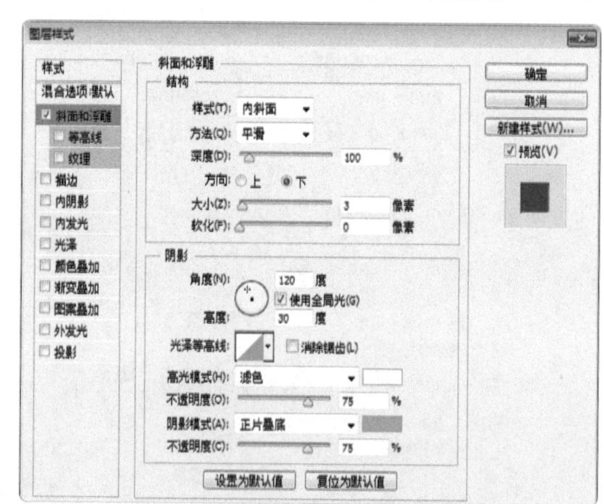

STEP 7 添加渐变叠加和外发光样式

①在对话框中选择“渐变叠加”样式，设置渐变颜色从浅蓝色“#96c0e4”到白色，再设置其他参数；②选择“外发光”样式，设置外发光颜色为深蓝色“#063b65”，再设置其他参数。

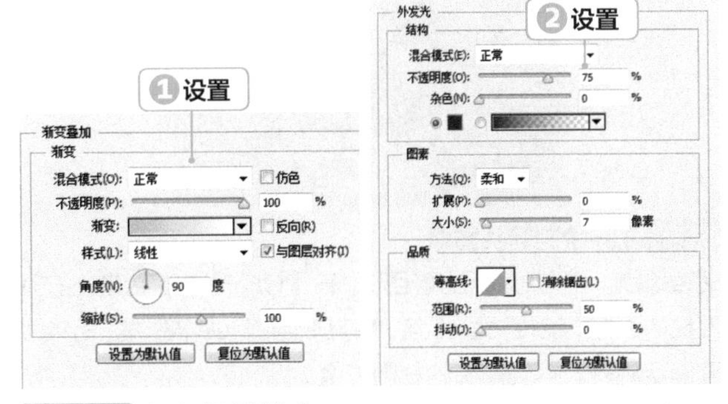

STEP 8 添加投影样式

在对话框中选择“投影”样式，设置投影颜色为黑色，再设置其他参数；单击 确定 按钮，得到第一个图标内容。

STEP 9 绘制圆形

在第二个图标中选择椭圆选框工具，按住【Shift】键绘制一个正圆形选区；选择渐变工具，对选区应用线性渐变填充，设置渐变颜色为土黄色“#d19b7a”到橘黄色“#f09e72”。

STEP 10 添加投影

选择【图层】/【图层样式】/【投影】命令，打开“图层样式”对话框；设置混合模式为叠加，投影颜色为白色，再设置其他参数；单击 确定 按钮，得到添加的白色投影效果。

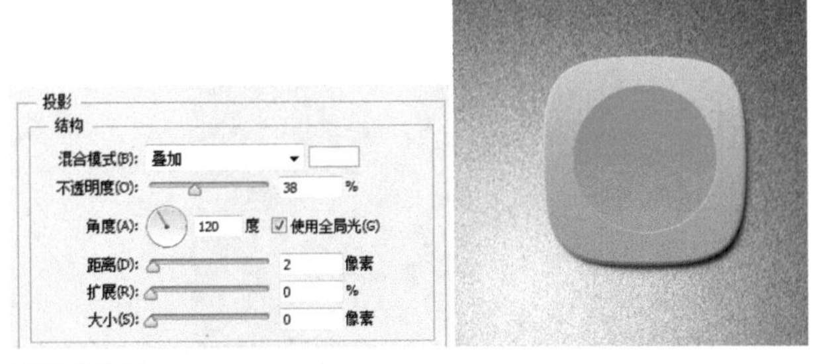

STEP 11 绘制渐变色圆形

新建一个图层，选择椭圆选框工具，在图标内部绘制一个较小的正圆形选区；使用渐变工具，对其应用线性渐变填充，设置渐变颜色从肉粉色“#fee4d3”到更淡一些的肉粉色“#eec9af”。

STEP 12 设置浮雕样式

单击“图层”面板底部的“添加图层样式”按钮 fx.，选择“斜面和浮雕”样式，打开“图层样式”对话框，设置样式为内斜面，再设置各项参数。

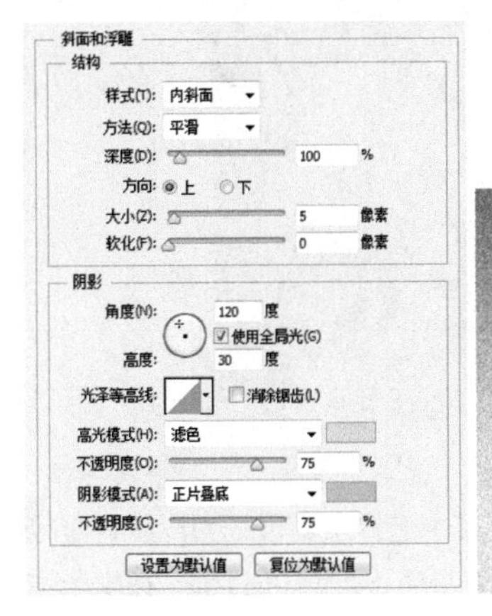

STEP 13 绘制圆形

新建一个图层，选择椭圆选框工具，在粉色图标中绘制两个较小的圆形选区，填充为土色“#8a654f”。

STEP 14 绘制曲线图像

选择画笔工具，在属性栏中设置画笔为柔角，大小为 25 像素；设置前景色为较淡的土色“#c0805c”，在两个较小的圆形之间直接绘制一条连接的 U 形线条。

STEP 15 绘制曲线图像

新建一个图层，选择铅笔工具，在属性栏中设置画笔大小为 25 像素；设置前景色为白色，在两个较小的圆形之间再绘制一条连接的 U 形线条，完成第二款图标的制作。

STEP 16 绘制圆角矩形

选择圆角矩形工具，在属性栏中选择工具模式为形状、半径为 50 像素；设置前景色为浅灰色（#d3d1d1），在绿色图标中绘制一个竖式的圆角矩形。

STEP 17 绘制箭头图像

继续绘制一个较小的圆角矩形，按【Ctrl+T】组合键，在属性栏中设置“旋转”为 45 度，将其放到箭头底部，按【Enter】键确定旋转，得到箭头的右侧图像。

STEP 18 复制翻转图像

按【Ctrl+J】组合键复制一次图像，然后选择【编辑】/【变换】/【水平翻转】命令，得到左侧箭头图形。

STEP 19 设置浮雕样式

选择箭头图像所在图层，按【Ctrl+E】组合键合并图层；选择【图层】/【图层样式】/【斜面和浮雕】命令，打开“图层样式”对话框，设置样式为内斜面，深度为 100%，再设置其他参数。

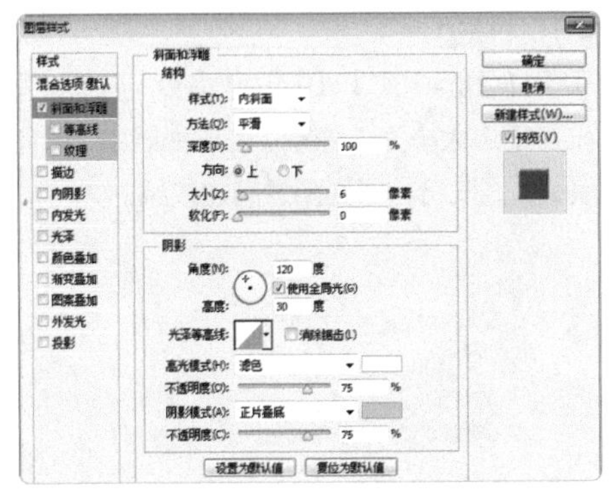

STEP 20 添加阴影

①选择“内阴影”样式，设置内阴影颜色为白色，再设置其他参数；②选择“投影”样式，设置投影为绿色“#2fa203”，再设置其他参数；单击 确定 按钮，得到添加图层样式后的箭头效果，完成绿色图标内容的制作。

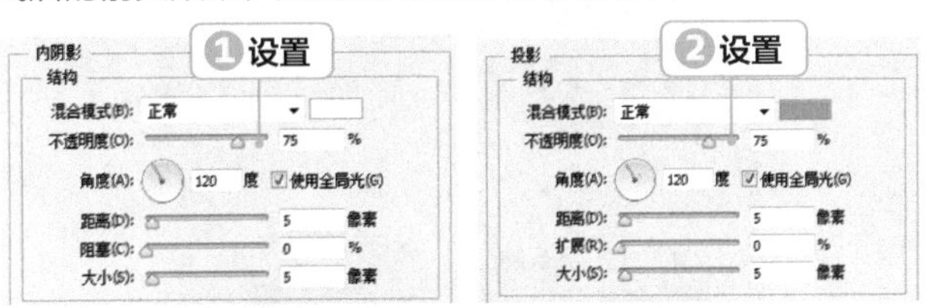

STEP 21 添加渐变色填充

选择椭圆选框工具，在灰白色图标中间绘制一个正圆形选区，选择渐变填充工具，为选区应用线性渐变填充，设置颜色为深灰色“#cecbcb”到浅灰色“#fffcfc”。

STEP 22 添加内阴影

选择【图层】/【图层样式】/【内阴影】命令，打开“图层样式”对话框；设置内阴影颜色为深灰色“#8a8888”，再设置其他参数，得到圆圈的内投影效果。

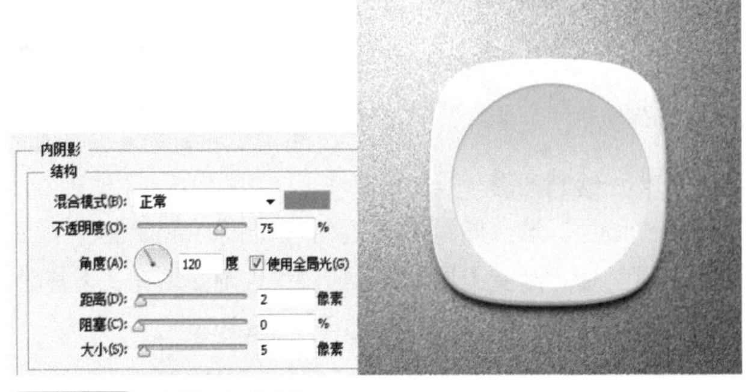

STEP 23 绘制圆形图像

新建一个图层，选择椭圆选框工具，绘制一个较小的正圆形选区；将选区填充为蓝色“#00ffff”，并放到图标中间。

STEP 24 绘制红色图像

新建一个图层，选择矩形选框工具，绘制一个矩形选区，填充为红色；将选区填充为红色“#ff0000”，按【Alt+Ctrl+G】组合键创建剪贴图层，隐藏超出蓝色圆形以外的红色矩形。

STEP 25 绘制其他图像

使用多边形套索工具，绘制出其他两个图像选区，分别填充为绿色“#00ff00”和黄色“#fff100”；为这两个图像创建剪贴图层，得到彩色圆圈图像。

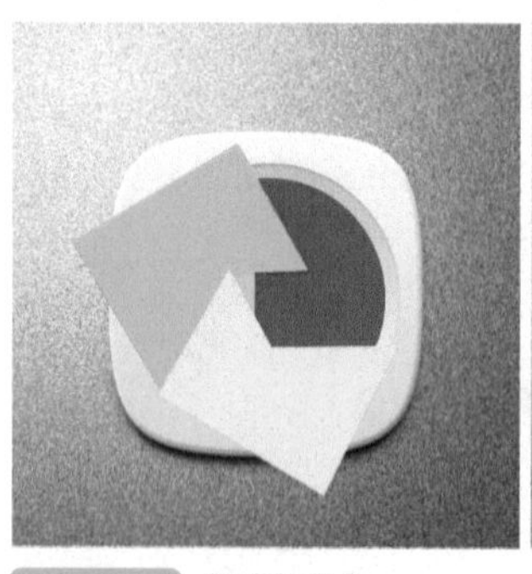

STEP 26 绘制圆形

新建一个图层，选择椭圆选框工具，在图像中间绘制一个正圆形选区；使用渐变工具为选区应用线性渐变填充，设置颜色为不同深浅的蓝色（#388cd5 到 #95cbf8）。

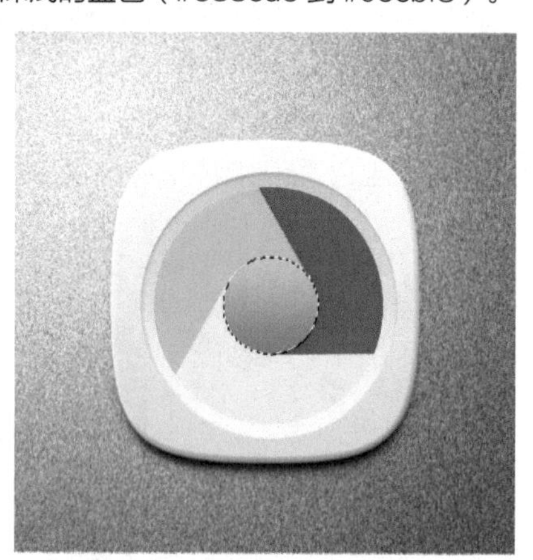

STEP 27 添加描边

选择【图层】/【图层样式】/【描边】命令，打开“图层样式”对话框；设置描边大小为 4 像素、位置为居中、颜色为白色；单击 确定 按钮，得到图像描边效果。

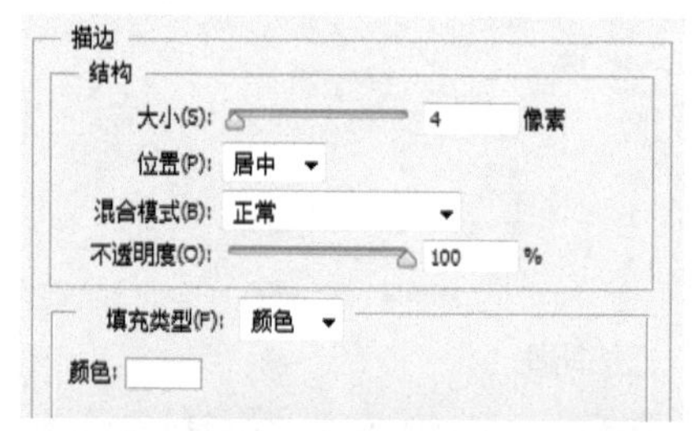

13.2 制作日历 UI 界面

作为一个 UI 设计师，需要做的就是将设计转为用户可以看懂的“界面语言”，制作出各种简洁美观的界面。下面将制作一个日历 UI 界面，该界面具有透明效果，让日历中的数字日期更加明显。

素材：素材 \ 第 13 章 \ 紫色背景 .jpg
效果：效果 \ 第 13 章 \ 日历 UI 界面 .psd

13.2.1 制作 UI 透明界面

本小节将制作日历 UI 中的透明界面，其具体操作步骤如下。

微课：制作 UI 透明界面

STEP 1 绘制圆角矩形

打开“紫色背景.jpg”素材图像，新建一个图层，选择圆角矩形工具，在属性栏中设置工具模式为“形状”、半径为10像素；设置前景色为蓝色“#8cddd6”，在图像左侧绘制一个圆角矩形。

STEP 2 设置填充参数

在“图层”面板中设置该图层填充为12%，得到较为透明的图像效果。

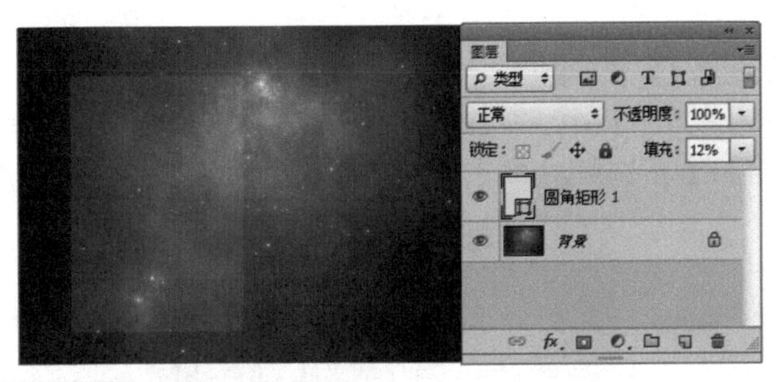

STEP 3 添加内发光样式

①在“图层”面板中双击该图层，打开“图层样式”对话框；②选择“内发光”样式，设置内发光颜色为淡黄色“#faf7c3”，“不透明度”为10%，再设置其他参数。

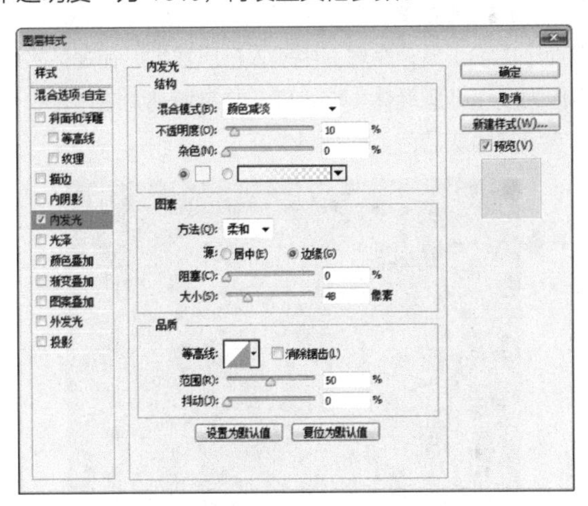

STEP 4 添加投影样式

在对话框左侧选择“投影”样式，设置投影颜色为黑色，“不透明度”为32%；单击 确定 按钮，得到添加图层样式的圆角矩形效果。

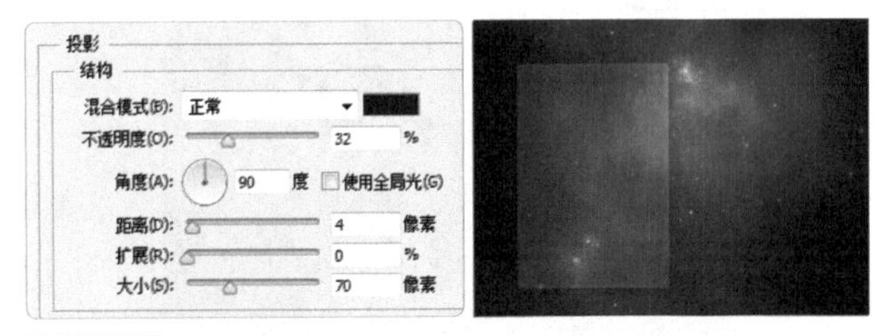

STEP 5 减选选区

按住【Ctrl】键单击形状图层缩略图，载入圆角矩形图像选区；新建一个图层，选择矩形选框工具，按住【Alt】键在下方绘制一个局选区，通过减选得到上半部分圆角矩形选区，填充为较深一点的蓝色“#27c8bb”。

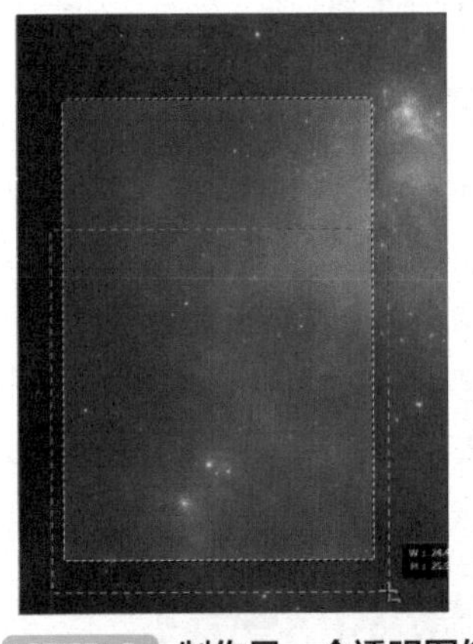

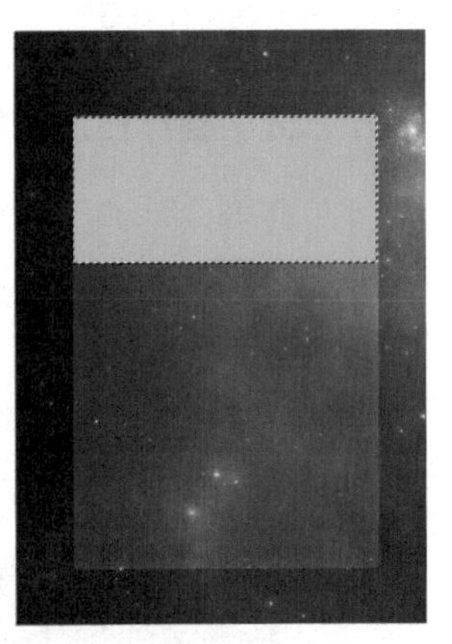

STEP 6 制作另一个透明图像

降低该图层的不透明度为10%，得到透明图像；使用相同的方法，载入圆角矩选区，然后减选选区，填充蓝色，再降低图层不透明度，得到界面底部的透明蓝色图像。

STEP 7 绘制白色矩形

新建一个图层，选择矩形选框工具，分别在界面中图像交界处绘制两个细长的矩形；将选区填充为白色，并适当降低图层不透明度为 50%。

STEP 8 绘制图像

选择钢笔工具，在属性栏中选择工具模式为“形状”；设置前景色为白色，在界面图像上方绘制一个中间凹陷的图形；在“图层”面板中适当降低该图层不透明度为 35%，得到透明图像效果。

13.2.2 制作日历数字

微课：制作日历数字

本小节将制作日历中的各种数字效果，包括各种重点事件对应的日期图标，其具体操作步骤如下。

STEP 1 输入文字

选择横排文字工具，在界面上方输入数字“2017”和“九月”；选择文字“2017”，在属性栏中设置字体为黑体，填充为灰蓝色“#6b709e”，选择文字“九月”，填充为白色，设置字体为方正细圆简体。

STEP 2 绘制箭头图形

①选择自定形状工具，在属性栏中单击“形状”右侧的下拉按钮，在弹出的面板中选择“箭头 7”图形；②设置前景色为白色，在文字“九月”右侧绘制一个箭头图形。

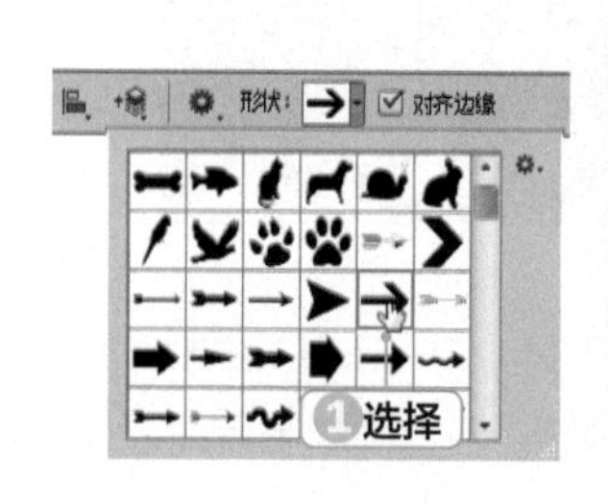

STEP 3 复制图像

按【Ctrl+J】组合键复制一次箭头图形；选择【编辑】/【变换】/【水平翻转】命令，将翻转的箭头图形放到文字左侧。

STEP 4 输入文字

选择横排文字工具，在界面中输入日历数字，在属性栏中设置字体为反正细圆简体，将大部分文字填充为白色，少数部分文字填充为灰蓝色（#c0c5db）。

STEP 5 绘制圆形

新建一个图层，选择椭圆工具，设置前景色为黑色，在数字“9”中绘制一个正圆形选区，设置填充为10%。

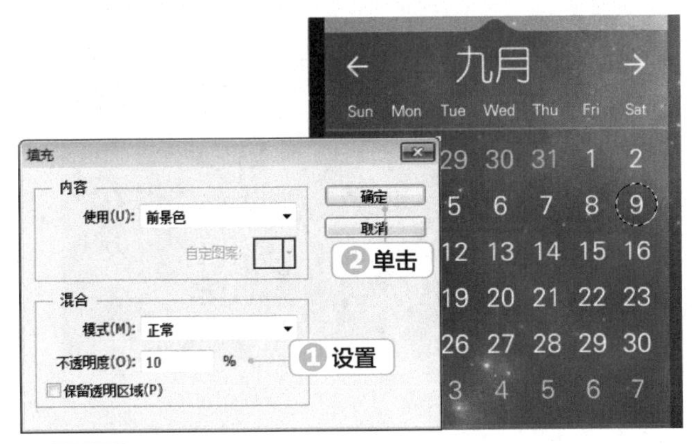

STEP 6 为图像描边

双击该图层，打开“图层样式”对话框，选择“描边”样式；设置描边大小为2像素、位置为内部、颜色为白色，得到圆形描边效果。

STEP 7 绘制圆形

新建一个图层，选择椭圆选框工具，在数字“5”中绘制一个相同大小的正圆形选区，填充为红色“#ff3337”；设置该图层混合模式为变亮，填充为80%。

STEP 8 添加外发光效果

双击该图层，打开“图层样式”对话框，选择“外发光”样式；设置混合模式为滤色，不透明度为40%，颜色为红色“#fd0e49”，得到图像外发光效果。

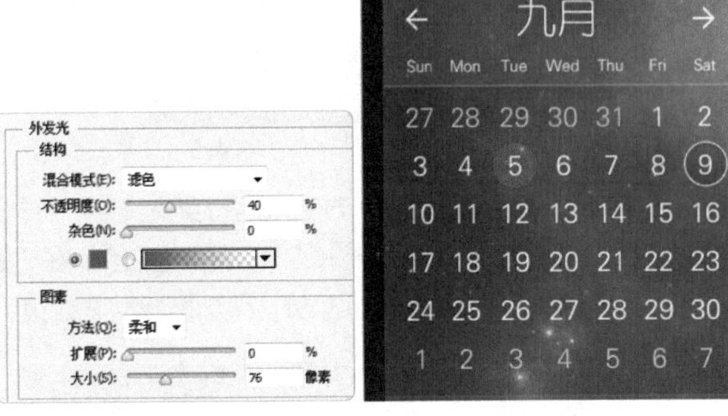

STEP 9 绘制其他圆形

参照相同的方法，绘制出另外3个蓝色圆形图像。

STEP 10 输入文字

选择横排文字工具，在界面底部输入3组英文文字，将文字填充为白色；设置该文字图层的填充为38%。

STEP 11 绘制圆形

选择椭圆选框工具，参照日历中的圆圈图像，在底端文字前面分别绘制白色线圈圆形和蓝色、红色图像。

STEP 12 输入文字

选择横排文字工具，在画面右下方输入两行英文文字，在属性栏中设置字体为方正兰亭纤黑-GBK，填充为白色；在“图层”面板中设置图层不透明度为30%，得到透明文字效果，完成本实例的制作。

13.3 制作天气预报 UI 界面

天气预报通常会分为白天、夜晚等多种界面，所以设计师需要考虑到背景界面的区别设计。下面将制作一组白天、夜晚和雨天的天气预报界面图。

素材：素材 \ 第 13 章 \ 蓝天 .jpg、山脉 .jpg、灰色云朵 .jpg、水珠 .psd
效果：效果 \ 第 13 章 \ 天气预报 UI 界面 .psd

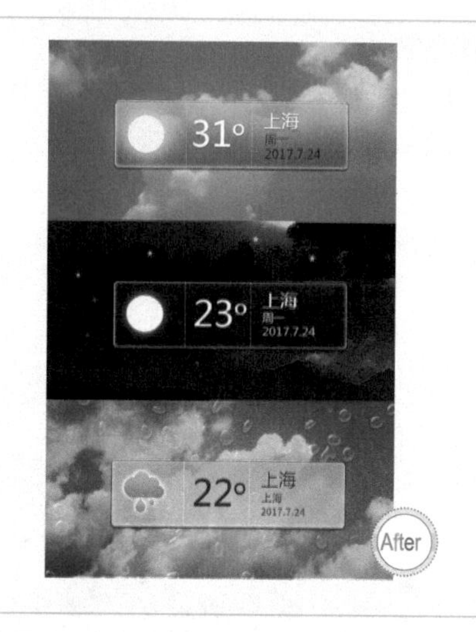

Chapter 13

13.3.1 制作白天界面

微课：制作白天界面

本小节将制作天气预报中的白天界面图，其具体操作步骤如下。

STEP 1 添加素材图像

新建一个600像素×900像素、分辨率为72像素/英寸的图像文件，将背景填充为白色；打开“蓝天.jpg”图像，使用移动工具将其拖动到新建图像中，放到画面上方。

STEP 2 绘制圆角矩形

选择圆角矩形工具，在属性栏中设置“半径”为10像素，在蓝天图像中绘制一个圆角矩形，填充为蓝色“#389af9”。

STEP 3 设置描边样式

选择【图层】/【图层样式】/【描边】命令，打开“图层样式”对话框；设置描边大小为1、位置为内部、颜色为白色，再设置其他参数。

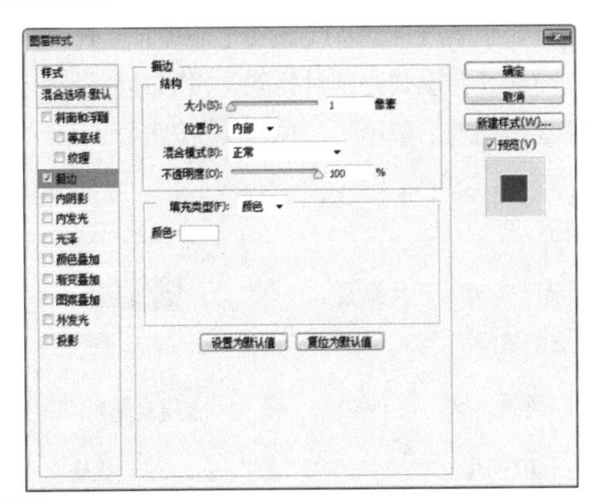

STEP 4 设置内发光样式

选择“内发光”样式，设置混合模式为浅色，不透明度为50%，再设置其他参数。

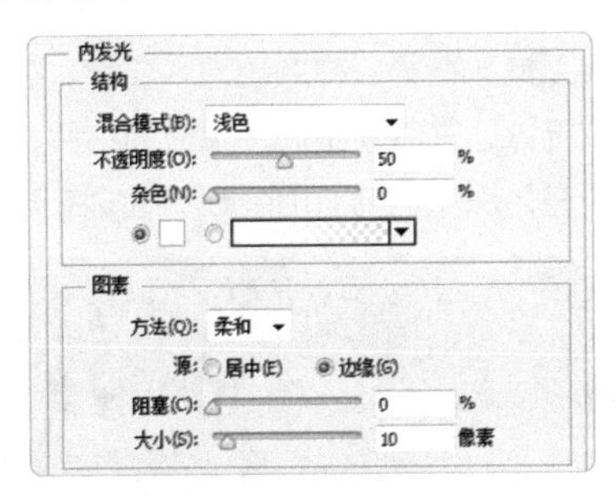

STEP 5 设置渐变叠加样式

选择“渐变叠加”样式，设置“混合模式”为“正常”，渐变颜色为不同深浅的蓝色，再设置其他参数。

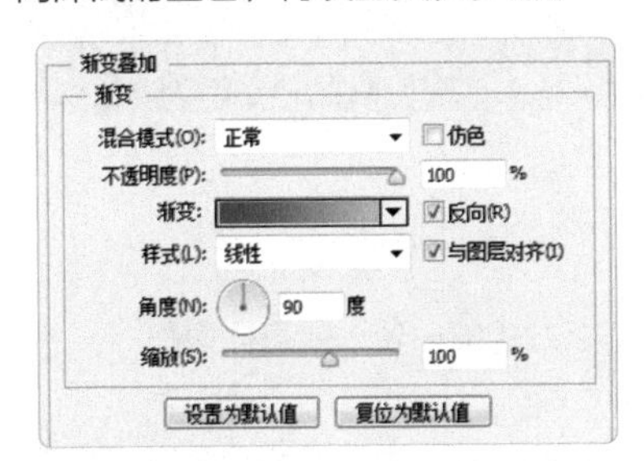

STEP 6 设置外发光样式

选择“外发光”样式，设置混合模式为正常，不透明度为78%，颜色为黑色，再设置其他参数。

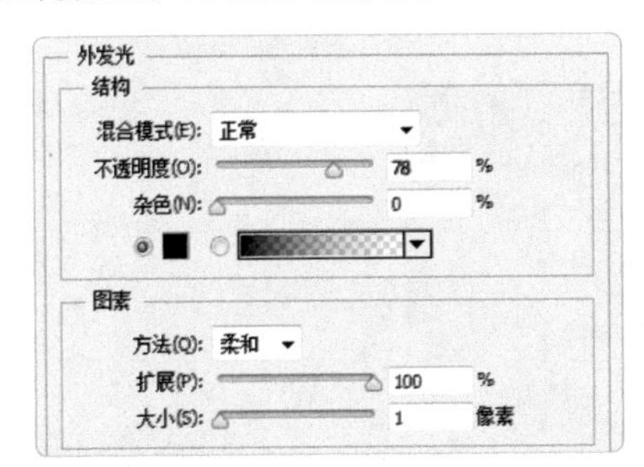

STEP 7 设置投影样式

选择“投影”样式，设置混合模式为正片叠底，投影颜色为黑色，再设置其他参数；单击 确定 按钮，得到添加图层样式后的图像效果。

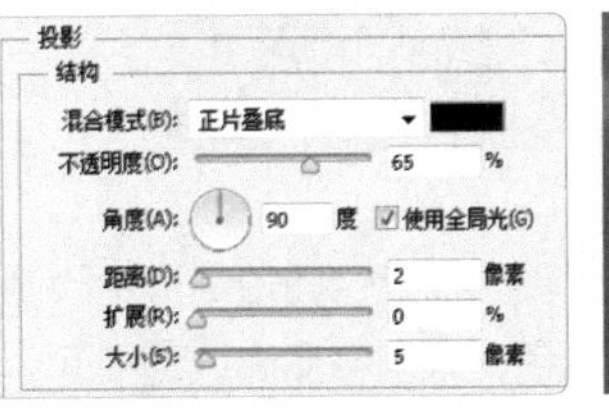

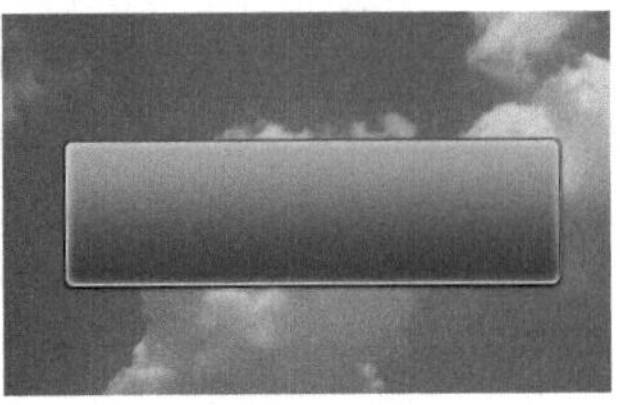

STEP 8 设置投影样式

设置该图层的不透明度为70%，得到透明圆角矩形效果。

STEP 9 设置投影样式

新建一个图层，选择椭圆选框工具，按住【Shift】键在蓝色圆角矩形左侧绘制一个正圆形选区，填充为淡黄色“#fafade”。

STEP 10 添加外发光样式

单击“图层”面板底部的“添加图层样式”按钮 fx.，在弹出的列表中选择“外发光”选项，打开“图层样式”对话框；设置混合模式为浅色，不透明度为75%，外发光颜色为黄色“#fff25e”，得到圆圈图像的外发光效果。

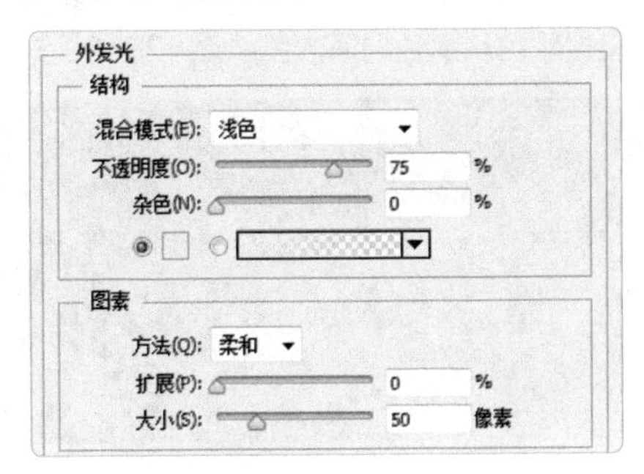

STEP 11 绘制细长矩形

新建一个图层，选择矩形选框工具，在蓝色圆角矩形中绘制两个细长的矩形选区，填充为白色；分别将图像放到中间，作为分类隔离符号。

STEP 12 输入文字

选择横排文字工具，在第二栏中输入文字；然后在属性栏中设置字体为微软雅黑，填充为白色。

STEP 13 添加投影样式

选择【图层】/【图层样式】/【投影】命令，打开“图层样式”对话框；设置混合模式为正片叠底、投影颜色为黑色，再设置其他参数，完成后单击 确定 按钮。

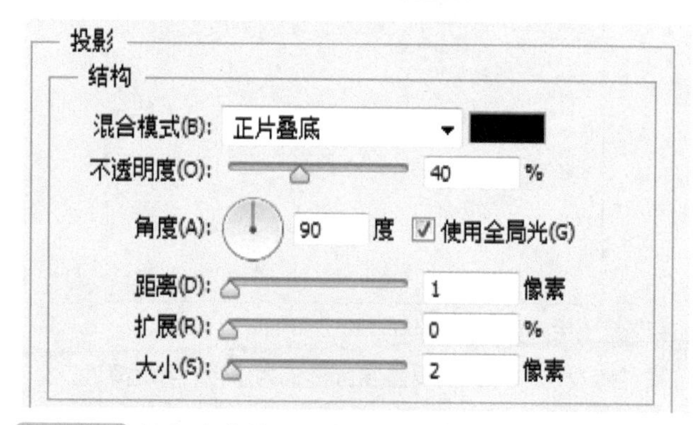

STEP 14 添加文字并设置投影效果

选择横排文字工具，在第三栏中也输入文字，在属性栏中设置字体为微软雅黑，并将“上海”填充为白色，添加投影；将日期文字填充为深蓝色“#213e65”，完成白天界面的制作。

13.3.2 制作夜晚和雨天界面

微课：制作夜晚和雨天界面

本小节将制作天气预报中的夜晚和雨天界面，其中温度、日期和地址的排版方式都一致，其具体操作步骤如下。

STEP 1 绘制矩形

新建一个图层，选择矩形选框工具，在白天界面图下方绘制一个相同大小的矩形选区；使用渐变工具，对其应用线性渐变填充，设置颜色从黑色到深蓝色“#142340”渐变。

STEP 2 创建剪贴蒙版

打开“山脉 .jpg”素材图像，使用移动工具将其拖动到当前编辑的图像中；选择【图层】/【创建剪贴蒙版】命令，创建剪贴蒙版。

STEP 3 设置图层属性

设置该图层的混合模式为亮光、不透明度为80%，将得到与底层图像混合的图像效果。

STEP 4 绘制五角星

①选择多边形工具，在属性栏中设置工具模式为“形状”，设置边数为5；单击⚙按钮，在弹出的列表中单击选中☑星形复选框；②设置前景色为白色，在图像中绘制出五角星图形。

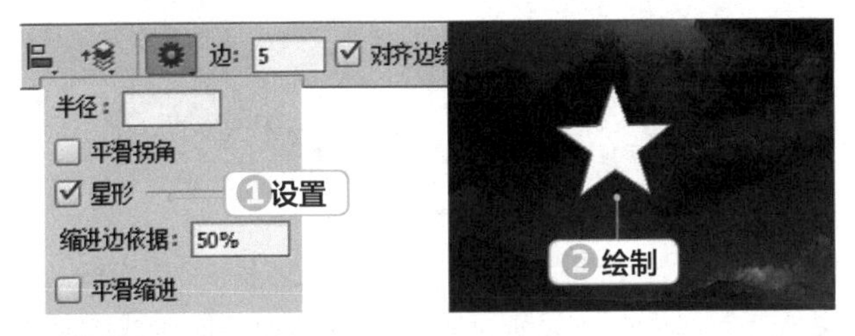

STEP 5 设置外发光样式

双击该图层，打开“图层样式”对话框，设置不透明度为80%；选择“外发光”样式，设置混合模式为滤色，颜色为淡黄色“#fcf7c0”，再设置各项参数，单击 确定 按钮，得到外发光五角星效果。

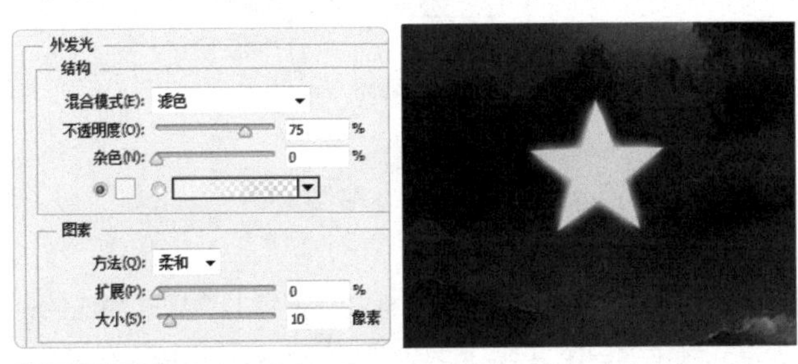

STEP 6 复制五角星图形

按【Ctrl+J】组合键，多次复制五角星图形；适当缩小图像，分布在画面中，降低部分五角星图形的图层不透明度。

STEP 7 复制圆角矩形

复制一次白天界面图像中的圆角矩形图像，将该图层样式中的“渐变叠加”颜色更改为不同深浅的深蓝色（#36314a-#121529）。

STEP 8 添加太阳图像

复制一次白天界面图像中的太阳图像，将该图层样式中的“外发光”颜色更改为白色；选择矩形选框工具，在图像中绘制两条细长的矩形选区，填充为白色，作为分类栏。

STEP 9 添加文字

使用横排文字工具，参照白天图像中的文字效果，在夜晚图像中输入文字；在属性栏中分别填充文字的白色和灰色，完成夜晚界面的制作。

STEP 10 绘制矩形

选择矩形选框工具，在图像下方绘制一个矩形选区，填充为黑色，用来制作雨天界面。

STEP 11 添加云朵图像

打开“灰色云朵.jpg”素材图像，选择移动工具将其拖动过来，放到黑色矩形中；按【Alt+Ctrl+G】组合键创建剪贴图层，使云朵图像与黑色矩形大小相同。

STEP 12 添加水珠图像

设置该云朵图层的不透明度为 70%；打开“水珠.psd”素材图像，使用移动工具将其拖动过来，放到画面中，设置该图层混合模式为“滤色”，得到透明水珠效果。

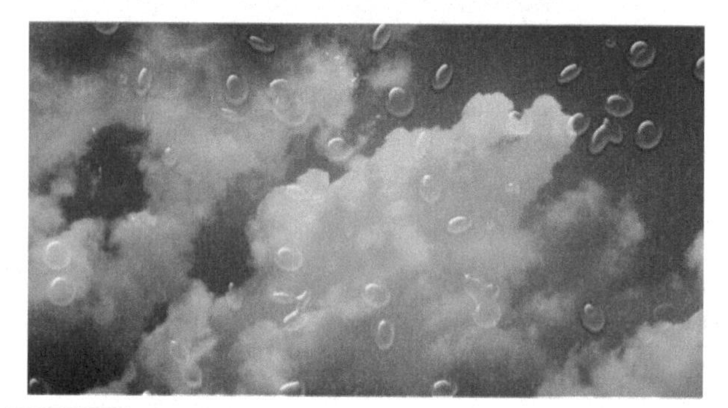

STEP 13 绘制矩形

复制一次白天界面中的圆角矩形图像；将该图层样式中的“渐变叠加”颜色改变为从灰色（#a5a7a8）到灰蓝色（#bcc2ca）。

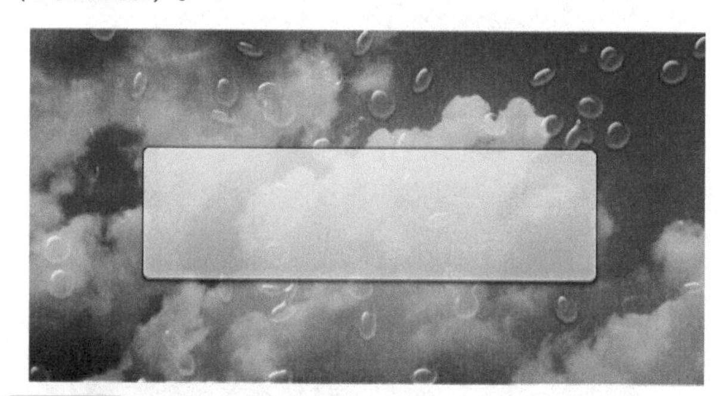

STEP 14 绘制圆形图像

选择椭圆工具，在属性栏中选择工具模式为“形状”；设置前景色为白色，按住【Shift】键通过加选，绘制 3 个重叠的白色圆形。

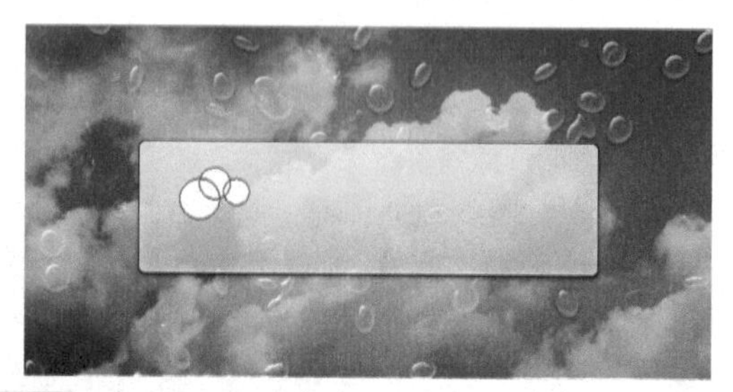

STEP 15 添加云朵图像

选择圆角矩形工具，在属性栏中设置“半径”为 50 像素；在白色圆形下方绘制一个圆角矩形，按【Ctrl+E】组合键和三个圆形组合成一个云朵图像。

STEP 16 添加渐变叠加样式

选择【图层】/【图层样式】/【渐变叠加】命令，打开“图层样式”对话框；设置渐变叠加颜色为不同深浅的灰色（#85848d-#646568）。

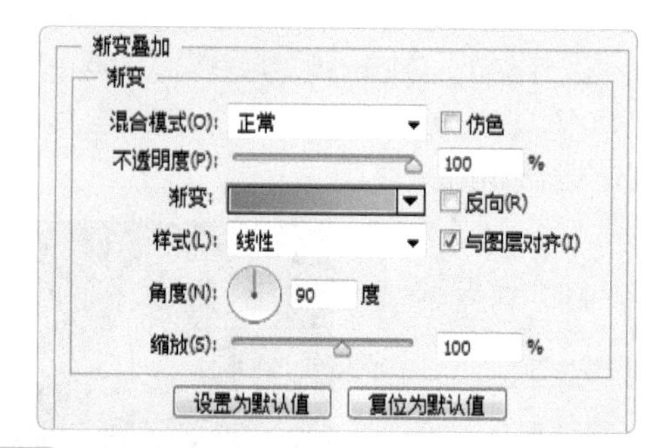

STEP 17 添加外发光样式

选择对话框左侧的“外发光”样式，设置混合模式为浅色，外发光颜色为白色，再设置其他参数；单击 确定 按钮，得到添加图层样式后的图像效果。

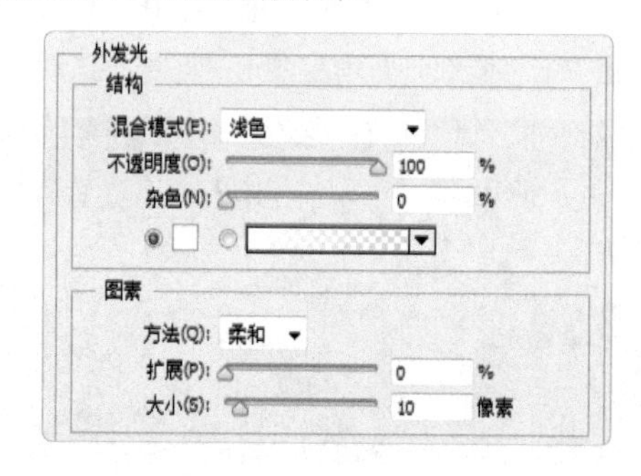

STEP 18 绘制雨滴

选择钢笔工具，在云朵图像下方绘制两个雨滴图像，填充为白色。

STEP 19 复制与粘贴图层样式

选择云朵图像所在图层，选择【图层】/【图层样式】/【复制图层样式】命令；选择绘制的雨滴图层，选择【图层】/【图层样式】/【粘贴图层样式】命令，雨滴图像将得到相同的图层样式。

STEP 20 添加线条

选择矩形选框工具，在图像中绘制两条细长的矩形选区，填充为白色，作为分类栏。

STEP 21 添加文字

选择横排文字工具，在图像中输入文字，参照白天界面中的排列方式，将文字分类排放，完成雨天界面的制作。

13.4 播放器 UI 设计

播放器中的按钮较多，所以在设计该种界面时需要考虑到各种按钮的主次区分和位置排放。下面将制作一个播放器 UI 界面。

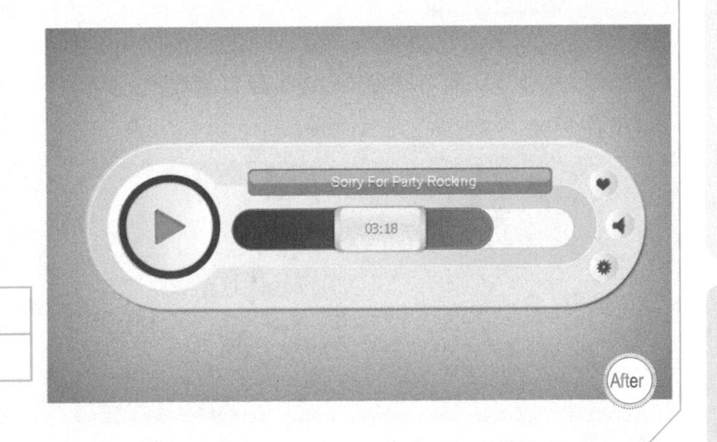

素材：素材\第 13 章\黑白底纹 .psd

效果：效果\第 13 章\播放器 UI 设计 .psd

13.4.1 制作灰色播放界面

本小节将制作播放器中的主界面图，也就是灰色部分图像，其具体操作步骤如下。

微课：制作灰色播放界面

STEP 1 填充背景

新建一个图像文件，设置前景色为浅灰色“#dbdbdb”；按【Alt+Delete】组合键填充背景。

STEP 2 加深图像

选择加深工具，在属性栏中设置画笔大小为 200，范围为中间调，曝光度为 50%；在图像周围做涂抹，加深周围图像。

STEP 3 添加纹理图像

打开“黑白纹理.psd”素材图像，使用移动工具将其拖动到当前编辑的图像中；适当调整图像大小，使其布满整个画面，并设置该图层“不透明度”为 30%。

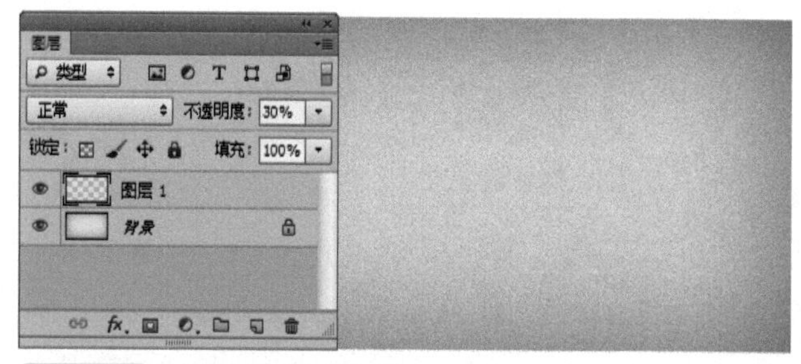

STEP 4 绘制圆角矩形图像

选择圆角矩形工具，在属性栏中选择工具模式为形状、半径为 150 像素；设置前景色为浅灰色（#e8e8e8），在图像中按住鼠标左键拖动，绘制出一个圆角矩形。

STEP 5 添加投影样式

选择【图层】/【图层样式】/【投影】命令，打开“图层样式”对话框；设置混合模式为正片叠底，投影颜色为黑色。

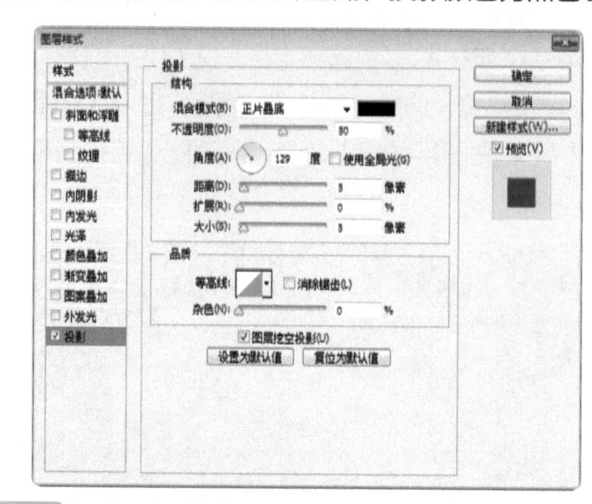

STEP 6 添加描边样式

选择“描边”样式，设置描边大小为 2，位置为外部，颜色为白色；单击 确定 按钮，得到添加图层样式后的图像效果。

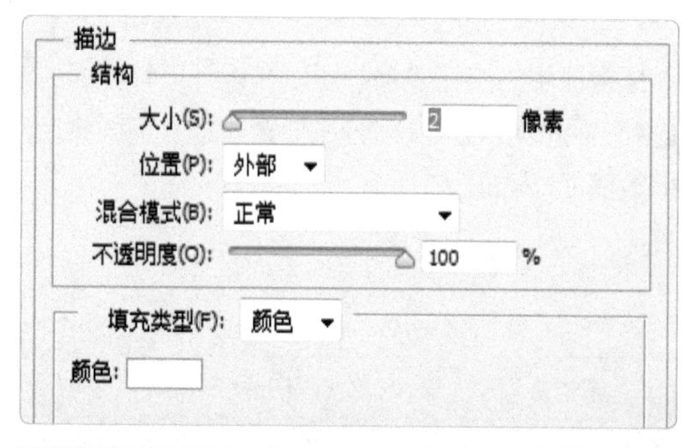

STEP 7 删除图层样式

①按【Ctrl+J】组合键复制一次该图层，在“图层”面板中设置填充为0；②选择复制图层中的图层样式，按住鼠标左键拖动“效果”到面板底部的“删除图层”按钮上，删除图层样式。

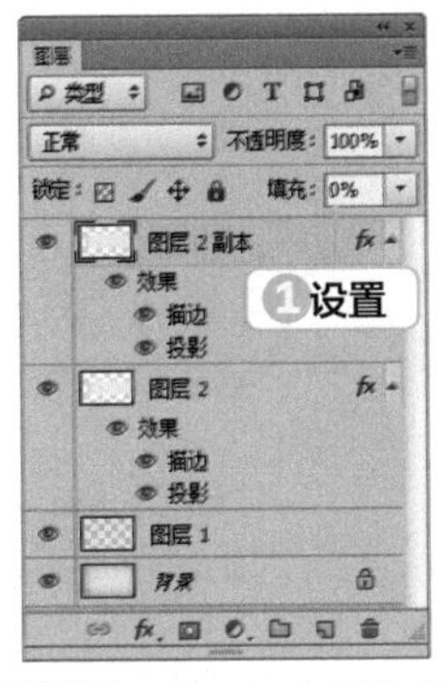

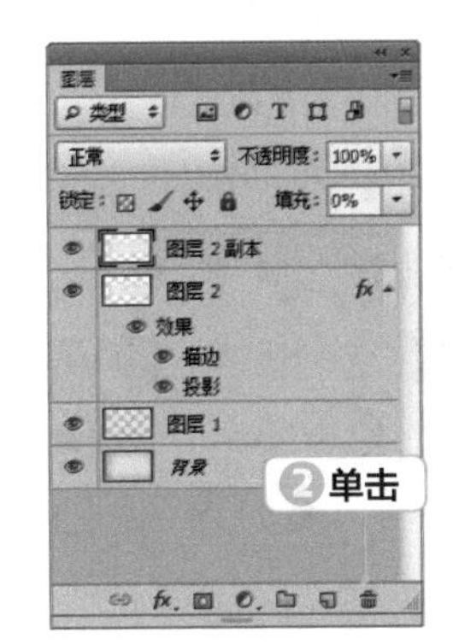

STEP 8 添加内阴影样式

双击复制的图层，打开“图层样式”对话框，选择“内阴影”选项；设置混合模式为正常，颜色为白色，再分别设置各项参数。

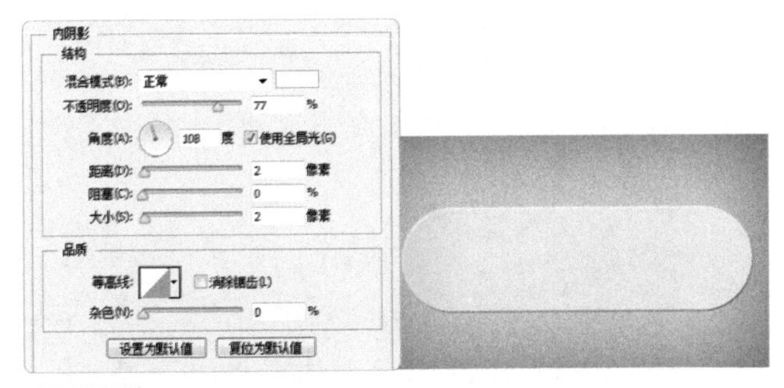

STEP 9 绘制圆角矩形

选择圆角矩形工具，在属性栏中选择工具模式为“路径”，半径为150像素；新建一个图层，在图像中绘制出一个圆角矩形，按【Ctrl+Enter】组合键将路径转换为选区，填充为白色。

STEP 10 绘制圆形

选择椭圆选框工具，按住【Shift】键在白色圆角矩形左侧绘制一个正圆形选区；将选区填充为白色。

STEP 11 添加描边样式

选择【图层】/【图层样式】/【描边】命令，打开“图层样式”对话框；设置描边大小为2像素，颜色为浅灰色“#f2f2f2”，再设置其他参数。

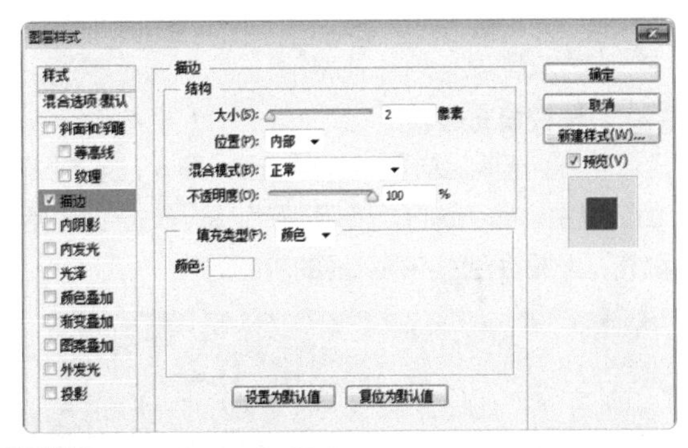

STEP 12 添加渐变叠加样式

选择对话框左侧的“渐变叠加”样式，设置渐变颜色从黑色到白色渐变；单击 确定 按钮，得到添加图层样式后的图像效果。

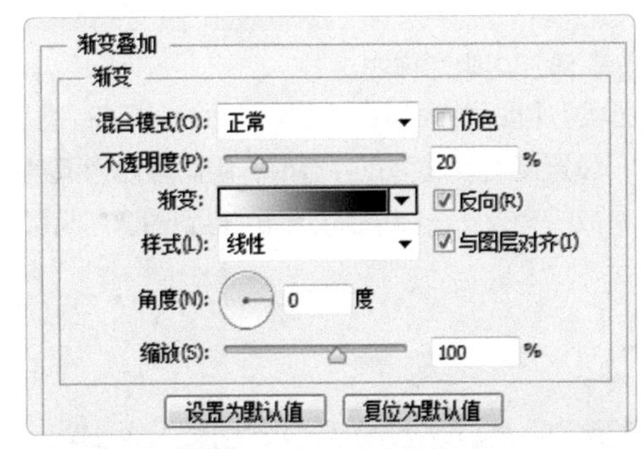

13.4.2 制作各种按钮

微课：制作各种按钮

本小节将制作界面中的各种按钮，其具体操作步骤如下。

STEP 1 绘制圆形图像

新建一个图层，选择椭圆选框工具，按住【Shift】键在界面左侧绘制一个正圆形选区；设置前景色为洋红色“#e72ee5”，填充选区。

STEP 2 渐变填充选区

保持选区状态，选择【选择】/【变换选区】命令，按住【Shift+Alt】组合键中心缩小选区；使用渐变工具，对选区应用线性渐变填充，设置颜色为不同深浅的灰色。

STEP 3 添加内阴影样式

选择【图层】/【图层样式】/【内阴影】命令，打开“图层样式”对话框；设置混合模式为正片叠底，阴影颜色为黑色，再设置其他参数，单击 确定 按钮，得到图像内阴影效果。

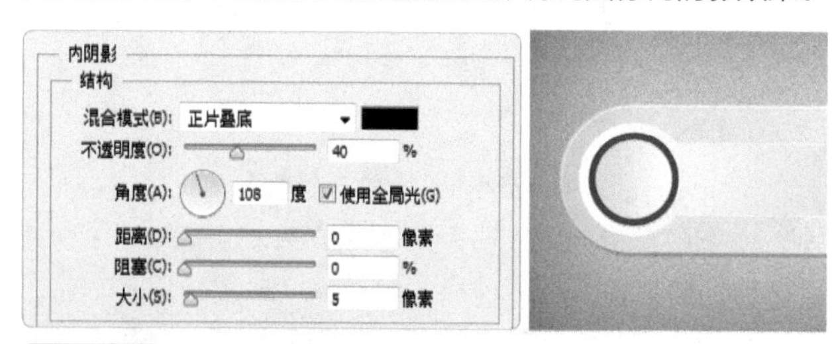

STEP 4 绘制三角形

❶选择自定形状工具，在属性栏中设置工具模式为“形状”，设置前景色为灰色（#999999），单击“形状”右侧的下拉按钮，在弹出的列表中选择“箭头 3”图形；❷在圆形中心绘制出三角形图像。

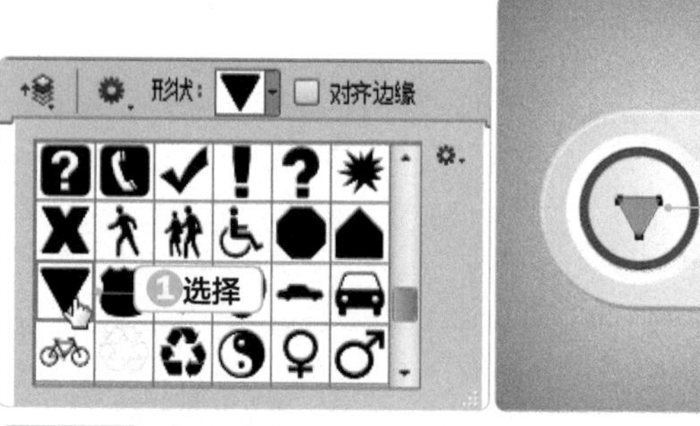

STEP 5 旋转图像

按住【Ctrl+T】组合键，在属性栏中设置“旋转”为“-90”度；按【Enter】键确认变换。

STEP 6 设置内阴影效果

双击该形状图层，打开“图层样式”对话框，选择“内阴影”样式；设置混合模式为正片叠底，阴影颜色为黑色，再设置其他参数，单击 确定 按钮，得到三角形的内阴影效果。

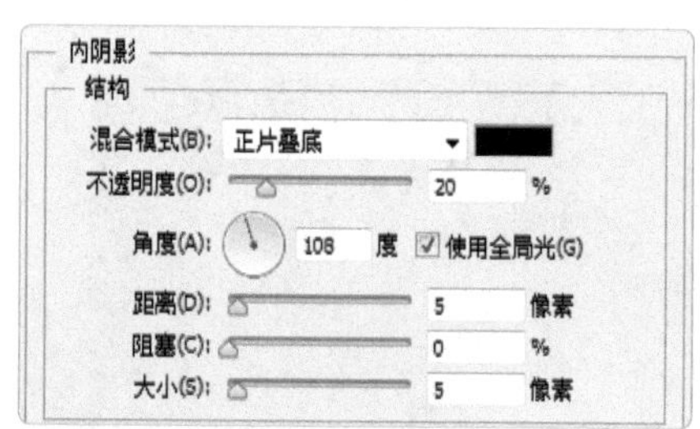

STEP 7 绘制圆角矩形

选择圆角矩形工具，在属性栏中选择工具模式为“形状”，设置半径为 150 像素；设置前景色为白色，在界面中间再绘制一个圆角矩形。

STEP 8 设置渐变叠加样式

选择【图层】/【图层样式】/【渐变叠加】命令，打开“图层样式”对话框；设置混合模式为正片叠底，渐变颜色从浅灰色（#dedede）到白色。

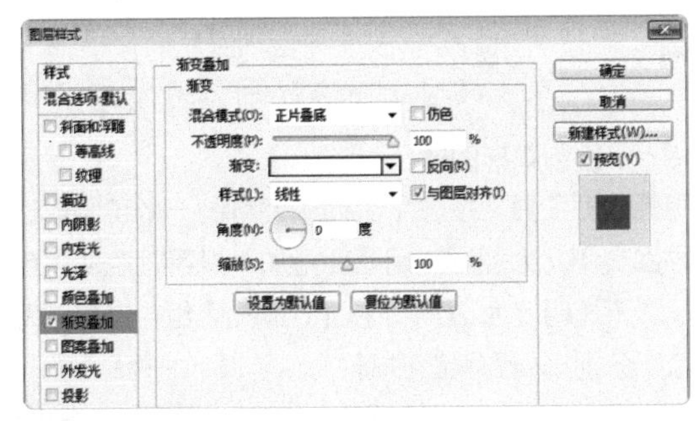

STEP 9 描边图像

选择“描边”样式，设置描边大小为2像素，颜色为灰色；单击 确定 按钮，得到描边效果。

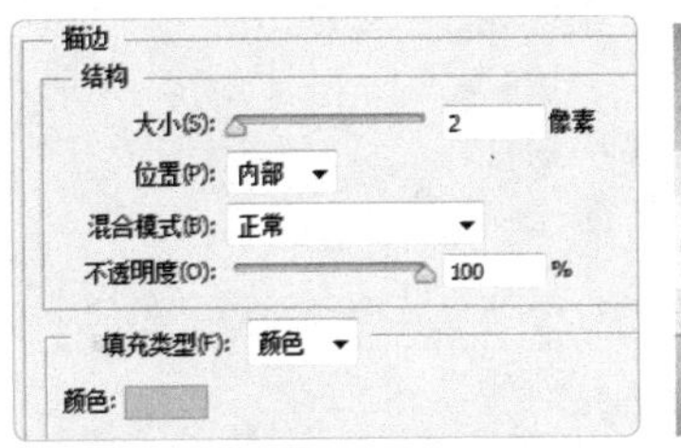

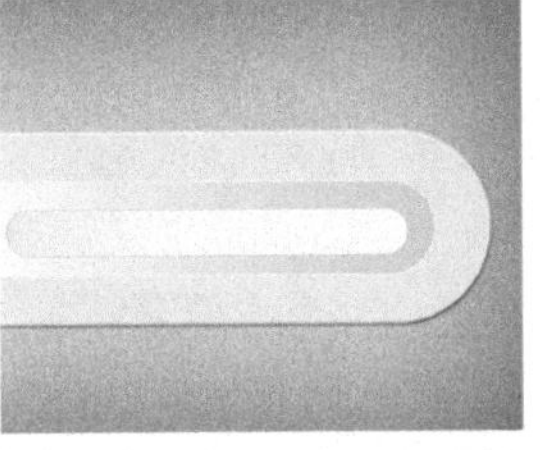

STEP 10 绘制较小的图像

再使用与前面步骤相同的方法，绘制一个较短的圆角矩形；对其添加相同的图层样式，并应用紫色渐变填充（#e72ee5-#f481f3）。

STEP 11 绘制圆角矩形

新建一个图层，选择圆角矩形工具，在属性栏中选择工具模式为“路径”，设置半径为10像素；在紫红色图像中绘制一个圆角矩形。

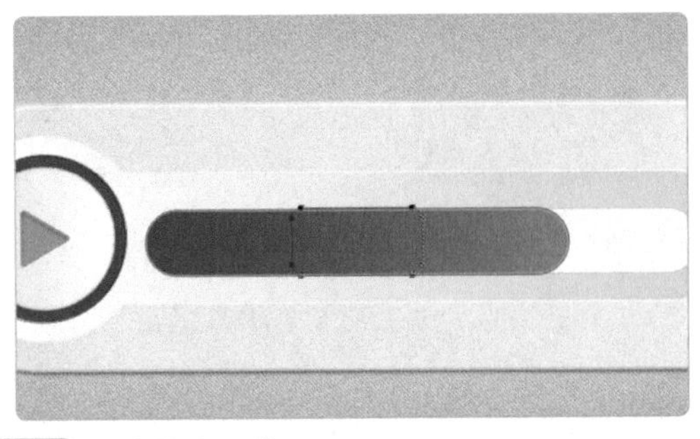

STEP 12 渐变填充图像

按【Ctrl+Enter】组合键将路径转换为选区；选择渐变工具，对选区应用线性渐变填充，设置颜色为不同深浅的渐变填充（#b5b5b5-#ebebeb-#bbbbbd）。

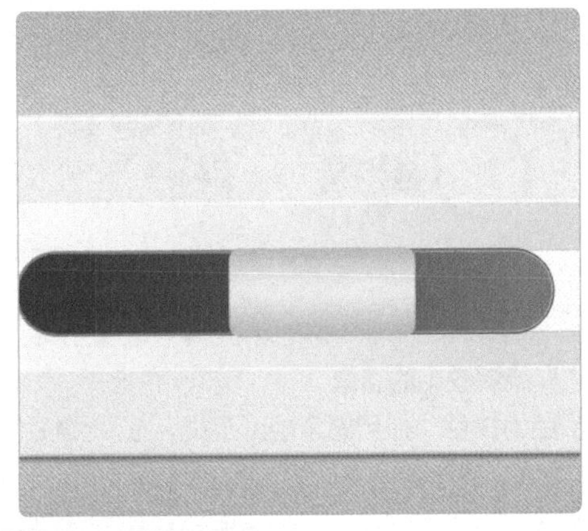

STEP 13 设置外发光样式

选择【图层】/【图层样式】/【外发光】命令，打开“图层样式”对话框；设置混合模式为正常，不透明度为40%，外发光颜色为黑色，得到图像外发光效果。

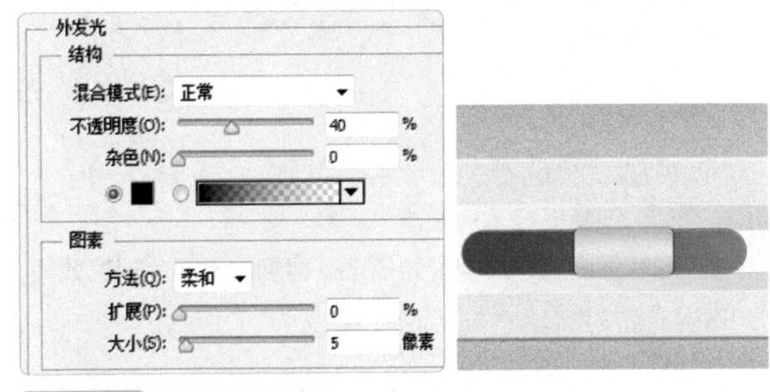

STEP 14 制作渐变矩形

选择圆角矩形工具，再绘制一个较小的圆角矩形，放到灰色渐变矩形中；使用渐变填充工具，对该矩形应用线性渐变填充，设置颜色为较浅的灰色与白色之间的渐变（#f7f7f7-#e3e3e3-#f7f7f7）。

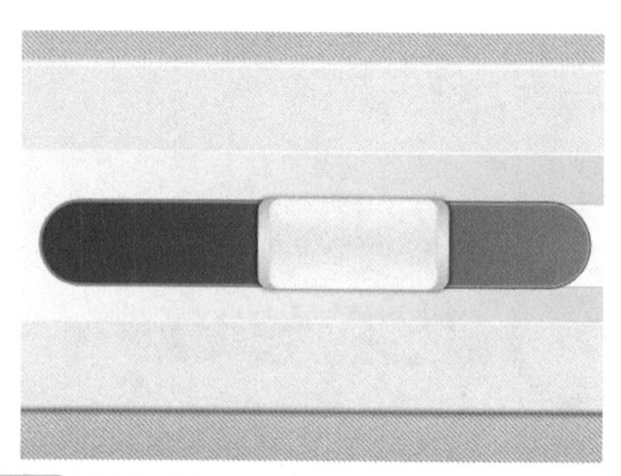

STEP 15 绘制圆角矩形

选择圆角矩形工具，在属性栏中选择工具模式为“形状”，设置半径为 10 像素；设置前景色为深灰色“#898989”，在紫色图像上方绘制一个圆角矩形。

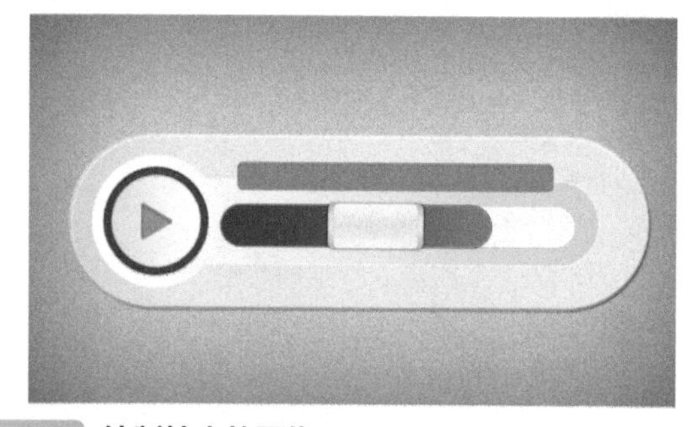

STEP 16 绘制较小的图像

设置前景色为白色，使用圆角矩形工具，在属性栏中设置半径为 20 像素，继续绘制一个较窄的圆角矩形。

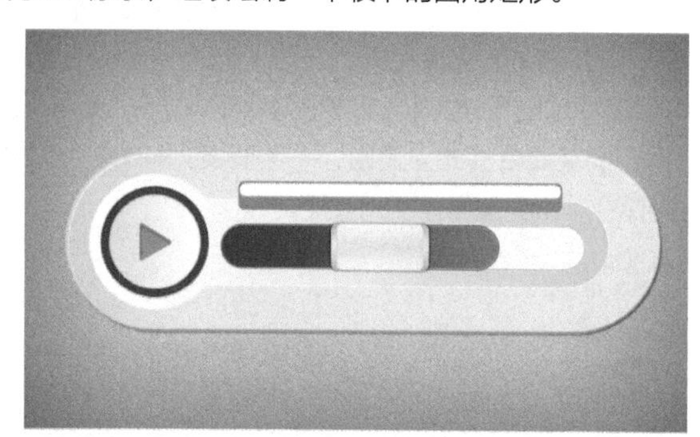

STEP 17 调整图像不透明度

设置该形状图层的不透明度为 35%，得到透明圆角矩形效果。

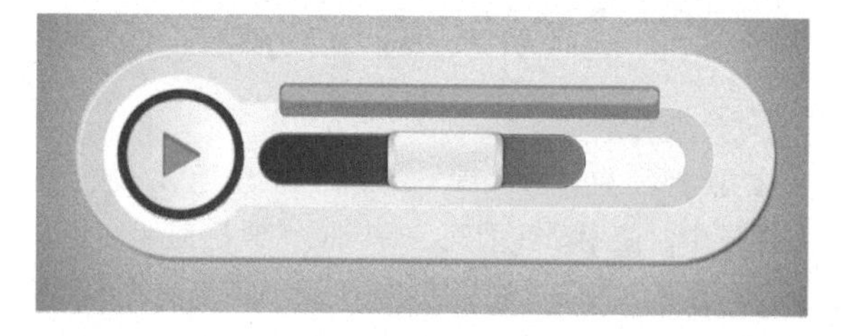

STEP 18 输入文字

选择横排文字工具，在播放界面中分别输入两行文字；在属性栏中设置字体，填充英文文字为白色，填充数字为深灰色（#919191）。

STEP 19 绘制圆形图像

选择椭圆选框工具，按住【Shift】键绘制一个正圆形选区，放到界面右侧；为图层应用渐变叠加，设置颜色从黑色到白色，设置不透明度为 20%；按【Ctrl+J】组合键复制两次圆形图像，分别排列到界面右侧。

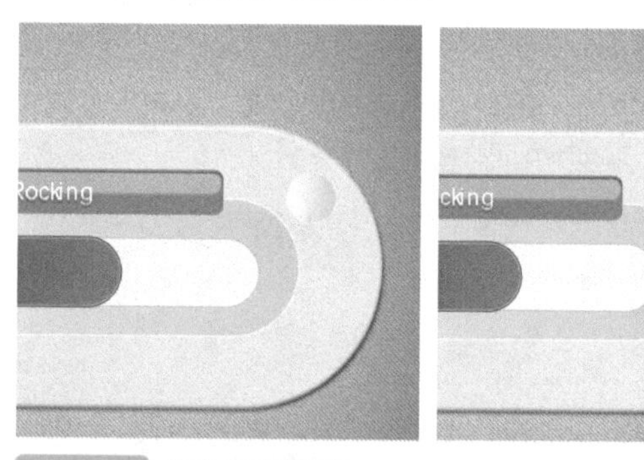

STEP 20 添加素材图像

选择钢笔工具，设置绘图模式为“形状”，绘制声音、设置等符号，填充为“#666666”，适当调整每一个符号的大小，分别放到 3 个渐变圆形中，完成本实例的制作。

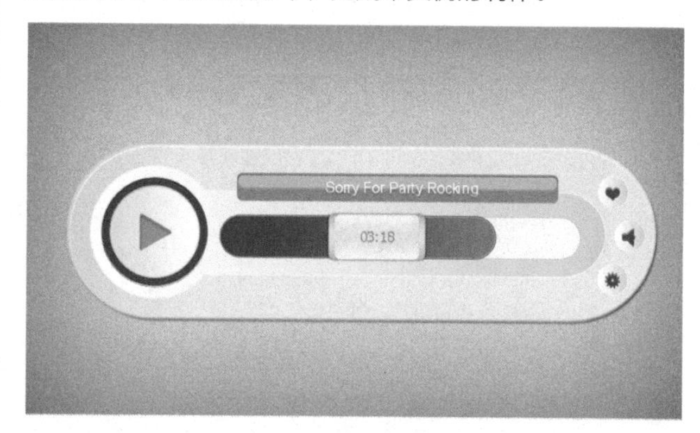

高手秘籍

1. UI界面尺寸及分辨率

刚开始接触UI时，会碰到很多尺寸问题，如画布要建多大、文字该用多大才合适、要做几套界面才可以？这些问题着实让人有些头疼。

- iPhone界面尺寸：320像素（px）×480像素（px）、640像素（px）×960像素（px）、640像素（px）×1136像素（px）。
- iPad界面尺寸：1024像素（px）×768像素（px）、2048像素（px）×1536像素（px）。
- Android界面尺寸：480像素（px）×800像素（px）、720像素（px）×1280像素（px）、1080像素（px）×1920像素（px）。

以上单位都是像素，一般网页UI和移动UI的分辨率基本上都只要72 ppi（像素/英寸）。

在设计时并不是每个尺寸都要做一套界面，尺寸可以按照自己的手机尺寸来设计，比较方便预览效果，iPhone一般用640像素（px）×960像素（px），或者640像素（px）×1136像素（px）的尺寸进行设计。

Android比iPhone的尺寸多了很多套界面，建议取用720像素×1280像素这个尺寸，在该尺寸下，切图后的图片文件大小适中，应用的内存消耗也不会过高。

2. UI界面基本组成元素

UI界面一般由4个元素组成，分别是状态栏、导航栏、主菜单栏以及中间的内容区域。

（1）iPhone的App界面

iPhone的App界面采用640像素×960像素的尺寸设计，在这个尺寸下，这些元素的尺寸如下。

- 状态栏：就是我们经常说的信号、运营商、电量等显示手机状态的区域，其高度为40像素。
- 导航栏：显示当前界面的名称，包含相应的功能或者页面间跳转的按钮，其高度为88像素。
- 主菜单栏：类似于页面的主菜单，提供整个应用的分类内容的快速跳转，其高度为98像素。
- 内容区域：展示应用提供的相应内容，整个应用中布局变更最为频繁，其高度为734像素。

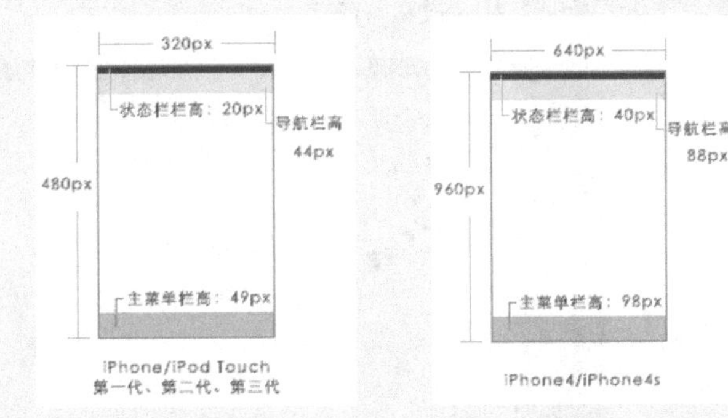

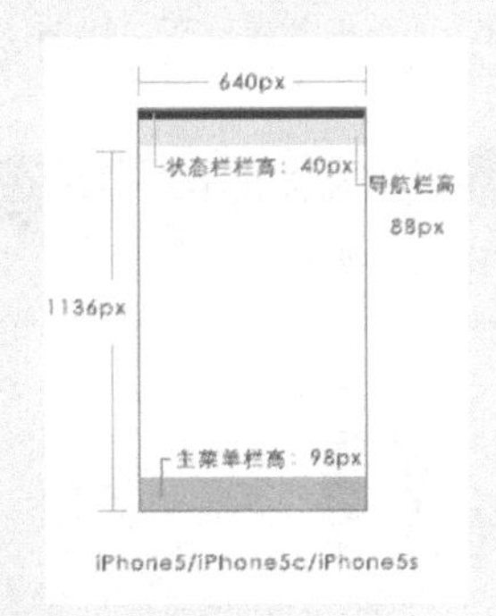

（2）Android的App界面

Android中采用720像素×1280像素的尺寸设计，在这个尺寸下，界面元素的尺寸如下。

- 状态栏高度为：50像素。
- 导航栏高度为：96像素。
- 主菜单栏高度为：96像素。
- 内容区域高度为：1038像素（1280-50-96-96=1038）。

3. UI界面字体

iPhone上的字体英文为HelveticaNeue，至于中文，Mac OS下用的是黑体－简，Windows下则为华文黑体；Android上的字体为Droid sans fallback，是谷歌自己的字体，与微软雅黑很像。

提高练习

1. 日期翻页界面

下面将制作一个日期翻页的界面，具体要求如下。

效果：效果 \ 第 13 章 \ 日期翻页界面 .psd

- 新建一个图像文件，选择自定形状工具，在属性栏中选择“圆角方形边框”图形，绘制出该图像。
- 为边框图像添加“外发光”图层样式，设置外发光颜色为淡蓝色。
- 选择圆角矩形工具，分别绘制出边框图像中间的灰色圆角矩形，以及白色日期矩形。
- 使用横排文字工具，在白色图像中输入文字。
- 使用钢笔工具，绘制出翻页图像效果，对其应用渐变填充。

2. 用户登录界面

下面将制作一个用户登录界面，具体要求如下。

素材：素材 \ 第 13 章 \ 背景 .psd

效果：效果 \ 第 13 章 \ 用户登录界面 .psd

- 打开“背景 .psd”素材图像，选择圆角矩形工具，绘制出界面中的多个圆角矩形，并填充为不同深浅的灰色。
- 打开“图层样式”对话框，对下方的圆角矩形添加渐变叠加，应用渐变色为蓝色渐变。
- 使用文字工具在其中输入文字，分别调整文字大小，在属性栏中设置字体为黑体。
- 选择椭圆选框工具在界面左上方绘制圆形图像。
- 为圆形图像添加多种图层样式，包括“内阴影”“渐变叠加”和“投影”样式。

日期翻页界面

用户登录界面

14

Chapter

第 14 章

美食 App 设计

/ 本章导读

App 是指运行在智能手机、平板电脑等移动终端设备上的第三方应用程序。App 设计就是为这些移动终端设计第三方的 App 应用程序，App 界面中的各种图片、文字和分栏版式等，都需要设计师来进行巧妙的排列，最终设计出具有美感的画面。本章将通过一个美食 App 的设计，详细介绍制作一个 App 界面的全部过程。

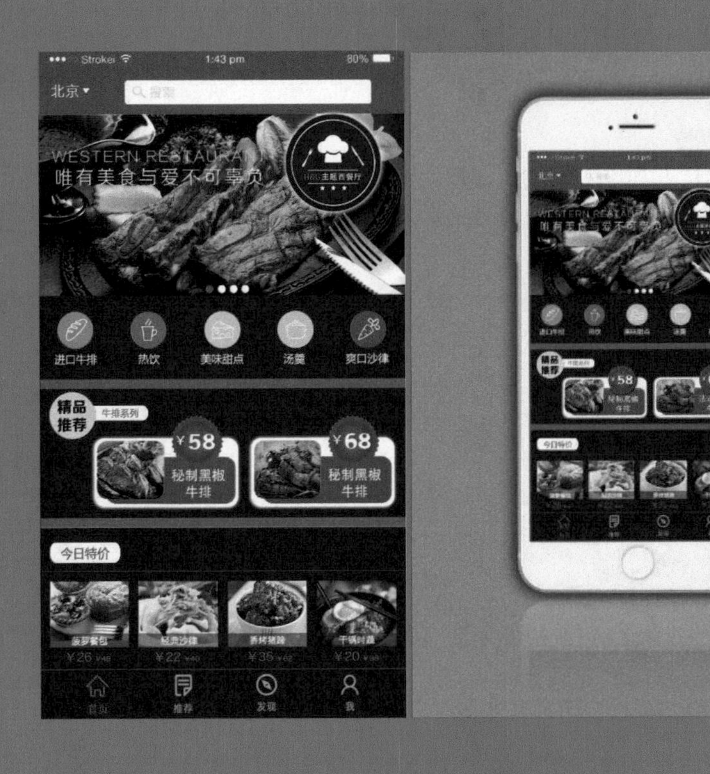

14.1 制作餐厅 Logo

每一个产品，每一家公司，首先展示给大家的就是对应的标志，所以，我们首先来制作 App 界面中的标志图像。

微课：制作餐厅 Logo

效果：效果 \ 第 14 章 \ 餐厅 Logo.psd

STEP 1 绘制圆形图像

新建一个 741 像素 ×741 像素的图像文件，填充背景为白色；选择椭圆选框工具，按住【Shift】键绘制出一个正圆形选区；新建一个图层，设置前景色为深灰色“#282830”，按【Alt+Delete】组合键填充选区。

STEP 2 为图像添加内阴影

选择【图层】/【图层样式】/【内阴影】命令，打开“图层样式”对话框；设置混合模式为正片叠底，内阴影颜色为绿色“#335558”，再设置其他参数。

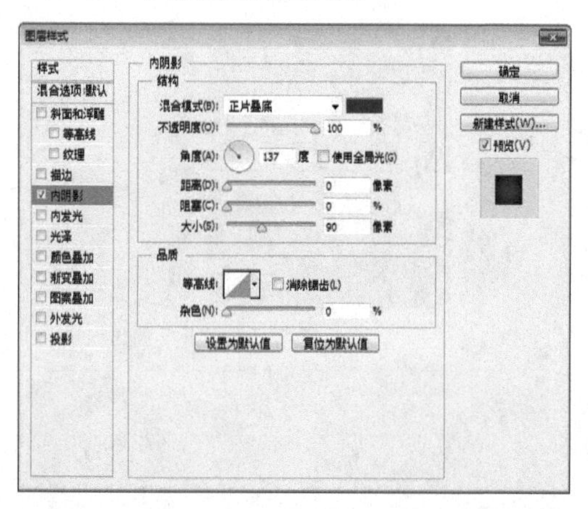

STEP 3 内阴影效果

单击 确定 按钮，得到添加内阴影后的图像效果。

STEP 4 缩小选区

按住【Ctrl】键单击图层 1 缩略图，载入圆形选区；选择【选择】/【变换选区】命令，按住【Shift+Alt】组合键中心缩小选区；将选区填充为深灰色“#282830”。

STEP 5 添加描边样式

选择【图层】/【图层样式】/【描边】命令，打开“图层样式”对话框；设置大小为8，位置为内部，颜色为白色，再设置其他参数。

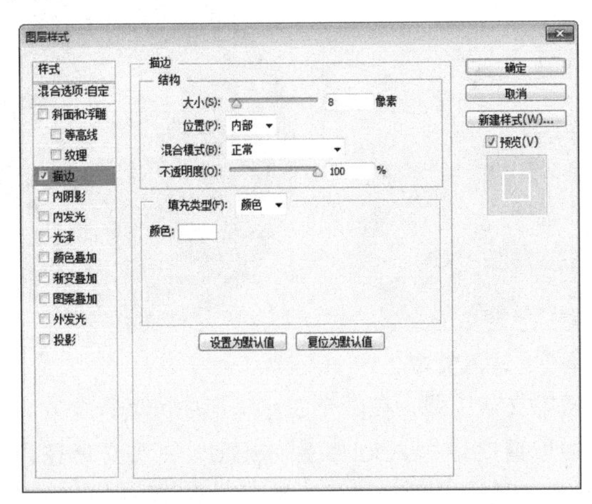

STEP 6 查看描边效果

单击 确定 按钮，得到添加描边的图像效果。

STEP 7 绘制厨师帽路径

新建一个图层，选择钢笔工具，在圆圈图像中绘制一个厨师帽的图形，在“路径”面板中自动得到工作路径。

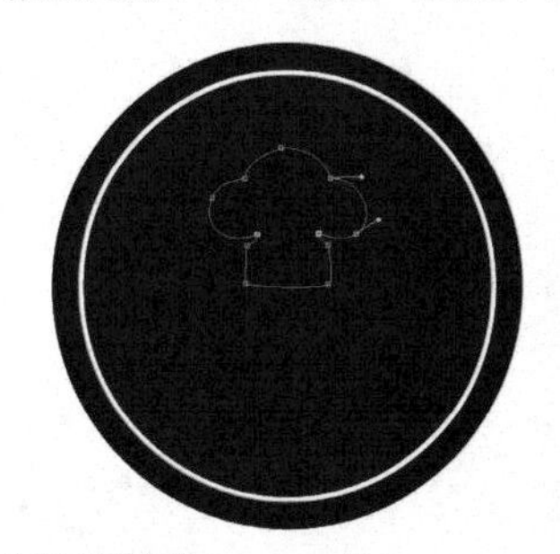

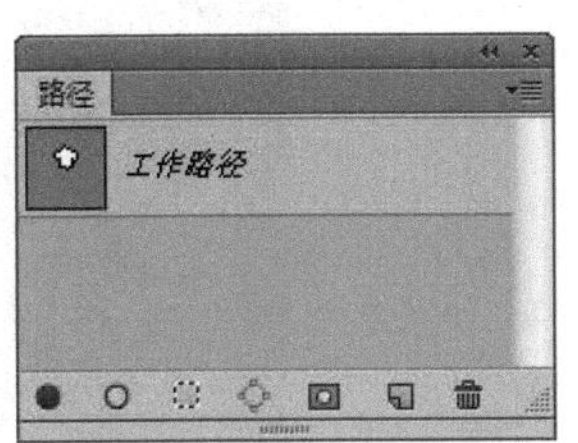

STEP 8 填充图像

单击“路径”面板底部的“将路径作为选区载入”按钮，将路径转换为选区后，填充为白色。

STEP 9 删除图像

选择钢笔工具，在厨师帽中间绘制一个月牙图形；按【Ctrl+Enter】组合键将路径转换为选区，按【Delete】键删除选区中的图像。

STEP 10 绘制图像

选择钢笔工具，在厨师帽左侧绘制一个叉子图形；按【Ctrl+Enter】组合键将路径转换为选区，将其填充为白色。

STEP 11 绘制图像

选择钢笔工具，在厨师帽右侧绘制一个西餐刀的图形；按【Ctrl+Enter】组合键将路径转换为选区，填充为白色。

STEP 12 绘制矩形

新建一个图层，选择矩形选框工具，在厨师帽下方绘制一个细长的矩形选区；设置前景色为白色，按【Alt+Delete】组合键填充选区；选择移动工具，按住【Alt】键移动复制对象到下方，得到两个细长白色矩形。

STEP 13 绘制五角星

选择多边形工具，在属性栏中选择工具模式为“形状”，设置边为 5；单击⚙按钮，在打开的面板中单击选中☑星形复选框；设置前景色为白色，在白色矩形下方绘制 3 个相同大小的五角星。

STEP 14 输入文本

选择横排文字工具，在两个白色矩形中间输入文字；在属性栏中设置字体为 Adobe 黑体 Std，将英文填充为红色“#e60012”，中文填充为白色，完成本实例的制作。

14.2 制作美食 App

设计都具有相通性，App 界面的设计也需要根据产品的类型选择合适的色调和画面。下面将制作一个西餐厅的 App 界面，主要采用深灰色为底色，让产品图片和各分类图标显得更加突出。

素材：素材\第 14 章\首页牛排 .jpg、线描食物 .psd、红酒牛排 .jpg、黑椒牛排 .jpg、今日特价 .psd

效果：效果\第 14 章\美食 App.psd

14.2.1 制作广告展示栏

微课：制作广告展示栏

本小节将制作界面中的广告展示栏，主要以文字和图标为主，其具体操作步骤如下。

STEP 1 填充图像

设置前景色为深灰色“#24232a”，按【Alt+Delete】组合键填充背景；新建一个图层，选择工具箱中的矩形选框工具，在画面顶部绘制一个矩形选区，将其填充为红色“#e5004f”。

STEP 2 绘制实心圆形

新建一个图层，选择椭圆选框工具，在红色矩形最左端绘制一个正圆形选区，填充为白色；选择移动工具，按住【Alt】键移动复制两次白色圆形。

技巧秒杀

复制并生成图层

使用移动工具复制图像时，“图层”面板中将自动增加复制的图层，当图层较多时，可以合并复制的图层。

STEP 3 描边图像

❶选择椭圆选框工具，在白色圆形后面绘制两个相同大小的圆形选区；选择【编辑】/【描边】命令，打开“描边”对话框，设置宽度为1像素，颜色为白色，位置为居中；❷单击确定按钮，得到描边图像效果。

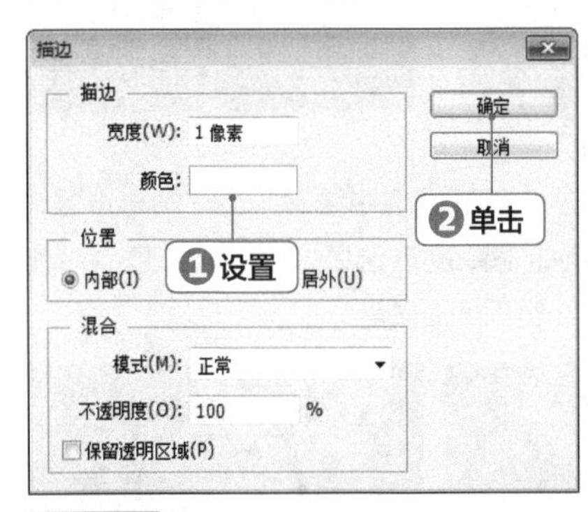

STEP 4 输入文本

选择横排文字工具，在红色矩形中输入文字；在属性栏中适当调整文字大小，得到通知栏中的文字效果。

STEP 5 绘制圆环

新建一个图层，选择椭圆选框工具，在图像中绘制一个正圆形选区，填充为白色；选择【选择】/【变换选区】命令，按住【Shift+Alt】组合键中心缩小选区；按【Delete】键删除选区中的图像。

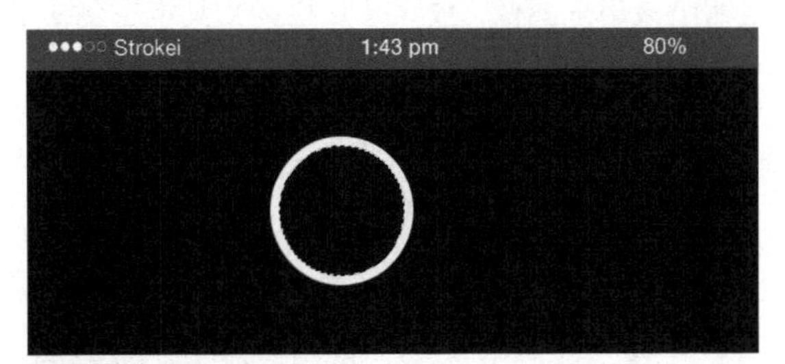

STEP 6 制作圆环

保持选区状态，再次使用【变换选区】命令，中心缩小选区，填充为白色；继续中心缩小选区，然后删除选区中的图像，得到圆环图形；中心缩小选区后，将选区填充为白色，得到中间的实心圆。

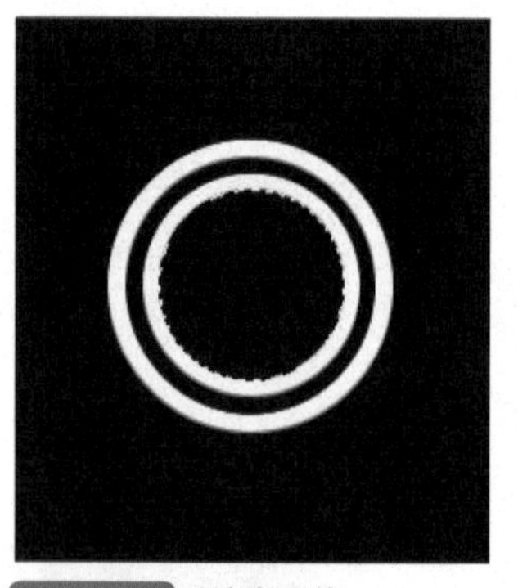

STEP 7 删除图像

选择多边形套索工具，在圆环图像中绘制一个三角形选区；选择【选择】/【反向】命令反选选区，然后按【Delete】键删除选区中的图像，得到扇形图像。

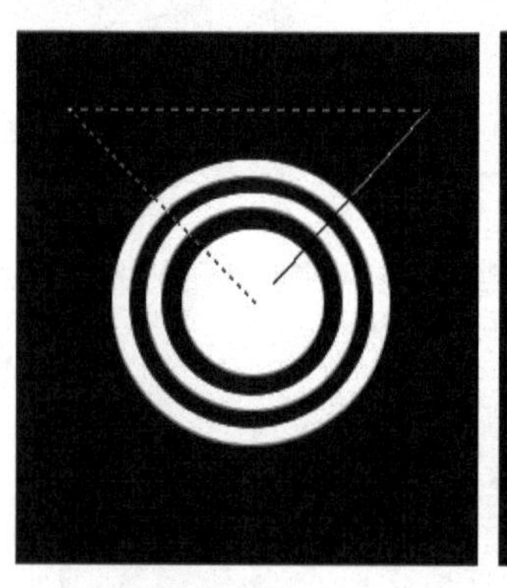

技巧秒杀

妙用辅助线

这里绘制三角形选区时可以使用辅助线，让选区内的图像左右宽度相同。按【Ctrl+R】组合键可以显示画面标尺，在标尺中按住鼠标左键拖动，即可拖动出辅助线。

STEP 8 缩小图像

适当缩小该扇形图像，放到通知栏英文文字右侧，得到 Wi-Fi 图标。

STEP 9 绘制矩形

新建一个图层，选择矩形选框工具，在通知栏右侧绘制一个较小的矩形选区，填充为白色。

STEP 10 扩展选区

❶选择【选择】/【修改】/【扩展】命令，打开“扩展选区”对话框，设置扩展量为 2 像素；❷单击 确定 按钮，得到扩展选区效果。

STEP 11 描边图像

❶选择【编辑】/【描边】命令，打开“描边”对话框，设置宽度为 1 像素，颜色为白色；❷单击 确定 按钮，得到描边选区效果。

STEP 12 绘制矩形

新建一个图层，选择矩形工具，在描边图像右侧绘制一个较小的矩形选区，填充为白色，得到电量提示符号。

STEP 13 绘制矩形

新建一个图层，选择矩形选框工具，在通知栏下方绘制一个相同长度的矩形选区；设置前景色为红色“#e5004f”，按【Alt+Delete】组合键填充选区。

STEP 14 绘制圆角矩形

选择圆角矩形工具，在属性栏中选择工具模式为“形状”，半径为 10 像素；设置前景色为白色，在搜索栏中绘制一个圆角矩形，得到搜索框。

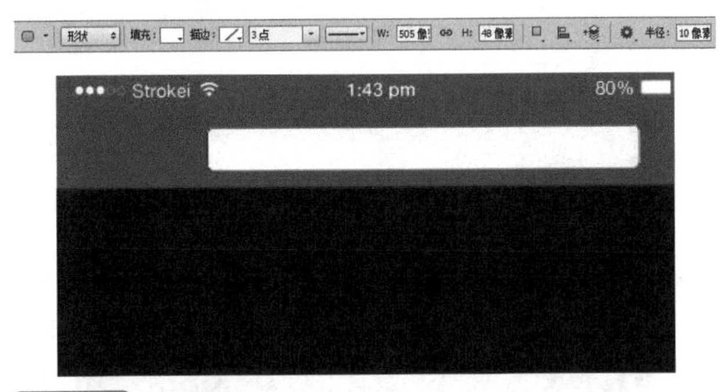

STEP 15 选择图形

❶选择自定形状工具，在属性栏中选择工具模式为“形状”；❷单击“形状”右侧的下拉按钮，在弹出的面板中选择“放大镜”图形。

STEP 16 绘制放大镜

设置前景色为浅灰色“#cccccc”，在搜索框左侧绘制出一个较小的放大镜图形。

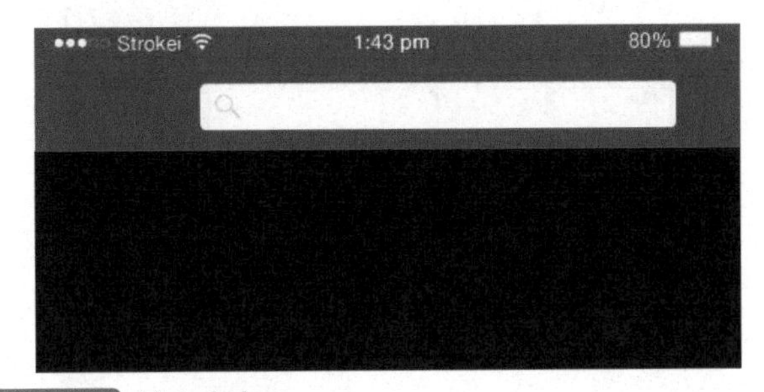

STEP 17 输入文字

选择横排文字工具，在搜索栏中输入文字，并在属性栏中设置字体为黑体，填充为浅灰色“#cccccc”。

STEP 18 绘制三角形

选择多边形套索工具，在搜索栏左侧绘制一个三角形选区，填充为白色；选择横排文字工具，在三角形左侧输入文字“北京”，在属性栏中设置字体为冬青黑体简体中文，填充为白色。

STEP 19 绘制矩形

新建一个图层，选择矩形选框工具，在搜索栏下方绘制一个相同长度的矩形选区；设置前景色为任意颜色，如灰色，填充该选区。

STEP 20 添加素材图像

打开“首页牛排.jpg”素材图像，选择移动工具将其拖动到当前编辑的图像中；适当调整图像大小，放到首页灰色展示页面中。

STEP 21 创建图层剪贴图层

选择【图层】/【创建剪贴蒙版】命令，或按【Alt+Ctrl+G】组合键，为该图层创建剪贴蒙版，隐藏下一层灰色矩形以外的图像。

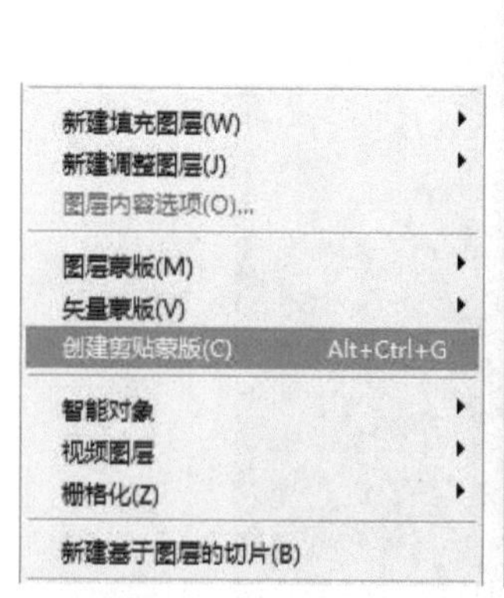

STEP 22 输入文字

选择横排文字工具，在牛排图像左上方输入两行文字；在属性栏中设置字体为方正正纤黑简体，将英文文字填充为橘黄色“#f2c700”，中文文字填充为白色。

STEP 23 添加标志图像

打开14.1小节所制作的“餐厅Logo.psd”文件，按住【Ctrl】键选择除背景图层以外的所有图层，按【Ctrl+E】组合键合并图层；使用移动工具将其拖动过来，适当调整Logo大小，放到牛排图像右上方。

STEP 24 设置外发光样式

选择【图层】/【图层样式】/【外发光】命令，打开“图层样式”对话框；设置混合模式为滤色，外发光颜色为淡黄色（#ebe966），再设置各项参数。

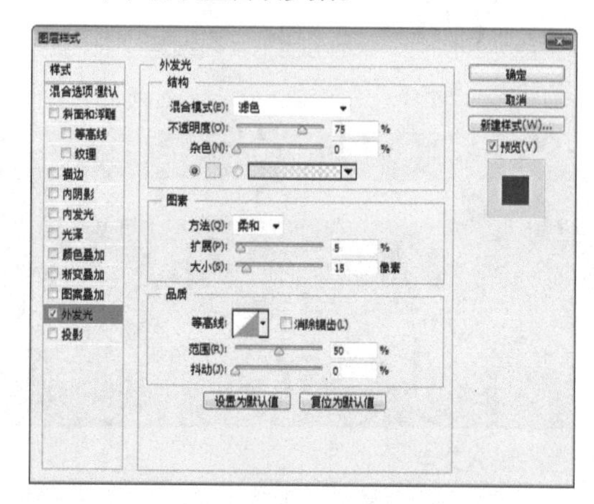

STEP 25 查看外发光图像效果

单击 确定 按钮，得到Logo的外发光效果。

STEP 26 绘制圆形图像

新建一个图层，选择椭圆选框工具，在牛排图像底部绘制一个较小的正圆形选区；填充为红色“#e5004f”。

STEP 27 绘制白色圆形

选择椭圆选框工具，在红色正圆形右侧再绘制一个相同大小的圆形选区，填充为白色。

STEP 28 复制图像

按【Ctrl+J】组合键复制两次白色圆形，将其放到右侧，完成首页广告展示图的制作。

14.2.2 制作点餐界面

微课：制作点餐界面

本小节将制作点餐的各分类界面图，其具体操作步骤如下。

STEP 1 绘制多个矩形图像

新建一个图层，选择矩形选框工具，在界面下方绘制多个相同高度的矩形选区；填充为灰色，作为点餐界面中的分栏图形。

疑难解答

为界面分栏的作用

在App界面设计中，无论界面设计方式如何，最主要的一点，就是能够让人对每一栏的项目有清晰的了解，这就需要设计者对界面有明确的分类，再根据栏目填充内容。

STEP 2 绘制圆形图像

新建一个图层，选择椭圆选框工具，在分栏的第一栏中绘制一个正圆形选区；设置前景色为橘黄色“#fd7e17”，按【Alt+Delete】组合键填充选区。

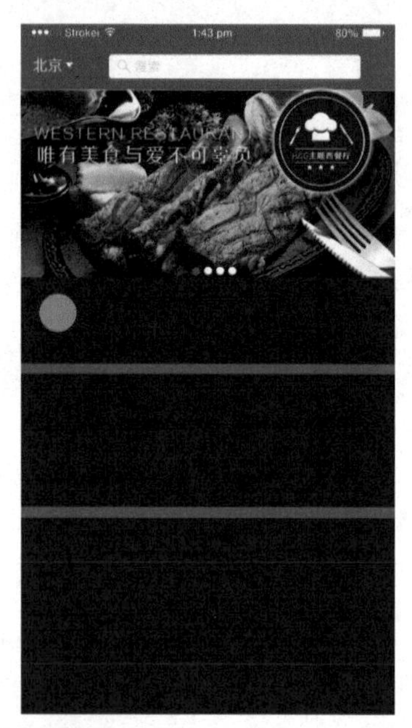

STEP 3 复制圆形图像

选择移动工具，按住【Ctrl+Shift+Alt】组合键水平复制移动一次该圆形图像，将其放到右侧；按住【Ctrl】键单击复制的圆形图像缩略图，载入圆形选区，改变图像颜色为橘红色“#fb4904”。

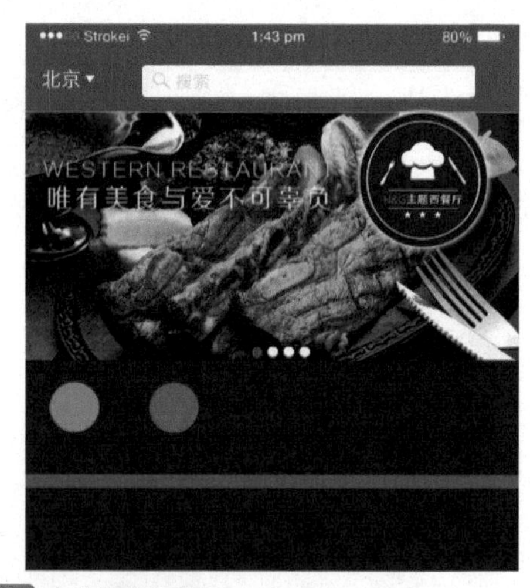

STEP 4 复制圆形图像

使用相同的方法，复制多个圆形图像，然后分别载入图像选区，填充为绿色“#9dc417”、黄色“#eec506”和洋红色“#e5004f”。

STEP 5 添加食物图像

打开“线描食物.psd”素材图像，使用移动工具分别将图像拖动到当前编辑的图像中；分别将食物图像放到每一个彩色圆形中。

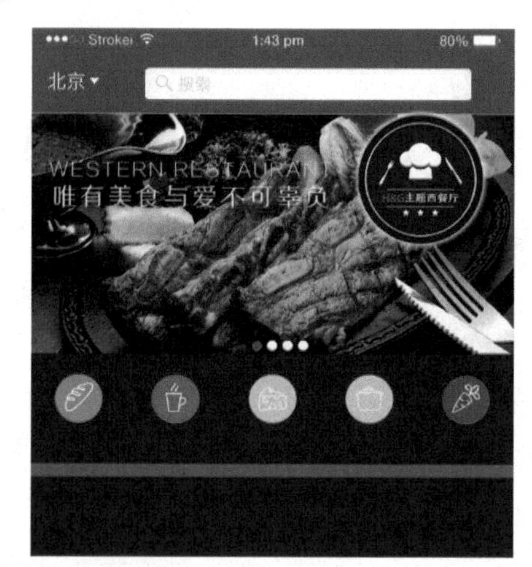

STEP 6 输入文字

选择横排文字工具，在每一个圆形图像下方输入对应的文字；在属性栏中设置字体为微软雅黑，填充为白色。

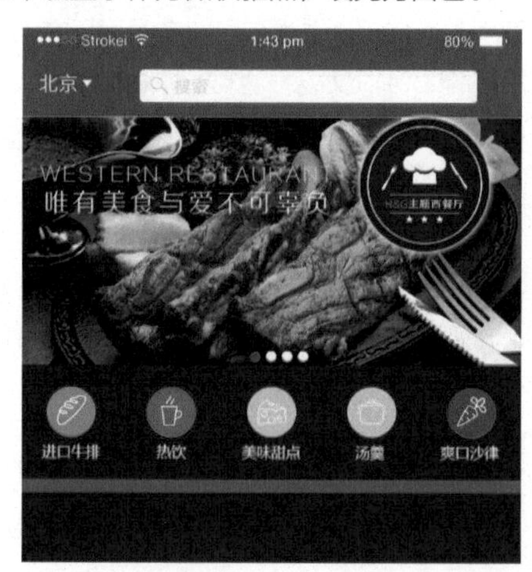

STEP 7 绘制圆角矩形

选择圆角矩形工具，在属性栏中选择工具模式为“形状”，设置半径为 15 像素；设置前景色为白色，在点餐界面第二栏中绘制一个圆角矩形。

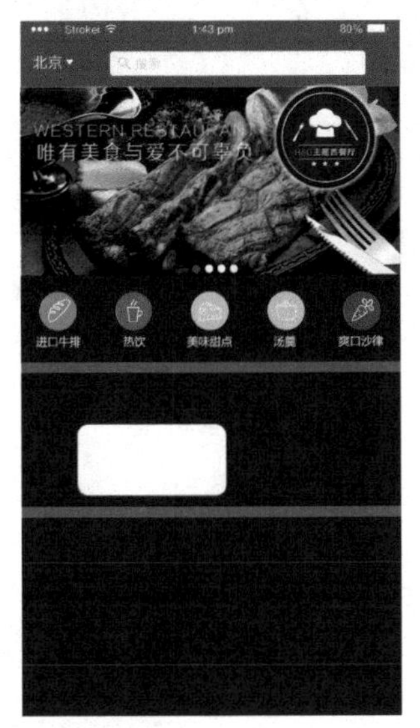

STEP 8 设置外发光效果

选择【图层】/【图层样式】/【外发光】命令，打开“图层样式”对话框；设置混合模式为滤色，不透明度为 75%，外发光颜色为淡黄色“#ebe9b6”，再设置其他各项参数，单击 确定 按钮，得到圆角矩形的外发光效果。

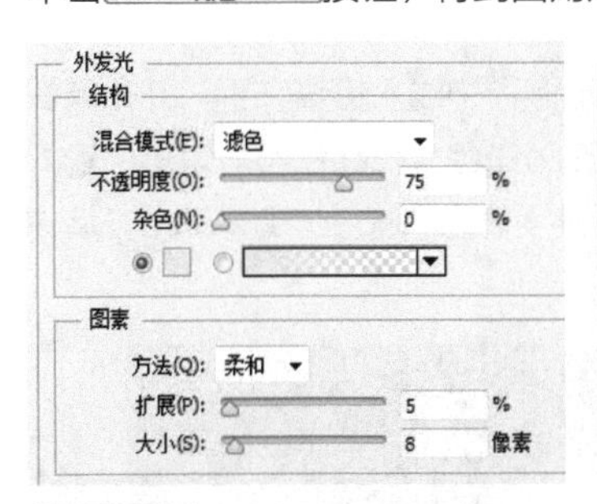

STEP 9 绘制红色圆角矩形

选择圆角矩形工具，在属性栏中设置半径为 18 像素；设置前景色为红色“#d7000f”，在白色圆角矩形中绘制一个较小的圆角矩形。

STEP 10 绘制浅灰色图像

选择圆角矩形工具，在属性栏中选择工具模式为“形状”，设置半径为 12 像素；设置前景色为浅灰色“#e0dfde”，在白色圆角矩形左侧再绘制一个较短的圆角矩形。

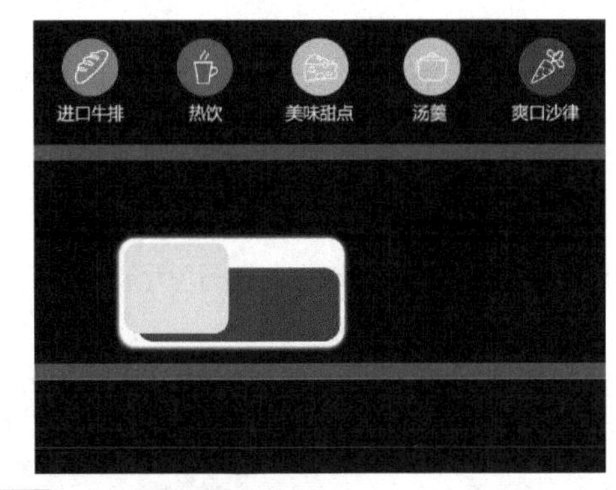

STEP 11 添加素材图像

打开“黑椒牛排.jpg”素材图像，使用移动工具将其拖动到当前编辑的图像中；适当调整图像大小，放到浅灰色矩形图像中，这时画面将超出浅灰色图像。

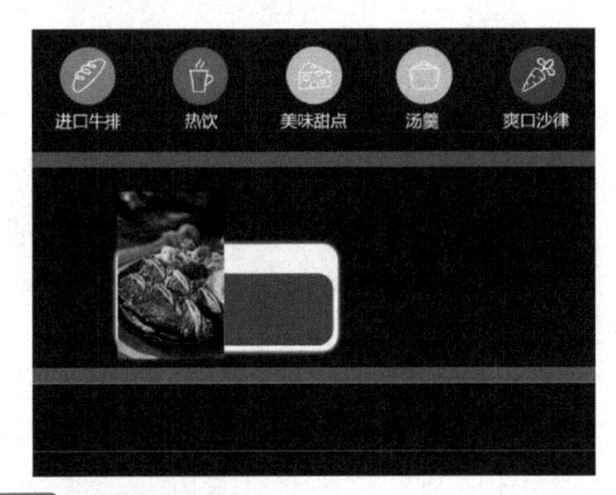

STEP 12 创建剪贴蒙版

选择【图层】/【创建剪贴蒙版】命令，为牛排图像创建剪贴蒙版，超出灰色矩形以外的图像将被隐藏起来。

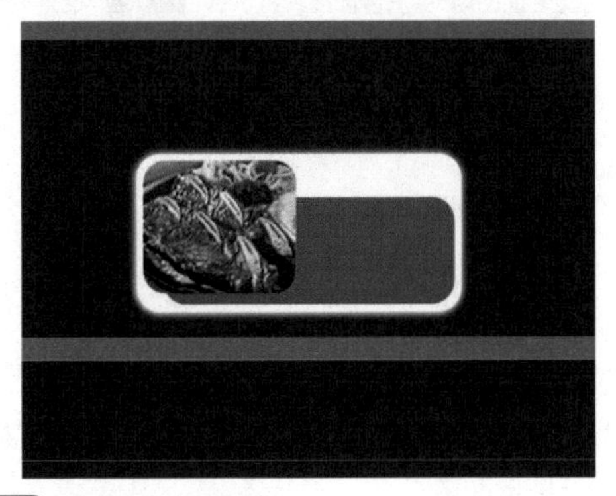

STEP 13 设置多边形参数

选择多边形工具，在属性栏中选择工具模式为“形状”；

单击按钮，在弹出的面板中单击选中☑星形复选框，设置缩进边依据为 10%，设置边为 50。

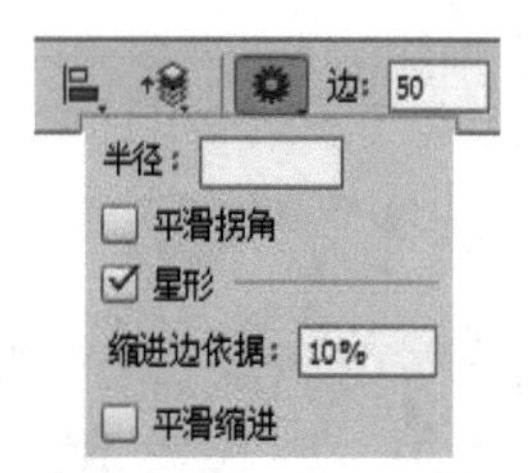

STEP 14 绘制锯齿图像

设置前景色为红色“#d7000f”，在圆角矩形中绘制出锯齿状圆形。

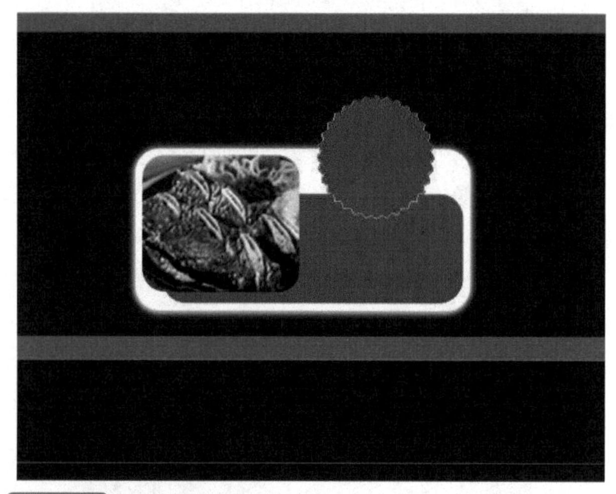

STEP 15 添加图像投影

选择【图层】/【图层样式】/【投影】命令，打开“图层样式”对话框；设置混合模式为正片叠底，不透明度为 75%，投影颜色为黑色，再设置其他各项参数，单击 确定 按钮。

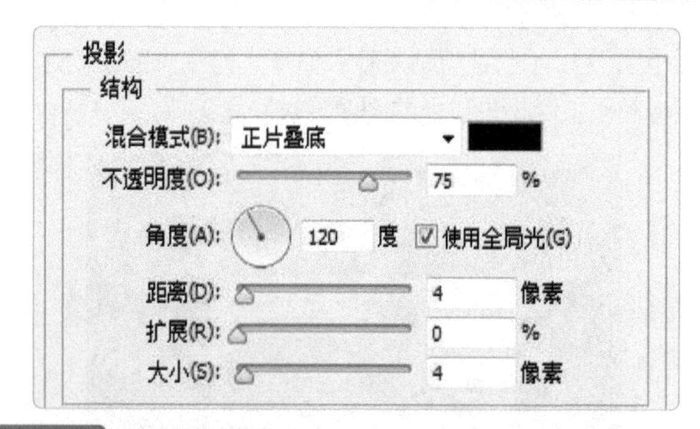

STEP 16 绘制圆形图像

选择椭圆工具，在属性栏中选择工具模式为“形状”，设置前景色为较浅一些的红色“#e60012”，在锯齿图像中间绘制出一个正圆形图像。

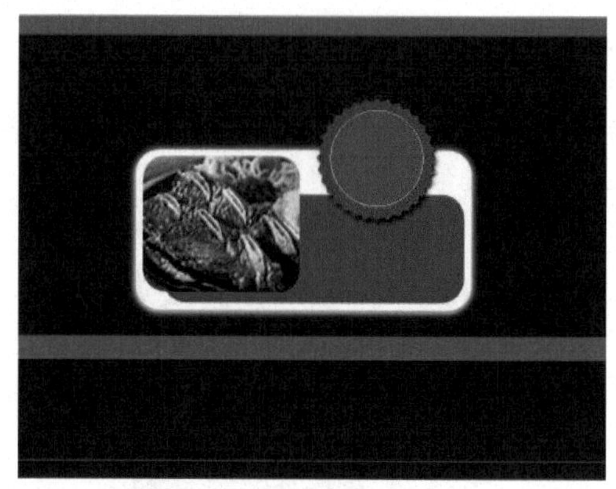

STEP 17 制作图像内发光效果

选择【图层】/【图层样式】/【内发光】命令，打开“图层样式”对话框；设置混合模式为正常，不透明度为 37%，内发光颜色为深红色“#59050b”，再设置其他各项参数，单击 确定 按钮，得到圆形图像的内发光效果。

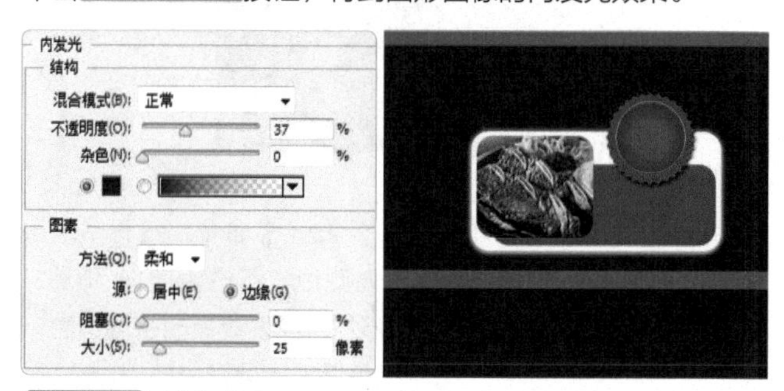

STEP 18 输入文字

选择横排文字工具，在圆形图像中输入价格文字，并在属性栏中设置较粗的字体，填充为白色；在红色圆角矩形中输入菜品名称，在属性栏中设置字体为 Adobe 黑体 Std，填充为白色。

STEP 19 复制对象

选择步骤 18 中得到的图像和文字，按【Ctrl+J】组合键复制一次对象，将其移动到右侧，得到第二组菜品介绍。

STEP 20 替换图片和文字

打开“红酒牛排 .jpg”素材图像，将其拖动过来，替换第二组菜品中的牛排图像；使用横排文字工具，更改价格和菜品名称文字。

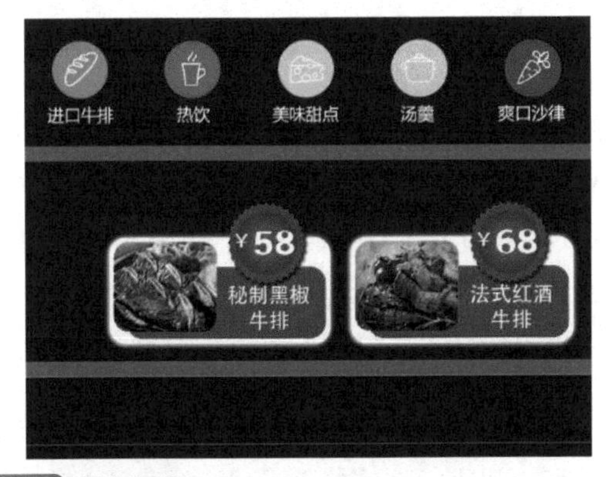

STEP 21 绘制图像

选择圆角矩形工具，在属性栏中选择工具模式为“形状”，设置半径为 20 像素；设置前景色为白色，在第二栏左上方绘制一个圆角矩形图像；选择椭圆选框工具，在圆角矩形左侧绘制一个正圆形选区，填充为黄色“#fdd000”。

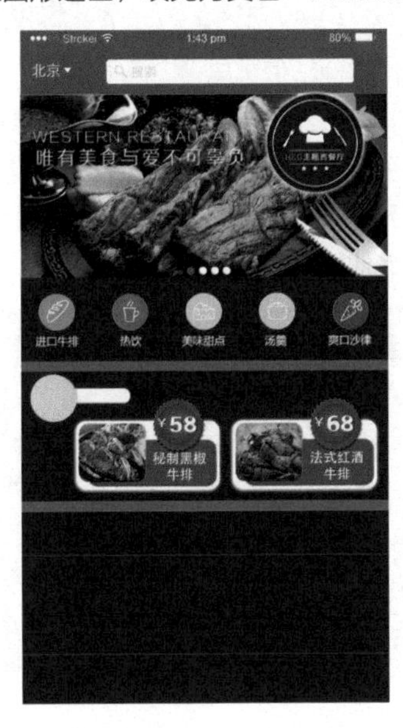

STEP 22 输入文字

选择横排文字工具，在黄色圆形中输入文字“精品推荐”，在属性栏中设置字体为方正正粗黑简体，填充为黑色；在白色圆角矩形中继续输入文字“牛排系列”，在属性栏中设置字体为微软雅黑，填充为灰色“#969696”。

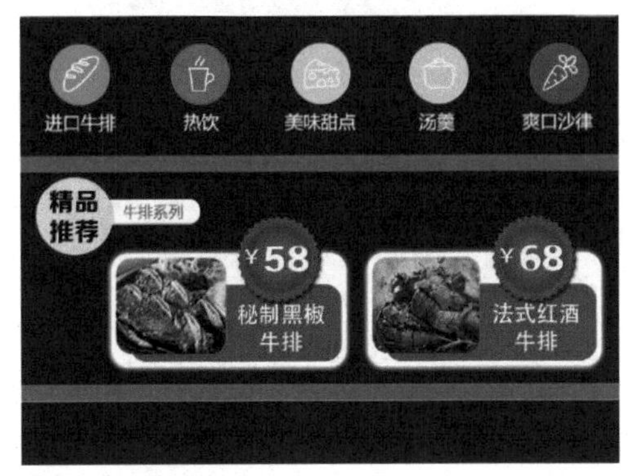

STEP 23 绘制圆角矩形

选择圆角矩形工具，在第三栏左侧绘制一个圆角矩形，填充为白色。

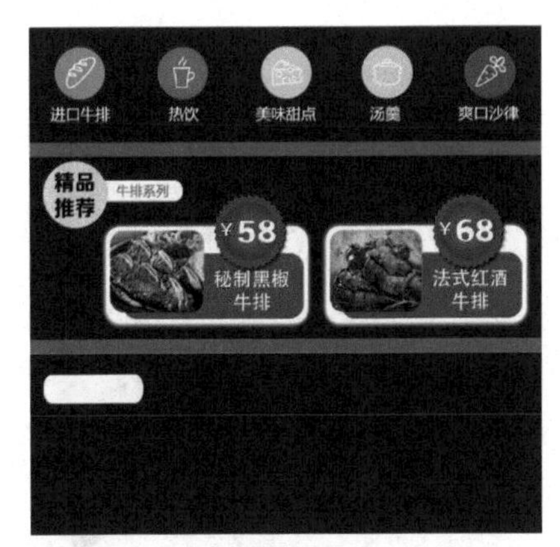

STEP 24 输入文字

选择横排文字工具，在白色图像中输入文字“今日特价”；在属性栏中设置字体为微软雅黑，填充为灰色“#969696”。

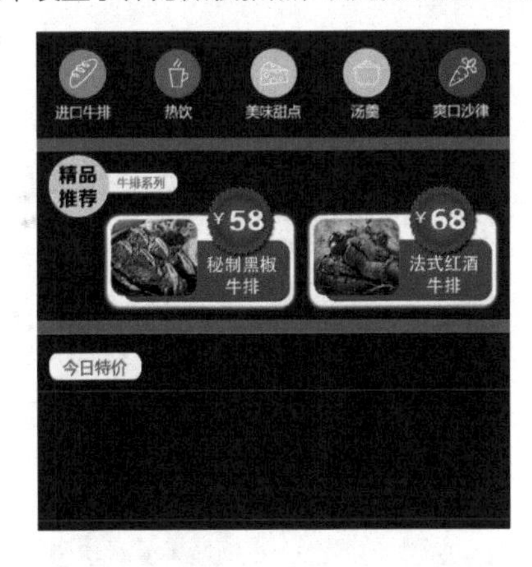

STEP 25 绘制矩形

新建一个图层，选择矩形选框工具，在“今日特价”下方绘制一个矩形选区；将选区填充为灰色。

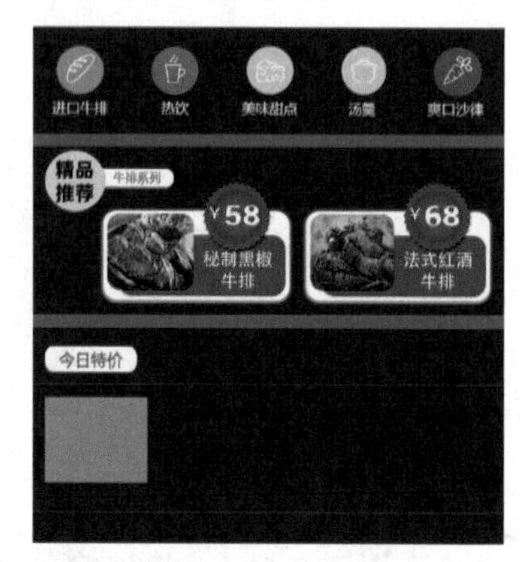

STEP 26 添加素材图像

打开“今日特价 .psd”素材图像，使用移动工具将菠萝餐包图像拖动到当前编辑的图像中；适当调整图像大小，放到灰色矩形中。

STEP 27 创建剪贴蒙版

按【Alt+Ctrl+G】组合键为图像创建剪贴蒙版，隐藏超出灰色矩形以外的图像。

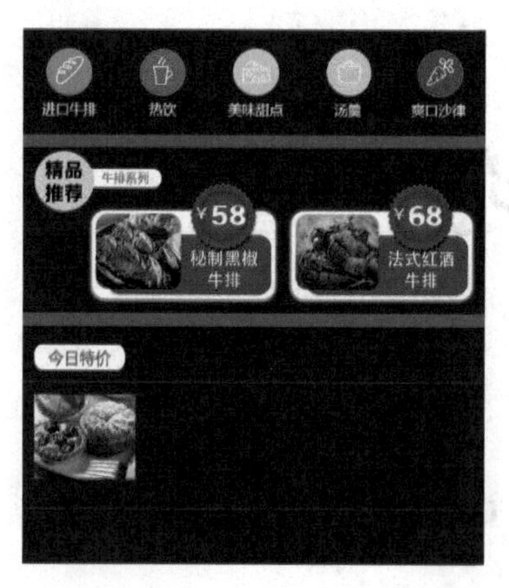

STEP 28 制作矩形

选择矩形选框工具，在食物底部绘制一个相同长度的矩形选区，填充为深灰色“#2a2a2a”。

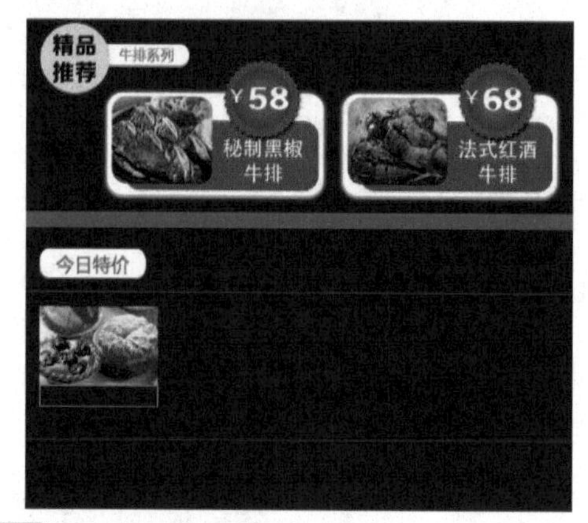

STEP 29 降低图像透明度

在“图层”面板中降低该矩形的不透明度为 54%，得到透明灰色矩形；选择横排文字工具，在透明矩形中输入文字“菠萝餐包”，在属性栏中设置字体为微软雅黑，填充为白色。

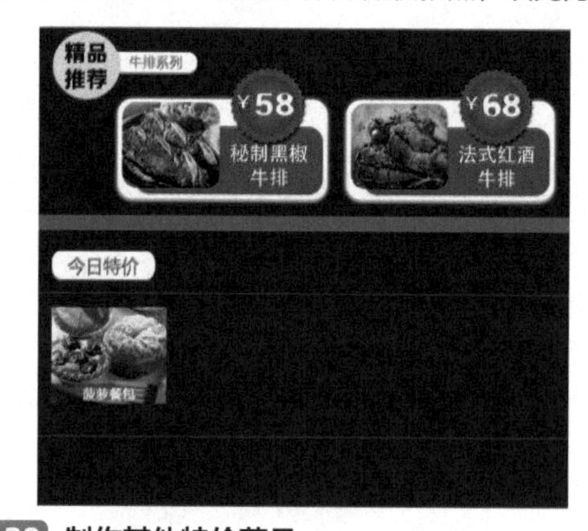

STEP 30 制作其他特价菜品

绘制其他 3 个相同大小的灰色矩形；打开“今日特价 .psd”素材图像，使用移动工具将其余 3 个图像拖动过来，分别为这 3 个灰色矩形创建剪贴蒙版，绘制透明矩形，并在下方输入文字，得到其他特价菜品。

STEP 31 输入文字

选择横排文字工具，在特价菜品下方输入价格；在属性栏中设置字体为冬青黑体简体中文，填充为红色“#f24657”。

STEP 32 绘制矩形

选择矩形选框工具，在较小的价格文字中绘制一个细长的矩形选区，填充为红色“#f24657”，作为原价删除线。

STEP 33 输入其他价格文字

在其他几个特价菜品下方也输入价格文字，排列方式和颜色都与第一个价格文字相同；同样使用矩形选框工具，在较小的价格文字中绘制红色矩形。

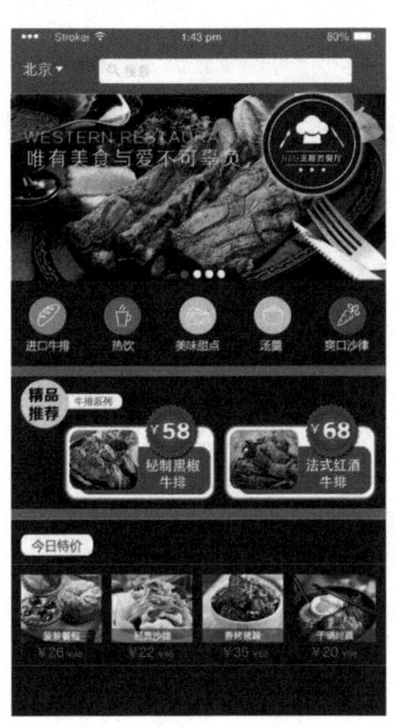

STEP 34 绘制房子图形

选择钢笔工具，在界面底部绘制出一个房子图形。

STEP 35 填充选区

按【Ctrl+Enter】组合键将路径转换为选区；新建一个图层，将选区填充为洋红色“#e5004f”。

STEP 36 缩小图像

按【Ctrl+T】组合键适当缩小房子图像；将该图像放到界面底端，作为手机底部的状态栏。

STEP 37 绘制第 2 个图形

选择钢笔工具绘制第 2 个符号图形；按【Ctrl+Enter】组合

键将路径转换为选区后，填充为灰色“#9d9d9d”。

STEP 38 描边图像

❶选择椭圆选框工具，在界面底部绘制一个正圆形选区；选择【编辑】/【描边】命令，打开“描边”对话框，设置宽度为 4 像素，颜色为灰色“#9d9d9d”，位置为内部；❷单击 确定 按钮，得到描边图像效果。

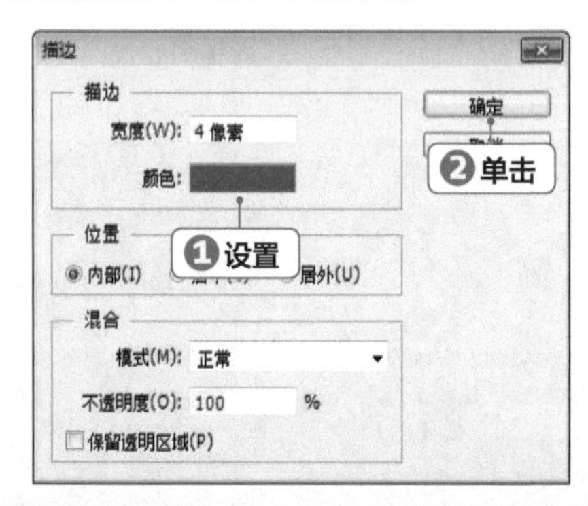

STEP 39 绘制菱形图像

选择多边形套索工具，在圆形中绘制一个菱形选区，填充为灰色“#9d9d9d”；使用椭圆选框工具，在菱形图像中绘制一个较小的椭圆形选区，填充为黑色。

STEP 40 绘制圆形

选择椭圆选框工具，绘制两个正圆形选区，通过描边命令对其进行描边。

STEP 41 删除图像

选择矩形选框工具，绘制一个矩形选区，框选下方较大的圆形图像的下部分；按【Delete】键删除图像，得到半圆形。

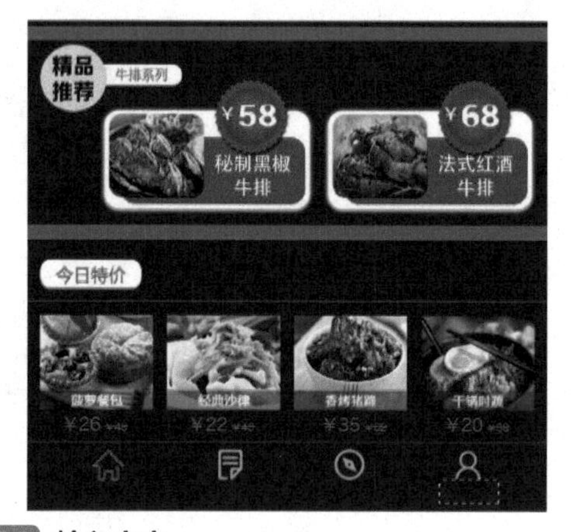

STEP 42 输入文字

选择横排文字工具，在画面底部输入与图标对应的文字，填充为灰色“#9d9d9d”，完成本实例的制作。

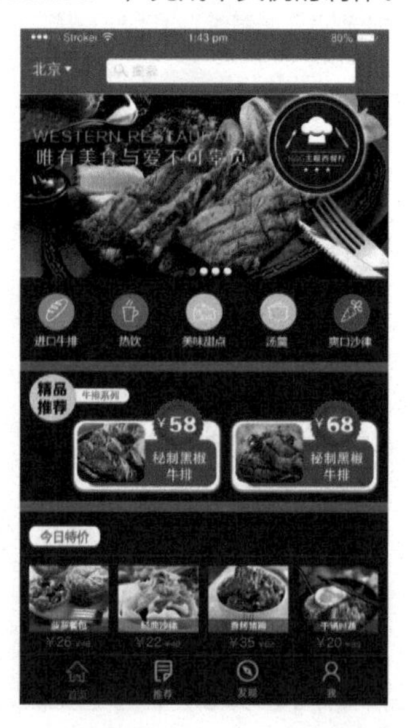

高手秘籍

1. 不同类型 App 页面布局原则

在手机 App 设计中，常见的 App 信息布局方式有一些既有原则和方法，这些 App 界面布局原则可以保证页面在布局方面最基本的可用性。下面介绍非常适用的 10 条原则。

（1）公司 / 组织的图标（Logo）在所有页面都处于同一位置。

（2）用户所需的所有数据内容均按先后次序合理显示。

（3）所有的重要选项都要在主页显示，重要条目要始终显示，并显示在页面的顶端中间位置。

（4）必要的信息要一直显示，消息、提示、通知等信息均出现在屏幕上目光容易找到的地方。

（5）主页的长度不宜过长，确保主页看起来像主页（使主页有别于其他二三级页面）。

（6）App 的导航尽量采用底部导航的方式。菜单数目以 4 ~ 5 个最佳。

（7）每个 App 页面长度要适当。在长网页上使用可点击的“内容列表”。

（8）专门的导航页面要短小，滚屏不宜太多。

（9）为框架提供标题，各条目是否合理分类于各逻辑区，并运用标题来清晰划分各区域。

（10）文本区域的周围需要保持足够的间隔。

2. App 设计中的倍率

移动端的尺寸比 PC 端复杂，关键就在倍率，但也正因为倍率的存在，把大大小小的屏幕拉回到同一水平线，得以保证一套设计适应各种屏幕。

真正决定显示效果的是逻辑像素尺寸。为此，iOS 和 Android 平台都定义了各自的逻辑像素单位。iOS 的尺寸单位为 pt，Android 的尺寸单位为 dp。

单位之间的换算关系及倍率变化如下。

- 1 倍：1pt=1dp=1px(mdpi、iPhone 3gs)
- 1.5 倍：1pt=1dp=1.5px(hdpi)
- 2 倍：1pt=1dp=2px(xhdpi、iPhone 4s/5/6)
- 3 倍：1pt=1dp=3px(xxhdpi、iPhone 6)
- 4 倍：1pt=1dp=4px(xxxhdpi)

以 iPhone 5s 为例，屏幕的分辨率是 640px × 1136px，倍率是 2。

提高练习

1. 制作通知栏图标

下面将制作一组通知栏图标，具体要求如下。

效果：效果 \ 第 14 章 \ 通知栏图标 .psd

- 新建一个图像文件，将背景填充为深灰色。
- 选择钢笔工具，绘制出各种图标的外形轮廓。
- 将路径转换为选区，填充为橘黄色“#fe7d0d”，作为点亮图标的效果。
- 复制部分图像，将其填充为灰色，作为关闭图标的显示效果。

2. App 登录界面

下面将制作一个 App 登录界面，具体要求如下。

素材：素材 \ 第 14 章 \ 彩色背景 .jpg、番茄 .jpg

效果：效果 \ 第 14 章 \App 登录界面 .psd

- 打开“彩色背景 .jpg”素材图像，选择圆角矩形工具，绘制出登录界面中的圆角矩形。
- 分别填充圆角矩形颜色为深紫色“#3c0c3c”和白色。
- 使用横排文字工具，在圆角矩形中输入文字。
- 选择椭圆选框工具，在界面上方绘制一个圆形图像，并添加“番茄 .jpg”素材图像。

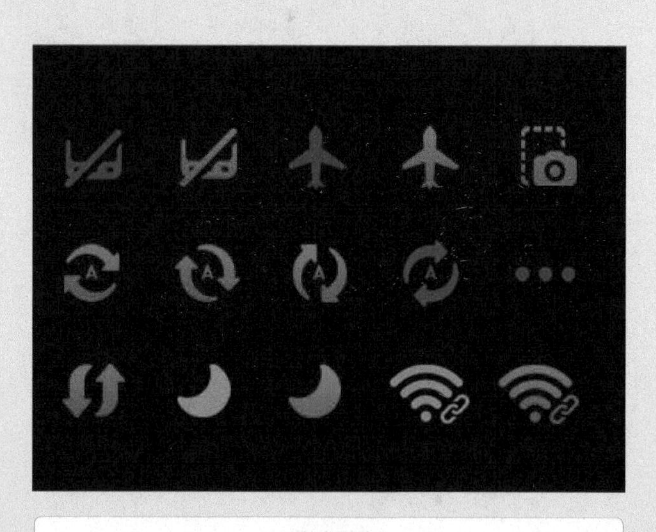

通知栏图标

App 登录界面